OEUVRES D'É. VERDET

PUBLIÉES PAR LES SOINS DE SES ÉLÈVES

TOME VII

THÉORIE MÉCANIQUE

DE LA CHALEUR

PAR

É. VERDET

PUBLIÉE

PAR MM. PRUDHON ET VIOLLE

ANCIENS ÉLÈVES DE L'ÉCOLE NORMALE

TOME PREMIER

AVEC 62 FIGURES DANS LE TEXTE

PARIS

VICTOR MASSON ET FILS, ÉDITEURS

PLACE DE L'ÉCOLE-DE-MÉDECINE

1868

OEUVRES

DE

É. VERDET

PUBLIÉES

PAR LES SOINS DE SES ÉLÈVES

—

TOME VII

PARIS,

VICTOR MASSON ET FILS, ÉDITEURS,

PLACE DE L'ÉCOLE-DE-MÉDECINE.

THÉORIE MÉCANIQUE

DE LA CHALEUR

PAR

É. VERDET

PUBLIÉE

PAR MM. PRUDHON ET VIOLLE

ANCIENS ÉLÈVES DE L'ÉCOLE NORMALE

TOME I

PARIS

IMPRIMÉ PAR AUTORISATION DE SON EXC. LE GARDE DES SCEAUX

A L'IMPRIMERIE IMPÉRIALE

M DCCC LXVIII

Les deux leçons professées par M. Verdet en 1862 devant
la Société chimique de Paris[1] firent vivement désirer qu'il
donnât un traité complet de la théorie mécanique de la chaleur. En vue de cette publication, M. Verdet chargea successivement deux de ses élèves de recueillir les leçons qu'il fit
à la Sorbonne, sur le même sujet, pendant les années 1864
et 1865. C'est ce coûrs que l'on s'est efforcé de reproduire
ici aussi exactement que possible, en évitant toutefois les
doubles emplois et en disposant l'ensemble des matériaux
dans un ordre qui pût logiquement les admettre tous.
M. Prudhon a rédigé tout le premier volume, jusqu'à l'application des principes fondamentaux aux changements d'état
des corps. ainsi que le chapitre contenant l'exposé de la
méthode de M. Kirchhoff. M. Violle a ensuite continué seul
l'ouvrage. Mais cette division forcée du travail ne portera
pas atteinte, on l'espère, à l'unité indispensable dans un tel
ouvrage; car chacun s'est également efforcé de retracer les
leçons du maître aussi fidèlement que le lui ont permis ses
notes et ses souvenirs. On a même été assez heureux quelquefois pour pouvoir leur restituer la forme élégante et concise
dont il savait les revêtir, en empruntant l'exposé complet de

[1] Ces leçons se trouvent en tête du présent volume.

certains points aux *Comptes rendus des travaux de physique faits à l'étranger*, publiés par M. Verdet dans les ANNALES DE CHIMIE ET DE PHYSIQUE.

Puisse cet ouvrage n'être pas indigne de la mémoire du maître auquel on aurait voulu savoir témoigner sa profonde reconnaissance et sa respectueuse admiration.

LEÇONS.

SUR

LA THÉORIE MÉCANIQUE DE LA CHALEUR

PROFESSÉES EN 1862

DEVANT LA SOCIÉTÉ CHIMIQUE DE PARIS.

L'annonce d'un journal scientifique qui s'est publié pendant quelque temps en Allemagne, il y a peu d'années (*Fechner's Centralblatt für Naturwissenschaften und Anthropologie*), portait que le journal aurait pour but d'offrir à ses lecteurs *tout ce qu'un savant voué à l'étude d'une science spéciale, mais préoccupé de la connexion de cette science avec les autres, aurait intérêt à connaître dans les sciences qu'il ne cultive pas.*

Ces paroles me paraissent être en quelque sorte le programme du genre particulier d'enseignement que la Société Chimique de Paris s'est proposé de fonder. Elles expriment au moins le principe qui m'a guidé dans la composition des deux leçons que je publie aujourd'hui et où je prie en conséquence le lecteur de ne chercher ni une exposition tout à fait populaire, ni un enseignement complet et méthodique de la théorie mécanique de la chaleur.

On m'a demandé de joindre des notes à cette publication. Je le fais d'autant plus volontiers qu'il est bien des développements techniques qui se fussent trouvés déplacés dans les leçons elles-mêmes, et qui importent cependant beaucoup à l'intelligence des principes. J'ai cru inutile de suivre dans ces notes un ordre aussi rigoureux que dans les leçons, et je ne me suis pas astreint, en rédigeant chaque note, à ne rien supposer de connu qui ne se trouvât dans le texte des leçons avant le passage auquel la note se rapporte. J'ai supposé qu'en général on ne lirait les notes qu'après avoir lu les deux leçons tout entières.

Paris, juin 1862.

E. V

PREMIÈRE LEÇON.

Objet des leçons. — Équation du travail ou des forces vives. — Conséquences générales : égalité du travail moteur et du travail résistant dans les machines arrivées à l'état stationnaire ; impossibilité du mouvement perpétuel. — Indication des faits qui semblent contredire ces conséquences.

Du frottement. — Insuffisance de la théorie qui explique par le travail du frottement la supériorité du travail moteur sur le travail utile. — Chaleur produite par le frottement. — Digression sur la chaleur rayonnante et la nature de la chaleur. — Identité fondamentale de la chaleur et de la force vive. — La chaleur dégagée par le frottement est l'équivalent de l'excès du travail moteur sur le travail utile.— Expériences de M. Joule. — Première notion de l'équivalent mécanique de la chaleur.

De la machine à vapeur. — Le travail des forces moléculaires est nul dans cette machine. — Origine de sa puissance motrice : destruction d'une quantité de chaleur équivalente au travail produit. — Expériences de M. Hirn. — Nouvelle détermination de l'équivalent mécanique de la chaleur.

Démonstration générale et énoncé du principe de l'équivalence de la chaleur et du travail mécanique ou de la force vive. — Nécessité d'une révision complète de la science impliquée dans ce principe. — Caractère et portée de cette révision.

Étude de l'action de la chaleur sur les corps. — Travail intérieur, travail extérieur dans les changements d'état ou de volume. — Nouvelle théorie de la chaleur latente. — De l'erreur qui consiste à comparer la chaleur latente au travail extérieur ou à une expression incomplète du travail intérieur. — Dans l'état actuel de la science le travail intérieur échappe à toute détermination. — Moyen de tourner cette difficulté et d'établir des relations théoriques entre les propriétés mécaniques et les propriétés calorifiques des corps.

Étude spéciale des gaz. — Faits qui tendent à prouver que dans cette classe de corps l'influence de l'attraction moléculaire est insensible. — Conséquences : 1° théorie nouvelle de la constitution des gaz ; 2° absence de tout travail intérieur dans les changements de volume. — Vérification expérimentale de cette conséquence par M. Joule. — Discussion de la contradiction qui semble exister entre les expériences de M. Joule et les propriétés connues des gaz. — Formes diverses données à l'expérience.

Formule qui exprime l'équivalent mécanique de la chaleur au moyen de deux chaleurs spécifiques, du coefficient de dilatation et du volume de l'unité de poids d'un gaz. — Usage de cette formule. — Restriction aux gaz parfaits. — Dans les gaz qui ne suivent pas la loi de Mariotte, le travail intérieur est sensible, quoique très-faible. — Expériences de MM. Joule et W. Thomson. — Conclusions.

A.

I.

MESSIEURS,

On donne le nom de *théorie mécanique de la chaleur*, ou quelquefois de *thermodynamique*, à la science qui traite des effets mécaniques dus à la chaleur, et de la chaleur produite par les agents mécaniques.

C'est une science bien nouvelle encore, car il n'y a pas tout à fait quarante ans que Sadi Carnot a posé le premier les questions qu'elle doit résoudre, et il y a à peine vingt ans que Jules-Robert Mayer a montré où l'on doit en chercher la solution. C'est déjà, néanmoins, une science très-avancée, qui touche à toutes les autres, et les deux leçons que votre président m'a invité à faire devant vous me permettront à peine de vous offrir une esquisse générale de ses rapides progrès.

Cette science nouvelle a son origine dans quelques notions fondamentales de mécanique sur lesquelles je vous demanderai de reporter un moment votre attention. Vous connaissez la loi qui, dans le mouvement d'un point matériel sollicité par une force constante, gouverne les variations de la vitesse; vous savez qu'en un temps donné la variation du carré de la vitesse est égale au double de la force motrice multiplié par le chemin parcouru et divisé par la masse du point mobile. Cette variation est d'ailleurs un accroissement, si la force motrice agit dans le sens de la vitesse primitive; elle est une diminution dans le cas contraire. Le produit de la force par le chemin parcouru reçoit le nom de *travail de la force*; on convient de le regarder comme positif ou négatif, suivant que la force est mouvante ou résistante, c'est-à-dire suivant qu'elle agit dans le sens de la vitesse initiale ou en sens opposé. On appelle *force vive* du point mobile le produit de sa masse par le carré de la vitesse, et, à l'aide de ces deux définitions, la loi que je viens de vous rappeler peut s'exprimer en disant :

Dans le mouvement uniformément varié d'un point, le travail de la force, en un temps donné, est égal à la moitié de la variation de la force vive.

Cette proposition, conséquence immédiate de la définition de la masse et du principe de la mesure des forces par les vitesses, se généralise sans difficulté. On écarte d'abord, par les procédés ordinaires de la méthode infinitésimale, la restriction relative à la constance de la force, que je n'ai introduite dans mes énoncés que pour la clarté des définitions. On écarte la restriction relative à la direction en convenant d'appeler travail d'une force inclinée sur la direction du mouvement le travail de sa composante parallèle au mouvement. Enfin on considère un système quelconque de corps et de forces, et on démontre que dans tous les cas :

La somme des travaux des forces, en un temps donné, est égale à la moitié de la variation que subit dans le même temps la somme des forces vives.

Tel est le principe connu sous le nom d'équation du travail et des forces vives, sur lequel est fondée, vous le savez, toute la théorie des machines.

Il est assez incommode d'être obligé, toutes les fois qu'on rappelle cette équation, de comparer une quantité de travail avec la moitié d'une quantité de forces vives. Aussi, pour abréger le discours, désignerai-je souvent comme *équivalentes* les quantités de travail et de forces vives qui sont ainsi comparées, et dont le rapport numérique est celui de 1 à 2. Ce sont d'ailleurs toujours les quantités de travail que j'évaluerai en nombres, et je les rapporterai, suivant l'usage adopté en France, au travail d'une force égale à un kilogramme dont le point d'application parcourt, suivant la direction de la force, un chemin égal à un mètre [1]. Ainsi, s'il m'arrive de dire que, dans des circonstances données, le travail d'un système de forces est positif et égal à 100, cela signifiera qu'on peut obtenir de ce système les mêmes effets mécaniques qu'on obtiendrait de la chute d'un poids de 100 kilogrammes tombant de la hauteur d'un mètre, ou, ce qui revient au même, si l'on regarde la pesanteur comme

[1] C'est l'unité désignée d'ordinaire par le nom assez barbare de *kilogrammètre.*

constante, de la chute d'un poids d'un kilogramme tombant d'une hauteur de 100 mètres. Inversement, un travail négatif et égal à 100 représentera un système d'effets mécaniques qui exigerait pour être produit la même dépense de travail que l'élévation d'un poids de 100 kilogrammes qu'on porte à la hauteur d'un mètre sans lui communiquer de vitesse.

Je n'ai pas l'intention de vous rappeler comment on fait sortir de l'équation du travail toute la théorie de l'effet des machines. Mais il est nécessaire que j'arrête votre attention sur deux conditions générales, déduites de cette équation, auxquelles le mouvement de toute machine doit satisfaire.

Premièrement, dans toute machine parvenue à l'état de mouvement uniforme, et, en général, dans tout système où les vitesses sont devenues indépendantes du temps, la somme des forces vives étant invariable, la somme des travaux des forces est nulle pendant telle période de temps qu'on voudra considérer. En d'autres termes, le travail moteur est sans cesse égal et de signe contraire au travail résistant. Si les vitesses sont devenues, non pas constantes, mais périodiquement variables avec le temps, comme cela a lieu, par exemple, dans une machine à mouvements alternatifs, l'égalité du travail moteur et du travail résistant subsiste, non plus pour une durée quelconque, mais pour la durée entière d'une période ou d'un nombre entier de périodes.

En second lieu, lorsque les forces agissant sur un système sont, d'une part, les actions réciproques qui s'exercent entre ces divers points, dirigées suivant les droites qui joignent ces points deux à deux et ne dépendant que des distances, et, d'autre part, des forces émanées de centres fixes, soumises aux mêmes conditions; c'est-à-dire, en réalité, dans tous les cas que la nature peut nous offrir, si, dans une série de transformations successives, il arrive que les corps du système se trouvent deux fois dans les mêmes situations, la somme des forces vives est la même à ces deux époques, et la somme des travaux des forces est nulle dans l'intervalle qui les sépare. Cette loi, qui repose sur les notions les plus certaines que nous puissions nous former au sujet du mode d'action des forces naturelles, n'est autre chose que le principe de l'*impossibilité du mouvement perpétuel*. Elle

fait voir en effet qu'il est impossible par aucune combinaison imagi-
nable d'obtenir une machine dont les pièces, une fois mises en mouvement et abandonnées dans une certaine position à leurs réactions
mutuelles et à l'action de la pesanteur ou de forces extérieures analogues, reviennent ultérieurement à cette position avec des vitesses
supérieures à leurs vitesses initiales. Mais chercher le mouvement
perpétuel, c'est chercher une machine qui, livrée à elle-même après
avoir été mise en mouvement, reprendrait à des époques périodiques
sa vitesse initiale, tout en ayant communiqué dans chaque période
une vitesse finie à des corps primitivement en repos, et il est clair
que les deux espèces d'impossibilité sont absolument identiques [1].

Il ne semble guère possible de faire sortir de ces lois quelques
découvertes nouvelles. La théorie des machines simples est faite; la
critique des inventions chimériques qui ont pour objet le mouvement
perpétuel est aujourd'hui sans intérêt. Et cependant c'est dans une
application nouvelle de ces principes rebattus et épuisés en apparence que nous allons trouver la théorie mécanique de la chaleur
tout entière. Il nous suffira d'avoir égard aux deux règles suivantes.
D'abord nous considérerons toujours en même temps que les mouvements sensibles de nos machines ces mouvements plus secrets, dont
les derniers éléments des corps sont le siége, et qui se manifestent à
nos sens par des impressions qui nous en déguisent la vraie nature.
Ensuite, toutes les fois que dans les théories ordinaires nous rencon-
trerons une force dont le mode d'action sera incompatible avec les
lois générales de l'action des forces naturelles que je mentionnais il
y a un instant, nous la rejetterons comme une fiction mathématique
et nous nous efforcerons de découvrir la réalité qu'elle nous cache.

Devant ces deux maximes toute la théorie des machines va s'é-
crouler; toute machine en mouvement va nous apparaître comme
une contradiction directe de la loi de l'égalité du travail moteur et
du travail résistant, ou comme une solution du problème du mouvement perpétuel. Le seul moyen d'échapper à ces absurdités sera
d'admettre, sur la nature et le mode d'action de la chaleur, certaines
idées dont la portée dépassera ensuite singulièrement le cercle des
phénomènes où nous en aurons trouvé la première démonstration.

[1] Voir la note A à la suite de ces leçons.

II.

Je prétends d'abord qu'il n'y a pas une machine, arrivée à sa période d'activité uniforme, où le travail résistant soit égal au travail moteur. Quelque paradoxale que puisse paraître cette assertion, elle n'exprime rien qui ne soit au fond contenu dans l'enseignement banal de tous les traités de mécanique, et elle n'est que l'interprétation vraie de la supériorité constante du travail moteur des machines sur le travail utile. Considérons, par exemple, une machine hydraulique employée à élever de l'eau, c'est-à-dire à produire un phénomène de même espèce que le phénomène d'où résulte son mouvement, ce qui rendra plus claire la comparaison des deux ordres de travaux. Telle était l'ancienne machine de Marly, dont les débris fonctionnaient encore il y a peu d'années: telles sont aussi les machines célèbres établies par Reichenbach aux salines de Berchtesgaden, et par M. Juncker aux mines d'Huelgoat. Dans une machine de ce genre il arrive en un temps donné une certaine quantité d'eau qui tombe d'une certaine hauteur, et qui s'échappe, si la machine est parfaite, animée d'une vitesse simplement égale à la vitesse qu'elle possédait avant sa chute. Le produit du poids de cette eau par la hauteur de sa chute représente évidemment le travail moteur. Dans le même temps, par suite du jeu de la machine, une autre quantité d'eau est empruntée à un réservoir, qui peut être le courant de l'eau motrice elle-même, et transportée à un réservoir plus élevé. Le travail négatif de la pesanteur dans cette opération, c'est-à-dire le produit du poids de l'eau transportée par la différence de niveau des réservoirs, est ce qu'on nomme le travail utile. Chacun sait qu'il n'est jamais qu'une fraction du travail moteur. Dans la machine de Marly il en était à peine le dixième; dans les machines de Huelgoat, il en est peut-être les deux tiers, et cette proportion est une limite supérieure qui n'est presque jamais dépassée. On explique d'ordinaire ce fait général par la considération de ce qu'on appelle les *résistances passives*, c'est-à-dire de forces qui, faisant obstacle au mouvement de la machine, exercent un travail négatif, précisément égal en valeur absolue à l'excès du travail moteur sur le travail utile. Examinons ce que vaut cette explication.

Il est une partie des résistances passives au sujet de laquelle je n'ai aucune observation à vous présenter. Ainsi toute communication de mouvement soit à l'air ambiant, soit aux supports de la machine, qui en théorie sont inébranlables, est un développement inutile de forces vives, qui a pour équivalent une fraction déterminée du travail moteur; mais ce n'est là, dans l'immense majorité des cas, que la moindre partie du travail des résistances passives. La plus grande peut être presque toujours attribuée à la force spéciale qui a reçu le nom de *frottement*, et c'est sur cette force que je veux surtout appeler votre attention.

Qu'est-ce que le frottement? C'est une force purement résistante, incapable de tirer la machine de l'état de repos ou d'augmenter la vitesse qu'elle possède, mais qui, partout où deux surfaces animées de vitesses différentes sont en contact, tend à ralentir le mouvement de la plus rapide. Ce n'est évidemment pas une force élémentaire, mais la résultante d'actions qui s'exercent entre les molécules des surfaces frottantes. Nous ne savons à peu près rien de ces actions, si ce n'est qu'elles satisfont aux lois générales des forces naturelles que nous rappelions il y a un instant en parlant du mouvement perpétuel; mais nous n'avons pas besoin d'en savoir davantage pour établir qu'elles n'accomplissent point de travail, et qu'elles ne sauraient par conséquent rendre compte du fait qu'il s'agit d'expliquer. Dans les machines ordinaires, les surfaces frottantes s'usent, les liquides dont on les enduit s'altèrent, et on peut croire que le travail correspondant à ces changements moléculaires est précisément l'équivalent de la portion de l'excès du travail moteur sur le travail utile qu'on rapporte au frottement. Mais il est facile de concevoir et il n'est même pas bien difficile de réaliser une machine où les surfaces qui frottent l'une contre l'autre soient assez bien travaillées et construites avec des matériaux assez résistants pour qu'en un temps très-long l'usure soit insensible. Or si, dans ce cas, nous considérons le travail des forces moléculaires d'où résulte le frottement, pendant la durée d'une de ces périodes qui séparent deux états identiques de la machine, il nous sera évident que ce travail est rigoureusement égal à zéro, puisqu'à la fin et au commencement de la période la situation relative des molécules réagissantes est la même. Que deviendra alors l'explication ordinaire de l'infériorité du travail utile au travail moteur? Pourrons-nous y voir autre chose qu'une pure fiction mathématique, utile peut-être comme représentation provisoire d'un mécanisme ignoré, mais inacceptable comme expression de la réalité pour tout esprit qui ne voudra pas rejeter les notions les plus certaines de la science? Ne devrons-nous pas soupçonner que, partout où il y a frottement sans altération des surfaces, quelque changement inaperçu se produit qui est l'équivalent véritable du travail absorbé en apparence par le frottement?

Aux yeux du mécanicien pur, il pourra sembler qu'aucun changement pareil ne s'accomplisse; mais le physicien pensera sans doute à un phénomène connu de l'observation la plus vulgaire et que la science a plus d'une fois essayé de soumettre à des évaluations précises. Je veux parler de l'élévation de température qui a toujours lieu aux surfaces frottantes, et qui est d'autant plus considérable que le frottement est plus puissant, ou, ce qui revient au même, que la perte de travail inexpliquée est plus sensible. Sans m'arrêter à vous exposer les lois de ce phénomène, je vous en ferai remarquer le caractère essentiel. C'est un échauffement auquel ne correspond le refroidissement d'aucune partie de la machine. C'est donc tout autre chose qu'une simple modification dans la distribution de la chaleur préexistante; c'est un développement ou, pour mieux dire, c'est une véritable création de chaleur. Quoi de plus naturel que d'y voir l'équivalent de la différence entre le travail moteur et le travail utile que nous cherchons à nous expliquer?

III.

Pour apprécier la valeur de cette conjecture, envisageons un ordre de phénomènes totalement distincts de ceux des machines : les phénomènes de la chaleur rayonnante.

Rappelons-nous l'ensemble des épreuves auxquelles Delaroche, Bérard, Melloni et d'autres physiciens encore ont soumis ce que, dans le langage ordinaire comme dans la science, on nomme les rayons de chaleur. Ces épreuves sont les mêmes par lesquelles la théorie véritable de la lumière a été établie; et si nous admettons sur la nature des rayons lumineux des conclusions qui ne sont plus aujourd'hui contestées par personne, nous ne pourrons également voir autre chose qu'un mouvement ondulatoire particulier dans les rayons calorifiques. Et même, si nous voulons rester plus complétement fidèles à l'expérience, nous devrons dire, d'après l'ensemble des faits connus, que, lorsqu'un corps porté à une température quelconque est introduit au milieu d'autres corps dont la température est plus basse, il se développe un système de mouvements ondulatoires, soumis à certaines lois de propagation, qui produit le phénomène de la transmission de la chaleur, et qui, dans certaines circonstances, se trouvant capable d'agir sur notre œil, produit également les phénomènes lumineux. Aucune raison n'existe d'attribuer ces deux ordres de phénomènes à des agents différents.

Cette identité fondamentale de la chaleur rayonnante et de la lumière a été formulée et démontrée, il y a vingt ans, par Melloni, dans son mémoire trop peu connu sur l'*identité des rayons de toutes sortes*[1]. Toutefois, Melloni reconnaissait qu'un pas important était encore à faire pour arriver à une démonstration complète. On ne savait pas alors établir par l'expérience l'interférence des rayons calorifiques; personne n'avait pu réussir, en ajoutant de la chaleur à de la chaleur, à obtenir du froid, comme en ajoutant de la lumière à de la lumière on peut, dans des circonstances convenables, obtenir de l'obscurité. Cinq années plus tard, dans un mémoire présenté à l'Académie des sciences, MM. Fizeau et Foucault faisaient connaître des expériences qui rendaient les interférences de la chaleur aussi évidentes que les interférences de la lumière. Après cette importante publication, il ne restait plus un seul argument plausible à opposer à la théorie qui ne voit dans les rayons de chaleur qu'un système de mouvements vibratoires.

Nous admettrons donc comme une vérité incontestée que tout autour d'un corps porté à une température élevée il naît, par l'effet même de cette élévation de température, un mouvement ondulatoire particulier, en d'autres termes, qu'il se développe une certaine quantité de forces vives. En même temps, le corps dont la

---

[1] Lu à l'Académie de Naples le 2 février 1842 et inséré la même année dans la *Bibliothèque universelle de Genève*.

température élevée est la cause de ce phénomène. la source de chaleur, se refroidit. Inversement, si le mouvement ondulatoire qui constitue un système de rayons calorifiques disparaît ou s'affaiblit en rencontrant un corps doué de la faculté que nous appelons pouvoir absorbant, ce corps s'échauffe. Ainsi, au refroidissement d'un corps chaud par voie de rayonnement correspond dans l'espace extérieur le développement d'une certaine quantité de forces vives: à l'échauffement d'un corps froid qui résulte d'une absorption de chaleur rayonnante répond au contraire la disparition d'une certaine quantité de forces vives. D'ailleurs l'échauffement et le refroidissement sont toujours des phénomènes de même nature, par quelque cause qu'ils soient produits. Ils doivent donc dans tous les cas être regardés comme équivalents à des phénomènes tout mécaniques. L'échauffement ne peut être qu'un ensemble de modifications de la nature de celles qui résultent de l'anéantissement d'une somme déterminée de forces vives, c'est-à-dire l'accomplissement d'un travail ou un développement de forces vives, ou plutôt une combinaison, dans des proportions déterminées, de ces deux ordres de phénomènes. L'existence du travail mécanique corrélatif à l'échauffement est de la dernière évidence. Le volume du corps change par l'action de la chaleur, les molécules s'écartent des positions d'équilibre où leurs actions mutuelles tendaient à les maintenir, et ces actions mutuelles accomplissent un travail négatif. En même temps se produit le changement de propriétés que nous appelons variation de température, et il est naturel d'y voir l'effet de la variation de la somme des forces vives qui appartiennent aux derniers éléments des corps.

Peu importe d'ailleurs qu'on admette ou qu'on rejette cette dernière conclusion. On n'en doit pas moins tenir pour certain que l'échauffement d'un corps représente ou plus exactement *est* l'accomplissement d'un certain travail et le développement d'une certaine somme de forces vives. Le travail dont il s'agit résulte, il est vrai, de déplacements moléculaires qui échappent à l'observation et ne nous sont connus que par le changement de la forme et des dimensions extérieures du corps. La force vive développée nous est pareillement insensible comme telle; elle n'appartient ni au mouvement de la masse entière du corps, ni même à ces oscillations directement perceptibles des éléments du corps dont les phénomènes sonores sont la conséquence; elle existe, selon toute apparence, dans les vibrations de ces derniers éléments de la matière pondérable ou impondérable que nos sens sont impuissants à distinguer; mais, au point de vue mécanique, ces particularités n'ont pas de valeur et ne peuvent nous empêcher de voir dans l'échauffement d'un corps l'équivalent d'un travail mécanique aussi clairement que dans l'élévation d'un poids ou la mise en mouvement d'un projectile.

IV.

Si maintenant, en possession de ce nouveau principe, nous revenons aux machines que nous considérions il y a peu d'instants, la question que nous nous sommes posée trouvera sa solution immédiate. La chaleur dégagée aux points où le frottement s'exerce étant un phénomène mécanique, une combinaison, dans des rapports inutiles à déterminer, de travail mécanique et de forces vives, il est clair qu'elle peut être l'équivalent de la différence entre le travail moteur et le travail utile que nous cherchons à expliquer. Je dis *qu'elle peut*, vous ajouterez tous *qu'elle doit l'être*. L'équation du travail étant nécessairement satisfaite dans tous les cas, nous y devons faire entrer non-seulement les forces vives ou les travaux sensibles que nous avons l'habitude de considérer, mais encore ces forces vives et ces travaux d'une nature spéciale qui nous sont sensibles sous forme de chaleur. Si, lorsqu'on néglige ces termes, le théorème fondamental de la mécanique appliquée paraît en défaut, il doit suffire de les rétablir pour résoudre toutes les difficultés.

Parvenus à ce point, nous pouvons soumettre l'exactitude de nos déductions à l'épreuve de l'expérience. Nous pouvons reconnaître s'il est bien vrai que la chaleur dégagée par le frottement dans les machines soit l'équivalent mécanique exact de la différence inexpliquée entre le travail utile et le travail moteur. En effet, s'il nous est impossible de mesurer cette quantité de chaleur à l'état de force vive ou de travail, en la comparant par exemple au travail de la pesanteur sur un corps du poids d'un kilogramme tombant de la hauteur d'un mètre, nous pouvons la comparer à une autre quantité de chaleur définie avec précision et prise pour unité. Le résultat de cette opération sera de nous donner, pour la quantité de chaleur mesurée, au lieu d'une expression égale à la différence entre le travail moteur et le travail utile, l'expression qu'on obtiendrait en divisant cette différence par le rapport de l'unité de chaleur à l'unité de travail. Par conséquent, le nombre d'unités de chaleur développées par le frottement dans une machine quelconque devra présenter un rapport constant avec la quantité de travail qu'on dit ordinairement être absorbée par le frottement. Ce rapport constant déterminera la valeur mécanique du phénomène calorifique par lequel est définie l'unité de chaleur.

L'expérience a été faite. Le physicien qui par ses travaux a le plus contribué, peut-être, à la création de la théorie mécanique de la chaleur, M. Joule, a étudié les frottements de la nature la plus diverse par une méthode qui lui donnait à la fois la mesure de la chaleur dégagée et celle du travail dépensé. Un mécanisme très-simple, mis en mouvement par la chute d'un poids, faisait tourner une petite roue à palettes à l'intérieur d'une masse d'eau ou de mercure gênée dans son mouvement par des obstacles fixes. Le frottement du liquide, tant sur lui-même que contre les obstacles fixes et les palettes mobiles, dégageait une quantité de chaleur qu'il était facile d'évaluer d'après l'élévation de température des diverses pièces de l'appareil. Le travail dépensé pour entretenir le mouvement était donné par la chute du poids moteur, et, en tenant compte des corrections rendues nécessaires par le frottement des parties mobiles de la machine extérieures à l'appareil calorimétrique, on obtenait immédiatement le rapport du travail mécanique dépensé à la chaleur dégagée. Les expériences sur l'eau ont montré qu'à chaque unité de chaleur dégagée correspondait une dépense de 424 unités de travail. Les expériences sur le mercure ont donné le nombre 425, bien voisin de 424. Enfin, en substituant à la roue à palettes un anneau de fer frottant sur un disque fixe de même nature, et laissant l'appareil rempli d'eau, M. Joule a exécuté une troisième détermination qui l'a conduit au nombre 426.

Vous serez frappés sans doute de la concordance de ces trois nombres. Si j'ajoute que chacun est la moyenne de plusieurs déterminations, très-peu différentes les unes des autres, vous ne vous refuserez pas à voir dans le travail aujourd'hui classique de M. Joule la preuve expérimentale de l'exactitude des nouveaux principes. Vous admettrez aussi que la moyenne générale des trois séries d'expériences, c'est-à-dire le nombre 425, représente avec une assez grande précision la quantité de travail qui peut, en se détruisant, créer une quantité de chaleur égale à l'unité des physiciens.

Arrêtons-nous un moment à considérer la signification de ce nombre. Il exprime que développer la quantité de chaleur nécessaire pour élever de zéro à un degré la température d'un kilogramme d'eau et soulever un poids de 425 kilogrammes à un mètre de hauteur, c'est produire, au point de vue mécanique, deux effets équivalents. En d'autres termes, dans toute application de l'équation du travail où l'on doit tenir compte de la force vive calorifique aussi bien que de la force vive sensible, il faut pour chaque unité de chaleur dégagée ajouter 425 unités à la somme des travaux négatifs ou 850 unités à l'accroissement de la somme des forces vives. Cette relation ne doit pas d'ailleurs être restreinte au cas unique où la chaleur est dégagée par le frottement. Il résulte des principes que je vous expose qu'elle est générale, et que le nombre 425 doit être considéré comme représentant, dans tous les cas, l'*équivalent mécanique de la chaleur*: c'est par cette expression qu'il est universellement désigné. S'il peut sembler prématuré, au point où nous en sommes, de faire usage de ce terme dans un sens absolu, tous les doutes disparaîtront, et le principe de l'équivalence du travail mécanique et de la chaleur sera mis hors de toute atteinte, lorsqu'il sera établi qu'en tenant compte des erreurs inévitablement attachées à des expériences délicates, toutes les recherches inspirées par ce principe déterminent, pour l'unité de chaleur, la même valeur mécanique dans les phénomènes les plus différents.

V.

Nous trouverions une première confirmation des expériences de M. Joule dans les expériences de M. Favre sur le frottement de l'acier contre lui-même, mais je laisserai de côté pour le moment toutes les vérifications de ce genre, pour vous montrer entre la théorie ordinaire des machines et les lois générales de la mécanique une contradiction nouvelle opposée en quelque sorte à la précédente, et qui ne disparaît qu'autant qu'on adopte les principes que je cherche à vous démontrer. J'établirai aisément que toute machine mise en mouvement au moyen de la chaleur apparaît, lorsqu'on va au fond des idées reçues, comme une réalisation du mouvement perpétuel; qu'elle crée sans cesse de la force vive dans les corps qui l'environnent sans qu'il se produise dans son intérieur aucun changement, sans qu'il y ait réellement un travail positif des forces motrices équivalent à la force vive développée.

Je prendrai pour exemple la plus importante et la plus connue des machines de notre industrie, la machine à vapeur. Considérez avec moi une machine arrivée à sa période d'activité normale, et, pour fixer vos idées, supposez qu'il s'agisse d'une machine à condensation et à détente. Que s'y passe-t-il pendant la durée d'un mouvement de va-et-vient du piston? Une certaine quantité d'eau à basse température est prise dans le condenseur par la pompe d'alimentation, passe dans la chaudière, s'y échauffe, s'y transforme en vapeur saturée d'une température supérieure à 100 degrés, se rend au corps de pompe dans son nouvel état, soulève le piston, se détend, et retourne enfin au condenseur pour y reprendre son état primitif d'eau à basse température; en sorte qu'à la fin de cette série de transformations tout, dans la machine, se retrouve au même état qu'au commencement. Non-seulement toutes les pièces du mécanisme ont les mêmes situations relatives, mais l'agent moteur lui-même est exactement revenu à son état initial. La quantité d'eau qu'il a fallu injecter dans le condenseur pour déterminer le retour de la vapeur à l'état liquide ne doit pas faire illusion; elle n'est qu'un moyen de réfrigération qui pourrait être remplacé par d'autres, sans que le jeu de la machine fût altéré. Il serait possible, par exemple, de réduire le condenseur à un serpentin qui ne renfermerait que la quantité d'eau consommée par un coup de piston de la machine, et qui serait sans cesse refroidi par un courant d'eau extérieur. Dans ce cas il serait de toute évidence qu'au commencement et à la fin d'une de ces périodes dans lesquelles se décompose naturellement l'activité de la machine, l'état du liquide moteur et du mécanisme serait absolument le même, et vous en concluriez immédiatement que la somme des travaux des forces qui dans l'intervalle ont agi à l'intérieur de la machine a dû être nulle. Cette séparation du liquide moteur et du liquide réfrigérant, qui est matériellement réalisée dans les machines à vapeur d'éther ou de chloroforme, est toujours concevable par la pensée dans les machines à vapeur d'eau. La conclusion est donc générale. Le travail moteur de la vapeur tel qu'on le calcule ordinairement n'est, comme le travail du frottement, que l'expression empirique et provisoire d'un fait incomplétement compris. Dans la réalité le travail des forces élémentaires, le travail des actions mutuelles qui s'exercent entre les molécules du liquide, de la vapeur et des pièces solides de la machine est nul, et cependant la machine communique sans cesse de la force vive à des corps extérieurs, soulève des poids, façonne des métaux, en un mot, travaille. Le mouvement perpétuel paraît réalisé. Au travail extérieur de la machine ne semble correspondre dans son intérieur ni un travail équivalent, ni une disparition équivalente de forces vives.

Il en est ainsi au moins tant que nous ne voyons dans la machine à vapeur que des phénomènes mécaniques, tant que nous n'y cherchons d'autre force vive que celle du mouvement sensible des pièces qui la composent. Mais la difficulté s'évanouit dès que nous avons égard aux forces vives calorifiques. Par suite du jeu de la machine, la vapeur en se formant enlève à chaque coup de piston de la chaleur à la chaudière; elle en apporte au contraire au condenseur lorsqu'elle vient s'y liquéfier. Si ces deux quantités sont égales entre elles, la contradiction que nous cherchons à faire disparaître subsiste dans toute sa force; si elles sont inégales, si la quantité de chaleur que reçoit le condenseur est inférieure à la quantité que cède la chaudière, la difficulté est résolue. La disparition d'une quantité déterminée de chaleur dans les transformations successives de la vapeur équivaut, en effet, d'après les nouveaux principes, à l'anéantissement d'une certaine quantité de forces vives. Par conséquent, en même temps qu'à l'extérieur de la machine un travail est effectué ou des forces vives sont développées, à l'intérieur il disparaît une quantité de forces vives équivalente, et les lois générales de la mécanique sont satisfaites.

Pour justifier cette explication, des preuves expérimentales sont nécessaires. Il faut mesurer à la fois le travail de la machine et la perte de chaleur dont elle est le siége, et, si nos raisonnements sont exacts, il doit exister entre ces deux quantités un rapport constant, précisément égal à l'équivalent mécanique de la chaleur. La nécessité de ce rapport constant vous paraîtra assez évidente sans que je répète le détail des raisonnements par lesquels j'ai, dans le cas du frottement, établi une conclusion analogue. Ainsi, pour chaque unité de chaleur qui disparaît dans la machine, il doit s'accomplir à l'extérieur 425 unités de travail mécanique, ou se développer une quantité double de forces vives.

L'expérience est difficile, bien autrement difficile que l'expérience de Joule sur le frottement. Elle a cependant été faite dans d'assez bonnes conditions, et, sans entrer à ce sujet dans des détails minutieux, je puis vous faire comprendre de quelles opérations elle a dû se composer. Une machine étant arrivée à sa période d'activité normale et régulière, on a pu mesurer la quantité de vapeur qu'elle consommait pour un nombre de coups de piston déterminé; on a exactement apprécié l'état physique dans lequel cette vapeur passait de la chaudière au corps de pompe; on a mesuré sa température, sa pression, et on a eu soin de se placer dans des conditions telles qu'elle arrivât au corps de pompe sans être chargée d'une quantité sensible de gouttelettes liquides entraînées mécaniquement et sans être échauffée au-dessus de sa température de saturation. Ces données, jointes à la connaissance des chaleurs totales de vaporisation, qu'on doit aux recherches de M. Regnault, ont permis de calculer avec certitude la quantité de chaleur qui se consommait dans la chaudière en un temps donné, pour transformer en vapeur l'eau empruntée au condenseur [1]. D'autre part, on a pu déterminer sans

_____

[1] Soit T la température de vaporisation. Si l'eau qui se vaporise était introduite dans la chaudière à la température zéro, la formation de chaque unité de poids de vapeur exigerait, d'après les expériences de M. Regnault, la dépense d'une quantité de chaleur égale à 606,5 + 0,305 T. L'eau étant prise dans un condenseur à la température t, cette dépense est réduite de la quantité de chaleur qui serait nécessaire pour élever de zéro à t la température de l'unité de poids d'eau, c'est-à-dire de t, si l'on considère la chaleur spécifique de l'eau comme constante et égale à l'unité, ce qui est sensiblement vrai entre les limites que la température du condenseur ne dépasse jamais.

plus de difficulté la chaleur apportée au condenseur dans le même temps : il a suffi de mesurer la quantité d'eau froide qu'il a fallu amener dans cette partie de la machine pour y maintenir une basse température constante, malgré l'arrivée incessante de la vapeur, et d'observer à la fois la température du condenseur et celle du réservoir plus froid où cette eau était puisée [1]. La partie calorimétrique de l'expérience a été terminée, lorsqu'on a ajouté à ces deux séries de mesures l'appréciation des pertes de chaleur dues à l'action combinée du rayonnement, du contact de l'air et de la conductibilité.

La partie mécanique a été la plus délicate. Pour mesurer le travail total effectué par la machine, on a bien dû se garder de mettre cette machine en rapport avec un frein de Prony et d'effectuer les déterminations ordinaires auxquelles est destiné cet appareil. On aurait ainsi évalué seulement le travail utile que la machine était capable de produire, et on aurait eu à y ajouter le travail absorbé par les résistances passives dont la détermination exacte est à peu près impossible. On a dû recourir à une tout autre méthode. On a cherché à mesurer la pression exercée par la vapeur sur la base du piston à chaque instant de sa course, afin de calculer ensuite, par les méthodes d'approximation en usage, le travail total qui eût été disponible dans la machine si les résistances passives avaient pu être supprimées [2]. La nécessité de déterminer les valeurs successives d'une pression assez rapidement variable n'a pas permis de mettre

---

[1] Soient t la température du condenseur, θ la température et p le poids de l'eau injectée en un temps donné. La chaleur abandonnée par la condensation de la vapeur étant égale à la chaleur absorbée par l'eau injectée, pour s'élever de la température θ à la température t, son expression est évidemment $p(t-\theta)$.

[2] Si, par la pensée, on substitue à chaque instant à la pression actuelle de la vapeur sur le piston l'action motrice d'un poids transmise sans frottement, par l'intermédiaire d'une poulie, le mouvement et la puissance de la machine ne seront pas altérés. Le travail dû à la chute du poids sera ce qu'on appelle le *travail moteur* de la machine, et c'est précisément la valeur de ce travail qu'on a pu déduire des mesures indiquées dans le texte. En réalité il y a compensation exacte entre les travaux positifs et les travaux négatifs des forces physiques qui agissent dans une machine à vapeur; mais l'ascension du piston n'en est pas moins un fait constant, et le mécanisme inconnu en vertu duquel cette ascension a lieu équivaut par son résultat à l'action d'une force de grandeur déterminée. On peut donc, sans contradiction, continuer à parler du travail de la vapeur dans une machine. On verra d'ailleurs plus loin que c'est très-probablement par la communication d'une partie de la force vive de ses molécules que la vapeur soulève le piston. (Voir la note K.)

en usage les appareils manométriques ordinaires par lesquels la force élastique d'une vapeur peut se mesurer avec une précision presque absolue. On s'est servi d'un indicateur de Watt, gradué à l'avance par comparaison avec un manomètre à mercure, et, malgré les incertitudes que présente toujours l'usage de ce petit instrument, inventé par son auteur pour les besoins de la pratique et non pour ceux de la science pure [1], les nombres obtenus ont répondu de la manière la plus claire à la question qu'on s'était posée.

L'exécution du grand et pénible travail dont je viens de vous esquisser la marche est due à un ingénieur civil de Colmar, M. Hirn, qui a su faire servir les ressources matérielles d'une importante manufacture à la solution d'une question de science abstraite. Ce n'est pas sur les machines en miniature d'une collection scientifique et entre les murs d'un laboratoire, c'est sur des machines de 100 et 200 chevaux, c'est dans des ateliers industriels que toutes les mesures ont été prises. Cette circonstance est doublement heureuse, d'abord parce qu'elle écarte d'emblée toutes les objections que les praticiens se plaisent à élever contre ce qu'ils appellent les expériences de cabinet; ensuite, et cet avantage est plus essentiel, parce que la grande dimension des appareils et la longue durée des expériences ont atténué l'influence de ces mille perturbations accidentelles qui surviennent toujours dans une recherche d'espèce nouvelle, mais qui finissent par se compenser lorsqu'elles se répètent un grand nombre de fois, avec des chances égales d'agir tantôt dans un sens, tantôt dans l'autre.

Bien interprétées, les expériences de M. Hirn donnent le résultat

---

[1] On sait que l'indicateur de Watt est formé d'un petit cylindre métallique à l'intérieur duquel se meut un piston fixé à l'extrémité d'un ressort. L'espace inférieur au piston étant mis en rapport avec le corps de pompe d'une machine à vapeur, suivant que la pression de la vapeur est supérieure ou inférieure à la pression atmosphérique, le piston s'élève ou descend. Un crayon qu'il entraîne dans son mouvement trace un trait continu sur une bande de papier que déroule un appareil d'horlogerie. Si le piston de l'indicateur était mobile sans frottement, l'ordonnée de la courbe ainsi tracée, comptée à partir de la droite que dessinerait le crayon dans le cas d'une force élastique égale à la pression de l'atmosphère, serait proportionnelle à l'excès de la force élastique de la vapeur sur la pression atmosphérique, et le travail total disponible serait donné par une simple quadrature. On conçoit aisément comment il est possible de corriger l'influence du frottement par une graduation empirique convenable.

auquel sans doute vous vous attendez. Elles montrent que la vapeur apporte au condenseur moins de chaleur qu'elle n'en prend à la chaudière, et que la chaleur consommée à l'intérieur de la machine est proportionnelle au travail effectif de la vapeur. Le rapport de ces deux quantités est une nouvelle détermination de l'équivalent mécanique de la chaleur, qui se rapproche des déterminations antérieures de M. Joule et de M. Favre. En effet, si les résultats individuels qu'on peut déduire des diverses expériences de M. Hirn oscillent entre des limites assez étendues, leur valeur moyenne est le nombre 413, précisément égal au nombre trouvé par M. Favre dans ses expériences sur le frottement de l'acier, et bien peu éloigné de ceux que M. Joule a fait connaître. Je dois avouer que M. Hirn a formulé tout autrement la conclusion de ses recherches, mais je ne pense pas que vous soyez disposé à regarder sa théorie comme exacte. Il compare effectivement la consommation calorifique de ses machines, non pas au travail entier de la vapeur, mais à la fraction du travail qui correspond au phénomène de la détente. Vous m'accorderez sans peine qu'effectuer un pareil départ entre les deux parties du travail de la machine, c'est admettre implicitement que dans la période antérieure à la détente, la machine fonctionnant à pleine vapeur, son travail est créé de rien, et la juste estime que je voudrais vous avoir inspirée pour le mérite d'un expérimentateur habile et consciencieux ne vous rendra pas insensibles aux erreurs de ses raisonnements[1].

VI.

Vous me suivrez donc, je l'espère, avec confiance dans la généralisation qu'il convient maintenant de vous présenter. Nous sommes arrivés en effet par deux routes, en quelque sorte opposées, à la même conclusion. L'étude de deux phénomènes d'ordre très-différent nous a montré tantôt la chaleur transformée en travail mécanique, tantôt le travail transformé en chaleur, et dans les deux cas une même relation numérique a lié l'un à l'autre les deux termes de la transformation. Je pourrais, sans manquer aux règles de la méthode expérimentale, vous demander d'accorder à cette relation une géné-

[1] Voir les notes B et C.

ralité absolue, en vous rappelant que les plus grandes découvertes scientifiques n'ont pas été, pour la plupart, le résultat d'un plus grand nombre d'expériences, ni d'arguments mieux concordants; mais je veux écarter de vos esprits jusqu'à l'apparence d'un doute, et vous démontrer qu'il est impossible que deux séries d'expériences différentes donnent pour l'équivalent mécanique de la chaleur deux valeurs distinctes en réalité, c'est-à-dire deux valeurs dont la différence, s'il y en a une, ne doive être entièrement attribuée aux erreurs inévitables des observations.

Désignons, en effet, par E la valeur de l'équivalent mécanique de la chaleur relative aux phénomènes dont la machine à vapeur est le siége, et admettons pour un instant que cette valeur ne convienne pas à un autre ordre de phénomènes. Supposons, par exemple, qu'en dépensant d'une certaine façon une quantité de travail T on puisse développer une quantité de chaleur supérieure à $\frac{T}{E}$. Représentons par $\frac{T}{E}(1+h)$ cette quantité de chaleur, et concevons qu'elle vienne se consommer dans une machine à vapeur. On obtiendra ainsi une quantité du travail égale à

$$T(1+h),$$

ou, ce qui revient au même, on accumulera dans le volant de cette machine une quantité de force vive égale à

$$2T(1+h).$$

Cette force vive, à son tour, pourra être appliquée à reproduire, en s'anéantissant, le phénomène primitif, et par conséquent à développer la quantité de chaleur

$$\frac{T(1+h)}{E}(1+h) = \frac{T}{E}(1+h)^2.$$

Enfin la consommation de cette seconde quantité de chaleur restituera au volant de la machine une force vive égale à

$$2T(1+h)^2,$$

et par conséquent une vitesse supérieure à celle qu'il possédait au bout de la première opération. Mais la machine à vapeur et les appareils, quels qu'ils soient, où le travail se transforme en chaleur, peuvent être considérés maintenant comme constituant un système unique, soumis simplement aux actions mutuelles des corps qui le composent. Or, il résulte de notre hypothèse qu'à deux époques différentes, où les situations relatives de tous les corps seraient identiques, la somme des forces vives existantes aurait successivement les valeurs

$$2T(1+h) \quad \text{et} \quad 2T(1+h)^2.$$

Ainsi le mouvement perpétuel serait réalisé. L'hypothèse est donc absurde.

Envisageons au contraire un phénomène où la chaleur se transforme en travail, et supposons que par la consommation d'une quantité de chaleur Q il soit possible d'engendrer une quantité de travail supérieure au produit QE. Une absurdité toute pareille va être la conséquence de cette nouvelle supposition. A cet effet, nous remarquerons que la machine à vapeur est un appareil réversible ; que si, dans son usage ordinaire, elle sert à créer du travail en consommant de la chaleur, elle peut aussi, sous l'influence d'une force motrice convenablement appliquée, fonctionner en sens inverse de sa marche habituelle et créer de la chaleur aux dépens du travail qu'elle consomme. Produits par l'action d'une puissance extérieure, les mouvements du piston déterminent successivement l'évaporation de l'eau du condenseur, la compression de la vapeur ainsi introduite dans le cylindre, sa transformation en vapeur saturée à la température de la chaudière, et finalement sa liquéfaction. La vapeur apporte alors en définitive à la chaudière plus de chaleur qu'elle n'en prend au condenseur ; il y a à la fois dépense de travail et création de chaleur. Pour obtenir le mouvement perpétuel il n'y aurait donc qu'à réunir en un système unique une machine à vapeur dont le jeu serait renversé et l'appareil où, par hypothèse, la consommation d'une quantité de chaleur Q produirait une quantité de travail supérieure à QE.

Enfin, j'ai à peine besoin d'ajouter qu'on prouverait d'une manière toute semblable qu'aucun phénomène ne saurait donner pour l'équivalent mécanique de la chaleur une valeur inférieure au nombre E.

C'est donc bien réellement à une loi générale de la nature que nous ont conduits nos raisonnements. Essayons de la formuler dans une série de propositions qui en expriment la signification exacte et en fassent au moins pressentir les applications.

1° Ce que nous appelons dégager de la chaleur, c'est communiquer aux molécules, tant pondérables qu'impondérables, d'un ou de plusieurs corps, une certaine quantité de forces vives; et si les corps changent de volume, c'est accomplir, en outre, un travail équivalent à une somme de forces vives déterminée.

2° Dans toute application de l'équation du travail, il importe également de tenir compte de la force vive sensible et de la chaleur dégagée ou absorbée représentée par son équivalent mécanique.

3° Toutes les fois qu'il n'y a pas équivalence entre la somme des travaux des forces et la variation de la somme des forces vives, ou que cette équivalence n'existe qu'en apparence par l'introduction d'une équation empirique, telle que le prétendu travail du frottement, la prétendue perte de forces vives qui accompagne le choc des corps, il y a production d'un phénomène calorifique concomitant par lequel l'équivalence est rétablie.

4° Si la somme des travaux des forces excède la moitié de l'accroissement de la somme des forces vives, le phénomène calorifique est un dégagement de chaleur, et il y a autant d'unités de chaleur dégagées qu'il y a de fois 425 unités dans l'excès du travail des forces sur le demi-accroissement de la somme des forces vives.

5° Enfin, si la somme des travaux des forces est moindre que la moitié de l'accroissement de la somme des forces vives, le phénomène calorifique est une absorption de chaleur, et il disparaît autant d'unités de chaleur qu'il y a de fois 425 unités dans l'excès du demi-accroissement de la somme des forces vives sur la somme des travaux des forces[1].

Est-il nécessaire de vous développer l'importance de cette loi? Qui ne voit qu'elle n'implique rien moins qu'une révision entière de la science? Qui ne comprend que toute expérience se terminant en définitive à des mouvements, elle tombe sous l'empire des lois de la mécanique, et comporte une application de l'équation des

[1] Voir la note D.

forces vives; mais que toute application où l'on n'a pas eu égard aux nouveaux principes est à reprendre lorsqu'on sait ou que seulement on soupçonne qu'aux phénomènes mécaniques sont joints des phénomènes calorifiques? J'oserai dire qu'il n'est pas une science qui échappe à la nécessité de ce nouvel examen, que la physiologie et l'astronomie, par exemple, en ont le même besoin que la chimie et la physique. Vous en aurez la preuve dans la suite de cette exposition.

Cette révision d'ailleurs n'est point un pénible travail de correction qui nous offre pour toute espérance celle de découvrir dans les phénomènes quelques actions perturbatrices d'un effet plus ou moins difficile à calculer, ou de perfectionner la détermination numérique de quelques coefficients. C'est l'étude la plus féconde que puisse entreprendre la science actuelle, la plus propre à établir d'intimes relations entre les phénomènes en apparence les plus différents. Le seul exemple du frottement nous fait suffisamment pressentir tout ce que la théorie nouvelle peut nous enseigner sur les sujets que nous croyons connaître le mieux.

VII.

Nous allons tenter cette étude, autant du moins que cela est possible dans les limites étroites qu'il nous faut nous prescrire. Dès les premiers pas nous verrons qu'elle ne nous conduit pas seulement à de vagues rapprochements, mais à des relations précises, numériquement comparables à l'expérience; le succès constant de ces comparaisons sera une vérification *a posteriori* de l'absolue généralité que nous avons attribuée aux nouveaux principes.

Occupons-nous en premier lieu, comme cela est assez naturel, des modifications que l'action de la chaleur détermine dans le volume ou l'état des corps.

Je n'ai pas besoin de vous rappeler que tout corps dont la température varie change de volume, et que si la température atteint, dans ses variations, de certaines valeurs spéciales à chaque corps, au changement continu de volume succède une de ces brusques transformations qui font passer le corps de l'état solide à l'état liquide, de l'état liquide à l'état gazeux, et *vice versa*. Aucune partie de la science n'a été plus cultivée de notre temps, et cependant aucune peut-être ne paraît moins avancée. Les chapitres qui s'y rapportent dans les traités généraux de physique les plus récents ne contiennent guère que l'exposition des méthodes expérimentales les plus propres à déterminer les valeurs exactes des coefficients de dilatation, des chaleurs spécifiques, des chaleurs latentes, etc., et les tableaux où sont réunies ces valeurs numériques, groupées dans un certain ordre, mais toujours présentées comme absolument indépendantes les unes des autres. Assurément rien n'est moins satisfaisant pour l'esprit que cette absence de relations entre les propriétés diverses d'un même corps ou les propriétés analogues de corps différents. Tant qu'aucun lien n'existe entre les faits, les meilleures observations ne constituent pas plus une science que les pierres les mieux taillées, rangées suivant l'ordre de leurs grandeurs ou l'analogie de leurs formes, ne constituent un édifice.

Il est tout à fait digne de remarque que des progrès réels de la science ont, à une certaine époque, aggravé plutôt qu'amélioré cette situation. Il est arrivé en physique à peu près ce qui serait arrivé en astronomie, si le perfectionnement des procédés d'observation avait marché plus vite que le perfectionnement de la théorie; si, par exemple, la découverte de l'achromatisme ou les progrès modernes de la construction des cercles divisés avaient immédiatement suivi la publication des lois de Kepler, au lieu de venir longtemps après la théorie de la gravitation universelle. Il y a trente ans environ, la science possédait ou croyait posséder les analogues des lois de Kepler dans la loi de Mariotte, la loi de la dilatation des gaz[1], les lois de Dulong et Petit et de Neumann sur les chaleurs spécifiques. L'admirable perfectionnement des méthodes expérimentales qui s'est accompli depuis cette époque, et que les noms de MM. Rüdberg, Magnus et Regnault suffisent à vous rappeler, a eu pour conséquence immédiate de rendre sensibles les perturbations de ces lois, et, aucune conception théorique ne laissant même entrevoir la possibilité de rapporter à une cause commune les lois et leurs perturbations, l'importance des lois elles-mêmes a bientôt paru se réduire à celle de formules empiriques, bonnes tout au plus à

[1] Voir la note E.

représenter d'une manière approchée la marche générale des phénomènes. C'est ainsi que la science a peu à peu semblé se détruire elle-même.

La théorie mécanique de la chaleur est venue tout changer. Non-seulement elle a coordonné de nouveau les phénomènes, mais comme elle a profondément modifié la manière de les concevoir, dans plusieurs cas elle a donné le secret de leurs perturbations.

Supposons qu'une quantité de chaleur déterminée soit communiquée à un corps : ce corps change de volume et éprouve dans l'ensemble de ses propriétés une certaine modification que nous exprimons en disant que sa température s'élève. Si à mesure que le corps s'échauffe on augmente dans une proportion convenable la pression exercée sur sa surface, on peut mettre complétement obstacle à sa dilatation, et l'expérience montre que dans ce deuxième cas la quantité de chaleur nécessaire pour une élévation de température donnée est moindre que dans le premier. Si l'élévation de température est dans les deux cas égale à l'unité arbitrairement choisie qui constitue le degré thermométrique, les deux quantités de chaleur dont il s'agit sont ce qu'on nomme la chaleur spécifique à pression constante et la chaleur spécifique à volume constant. Leur différence est la chaleur latente de dilatation, l'expression de chaleur latente voulant dire simplement que la quantité de chaleur qu'elle désigne est communiquée au corps sans produire l'effet thermométrique.

Que signifie au point de vue mécanique toute cette description des phénomènes? Échauffer un corps, emprunter de la chaleur à une source pour la faire passer dans un corps, c'est diminuer d'une certaine quantité la somme des forces vives existant dans la source et déterminer dans le corps la production d'effets mécaniques équivalents à cette diminution. Si le volume est maintenu invariable, ces phénomènes se bornent à un accroissement de la somme des forces vives moléculaires, et peut-être à des changements dans l'orientation relative des molécules accompagnés d'un certain travail de leurs actions réciproques [1]. Si, la pression demeurant constante, le volume augmente, il se produit un nouveau travail dans lequel il y a lieu de considérer deux parties distinctes. D'abord les molé-

_____
[1] Voir la note F.

cules du corps s'écartent des distances et des positions relatives où
leurs actions mutuelles tendaient à les maintenir; il y a donc un
travail de ces actions mutuelles qui peut recevoir le nom de *travail
intérieur*, et qui doit bien évidemment s'envisager comme négatif
puisque les forces moléculaires résistent au déplacement produit.
En second lieu la dilatation du corps s'accomplit malgré les pressions que supporte sa surface extérieure; les points d'application de
ces pressions se déplacent donc à l'opposé des pressions elles-mêmes.
De là un second travail, négatif comme le précédent, et qui peut
recevoir le nom de *travail extérieur*. L'excès de la chaleur spécifique à
pression constante sur la chaleur spécifique à volume constant, la
chaleur latente de dilatation, est une quantité déterminée de forces
vives qui disparaît dans la source de chaleur en même temps que ces
deux travaux s'accomplissent. Exprimée au moyen de l'unité calorifique, elle doit être égale au quotient de la somme des deux travaux
par l'équivalent mécanique de la chaleur.

Remarquez, je vous prie, le double résultat de nos raisonnements. D'abord ils nous font comprendre ce que c'est que la chaleur
latente; ils nous apprennent que c'est la chaleur qui se détruit en
effectuant un travail mécanique, et qui se régénère lorsqu'un travail
égal et de signe contraire est effectué par l'action d'une force extérieure. En second lieu ils établissent une relation numérique entre
deux constantes physiques, indépendantes l'une de l'autre en apparence, et le travail mécanique correspondant à un changement
déterminé.

Malheureusement cette relation, sous la forme où elle se présente
naturellement, ne nous est d'aucune utilité. Des deux termes dont
la somme constituerait le second membre de l'équation, un seul, le
travail extérieur, peut être calculé avec certitude. Il est visiblement
égal au produit de la pression par l'accroissement de volume, très-
sensible par conséquent dans les gaz et les vapeurs, très-faible dans
les solides et les liquides. Le travail intérieur, au contraire, échappe
dans l'état présent de la science, et échappera sans doute longtemps
encore à toute détermination. Une connaissance complète de la constitution intime des corps serait nécessaire pour le calculer, et je n'ai
pas à vous apprendre quelle distance il y a, des conjectures plus ou

moins plausibles qu'on peut aujourd'hui former à ce sujet, à une théorie véritable. C'est donc commettre la plus grave des erreurs que d'établir, comme on l'a fait quelquefois, la relation d'équivalence entre la quantité de chaleur absorbée par un corps et le travail extérieur; c'est peut-être l'atténuer, mais ce n'est pas la faire disparaître que de substituer au travail intérieur correspondant à une dilatation le travail des forces extérieures qui, par leur action mécanique, pourraient produire une déformation égale à cette dilatation. Il y aurait lieu de s'étonner si les prétendues déterminations de l'équivalent mécanique de la chaleur qu'on voudrait déduire de calculs aussi erronés donnaient des résultats approchant du nombre véritable [1].

A la vue de cette difficulté, il semble que la nouvelle théorie soit bien vite arrêtée dans son développement et que la découverte des relations précises, numériquement comparables à l'expérience dont je vous parlais tout à l'heure, soit renvoyée pour ainsi dire à l'époque où la physique aura, sur toutes choses, dit son dernier mot. Mais on peut tourner l'obstacle par un artifice ingénieux de raisonnement dont l'invention est due à Sadi Carnot : on peut, sans connaître la constitution intérieure des corps, établir des relations entre leurs propriétés mécaniques et leurs propriétés calorifiques, en considérant une série de changements successifs telle que, l'état final et l'état initial étant identiques, le travail intérieur soit nul. Soit en effet un corps quelconque, solide, liquide ou gazeux, possédant le volume v à la température t et sous la pression p. Appelons A l'état physique défini par ces trois circonstances et représentons le volume v par l'abscisse OA (*fig.* 1), la pression p par l'ordonnée

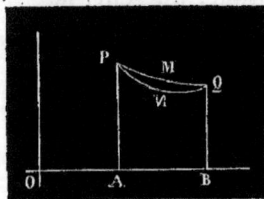

Fig. 1.

AP. Diminuons la pression extérieure, et, en même temps que le corps se dilate, communiquons-lui de la chaleur de manière que sa température varie suivant une loi déterminée. Arrêtons cette première série de modifications lorsque le corps est parvenu à l'état A' caractérisé par la température t', le volume v' et la pression p'. Soient OB $= v'$, BQ $= p'$. et admettons que l'abscisse et l'or-

[1] Voir la note G.

donnée de la courbe PMQ représentent le volume du corps et la pression extérieure correspondante aux divers instants de la transformation qui vient d'être définie, et que j'appellerai la transformation B. Dans cette transformation, une certaine quantité Q de chaleur est communiquée au corps et une quantité T de travail extérieur est effectuée. L'une et l'autre quantité peuvent se calculer si, entre les limites de température t et t', l'expérience a complétement déterminé l'influence de la pression extérieure sur le volume du corps et les quantités de chaleur que le corps absorbe en éprouvant un changement donné de température ou de volume. Elles peuvent donc s'exprimer théoriquement au moyen des constantes élastiques et des deux chaleurs spécifiques, pourvu qu'on regarde ces divers éléments comme des fonctions de la température et du volume. Le travail T est d'ailleurs représenté géométriquement sur la figure par l'aire de la surface comprise entre la courbe PMQ, l'axe des abscisses et les deux ordonnées extrêmes AP et BQ.

Concevons maintenant que, par un accroissement graduel de la pression extérieure succédant à la diminution qui vient d'avoir lieu, nous ramenions le corps à son volume initial. Pendant cette seconde transformation, que j'appellerai B', enlevons sans cesse de la chaleur au corps à mesure qu'il se comprime, de façon que la température correspondante à un volume donné soit constamment moindre que dans la transformation B, excepté au commencement et à la fin de l'expérience. Le corps reprendra en définitive son état initial, mais, dans tous les états intermédiaires caractéristiques de la transformation B', la pression correspondante à un volume donné sera moindre que dans la transformation B. La courbe QNP, qui représentera cette seconde relation entre la pression et le volume, aura donc toutes ses ordonnées, sauf les deux ordonnées extrêmes, inférieures aux ordonnées de la courbe PMQ. L'aire de la courbe QNP, limitée par les mêmes ordonnées AP et BQ, représentera le travail T' de la pression extérieure appliquée au corps, et il est clair qu'on aura T' $<$ T. On pourra d'ailleurs calculer T' et Q' de la même façon et à l'aide des mêmes éléments que T et Q.

Mais les deux opérations B et B' peuvent être envisagées comme n'en formant qu'une seule dans laquelle l'état final et l'état initial sont identiques. Les situations relatives de tous les éléments du corps étant les mêmes au commencement et à la fin, il résulte des principes généraux de la mécanique qu'il y a compensation exacte entre les travaux des forces moléculaires, que le travail intérieur correspondant à la transformation B est exactement égal et contraire au travail intérieur correspondant à la transformation B'. Il n'y a donc pas lieu de s'en occuper. D'autre part, T' étant plus petit que T, on voit que, dans le cycle d'opérations qui vient d'être défini, le corps en s'écartant de son état initial par un certain chemin, et y revenant par un chemin différent, développe une quantité de travail extérieur égale à T — T', et représentée géométriquement par l'aire PMQN, différence des deux aires par lesquelles les travaux T et T' sont représentés. Aucun travail extérieur n'ayant lieu, aucune force vive sensible ne disparaissant, il est de toute nécessité qu'une quantité correspondante de chaleur soit consommée. Il faut donc premièrement que dans l'opération B le corps absorbe plus de chaleur qu'il n'en dégage dans l'opération B', en second lieu que le rapport du travail effectué T — T' à la chaleur consommée Q — Q' soit égal à l'équivalent mécanique de la chaleur.

La formule

$$T - T' = E\,(Q - Q'),$$

à laquelle nous nous trouvons conduits, donnera une relation numérique entre les phénomènes mécaniques et les phénomènes calorifiques dont l'étude est considérée ordinairement comme appartenant à deux sections distinctes de la physique, aussitôt que T et T', Q et Q' seront exprimés au moyen des constantes élastiques et des deux ordres de chaleurs spécifiques, ainsi que des températures et des volumes. Toutefois, autant on imaginera de cycles particuliers d'opérations, autant on obtiendra de relations spéciales. Pour avoir une équation générale qui les comprenne toutes implicitement, il suffira de supposer infiniment petite la transformation que l'on considère. La formule ci-dessus se réduira alors à une équation différentielle dont les intégrales particulières exprimeront les lois de la dilatation des corps par la chaleur, dans telles circonstances qu'on voudra spécifier. Deux autres équations différentielles, obtenues par des considérations analogues, et qui renfermeront d'autres éléments, gouverneront le phénomène de la fusion et celui de la vaporisation [1].

VIII.

La nature de ces leçons m'interdisant tout développement d'analyse infinitésimale, je laisserai de côté ces équations différentielles et leurs conséquences, pour m'attacher spécialement à une classe de corps dont on peut donner une idée à peu près complète par la simple considération du travail extérieur qu'ils effectuent sous l'influence de la chaleur.

On a remarqué depuis longtemps que l'identité des propriétés mécaniques et calorifiques des gaz de diverse nature semblait annoncer que dans ces corps l'influence de l'attraction moléculaire était insensible. Les anciens traités de physique insistent en général beaucoup sur ce point, et, adoptant l'hypothèse de la matérialité du calorique, attribuent la force élastique des gaz à la force répulsive du calorique accumulé dans leurs molécules; Laplace a même su déduire de cette considération la loi de Mariotte, la loi du mélange des gaz et celle de leur dilatation [2]. Aujourd'hui, après que les idées sur la nature de la chaleur se sont si profondément modifiées, l'explication de Laplace ne peut être conservée, mais le point de départ subsiste. La manière la plus simple de concevoir comment il est possible que les forces mécaniques et l'action de la chaleur produisent des effets presque identiques sur les gaz de la nature la plus diverse est encore d'admettre qu'aux distances où se trouvent les molécules de ces corps les unes par rapport aux autres, leurs actions réciproques sont à peu près insensibles. La loi du mélange des gaz semble même donner à cette conception un caractère de nécessité absolue. Si dans les gaz les forces moléculaires avaient une valeur sensible, cette valeur ne saurait être la même pour les actions qui s'exercent entre deux molécules de même nature et pour celles qui s'exercent entre deux molécules de nature différente. Les propriétés d'un mélange de deux gaz devraient donc être tout à fait différentes

[1] Voir les notes II et I.
[2] Voir la *Mécanique céleste*, liv. XII, chap. II.

de celles d'un gaz simple. Chacun sait cependant qu'au point de vue physique, entre l'oxygène pur et l'air atmosphérique, par exemple, il n'y a guère d'autre différence que celle de la densité ou de l'indice de réfraction, mais que toutes les propriétés qui paraissent dépendre de l'action réciproque des molécules sont identiques.

De là une double conséquence. Premièrement, si dans les gaz les forces moléculaires sont à peu près nulles, on ne peut guère se rendre compte du mode d'existence et des propriétés générales de ces corps qu'en supposant que leurs molécules sont animées de vitesses considérables, d'autant plus considérables que leur température est plus élevée, et produisent par leurs chocs le phénomène de la pression. En second lieu, les changements de volume d'un gaz ne sont accompagnés d'aucun travail intérieur comparable au travail extérieur.

Le développement de la première de ces conséquences a donné naissance à une théorie de la constitution des gaz bien supérieure à la théorie de Laplace, mais sur laquelle je me bornerai à cette brève indication, ne voulant rien introduire dans ces leçons qui puisse être traité de pure hypothèse [1]. La deuxième conséquence est immédiatement vérifiable par l'expérience.

Laissons, en effet, un gaz se dilater dans des conditions où, aucune résistance extérieure ne s'opposant à sa dilatation, aucun travail extérieur ne s'effectue ; si le travail intérieur est nul et si le gaz est en repos à la fin comme au commencement de l'expérience, il ne devra se produire ni absorption ni dégagement de chaleur. Cette assertion est de nature à surprendre, car elle semble en contradiction avec les expériences les plus connues. Il n'est probablement personne parmi vous qui n'ait vu faire l'expérience très-simple consistant à placer un thermomètre de Bréguet sous le récipient de la machine pneumatique, et à observer l'abaissement de température qui se manifeste dès le premier coup de piston. Vous connaissez sans doute aussi l'expérience célèbre des mines de Schemnitz dont parlent tous les traités de physique : si l'on ouvre, tandis qu'il est rempli d'air, le réservoir inférieur de la gigantesque fontaine de

[1] Voir la note J.

Héron qui opère dans ces mines l'épuisement des eaux, l'air humide en s'échappant se refroidit tellement, que la vapeur d'eau qu'il renferme se congèle et se dépose sous forme de givre sur les corps mauvais conducteurs qui lui sont présentés[1]. Devant cette double expérience, il peut sembler étrange d'annoncer que dans de certaines conditions un gaz doive se dilater sans se refroidir.

Il en est ainsi cependant. Dans un récipient métallique A (fig. 2), communiquant par un tube à robinet avec un récipient B de même capacité, M. Joule a comprimé de l'air atmosphérique sous la pression de 22 atmosphères. Dans le récipient B il a fait le vide, et après avoir porté le système des deux récipients dans un vase plein d'eau assez grand pour le recevoir tout entier, il a ouvert le robinet de com-

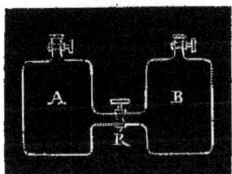

Fig. 2.

munication. Le gaz comprimé dans A s'est précipité dans B et a doublé de volume, mais dans cette transformation il n'a rencontré d'autre résistance que l'insignifiante résistance de la faible quantité d'air qu'une bonne machine pneumatique ne peut enlever. Ainsi, bien que la force élastique du gaz se soit réduite de 22 atmosphères à 11, aucun travail extérieur n'a été effectué. Aucune force vive sensible n'a été développée, puisqu'à la fin comme au commencement de l'expérience toutes les parties de l'appareil et le gaz qu'il contenait se sont trouvés en repos. Conformément à la théorie, aucune absorption de chaleur n'a eu lieu. Les thermomètres les plus délicats, immergés dans l'eau qui baignait les vases A et B, n'ont pu accuser, à l'instant où le robinet R a été ouvert, la moindre variation de température.

Il n'est pas d'ailleurs difficile de voir pourquoi, sous la cloche de la machine pneumatique et dans le réservoir de la machine de Schemnitz, la dilatation de l'air est accompagnée d'une absorption de chaleur. Si vous analysez dans ses détails le jeu de la machine pneumatique, vous reconnaîtrez qu'une partie du travail nécessaire à la

---

[1] Dans les cours de physique, cette expérience est imitée au moyen de la machine de compression. En recevant sur une boule de verre mince le courant d'air ordinaire et par conséquent humide qui s'échappe de la machine, on obtient facilement un dépôt de givre très-sensible.

marche de cette machine est fournie par la pression de l'air qu'elle évacue. Il y a donc à la fois travail extérieur produit et chaleur absorbée. Rien de plus conforme aux nouveaux principes. Dans la machine de Schemnitz, il n'est pas moins évident que l'air, qui sort du récipient avec une énorme vitesse, chasse devant lui l'atmosphère extérieure, et qu'il y a ainsi création de forces vives dans un système primitivement en repos. De là le refroidissement extraordinaire qui s'observe. Si l'on modifie l'expérience de M. Joule, de manière qu'il y ait soit de la force vive développée, soit un travail extérieur effectué, elle devra manifester aussi une absorption de chaleur.

Qu'on supprime, en effet, le récipient B, et qu'on adapte au robinet R un tube flexible, se rendant sous une grande cloche pleine d'eau renversée sur la cuve hydropneumatique. A l'ouverture du robinet, l'air sort de A et passe dans la cloche jusqu'à ce que sa pression soit devenue sensiblement égale à la pression atmosphérique, mais il n'accomplit cette transformation qu'à la condition de déplacer l'eau de la cloche, malgré la résistance de la pression atmosphérique, et le calorimètre où A est placé accuse par son abaissement de température l'absorption de chaleur correspondante au travail extérieur effectué. On conçoit même que des expériences de ce genre puissent conduire à une détermination de l'équivalent mécanique de la chaleur. M. Joule a ainsi obtenu le nombre 441, assez voisin de 425 pour que la différence puisse être entièrement attribuée aux erreurs inévitables des expériences. Ainsi s'évanouit l'apparente contradiction entre ce qu'on pouvait appeler l'ancienne et la nouvelle physique.

Toutefois, afin de ne laisser subsister ni doute ni obscurité en un sujet capital, j'irai au-devant d'une objection qui peut-être est déjà née dans vos esprits, et je tenterai de vous faire pénétrer un peu plus profondément dans le mécanisme des phénomènes. Si, dans le récipient A, on isole par la pensée une masse limitée de gaz qui soit encore tout entière contenue dans le même récipient lorsque l'expérience est terminée, il semble impossible que cette masse de gaz ne se refroidisse pas en se dilatant. Rien ne la distingue de la masse de gaz identique qu'on pourrait de même considérer à part dans l'une des expériences où la dilatation est accompagnée d'un abaissement de température. Dans l'un et dans l'autre cas, cette masse isolée se dilate au sein d'une masse plus grande qui lui résiste sans cesse et de tous côtés par sa pression. Supposer que tantôt elle se refroidit, tantôt elle conserve sa température, c'est, pour ainsi dire, supposer qu'elle est instruite de ce qui se passe en dehors d'elle, et qu'elle se conforme à une loi de la nature de la même façon qu'un être animé et doué d'intelligence.

On n'ose guère, en général, contre une théorie forte déjà de l'assentiment des plus hautes autorités scientifiques, exprimer tout haut de pareilles difficultés dont l'énoncé a quelque chose d'étrange et de malsonnant, mais on les garde au fond de l'esprit et on en reçoit quelquefois une défiance secrète contre la science tout entière. Examinons donc ce qu'elles peuvent contenir de vérité.

Assurément, dans l'expérience de Joule, il est nécessaire que l'air qui demeure dans le récipient A se refroidisse, car il communique, aussi longtemps que dure l'expérience, de la force vive à l'air qui passe dans B avec une vitesse finie. Mais cette force vive ne tarde pas à disparaître. La vitesse du gaz qui se rend dans B s'éteint très-rapidement, tant par le frottement réciproque de ses molécules que par leur choc contre les parois de l'appareil, et aussi par leur frottement contre l'orifice du robinet. Tout est au repos, pour ainsi dire, dès que le gaz a cessé de s'écouler. Mais cette force vive ne peut se détruire sans un dégagement de chaleur précisément égal à l'absorption qui a lieu dans le récipient A. Si donc, dans la première expérience de Joule, le calorimètre où se trouvent à la fois contenus les deux récipients n'est le siége d'aucune variation de température, c'est qu'il y a compensation parfaite entre deux effets opposés, c'est que, dans B, le frottement restitue toute la chaleur consommée dans A, et il n'est nécessaire d'attribuer au gaz aucune propriété incompréhensible, ni même, à le bien prendre, aucune propriété qui ne soit connue depuis longtemps. On peut d'ailleurs confirmer cette explication par l'expérience, en substituant au calorimètre unique deux calorimètres de moindres dimensions, dont l'un contienne seulement le vase A, l'autre le vase B et le robinet R. On reconnaît alors facilement l'opposition des deux phénomènes et leur complète équivalence.

Ces mémorables expériences, exécutées en 1845 par M. Joule, sont celles peut-être qui ont le plus contribué à attirer l'attention des savants sur la nouvelle théorie. M. Regnault s'est particulièrement attaché à les répéter sous toutes les formes et en y apportant tous les perfectionnements que pouvait lui suggérer sa longue habitude des recherches calorimétriques. Il a annoncé à l'Académie des sciences, au mois d'avril 1853, qu'il les avait entièrement vérifiées, et s'est rangé, à compter de ce moment, au nombre des partisans de la nouvelle théorie.

On ne saurait donc conserver aucun doute. Dans les gaz, le travail mécanique intérieur qui accompagne la dilatation ou la contraction est nul, ou du moins inappréciable aux méthodes calorimétriques ordinaires [1]. La chaleur que l'on communique à un gaz ne produit que deux effets faciles à déterminer, savoir: l'élévation de température et le travail extérieur. Si l'élévation de température est d'un degré seulement, et si le gaz se dilate librement sous pression constante, le travail extérieur, égal au produit de la pression par l'accroissement de volume, est exprimé par

$$pv \frac{\alpha}{1+\alpha t},$$

en appelant p la pression, t la température, v le volume sous la pression p et à la température t, et α le coefficient de dilatation. Si de plus le poids du gaz qui se dilate est égal à l'unité de poids, cette quantité de travail extérieur est l'équivalent mécanique de l'excès de la chaleur spécifique à pression constante sur la chaleur spécifique à volume constant. En appelant C et c ces deux chaleurs spécifiques, E l'équivalent mécanique de la chaleur, on a la relation

$$(C-c)\,E = \frac{pv\alpha}{1+\alpha t},$$

ou, en appelant v_0 le volume à la température zéro et sous une pression arbitraire p_0, et ayant égard à la loi de Mariotte et à la définition du coefficient de dilatation,

$$(C-c)\,E = \alpha p_0 v_0.$$

[1] Voir la note K.

Voilà donc, pour tous les gaz auxquels la loi de Mariotte est applicable, une relation numérique qui doit nécessairement exister entre le coefficient de dilatation, les deux chaleurs spécifiques, le volume de l'unité de poids dans des circonstances déterminées, et l'équivalent mécanique de la chaleur. On peut s'en servir pour calculer l'équivalent mécanique lui-même au moyen des propriétés physiques des divers gaz, et comme, pour un certain nombre de gaz, la plupart de ces propriétés ont été déterminées par des expériences dont la précision atteint probablement les limites qu'il est aujourd'hui impossible de dépasser en physique, il semble qu'on obtiendra ainsi une valeur supérieure en exactitude à toute autre. Appliquée de cette manière à l'air atmosphérique, la formule conduit au nombre 426, presque identique à la moyenne des expériences de Joule, si l'on admet pour le volume de l'unité de poids, pour le coefficient de dilatation et pour la chaleur spécifique à pression constante les nombres de M. Regnault, et si l'on calcule la chaleur spécifique à volume constant au moyen de la meilleure détermination connue de la vitesse du son, celle qui résulte des expériences de MM. Moll et van Beck. L'accord de ce calcul avec les expériences de M. Joule sur la chaleur dégagée par le frottement est assurément digne de remarque.

IX.

Malheureusement cet accord ne subsiste pas lorsqu'on applique la formule à d'autres gaz. Elle donne encore des résultats très-voisins du nombre 425 dans le cas de l'hydrogène, de l'oxygène et de l'azote; mais pour l'acide carbonique elle donne un nombre très-différent. Ce nombre a même deux valeurs fort éloignées l'une de l'autre, suivant qu'on met dans la formule l'une ou l'autre des valeurs de C que M. Regnault a déterminées pour la température zéro et pour la température 100 degrés[1]. Pour d'autres gaz, le désaccord est plus complet encore. D'où proviennent ces divergences?

En grande partie sans doute de l'incertitude qui existe encore sur les valeurs de la chaleur spécifique à volume constant. Mais il faut ajouter que l'application de la formule n'est pas pour tous les gaz

[1] Voir la note L.

également légitime, parce que dans tous le travail intérieur n'est pas également négligeable. Les lois de Mariotte et de Gay-Lussac ne conviennent rigoureusement à aucun gaz; elles ne sont l'expression très-approchée de la vérité que pour les gaz très-peu nombreux qui ont résisté jusqu'ici à toute tentative de liquéfaction. C'est de ces gaz seulement qu'on peut dire que l'identité de leurs propriétés mécaniques et calorifiques autorise à penser que l'influence des forces moléculaires y est insensible. Mais dans un gaz tel que l'acide carbonique, par exemple, dans un gaz que nous pouvons liquéfier, dont le coefficient de dilatation est supérieur d'un quinzième à celui de l'air et varie assez rapidement avec la pression; dans un gaz enfin qui, même sous la pression atmosphérique, n'obéit pas à la loi de Mariotte, il y a tout lieu de croire qu'un travail sensible des forces moléculaires accompagne les changements de volume. En lui appliquant une formule qui suppose l'absence de tout travail intérieur, on fait voir simplement qu'on ne comprend pas bien les principes dont on fait usage. En disant, comme on l'a fait quelquefois, qu'il y a autant d'équivalents mécaniques de la chaleur que de gaz différents, on déclare implicitement que le mouvement perpétuel est possible.

La conclusion immédiate de cette discussion serait qu'il convient de répéter les expériences de Joule sur l'acide carbonique et les gaz analogues, et de déterminer l'absorption de chaleur dont leur dilatation est accompagnée lorsqu'elle s'effectue sans produire de travail extérieur. Cette absorption de chaleur donnerait la mesure du travail intérieur, et il deviendrait possible ensuite de corriger la formule établie plus haut et d'en déduire la vraie relation qui existe entre les diverses propriétés du gaz. Mais si on ne modifiait profondément le procédé expérimental de M. Joule, il n'y aurait guère de chances d'arriver à un résultat. Dans l'expérience que je vous ai décrite, le gaz qui se dilate est environné d'eau, et, alors même qu'on opère sous une pression de vingt-deux atmosphères, la masse de l'eau est hors de toute comparaison avec la masse du gaz. Chacun comprend que si la masse de l'eau est, par exemple, égale seulement à vingt fois la masse de l'acide carbonique, comme la chaleur spécifique de l'eau est à peu près quintuple de celle du gaz, l'absorption d'une quantité de chaleur qui ferait varier d'un degré la température du gaz, s'il était seul, ne fera pas varier d'un centième de degré la température de l'appareil complexe, et que le phénomène essentiel pourra être entièrement caché sous les accidents irréguliers des expériences. Il faudrait trouver le moyen de supprimer le liquide extérieur en tant que liquide calorimétrique, et d'observer la variation de température qui a lieu dans un courant de gaz lorsque, sans accomplir de travail extérieur, il éprouve une variation considérable de force élastique. Toute absorption de chaleur dans ces circonstances serait uniquement due au travail intérieur qui accompagne la dilatation. Ces conditions sont réalisées dans une méthode expérimentale qu'a imaginée M. William Thomson et que le temps ne me permet pas de vous décrire [1]. Appliquée à l'hydrogène, à l'air et à l'acide carbonique, cette méthode a montré que la variation de température est presque nulle pour l'hydrogène, qu'elle est sensible pour l'air et assez forte pour l'acide carbonique, et c'est précisément à quoi on devait s'attendre d'après les expériences connues de M. Regnault. L'hydrogène, en effet, paraît être de tous les gaz le plus éloigné de son point de liquéfaction. L'oxygène et l'azote présentent déjà moins complétement l'ensemble des propriétés caractéristiques de l'état gazeux parfait. Enfin l'acide carbonique s'en écarte absolument. Il est donc naturel que dans l'hydrogène le travail intérieur soit presque insensible, que dans l'azote et l'air atmosphérique il soit faible, mais sûrement appréciable, et qu'il atteigne une valeur relativement considérable dans l'acide carbonique. Les résultats des expériences n'ont été d'ailleurs ni assez complets ni assez précis pour donner la valeur exacte des corrections qu'il faudrait apporter à la formule de la page XXXIX. Mais ils suffisent à rendre compte de la prétendue inégalité des équivalents mécaniques de la chaleur propres aux divers gaz, et ils permettent d'appliquer la formule sans correction à l'air et à l'hydrogène. On peut tenir pour certain que la vraie valeur du nombre E est comprise entre les nombres 424 et 426 qu'on déduit de la considération de ces deux gaz, ou plutôt, si on a égard à l'incertitude qui existe encore sur la valeur exacte des chaleurs spécifiques à volume constant, entre les nombres 420 et 430. Je

[1] Voir la note M.

continuerai donc, dans la suite de cette exposition, à faire usage du nombre 425.

J'ai longuement insisté sur cette première application de la théorie, plus longuement que je ne pourrai insister sur les autres phénomènes que j'ai l'intention d'étudier. Je n'attribue pas cependant à l'étude de la dilatation et de la compression des gaz une importance exceptionnelle. Mais j'ai tenu à vous montrer dès l'abord que la théorie mécanique de la chaleur offre les principaux caractères auxquels se reconnaît une théorie conforme à la réalité; qu'elle ne rend pas seulement compte des phénomènes connus, mais qu'elle en fait prévoir de nouveaux, et que ses prévisions supportent l'épreuve des vérifications numériques. Je voudrais avoir ainsi produit sur vos esprits l'impression qu'ont éprouvée sans doute ceux d'entre vous qui ont approfondi l'étude de l'optique, lorsque, abordant pour la première fois la théorie des ondes lumineuses, ils l'ont appliquée aux phénomènes de la réflexion et de la réfraction. La simplicité avec laquelle cette théorie rend compte des lois connues, la fécondité des aperçus qu'elle suggère, la nouveauté des phénomènes perturbateurs qu'elle fait prévoir en les appliquant, donnent à l'esprit la conviction qu'il a atteint la vérité ou du moins qu'il est entré dans une voie qui y mène sûrement.

Je m'estimerais heureux si cette première séance vous laissait quelque chose de semblable à cette conviction.

DEUXIÈME LEÇON.

Objet de la deuxième leçon : étude des machines thermiques et exposé des applications de la théorie qui sortent des limites de la physique proprement dite.

Comparaison de la machine à vapeur et de la machine à gaz. — Opinions contraires répandues chez les physiciens et chez les mécaniciens au sujet de la valeur relative de ces deux machines. — Discussion du raisonnement par lequel on a prétendu établir l'infériorité relative de la machine à vapeur. — Réfutation de ce raisonnement au moyen des expériences de M. Hirn. — Nécessité d'une condensation partielle de la vapeur qui se détend ; preuve expérimentale directe donnée par M. Hirn. — Expression générale du *coefficient économique* d'une machine à air du système de Robert Stirling. — Cette expression n'indique pas avec évidence que la machine à air soit supérieure à la machine à vapeur.

Généralisation et simplification remarquable de l'expression du coefficient économique des machines à gaz. — Températures absolues; zéro absolu de chaleur. — Démonstration du second principe de la théorie mécanique de la chaleur : rapport constant entre la quantité de chaleur convertie en travail dans une machine thermique parfaite et la quantité de chaleur transportée d'un corps chaud sur un corps froid. — Vraie supériorité de la machine à gaz. — Inconvénients pratiques. — Avantages de la machine à vapeur surchauffée. — Machines à deux liquides.

De la machine électro-magnétique considérée comme machine thermique. — Preuve expérimentale, donnée par M. Favre, de la consommation de chaleur dont cette machine est le siége; nouvelle détermination de l'équivalent mécanique de la chaleur. — Nécessité des phénomènes d'induction déduite de la théorie. — Possibilité d'une conversion totale de la chaleur en travail dans la machine électro-magnétique. — Pourquoi cette supériorité théorique n'est réellement d'aucun avantage. — De la chaleur dégagée dans une machine électro-magnétique mise en mouvement par une force extérieure. — Mesure de l'équivalent mécanique de la chaleur, par M. Joule. — Expérience de M. Foucault.

Tableau des principales déterminations de l'équivalent mécanique de la chaleur. — Remarques sur ce tableau.

Applications de la théorie nouvelle à la chimie. — Mesure du travail des forces chimiques par la chaleur dégagée. — Explication mécanique de quelques phénomènes électrochimiques. — Signification mécanique des mesures de forces électro-motrices. — Expériences de M. Jules Regnault sur les amalgames métalliques.

Applications à la physiologie animale. — Théorie de la respiration et du mouvement musculaire de Mayer. — Expériences de M. Hirn et de M. Béclard.

Applications à la physiologie végétale. — Nécessité de la radiation solaire à la végétation.

Considérations sur l'origine commune de tous les mouvements qui se produisent à la surface de la terre. — Rôle de la chaleur solaire. — Hypothèse de Mayer sur l'entretien de cette chaleur. — Résultats des calculs de M. W. Thomson.

I.

MESSIEURS,

Il y a quinze jours, nous avons parcouru ensemble la série des considérations et des expériences par lesquelles la science contemporaine a établi le principe nouveau de l'équivalence du travail mécanique et de la chaleur.

Prenant pour point de départ quelques lois fondamentales de la mécanique, nous nous sommes trouvés, dès l'abord, en présence d'une contradiction essentielle entre ces lois et la théorie ordinaire des machines, et, pour la faire disparaître, il a été nécessaire de compter au nombre des phénomènes mécaniques les phénomènes calorifiques dont toute machine est le siége durant son mouvement. La chaleur développée par le frottement nous est ainsi apparue comme l'équivalent principal de la différence entre le travail moteur et le travail résistant; la chaleur absorbée dans le jeu de la machine à vapeur, comme l'équivalent du travail entier de la machine elle-même. La concordance des résultats numériques déduits de l'étude de ces deux ordres de phénomènes nous a donné confiance dans l'exactitude de nos raisonnements et nous a permis de formuler d'une manière précise la notion de l'équivalent mécanique de la chaleur. Nous avons reconnu enfin à quelles absurdités on serait conduit si l'on admettait que cet équivalent mécanique pût changer de valeur avec l'ordre des phénomènes, et c'est seulement après nous être ainsi assurés de diverses manières de la vérité du nouveau principe que nous en avons abordé les applications.

La première application, la seule même dont nous nous soyons occupés, a eu pour objet les changements de volume ou d'état qu'éprouvent les corps par l'action de la chaleur. Pour les corps so-

lides ou liquides, nous n'avons guère fait que reconnaître les difficultés de la question et entrevoir par quel artifice on peut les résoudre. Nous sommes allés plus loin pour les gaz. L'expérience nous
a appris que dans l'air atmosphérique et les autres gaz très-éloignés
de leur point de liquéfaction, le travail des forces moléculaires qui
accompagne les changements de volume est nul ou insensible. Cette
circonstance nous a permis de comparer la quantité de chaleur qu'il
faut communiquer à un gaz pour obtenir un travail extérieur donné
avec ce travail lui-même. Il est résulté de là une détermination
nouvelle de l'équivalent mécanique de la chaleur en même temps
qu'une relation nécessaire entre les diverses propriétés mécaniques
et calorifiques d'un même gaz.

Je me suis efforcé, dans cette exposition, de faire marcher toujours du même pas l'observation et la théorie, et de vous présenter
en quelque sorte chaque expérience comme la réalisation d'une
pensée, afin de bien vous faire sentir par quel enchaînement rigoureux sont liées les unes aux autres toutes les parties de la nouvelle
doctrine. Aujourd'hui je suivrai une marche inverse. Je me placerai
tout de suite au milieu des faits, au milieu, pour ainsi dire, de la
pratique industrielle, et j'essayerai de faire sortir des lois physiques
générales de l'étude des faits spéciaux qui s'offrent à nous dans les
machines dont la puissance motrice a pour origine l'action de la chaleur. L'examen des machines thermiques sera donc l'objet de la plus
grande partie de cette deuxième leçon; le reste sera consacré à vous
donner un aperçu des applications que la nouvelle théorie a trouvées en dehors de la physique et de la mécanique proprement dites.

II.

Deux machines thermiques sont particulièrement en usage dans
l'industrie, la machine à vapeur et la machine à gaz. Il a été beaucoup parlé de la machine à gaz depuis quelques années. On a
attaché une importance extraordinaire à ses divers perfectionnements, et on a conçu au sujet de sa puissance mécanique des espérances presque illimitées. Une connaissance plus ou moins vague
des expériences de Joule sur les gaz s'étant peu à peu répandue dans

le public, on a été jusqu'à croire que le jour était prochain où il serait possible à l'industrie de transformer en travail mécanique la totalité de la chaleur fournie par un combustible. D'un autre côté, une opinion défavorable à la machine à vapeur s'est formée chez beaucoup de physiciens depuis que les expériences de M. Regnault sur les chaleurs latentes de vaporisation ont semblé prouver qu'on n'utilisait en général, dans cette machine, qu'une fraction insignifiante de la chaleur communiquée à la chaudière. Ainsi est née une sorte de conflit, je ne dirai pas entre la théorie et l'expérience, mais entre un aperçu conforme en apparence à la théorie et le résultat constant de la pratique, qui n'a jamais trouvé à la machine à gaz un avantage économique suffisant pour compenser les difficultés excessives qu'a présentées jusqu'ici son usage industriel. L'appréciation de la véritable portée de ce conflit doit être évidemment le premier objet de notre étude.

Je discuterai d'abord le raisonnement par lequel on a prétendu démontrer l'extrême imperfection de la machine à vapeur, au point de vue économique.

Pour plus de clarté, je prendrai un exemple numérique, celui d'une machine à vapeur marchant sous la pression de 5 atmosphères, et par conséquent à la température de 152 degrés, et j'admettrai d'abord que, comme la plupart des machines à haute pression, cette machine n'ait pas de condenseur. La vapeur pénétrant dans le corps de pompe à l'état de vapeur saturée à la température de 152 degrés, la formation de chaque kilogramme de vapeur exige, d'après les expériences de M. Regnault, une quantité de chaleur exprimée par le nombre 653, diminué de la température t de l'eau par laquelle la chaudière est alimentée. En s'introduisant dans le corps de pompe, la vapeur soulève le piston, puis, la communication avec la chaudière étant supprimée, elle se détend, et se rend enfin dans l'atmosphère lorsqu'elle n'a plus qu'une tension égale à la pression atmosphérique. Si l'on admet que l'état de vapeur saturée persiste pendant la détente, la température finale est de 100 degrés, et chaque kilogramme de vapeur qui sort du corps de pompe emporte avec lui, d'après les expériences citées, une quantité de chaleur telle, qu'en reprenant l'état d'eau à la température t il dégagerait $637 - t$ unités de chaleur; la vapeur n'abandonne donc dans la machine que 16 unités de chaleur seulement sur les $653 - t$ unités qu'elle absorbe pour se former. Ces 16 unités se transforment seules en travail, tout le reste est inutilement dissipé dans l'atmosphère. Si t, par exemple, est égal à 10 degrés, on ne peut utiliser dans la machine la plus parfaite que les $\frac{16}{643}$, c'est-à-dire moins de $\frac{1}{40}$ de la chaleur fournie par le combustible à la chaudière.

Cette fraction, qui peut recevoir le nom de *coefficient économique*, augmente un peu par l'addition d'un condenseur mais demeure toujours fort petite. Si, par exemple, le condenseur a une température de 40 degrés, et si la vapeur se détend dans le corps de pompe au point que sa tension se réduise à la tension qui existe dans le condenseur, c'est-à-dire à 55 millimètres, ce qui, dans la pratique, n'a jamais lieu exactement, la quantité de chaleur apportée par un kilogramme de vapeur au condenseur n'est plus égale qu'à

$$619 - 40 = 579 \text{ unités de chaleur;}$$

si, d'un autre côté, la chaudière est alimentée par l'eau du condenseur lui-même, ce kilogramme de vapeur n'a exigé pour se former que

$$653 - 40 = 613 \text{ unités de chaleur.}$$

34 unités de chaleur sont ainsi utilisées, et comme la dépense calorifique totale est seulement de 613 unités, la valeur du coefficient économique s'élève à $\frac{34}{613}$, ce qui approche de $\frac{1}{18}$. Le condenseur réalise donc un avantage important, mais la dépense utile de chaleur demeure encore singulièrement inférieure à la dépense totale.

C'est à peu près en ces termes que M. Regnault a formulé une critique de la machine à vapeur, qu'on a partout reproduite, et qui a semblé mettre au nombre des appareils les plus grossiers le plus puissant moteur de notre industrie. Interrogeons maintenant l'expérience. Le mémoire de M. Hirn, auquel j'ai emprunté, dans la leçon précédente, d'importants résultats, va nous donner les éléments de la réponse. Nous y trouvons en effet quatre expériences suffisamment concordantes, relatives à des machines à vapeur qui fonctionnaient dans des conditions presque identiques à celles que nous venons de considérer. La température de la chaudière a été en moyenne, dans ces quatre expériences, de 146 degrés, et celle du condenseur de 34 degrés. En supposant encore la détente complète, le mode de raisonnement dont nous nous sommes servis tout à l'heure nous donnerait pour expression du coefficient économique la fraction $\frac{34}{617}$, plus voisine de $\frac{1}{18}$ que de $\frac{1}{19}$. Telle serait la limite supérieure qui n'aurait jamais pu être dépassée et qui même n'aurait probablement jamais dû être atteinte dans les expériences. Il est arrivé cependant que les machines de M. Hirn ont donné des résultats bien plus avantageux. L'excès de la chaleur enlevée par la vapeur à la chaudière sur la chaleur apportée au condenseur, c'est-à-dire la dépense utile, n'a jamais été inférieur à $\frac{1}{10}$ de la dépense totale; elle en a été une fois $\frac{1}{6}$ et en moyenne $\frac{1}{8}$.

Ainsi la contradiction est complète. D'une part, une théorie qui a paru acceptable à bien des physiciens assigne, dans des circonstances données, au coefficient économique d'une machine, une valeur peu supérieure à $\frac{1}{19}$; de l'autre, des expériences relatives à des machines industrielles, bien éloignées sans doute de la perfection qu'on aurait pu donner à des appareils spécialement destinés à la mesure du coefficient économique, conduisent à une valeur supérieure au double de la précédente. La bonne exécution des expériences étant garantie par la valeur approchée de l'équivalent mécanique qu'elles ont fournie, il faut qu'une erreur se trouve quelque part dans le raisonnement théorique. Or nous avons supposé, *sans aucune preuve,* que la vapeur qui sortait du premier corps de pompe, après s'être détendue, et qui passait, suivant les cas, dans l'atmosphère ou dans un condenseur, était de la vapeur saturée. C'est ce qui nous a permis de prendre pour éléments uniques de notre calcul les chaleurs totales de vaporisation déterminées par M. Regnault. Les faits observés par M. Hirn démentent cette supposition toute gratuite et nous apprennent que les phénomènes de la détente s'accomplissent suivant un phénomène plus compliqué, de manière à utiliser une plus grande part de la chaleur totale dépensée.

La vapeur, en se détendant, ne peut donc rester saturée. Elle peut encore moins s'élever au-dessus du point de saturation et se trouver, à la fin de la détente, à l'état de vapeur surchauffée, c'est-à-dire posséder une force élastique inférieure au maximum de tension correspondant à sa température; car une quantité donnée de vapeur surchauffée emporterait dans le condenseur ou dans l'atmosphère plus de chaleur encore que la même quantité de vapeur saturée, et la valeur du coefficient économique descendrait au-dessous des nombres assignés par le raisonnement que nous discutons. D'ailleurs, en dehors de ces deux hypothèses, on n'en peut concevoir qu'une seule : c'est qu'en se détendant dans le corps de pompe d'une machine la vapeur primitivement saturée se condense et retourne partiellement à l'état liquide. Cette troisième hypothèse est donc l'expression de la vérité. On peut apporter à l'appui de cette conclusion une observation journalière de la pratique industrielle et les résultats d'expériences directes. Chacun connaît l'accumulation nuisible de liquide qui a lieu dans le corps de pompe d'une machine, lorsqu'il n'est pas entouré d'une enveloppe à vapeur. Un des principaux ingénieurs civils de la Grande-Bretagne, qui est en même temps un des fondateurs de la théorie mécanique de la chaleur, M. Macquorn Rankine, a constaté que l'origine principale de ce dépôt est la condensation qui accompagne la détente, et non pas, comme on le croyait, le transport accidentel d'eau liquide de la chaudière dans le cylindre. La preuve expérimentale directe a été donnée par M. Hirn. Un cylindre de cuivre de 2 mètres de longueur et de $0^m,15$ de diamètre, fermé à ses extrémités par deux plaques de verre bien transparentes, quoique très-épaisses, qui permettaient de regarder au travers, et muni de deux ajutages à robinet, a été mis en rapport, par l'un des ajutages, avec la chaudière d'une machine à vapeur, et par l'autre avec l'atmosphère. Le robinet de communication avec l'atmosphère étant d'abord à peine entr'ouvert, on a établi, au contraire, complétement la communication avec la machine : la vapeur est arrivée, a chassé l'air de l'appareil, en a échauffé les parois et a fini par le remplir, en conservant l'état de vapeur saturée et *sèche*. Le cylindre a été alors aussi transparent que lorsqu'il était rempli d'air ordinaire. A ce moment, on a ouvert le robinet de communication avec l'atmosphère; la vapeur s'est échappée rapidement et s'est par là même détendue. Au même instant, à l'intérieur du cylindre, un nuage s'est formé, à la transparence a succédé l'opacité la plus complète, et la condensation dont la détente est accompagnée est devenue pour ainsi dire visible à l'observateur.

J'ai à peine besoin de vous expliquer comment cette condensation augmente la proportion de chaleur qui, dans la machine à vapeur, est convertie en travail. Chaque kilogramme de vapeur qui passe de la chaudière dans le corps de pompe exige bien pour sa formation la quantité de chaleur définie plus haut, mais la quantité de chaleur qu'il conserve en arrivant au condenseur ou à l'atmosphère est diminuée de toute la chaleur latente qu'a abandonnée la proportion de vapeur qui a repris l'état liquide dans la détente. Ce n'est pas de la vapeur saturée seulement qui sort du cylindre, c'est un mélange de vapeur et d'eau liquide, et la chaleur convertie en travail n'est pas seulement égale à la différence des chaleurs totales de vaporisation à deux températures différentes, mais à cette différence augmentée d'une fraction notable de la chaleur latente. La condensation durant la détente est ainsi le mécanisme physique auquel la machine à vapeur doit la plus grande partie de sa puissance motrice [1].

III.

Considérons maintenant la machine à air et voyons ce qu'il y a de légitime dans les espérances que son invention a fait naître.

Sans doute, dans une machine à air, on peut convertir la totalité d'une quantité déterminée de chaleur en travail, s'il ne s'agit que de soulever, une fois pour toutes, un piston chargé de poids et de l'abandonner ensuite dans la position où on l'a amené. Mais c'est d'une tout autre fonction de la machine que l'industrie a besoin. Il lui faut une action continue, un mouvement périodique se reproduisant sans cesse dans la machine, aussi longtemps qu'est appliquée l'action de la chaleur. Il faut, par exemple, que, dans une machine à air, le piston, après s'être soulevé à une hauteur déterminée, retourne à sa position primitive, et que la succession de ces deux mouvements alternatifs soit indéfiniment répétée. Mais l'air situé au-dessous du piston oppose au mouvement descendant une résistance qui ne peut être surmontée que par la dépense d'une certaine quan-

[1] Voir la note N.

tité de travail; il s'échauffe en même temps qu'il se comprime, et la chaleur qu'il dégage doit lui être soustraite pour rétablir entièrement l'état primitif. Donc, si dans la première période du jeu de la machine la totalité de la chaleur qui lui est communiquée peut se transformer en travail, dans la seconde période, une partie du travail ainsi développé est consommée en reproduisant de la chaleur dans la machine elle-même; le reste seulement est disponible à l'extérieur. C'est à une étude plus approfondie de montrer si, tout compensé, la machine à air garde un avantage marqué sur les autres machines; mais la faiblesse du travail intérieur dans les gaz ne nous autorise en rien, quant à présent, à l'affirmer.

Essayons d'abord cette étude sur un exemple particulier, et choisissons l'espèce de machine à air qui est à la fois la plus simple en théorie et la plus éprouvée par l'expérience, la machine de M. Robert Stirling, dont l'invention et l'application remontent à 1816. Dans cette machine, l'air est d'abord échauffé sous volume constant, puis dilaté à température constante, ramené à sa température primitive en conservant son nouveau volume, et enfin réduit à son volume initial par compression sans changement de température. La dilatation s'opérant à une température et par conséquent à une pression plus élevée que la compression, le travail engendré par la première est supérieur au travail absorbé par la seconde, et l'excès peut recevoir telle application extérieure qu'on voudra. Représentons ces phénomènes successifs par une construction géométrique. Soit l'abscisse OA (fig. 3), égale au volume v_0 de l'unité de poids

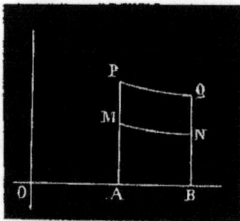

Fig. 3.

d'air à la température initiale t_0, et soit l'ordonnée AM égale à la pression correspondante p_0. L'air est d'abord porté, sans que son volume augmente, de la température t_0 à la température t_1, ce qui exige qu'on lui communique une quantité de chaleur égale à $c(t_1 - t_0)$, si c désigne la chaleur spécifique sous volume constant. Dans cette opération, la pression augmente et devient égale à p_1, c'est-à-dire, sur notre figure, à l'ordonnée AP; mais le volume demeurant invariable, aucun travail n'est effectué. Il faut seulement que la pression exercée sur le piston croisse de p_o à p_1 pour le maintenir immobile Ensuite, la charge du piston étant graduellement diminuée, l'air se détend sans changer de température et passe du volume v_o au volume v_1, représenté par l'abscisse OB. La température demeurant constante, le volume de l'air varie en raison inverse de sa pression, et l'arc d'hyperbole équilatère PQ représente la loi de cette variation : l'ordonnée extrême BQ mesure la pression finale. Un travail extérieur est effectué, qui sur la figure est évidemment représenté par l'aire ABPQ. comprise entre l'arc d'hyperbole, l'axe des abscisses et les deux ordonnées AP et BQ. Mais en même temps, pour empêcher le refroidissement que la dilatation tend à produire, il faut communiquer à l'air une quantité de chaleur q dont l'équivalent mécanique est précisément le travail extérieur que l'aire ABPQ représente. Dans une troisième opération, on ramène le gaz à la température initiale t_o, sans que le volume varie. La pression se réduit ainsi de BQ à BN, sans dépense ni production de travail, et on enlève à l'air une quantité de chaleur exprimable par $c\,(t_1 - t_o)$, si l'on admet, comme tout porte à le croire, que la chaleur spécifique sous volume constant soit indépendante de la densité. Enfin, dans une quatrième et dernière période, on comprime le gaz, en le maintenant à la température t_o, jusqu'à ce que son volume ait repris la valeur v_o. Pour cela, une dépense de travail et une soustraction de chaleur sont nécessaires. L'arc d'hyperbole MN représentant encore la relation mutuelle du volume et de la pression, puisque la température est invariable, l'aire AMBN est l'expression de la dépense de travail; la chaleur dégagée q' a précisément cette dépense pour équivalent mécanique.

En définitive, dans les deux premières opérations le gaz reçoit une quantité de chaleur égale à $c(t_1 - t_o) + q$ et développe une quantité de travail extérieur représentée géométriquement par la surface APBQ. Dans les deux opérations suivantes, le gaz abandonne une quantité de chaleur égale à $c\,(t_1 - t_o) + q'$ et exige la dépense d'une quantité de travail représentée géométriquement par la surface AMBN. Il y a donc à la fois consommation d'une quantité de chaleur $q - q'$, création d'une quantité de travail disponible représentée par l'aire MPQN, différence de APBQ et de AMBN, et en apparence au moins transport de la quantité de chaleur $c\,(t_1 - t_o) + q'$

d'un corps chaud sur un corps plus froid. La dépense utile de chaleur est donc simplement $q - q'$, tandis que la dépense totale semble être $c(t_1 - t_0) + q$, et la dépense inutile $c(t_1 - t_0) + q'$.

Mais avec un peu d'attention il est facile de voir que cette dernière partie de la conclusion n'est pas exacte, et que la seule quantité q' est inutilement dépensée et perdue à jamais pour l'entretien de la puissance motrice de la machine. En effet, la quantité de chaleur $c(t_1 - t_0)$ que le gaz abandonne dans la troisième période de l'expérience, lorsqu'il se refroidit de t_1 à t_0 sans changer de volume, peut être employée tout entière à porter de la température t_0 à la température t_1 une autre masse de gaz égale à l'unité de poids, qui se trouve ainsi préparée à développer du travail par sa dilatation à température constante, et, quand cette deuxième masse se refroidit à son tour, la chaleur qu'elle abandonne peut ramener de t_0 à t_1 la température de la première masse, et ainsi de suite. Par cette disposition, la quantité de chaleur $c(t_1 - t_0)$ ne fait que voyager de l'une à l'autre des deux masses de gaz nécessaires au jeu continu de la machine, et, comme on peut concevoir une machine parfaite où ces voyages incessants s'accomplissent sans déperdition, cette quantité ne fait réellement pas partie de la dépense calorifique utile ou inutile. Elle se retrouve disponible tout entière à toute époque. Il en est autrement de la quantité q' que le gaz abandonne lorsqu'il est comprimé à température constante. Accumulée en totalité dans un appareil réfrigérant à la température t_0, elle ne peut plus servir à échauffer le gaz au-dessus de cette température ni à maintenir sa température égale à t_1 pendant la période de dilatation. Elle peut servir sans doute à faire mouvoir une autre machine où la température la plus élevée communiquée au gaz ne dépasse pas t_0, mais elle n'est plus d'aucune utilité pour le jeu de la machine primitive. On est en droit de dire qu'elle est dépensée en pure perte, tandis que la quantité $q - q'$ se transforme en travail. $\dfrac{q - q'}{q}$ est donc le rapport de la dépense calorifique utile à la dépense totale[1].

D'ailleurs les quantités q et q' sont faciles à évaluer, puisqu'elles ont respectivement pour équivalents mécaniques les quantités de travail géométriquement représentées par les surfaces ABPQ et AMBN. Il en résulte, si on appelle toujours E l'équivalent mécanique de la chaleur,

$$Eq = \text{surf. APBQ}, \quad Eq' = \text{surf. AMBN}$$

et

$$\frac{q - q'}{q} = \frac{\text{surf. APBQ} - \text{surf. AMBN}}{\text{surf. ABPQ}}.$$

Quant à la détermination des aires hyperboliques, telles que APBQ et AMBN, c'est un des problèmes les plus simples du calcul intégral. On a, en appliquant des formules connues,

$$\text{surf. APBQ} = p_1 v_0 \, \text{l.} \, \frac{v_1}{v_0},$$

$$\text{surf. AMBN} = p_0 v_0 \, \text{l.} \, \frac{v_1}{v_0}.$$

Or, p_1 et p_0 étant les pressions d'une même masse de gaz sous le même volume v_0, aux deux températures t_1 et t_0, on a, en appelant α le coefficient de dilatation,

$$\frac{p_1}{p_0} = \frac{1 + \alpha t_1}{1 + \alpha t_0}.$$

Donc enfin

$$\frac{q - q'}{q} = \frac{p_1 - p_0}{p_1} = \frac{\alpha (t_1 - t_0)}{1 + \alpha t_1},$$

formule d'une remarquable simplicité, qui permet de calculer immédiatement le coefficient économique théorique d'une machine du système décrit, pourvu qu'on connaisse les deux températures extrêmes entre lesquelles elle fonctionne. Il est d'ailleurs bien évident que ce coefficient théorique est un maximum auquel le coefficient réel doit être généralement assez inférieur.

Supposons une machine à air qui fonctionne entre les mêmes limites de température que la machine à vapeur de M. Hirn; la formule précédente, en y faisant $t_1 = 146$ degrés, $t_0 = 34$ degrés, $\alpha = \frac{1}{273}$, donne, pour la plus grande valeur possible du rapport de la dépense utile de chaleur à la dépense totale, $\frac{112}{419}$, c'est-à-dire un peu moins de $\frac{2}{7}$, et ce nombre n'est pas tellement supérieur au nombre $\frac{1}{8}$, déterminé par les expériences de M. Hirn pour une machine à vapeur ordinaire, qu'il en faille conclure que l'une des machines possède sur l'autre un avantage marqué. Il n'y aurait même pas à s'étonner si les imperfections d'une machine à air, fonctionnant entre 146 et 34 degrés, réduisaient la dépense utile de chaleur au huitième de la dépense totale. La supériorité vulgairement attribuée aux machines à gaz n'est justifiée en aucune manière par ce premier examen.

IV.

Mais on peut aller plus loin, et établir qu'au point de vue économique toutes les machines thermiques ont la même valeur lorsqu'elles fonctionnent entre les mêmes températures. Si d'abord on examine une machine à air d'un système quelconque, comme nous venons d'examiner la machine du système de Robert Stirling, on reconnaît :

1° Que, dans une machine d'un système donné, le rapport de la dépense utile à la dépense totale de chaleur est maximum lorsque aucune quantité de chaleur n'est employée à faire varier la température du gaz, ou du moins lorsque la quantité de chaleur qui reçoit cet usage est une quantité limitée qui ne sort pas de la machine, et est reprise indéfiniment pour la même application;

2° Que dans tous les cas ce rapport maximum est exprimé par la fraction

$$\frac{\alpha\,(t_1 - t_0)}{1 + \alpha t_1},$$

si t_1 et t_0 désignent la plus haute et la plus basse température qui se réalisent dans le jeu de la machine [1].

On peut donner une interprétation remarquable de cette expression. Si l'on divise les deux termes de la fraction par le coefficient de dilatation α, on la met sous la forme $\dfrac{t_1 - t_0}{\frac{1}{\alpha} + t_1}$, qu'on peut écrire, si

[1] Voir la note Q.

l'on veut, $\frac{\tau_1 - \tau_0}{\tau_1}$, en désignant généralement par τ l'expression $\frac{1}{\alpha} + t$, c'est-à-dire la température comptée à partir de la température $-\frac{1}{\alpha}$ ou -273 degrés. Mais qu'est-ce que cette température de -273 degrés qui, substituée au zéro ordinaire comme origine de l'échelle thermométrique, simplifie ainsi l'expression du coefficient économique des machines à gaz? C'est la température à laquelle il faudrait refroidir un gaz pour que, son volume demeurant constant, sa pression devînt nulle; c'est par conséquent la température où ses molécules absolument immobiles et séparées les unes des autres par les mêmes distances qu'aux températures ordinaires, n'agissant plus par leurs chocs continuels sur les corps extérieurs, cesseraient de produire l'effet mécanique que nous appelons pression: en un mot, c'est la température où la somme des forces vives moléculaires serait nulle. Mais les termes *force vive* et *chaleur* sont devenus pour nous synonymes, et nous pouvons dire, sans abandonner le terrain solide de l'expérience, que la température de -273 degrés est ce *zéro absolu de chaleur* qu'on a cherché à déterminer de tant de manières et qu'on a cru, à une certaine époque, séparé par un intervalle infini de toute température observable. Comptées à partir de cette origine, les températures reçoivent naturellement le nom de températures absolues.

A l'aide de ces définitions le théorème général qui comprend toute la théorie des machines à gaz peut s'énoncer comme il suit :

Dans toute machine à gaz, quel qu'en soit le mode d'action, pourvu qu'aucune fraction de la chaleur dépensée ne soit inutilement employée à produire des variations de température, le rapport de la dépense calorifique utile à la dépense totale est égal à la différence des deux températures absolues entre lesquelles fonctionne la machine, divisée par la plus élevée de ces températures[1].

La simplicité de cet énoncé ne vous fait-elle pas pressentir que nous sommes en présence d'une nouvelle loi générale de la nature? Ne vous semble-t-il pas vraisemblable que l'expression $\frac{\tau_1 - \tau_0}{\tau_1}$ représente toujours le rapport de la dépense utile à la dépense totale

[1] Voir la note R.

dans une machine thermique, quel que soit le genre des phénomènes qui s'y produisent, quels que soient les corps employés comme agents de la transformation de la chaleur en travail? Effectivement, attribuer à ce rapport deux valeurs différentes dans deux machines diverses fonctionnant entre les mêmes limites de température est à peu près aussi impossible qu'attribuer deux valeurs différentes à l'équivalent mécanique de la chaleur. Remarquons d'abord que dans une machine thermique l'excès de la dépense calorifique totale sur la dépense utile est la fraction de la chaleur empruntée au foyer calorifique qui, par le jeu de la machine, est transportée sur un corps plus froid et se trouve ainsi à jamais perdue pour la machine. Si la machine est réversible, et toutes les machines fondées sur la dilatation ou les changements d'état le sont nécessairement, lorsque, par l'application d'une puissance motrice extérieure, elle fonctionne en sens inverse de sa marche ordinaire, elle emprunte de la chaleur à un corps froid et la transporte sur un corps chaud en y ajoutant toute la chaleur qu'elle crée dans son intérieur en consommant du travail. Le rapport de la chaleur créée à la chaleur totale apportée au corps chaud est précisément le rapport de la dépense calorifique utile à la dépense totale dans l'usage ordinaire de la machine. Supposons actuellement que dans deux machines différentes le rapport dont il s'agit ait deux valeurs distinctes. Il n'est pas difficile de concevoir ces deux machines associées l'une à l'autre de telle façon que la machine où ce rapport a la plus grande valeur fasse marcher l'autre en sens contraire de son mouvement ordinaire, et que tout le travail développé par l'action de la chaleur sur la première soit entièrement dépensé à faire marcher la seconde. Le mouvement des deux machines une fois commencé se maintiendra indéfiniment, sans qu'aucune dépense de chaleur ou de travail soit nécessaire, puisque toute la chaleur consommée dans la première machine sera incessamment reproduite dans la seconde. Soient H la quantité de chaleur consommée dans une machine et créée dans l'autre en un temps donné, R et R' le rapport de la dépense calorifique utile à la dépense totale dans la première et dans la seconde machine; on aura $R > R'$. Tandis que la première machine consommera la quantité de chaleur H pour l'entretien de son mouvement, elle transportera d'une source de chaleur à la température t_1 sur un appareil réfrigérant à la température t_0 une quantité de chaleur égale à $\frac{H}{R} - H$; dans le même temps la deuxième machine régénérera une quantité H de chaleur et transportera une quantité de chaleur égale à $\frac{H}{R'} - H$, de l'appareil réfrigérant à la source de chaleur. Donc le résultat définitif de la marche corrélative des deux machines aura été de transporter d'un corps froid sur un corps chaud la quantité de chaleur $\frac{H}{R'} - \frac{H}{R}$, sans dépense d'aucune espèce : si ce résultat n'est point une absurdité comparable à la réalisation du mouvement perpétuel, il est une contradiction directe avec la loi la plus générale que nous ait apprise l'étude de la chaleur, et il est bien suffisant pour rendre tout à fait inadmissible l'hypothèse qui y conduit.

C'est en effet, pour ainsi dire, la définition de l'inégalité des températures que la tendance de la chaleur à passer d'un corps dans un autre; la température la plus élevée est celle du corps qui cède de la chaleur, la plus basse celle du corps qui en reçoit. Tant qu'aucune théorie ne définit avec précision la condition physique caractérisée par le mot *température*, on ne voit pas de raison évidente pour que l'ordre des températures soit unique, et on ne trouve peut-être rien d'impossible à ce que des corps qui n'échangent les uns avec les autres aucune chaleur, et qui par conséquent paraissent prendre la même température lorsqu'ils sont entre eux dans de certaines relations, échangent de la chaleur et se comportent comme s'ils avaient des températures différentes, lorsque, sans altérer l'état d'aucun d'eux, on fait varier simplement le mode de leurs relations. Mais l'expérience a toujours prononcé de la manière la plus claire contre cette supposition; elle a toujours montré que l'égalité ou l'inégalité de température est un fait absolu, indépendant du procédé expérimental par lequel on le constate; que, par exemple, des températures reconnues égales par voie de conductibilité sont pareillement égales dans le phénomène du rayonnement. C'est aux progrès ultérieurs de la théorie à fournir l'explication de cette loi[1];

(1) Voir la note S.

il nous suffit que tous les faits connus nous autorisent à y voir dès maintenant un principe absolu. C'est sur ce principe que Fourier a fondé sa théorie de la chaleur rayonnante et de l'équilibre mobile des températures; si, après la découverte de l'hétérogénéité des rayonnements calorifiques et de l'absorption élective qu'exercent la plupart des corps, la théorie de Fourier est devenue insuffisante, et si le principe a pu en sembler douteux à quelques esprits, tous les doutes devraient aujourd'hui disparaître depuis les admirables découvertes auxquelles une application nouvelle du même principe a conduit M. Kirchhoff.

C'est donc sans rien admettre d'hypothétique, c'est en nous appuyant sur les données les plus certaines de l'expérience que nous pouvons formuler les deux propositions suivantes :

Premièrement, il est impossible qu'il passe de la chaleur d'un corps froid sur un corps chaud, sans qu'il se produise en même temps quelque phénomène qui puisse être regardé comme la cause de ce transport contraire à la tendance naturelle de la chaleur. En particulier, une machine sur laquelle on ne dépense ni chaleur ni travail ne peut donner aucun résultat de ce genre.

En second lieu, il résulte nécessairement de cette première loi que le rapport de la dépense utile à la dépense totale de chaleur, dans une machine fondée sur les changements alternatifs de volume ou d'état d'un corps, est indépendant de la nature de ce corps et uniquement déterminé par les températures extrêmes entre lesquelles fonctionne la machine, pourvu qu'il n'y ait pas de chaleur employée à produire de simples variations de température.

La formule $\frac{\tau_1 - \tau_0}{\tau_1}$, démontrée directement pour la machine à gaz, s'applique donc à toutes les machines. Elle nous apprend tout de suite que, si un genre de machines l'emporte en quelque façon sur un autre, au point de vue économique, ce n'est pas parce que le corps qui sert d'agent à la transmission de la chaleur et à sa transformation en travail mécanique possède telles ou telles propriétés qui font que, dans une opération déterminée et unique, une quantité plus ou moins grande de chaleur se convertit en travail. Le seul avantage que puisse offrir la substitution d'un corps à un autre, c'est la possibilité d'opérer entre des limites de température plus écartées.

A ce point de vue, la supériorité des machines à gaz sur les machines à vapeur est évidente. On ne peut songer à élever la température de la chaudière d'une machine à vapeur beaucoup au delà de 150 ou 160 degrés, à cause de l'énorme accroissement de tension qui s'observe dès que ces limites sont dépassées, et de la résistance extraordinaire qu'il faudrait donner aux appareils. Comme il ne faut, au contraire, pas moins de 273 degrés d'élévation de température pour augmenter d'une atmosphère la pression d'un gaz qui possède, aux températures ordinaires, la pression atmosphérique, on voit quels immenses intervalles de température il est possible de faire parcourir aux machines à air, sans donner à leurs parois plus de solidité qu'à celles des machines à vapeur ordinaires à haute pression. Il y aurait chance d'obtenir les plus grands avantages économiques si l'on n'était arrêté assez promptement par un inconvénient pratique d'une tout autre espèce, l'oxydation et la destruction rapide de tout appareil métallique mis en contact permanent avec de l'air à température très-élevée. La substitution de la vapeur d'eau surchauffée à l'air fait disparaître cette influence nuisible, sans atténuer sensiblement les avantages propres à la machine à gaz, puisque la vapeur surchauffée est un gaz véritable, dont la pression varie sans doute plus vite que celle de l'air par l'action de la température, au voisinage du point de saturation, mais qui tend à se confondre de plus en plus avec l'air par l'ensemble de ses propriétés thermo-mécaniques, à mesure que la température s'élève. Il est à croire que l'avenir appartient à cette classe particulière de machines, où se trouvent réunis les avantages de la machine à air et ceux de la machine à vapeur d'eau.

Les machines à vapeur à deux liquides, dont il a été beaucoup question il y a quelques années, avaient pour objet d'augmenter le rendement mécanique de la machine à vapeur d'eau par l'abaissement de la limite inférieure de température à laquelle la machine peut utilement fonctionner. En reprenant l'état liquide dans le condenseur, la vapeur d'eau échauffait un liquide volatil, tel que l'éther ou le chloroforme, au point de le vaporiser à son tour, et la nouvelle vapeur faisait fonctionner une seconde machine où il était possible de faire descendre utilement la température du condenseur au-dessous des limites qui conviennent au condenseur d'une machine à vapeur d'eau. Un accroissement de puissance motrice était ainsi obtenu par l'abaissement de la température désignée dans notre formule par τ_0; mais il est clair qu'il n'était pas à comparer à l'accroissement qu'on peut attendre, dans les machines à vapeur surchauffée, de l'élévation de la température désignée par τ_1.

V.

Il est un troisième genre de machines qu'on doit classer parmi les machines thermiques, bien qu'en apparence elles diffèrent totalement de la machine à air et de la machine à vapeur: ce sont les machines électro-magnétiques, et malgré le peu de succès qu'a rencontré jusqu'ici l'application industrielle de ces machines, je croirais laisser dans ces leçons une lacune importante, si je ne tentais d'en apprécier la puissance et la valeur économique. Il n'est pas d'ailleurs, au point de vue de la science pure, d'étude plus intéressante et plus féconde en aperçus nouveaux, que la théorie des machines électro-magnétiques, et c'est pourquoi j'y donnerai au moins le même temps qu'à la comparaison de la machine à vapeur et de la machine à air, bien qu'il n'y ait aucun rapport entre l'importance pratique de ces deux genres d'appareils.

En négligeant des différences secondaires, toutes les machines électro-magnétiques peuvent se rapporter à deux types distincts, celui des machines oscillantes et celui des machines rotatives. Dans les machines oscillantes, une hélice ou un électro-aimant fixe attire, lorsqu'il est traversé par un courant voltaïque de direction convenable, soit une autre hélice ou un autre électro-aimant, soit un barreau aimanté, soit même un simple morceau de fer doux. Lorsque la pièce mobile approche du contact de la pièce fixe, le jeu de la machine fait mouvoir un commutateur par lequel l'attraction est changée en répulsion, ou remplacée par l'attraction d'une autre pièce située à l'opposé. La direction du mouvement est ainsi renversée, et, ces alternatives se répétant indéfiniment, on en peut tirer le même parti que du va-et-vient du piston de la machine à vapeur. Dans les machines rotatives, les pièces mobiles et les pièces fixes sont disposées suivant les rayons de deux roues concentriques; le passage du courant fait marcher la roue mobile vers une position d'équilibre stable; mais au moment où elle l'atteint, le jeu du commutateur change le sens de l'action des forces, et le mouvement de rotation se continue indéfiniment dans le même sens. Il peut être utilisé par les mêmes moyens que tout autre mouvement de rotation dû à l'action d'une puissance mécanique quelconque. Dans les deux cas, le principe de la construction, l'origine de la force sont les mêmes. Toujours des actions réciproques de courants ou d'aimants tendent à amener un système mobile dans une position d'équilibre stable, et un changement physique qui survient dans le système à l'instant où cette tendance est satisfaite détermine la continuation du mouvement.

Quelle est la signification mécanique de cet ensemble de phénomènes?

Considérons d'abord la machine maintenue au repos par un obstacle fixe, malgré le passage du courant. La pile voltaïque électromotrice et la machine forment alors un système immobile où deux ordres distincts de phénomènes se produisent simultanément. Dans la pile, une somme déterminée d'actions chimiques a lieu en un temps donné; dans la totalité des conducteurs que le courant traverse, il se dégage de la chaleur, et, aussi longtemps que la machine n'est pas en mouvement, tout se borne à ce double phénomène. Ainsi, dans la pile, des forces chimiques produisent leur effet, des atomes obéissent à leurs affinités réciproques et passent d'un état déterminé à un autre état où ces affinités sont satisfaites, c'est-à-dire se font équilibre; il résulte de la définition même du travail mécanique que, dans cette série de changements, un travail positif est accompli. Dans le système des conducteurs que traverse le courant de la pile, il se développe une certaine quantité de cette force vive particulière qui nous est insensible comme force vive, et que nous avons coutume d'appeler *chaleur*. Un rapport d'équivalence doit nécessairement exister entre le travail des forces chimiques et la chaleur dégagée à la fois dans les conducteurs extérieurs à la pile et dans la pile elle-même. A une somme donnée d'actions chimiques de nature donnée doit correspondre un dégagement constant de chaleur, quelle que soit la constitution de la pile et du circuit où les deux phénomènes se produisent à la fois.

Cette conclusion théorique a été vérifiée par une remarquable expérience de M. Favre. A l'aide d'un calorimètre de forme particulière, qui n'était autre chose qu'un énorme thermomètre à mercure dont le réservoir présentait deux cavités où l'on pouvait introduire des corps d'un volume assez considérable, M. Favre a exécuté la série suivante de déterminations. Il a d'abord placé dans une des cavités du réservoir un élément voltaïque simple, formé d'une lame de zinc et d'une lame de platine plongées dans de l'eau acidulée et réunies l'une avec l'autre par un fil de cuivre très-gros et très-court. Il a mesuré la chaleur dégagée par la dissolution de 33 grammes de zinc, c'est-à-dire d'un équivalent, et la moyenne de plusieurs expériences bien concordantes lui a appris que cette quantité de chaleur est capable d'élever d'un degré la température de 18680 grammes d'eau. Puis il a remplacé le gros fil de cuivre, qui lui servait dans cette première expérience à fermer le circuit, par un fil fin de grande longueur replié en forme d'hélice. La quantité de chaleur dégagée dans le calorimètre par la dissolution d'une quantité donnée de zinc dans l'élément s'est trouvée diminuée, et la diminution a été d'autant plus forte que le fil extérieur a été plus fin et plus long. Mais ce fil lui-même s'est échauffé d'une manière sensible, et lorsqu'on l'a introduit dans la deuxième cavité du calorimètre, de manière à mesurer la quantité totale de chaleur dégagée à la fois dans l'élément et dans le circuit, la somme de ces quantités s'est montrée constante et égale à la quantité unique mesurée dans la première expérience. 33 grammes de zinc dissous ont encore donné naissance à 18680 unités de chaleur. Variée à l'infini, exécutée avec les conducteurs, avec les éléments de pile les plus divers, l'expérience a conduit toujours au même résultat, en sorte qu'on peut regarder comme absolument certaine l'équivalence de la chaleur dégagée dans la totalité du circuit et du travail des affinités, dans tous les cas où l'action du courant ne produit aucun travail extérieur.

Soit maintenant la machine en mouvement : il se développe à l'extérieur du circuit de la force vive, ou il s'accomplit du travail ;

un poids déterminé, par exemple, s'élève à une certaine hauteur. Si la chaleur dégagée dans le circuit demeurait la même, une même quantité de travail chimique dans la pile aurait, dans un cas, pour équivalent une certaine quantité de chaleur, et dans l'autre cette même quantité de chaleur augmentée d'un certain travail mécanique, ce qui évidemment est impossible. Il faut donc que le développement d'un travail extérieur par l'action du courant sur un système quelconque d'hélices ou d'électro-aimants soit accompagné d'une diminution de la quantité de chaleur que dégage dans tout le circuit une action chimique donnée, et que cette diminution soit exactement équivalente au travail produit.

L'expérience a confirmé encore cette conclusion. Dans la seconde cavité de son calorimètre, M. Favre a substitué au fil conducteur des expériences précédentes une très-petite machine électro-magnétique, qui, par un mécanisme inutile à décrire, produisait l'ascension d'un poids. Dans ces conditions nouvelles, il est arrivé que 33 grammes de zinc ont dégagé par leur dissolution moins de 18 680 unités de chaleur, et que la différence a été dans un rapport constant avec le travail de la machine [1]. A chaque unité de chaleur disparue a répondu un travail extérieur de 443 unités. La différence entre ce nombre et l'équivalent mécanique de la chaleur déterminé par M. Joule ou déduit des propriétés des gaz n'excède pas les limites de l'influence qu'on peut légitimement attribuer aux erreurs expérimentales.

VI.

Il y a donc une véritable déperdition de chaleur dans une machine électro-magnétique dès qu'elle donne naissance à un travail mécanique, et c'est à bon droit que j'ai mis tout à l'heure les machines de ce genre au nombre des machines thermiques. Leur puissance mécanique est une transformation partielle de la puissance calorifique des actions chimiques dont la pile est le siége, comme la puissance mécanique de la machine à vapeur est une transformation partielle de la puissance calorifique de la combustion qui se produit sous la chaudière. Dans l'un comme dans l'autre cas, cette transfor-

[1] Voir la note T.

mation implique l'existence de certaines lois physiques qu'on peut regarder comme autant de corollaires généraux de la théorie mécanique de la chaleur. L'étude de la machine à vapeur nous a révélé la condensation de la vapeur d'eau qui accompagne sa détente; l'étude de la machine électro-magnétique va nous faire comprendre la nécessité des phénomènes d'induction.

On ne peut concevoir que d'une seule manière comment le mouvement d'une machine diminue la quantité de chaleur dégagée dans un circuit voltaïque par une quantité donnée d'action chimique. Le dégagement de chaleur étant à chaque instant proportionnel au carré de l'intensité du courant, et l'intensité elle-même proportionnelle à la quantité d'action chimique qui a lieu en un temps donné, on voit facilement que la chaleur développée par la dissolution d'un équivalent de métal est directement proportionnelle à l'intensité du courant que produit ce phénomène chimique, ou en raison inverse du temps qu'il met à s'accomplir [1]. Il est donc nécessaire que dans la pile dont le courant fait marcher une machine électro-magnétique l'action chimique soit ralentie, et par conséquent l'intensité du courant diminuée par le mouvement de la machine. Si un galvanomètre est introduit dans le circuit, sa déviation, dans l'état de mouvement de la machine, devra être moindre que dans l'état de repos; et la différence devra être d'autant plus grande que le travail de la machine correspondant à une action chimique donnée sera plus considérable. C'est ce que l'expérience vérifie complétement. Aucun doute ne peut exister sur ce fait fondamental : le mouvement d'une machine électro-magnétique diminue l'intensité du courant qui la traverse.

Quelle peut être la cause de cette diminution ? Est-ce un accroissement de résistance du circuit traversé par le courant ? Est-ce une action analogue à celle qui, dans les éléments de la pile, sépare l'une de l'autre et met en mouvement les deux électricités ? Un ac-

---

[1] Soient i l'intensité du courant, t la durée nécessaire à la dissolution d'un équivalent de métal, en vertu de la proportionnalité de l'action chimique à l'intensité, le produit it devra être égal à un nombre constant R. La quantité de chaleur dégagée par cette action chimique, étant proportionnelle à i^2t, pourra être à volonté représentée par ik ou par $\dfrac{k}{t}$.

croissement de résistance est impossible, car l'expérience a montré de bien des manières que la résistance d'un conducteur est indépendante de son état de repos ou de mouvement. Il faut donc que dans le circuit d'une machine le mouvement relatif des diverses parties fasse naître une tendance à la production d'un courant contraire au courant moteur, ou, pour employer le langage ordinaire de la science, une force électro-motrice contraire à celle de la pile.

Mais ce qui arrive dans une machine, à la suite du mouvement qu'elle prend d'elle-même, doit aussi arriver dans tout système de conducteurs et de courants à la suite d'un mouvement produit d'une manière quelconque. Par conséquent, si dans le voisinage d'un aimant ou d'un courant on déplace un circuit conducteur, le mouvement fera naître dans ce circuit un courant contraire à celui qu'il y faudrait faire passer pour obtenir de l'action des forces électro-dynamiques ou électro-magnétiques la continuation du mouvement qu'on a commencé. Dans cet énoncé vous avez déjà reconnu sans doute l'une des lois fondamentales de l'induction, et il ne serait pas difficile d'en faire sortir, par voie d'analogie, sinon de démonstration rigoureuse, l'ensemble des phénomènes dont la découverte a commencé, il y a trente années, l'illustration du nom de Faraday. Les courants d'induction, dont l'existence a semblé d'abord si surprenante aux physiciens, qu'Ampère les a observés dix ans avant Faraday sans pour ainsi dire oser y croire [1], et qu'on a depuis vainement tenté de rattacher aux phénomènes de l'électricité statique, prennent ainsi leur vraie place dans l'économie générale des forces naturelles. Leur développement est le moyen dont la nature se sert pour effectuer du travail dans la machine électro-magnétique. Leurs lois sont telles, que l'équation des forces vives soit satisfaite dans l'état de mouvement de la machine comme dans l'état de repos. Si l'on regarde comme données par l'expérience, d'une part l'expression connue de l'action réciproque de deux éléments de courant, d'autre part la proportionnalité de la chaleur dégagée par un courant au carré de l'intensité, et qu'on combine ces deux faits avec le principe que je viens de vous indiquer, on peut déterminer d'une manière

---

[1] Voir la note U.

générale, la direction et l'intensité du courant induit développé par le mouvement relatif d'un courant et d'un conducteur fermés. On retrouve ainsi toutes les lois que M. Neumann a établies, en 1845, d'une tout autre manière, dans un mémoire qui constitue un de ses principaux titres scientifiques.

Ce rapprochement remarquable entre la théorie mécanique de la chaleur et les phénomènes d'induction a été indiqué pour la première fois par M. Helmholtz, en 1847.

VII.

Au nombre des lois que la théorie établit ainsi et que l'expérience confirme, se trouve la proportionnalité du courant induit à la vitesse du déplacement d'où résulte l'induction [1]. A mesure donc que s'accélère le mouvement d'une machine électro-magnétique, la grandeur de la force électro-motrice d'induction augmente, et par conséquent l'intensité du courant de la pile diminue. Le travail absolu que la machine peut fournir en un temps donné est ainsi indéfiniment diminué, mais en même temps la quantité de chaleur dégagée par la dissolution d'un poids donné de zinc va aussi en décroissant indéfiniment; en d'autres termes, la fraction du travail des forces chimiques qui se convertit en chaleur diminue indéfiniment, et la fraction qui a pour équivalent le travail de la machine approche indéfiniment de l'unité à mesure que la vitesse s'accélère. On peut donc, par un accroissement suffisant de la vitesse, approcher autant qu'on le voudra de la conversion totale du travail des affinités, ou, ce qui revient au même, de la chaleur dégagée par les actions chimiques en travail mécanique [2].

La machine électro-magnétique, qui s'est montrée jusqu'ici, dans la pratique, la moins avantageuse des machines, est donc théoriquement la plus parfaite, la plus puissante de toutes. Seule elle peut utiliser la totalité de la chaleur dépensée. Mais cela ne veut pas dire qu'il suffise de se placer dans les conditions indiquées par la théorie, c'est-à-dire de donner à une machine électro-magnétique

[1] Voir la note V.
[2] Voir la note W.

la plus grande vitesse possible, pour la rendre utilement applicable à l'industrie. Le zinc et les acides nécessaires à l'entretien de la pile représentent chacun une dépense antérieure considérable : leur prix de revient comprend en particulier toute la valeur du charbon qui a été consommé dans leur préparation, et, malgré la supériorité théorique de la machine électro-magnétique, il est incomparablement plus économique d'employer ce même charbon à entretenir par sa combustion le mouvement d'une machine à air ou d'une machine à vapeur. Cette infériorité pratique subsistera tant qu'on n'aura pas découvert le moyen de préparer à peu de frais des corps doués d'affinités chimiques puissantes, c'est-à-dire de mettre *facilement* en liberté des substances qui tendent *énergiquement* à persister dans l'état de combinaison ou à y retourner. La solution d'un tel problème ne paraît pas beaucoup plus probable que la découverte de mines de zinc métallique ou de sources d'acide sulfurique.

VIII.

Nous sommes bien loin encore d'avoir épuisé tous les enseignements que la machine électro-magnétique peut nous donner. Nous en obtiendrons qui ne le cèdent guère en importance aux précédents si nous supposons que, fonctionnant en sens inverse de sa marche ordinaire, cette machine consomme du travail au lieu d'en produire. Si, par exemple, on ne fait passer de courant qu'à travers les hélices fixes, et qu'on réunisse simplement par un fil conducteur les extrémités des hélices mobiles, de manière qu'elles constituent un ou plusieurs circuits fermés, on ne pourra mettre la machine en mouvement sans faire naître des courants induits dans ces circuits. Par leur réaction sur le courant des hélices fixes, ces courants induits opposeront au mouvement une résistance qui augmentera la quantité de travail qu'on devra dépenser pour entretenir dans la machine une vitesse constante. En même temps ils échaufferont les fils qu'ils traversent, et l'ensemble des phénomènes aura pour résultat définitif la conversion d'une certaine quantité de travail en chaleur. La mesure de ces deux quantités donnera les éléments d'une détermination du nombre fondamental E.

C'est par cette expérience que M. Joule a commencé en 1843 la série de ses travaux sur la théorie mécanique de la chaleur. Il en a déduit une valeur de l'équivalent E assez différente de celles qu'il a trouvées plus tard et qu'on regarde comme les plus probables, le nombre 452. Mais, tout énorme que paraisse la différence, on peut tenir pour certain qu'elle ne doit être attribuée qu'aux difficultés des mesures et aux imperfections des appareils [1].

Aux hélices d'un fil plus ou moins long et fin. où le courant induit est très-peu intense et où il se dégage très-peu de chaleur, substituons un disque métallique de 0m,01 d'épaisseur et d'un diamètre proportionné aux dimensions des électro-aimants fixes. Le courant induit prendra une intensité extraordinaire et dégagera une grande quantité de chaleur; mais, par cela même, il faudra dépenser une quantité de travail considérable pour entretenir le mouvement.

Cette nouvelle forme de l'expérience est intéressante à deux points de vue. Au point de vue théorique d'abord, on doit remarquer que le principe de l'équivalence du travail mécanique et de la chaleur établit dans ce cas une relation immédiate entre les deux termes d'une série de phénomènes dont les termes intermédiaires sont assez imparfaitement connus dans l'état actuel de la science, car on est loin encore de posséder, sur l'induction dans les masses conductrices dont toutes les dimensions sont sensibles, les mêmes données certaines que sur l'induction dans les fils. En second lieu, le phénomène calorifique est si marqué, qu'il est possible de le constater avec des instruments d'une sensibilité. médiocre et de le rendre sensible à un auditoire nombreux, ainsi que je vais le faire dans un moment.

La plupart d'entre vous ont sans doute reconnu dans ces indications l'expérience publiée, il y a quelques années, par M. Foucault, et qui a attiré à si juste titre l'attention du public scientifique. Pour en tirer toute l'instruction qu'elle peut fournir, il convient de lui donner successivement deux formes différentes. D'abord, par un mécanisme facile à imaginer, on communique une grande vitesse de rotation au disque métallique. sans faire passer de courant dans le

[1] Voir la note X.

fil conducteur de l'électro-aimant fixe entre les branches duquel le disque tourne. Lorsque cette vitesse est obtenue, on fait passer le courant, et le disque s'arrête d'une manière presque instantanée par l'effet des courants induits qui s'établissent dans son intérieur. Les courants induits cessent dès que le disque est arrêté, mais la chaleur qu'ils ont dégagée persiste, et on peut dire que le résultat définitif de l'expérience est de faire passer aux molécules et de rendre sensible, sous forme de chaleur, toute la force vive qui appartenait d'abord à la masse entière. L'arrêt subit du disque est facile à constater et accuse bien l'existence et l'intensité des courants induits, mais, en raison de la grandeur du nombre par lequel l'équivalent mécanique de la chaleur est exprimé, la chaleur dégagée est peu considérable et n'est sensible qu'aux appareils les plus délicats. Il en est autrement dans la seconde forme de l'expérience. On fait passer le courant dans l'électro-aimant, et on essaye de faire marcher le disque. L'effort nécessaire à cette opération est une preuve sensible de la résistance qu'on doit vaincre. Prolongé pendant quelques minutes, il donne lieu à une élévation de température de 5o à 6o degrés, que tous les procédés thermométriques sont propres à constater.

Je vais essayer de vous rendre témoins de ces phénomènes.

(L'expérience a été faite sous les deux formes indiquées. Pour arrêter le disque instantanément, on a fait usage du courant d'une pile de 6 éléments de Bunsen. Pour observer le dégagement de chaleur, on n'a conservé qu'un seul élément, la résistance devenant si grande, dès qu'on mettait seulement deux éléments dans le circuit, qu'il était tout à fait impossible de faire marcher le disque à la main pendant quelques minutes. Le phénomène calorifique a été rendu sensible par l'application d'une pile thermo-électrique de 64 éléments communiquant avec un galvanomètre de très-grandes dimensions, dont l'image réfléchie par un miroir de 0^m,8o de longueur sur 0^m,4o de largeur, incliné à 45 degrés, était visible à tout l'auditoire.)

IX.

Cette brillante expérience est la dernière que j'emprunterai à la physique proprement dite. Je me bornerai, avant de quitter le domaine de cette science, à appeler votre attention sur le tableau où j'ai réuni les déterminations diverses de l'équivalent mécanique de la chaleur qui doivent inspirer le plus de confiance.

TABLEAU DES ÉQUIVALENTS MÉCANIQUES DE LA CHALEUR
DÉTERMINÉS PAR DIVERS PHYSICIENS.

NATURE DU PHÉNOMÈNE auquel la détermination de l'équivalent mécanique est empruntée.	NOMS DES PHYSICIENS qui ont donné le principe théorique de la détermination.	NOMS DES PHYSICIENS qui ont déterminé les données expérimentales.	VALEURS de L'ÉQUIVALENT mécanique.
Propriétés générales de l'air.	Mayer. Clausius.	V. Regnault. Moll et van Beck.	426
Frottement.	Joule.	Joule. Favre.	425 413
Travail de la machine à vapeur.	Clausius.	Hirn.	413
Chaleur dégagée par les courants induits.	Joule.	Joule.	452
Chaleur dégagée par une machine électro-magnétique en mouvement et en repos.	Favre.	Favre.	443
Chaleur totale dégagée dans le circuit d'une pile de Daniell.	Bosscha.	W. Weber. Joule.	420
Chaleur dégagée dans un fil métallique traversé par un courant.	Clausius.	Quintus-Icilius.	400

L'accord des nombres inscrits dans la quatrième colonne de ce tableau est généralement très-satisfaisant et peut être pris pour une confirmation puissante de la théorie. Deux seulement font exception : le nombre 452, déterminé par M. Joule dans ses expériences sur la chaleur dégagée par les courants induits, et le nombre 400 donné par M. de Quintus-Icilius. J'ai indiqué tout à l'heure quelle était l'imperfection des premières expériences de M. Joule. Quant au nombre de M. de Quintus-Icilius, il me suffira de faire remarquer que la méthode ingénieuse dont s'est servi ce physicien distingué exige le concours d'un grand nombre de déterminations délicates et indépendantes les unes des autres. Il n'y a donc guère à s'étonner si le résultat diffère sensiblement du nombre 425. autour duquel oscillent toutes les autres déterminations[1].

J'aborde maintenant les applications de la théorie nouvelle à la chimie. Il peut sembler étrange que je sois resté aussi longtemps en dehors du sujet ordinaire des études de la Société devant laquelle j'ai l'honneur de parler; mais en réalité je n'ai rien dit depuis le commencement de cette deuxième séance qui n'appartienne autant à la chimie qu'à la physique. Dans les trois genres de machines que nous venons d'étudier, nous avons vu la puissance motrice naître d'une consommation de chaleur; mais cette chaleur elle-même, d'où vient-elle, sinon du travail des forces chimiques? Dans la machine à vapeur et dans la machine à air, on laisse les affinités qui sont en jeu dans la combustion développer librement toute la chaleur qu'elles sont capables de produire, et c'est en appliquant cette chaleur à faire naître une série de phénomènes physiques, où elle s'anéantit en partie, qu'on obtient un travail mécanique. Dans la machine électro-magnétique, la transformation est directe; l'effet proprement calorifique d'une somme déterminée d'actions chimiques est diminué, par la réaction connue sous le nom d'*induction*, d'une quantité précisément équivalente à l'effet mécanique réalisé. Mais cette différence ne peut nous empêcher de reconnaître l'identité fondamentale des trois ordres de phénomènes et d'affirmer que, dans tous les cas, la puissance motrice n'est qu'une transformation médiate ou immédiate des affinités. Ces forces mystérieuses, qui semblaient échapper à toute mesure précise, rentrent ainsi sous l'empire de la mécanique générale et deviennent accessibles aux évaluations numériques. Sans doute on ne peut mesurer leur grandeur propre, c'est-à-dire déterminer les accélérations qu'elles communiquent en un temps donné aux atomes qu'elles sollicitent; mais leur travail dans la formation ou la destruction d'une combinaison quelconque peut s'apprécier aujourd'hui avec la même certitude et la même précision que le travail d'une chute d'eau. Soient, par exemple, 1 gramme d'hydrogène et 8 grammes d'oxygène, à une température déterminée; unissons-les par l'action d'une des causes qui ont la faculté de provoquer la combinaison des deux gaz, et ramenons à la température primitive

---

[1] Voir la note Y.

les 9 grammes de vapeur d'eau ainsi formés. La quantité totale de chaleur qui aura été cédée aux corps extérieurs pendant la suite de ces transformations, multipliée par l'équivalent mécanique de la chaleur, sera l'expression exacte du travail des affinités, pourvu toutefois que le phénomène de la combinaison n'ait été accompagné d'aucun développement de travail extérieur, d'aucune communication de force vive à des corps étrangers, d'aucune création de force vive sensible dans les corps eux-mêmes qui prennent part à l'action chimique. Le cas d'une explosion suivie d'effets mécaniques se trouve ainsi formellement exclu. Vous comprenez d'ailleurs que cette restriction est indispensable, car la machine électro-magnétique vous a montré un exemple d'une quantité constante de travail chimique qui dégage une quantité variable de chaleur, suivant qu'il y a ou qu'il n'y a pas en même temps production d'un travail mécanique.

Je n'ai pas besoin de faire ressortir à vos yeux l'importance que ce nouveau point de vue donne aux recherches thermo-chimiques; elles sont comme le trait d'union de la chimie avec la mécanique générale. Et ce n'est pas là une de ces remarques vagues et stériles comme on en a pu faire de tout temps sur l'empire universel des lois de la mécanique, sur la réduction de tout phénomène à un mouvement; on peut donner des exemples de phénomènes chimiques qui sont dès aujourd'hui clairement explicables par des considérations mécaniques. Nous allons en trouver dans cette branche de la chimie connue sous le nom d'électro-chimie, que l'on considère à bon droit comme appartenant également à la chimie et à la physique.

Vous savez qu'un courant électrique traversant un corps composé conducteur le décompose toujours; vous savez aussi qu'une action chimique qui a lieu entre des corps conducteurs faisant partie d'un circuit fermé donne toujours naissance à un courant. Il en résulte, à ce qu'il semble, que si l'on fait communiquer les deux pôles d'un élément voltaïque quelconque avec deux fils de platine plongés dans un composé liquide conducteur quelconque, il y aura toujours décomposition. En fait, rien n'est moins exact que cette conclusion. La décomposition de l'eau, par exemple, est impossible à effectuer par l'action d'un seul élément voltaïque formé d'une lame de zinc, d'une lame de platine ou de cuivre, et d'eau acidulée par l'acide sulfurique. On a beau rendre aussi conductrice qu'il est possible l'eau interposée dans le circuit, en y ajoutant la proportion d'acide qui paraît la plus convenable dans les cas ordinaires, la décomposition n'a pas lieu; aucun courant sensible ne traverse l'appareil. Ce phénomène a longtemps paru incompréhensible; mais il est facile de voir qu'il y a impossibilité mécanique à ce que les éléments de l'eau se séparent l'un de l'autre dans ces circonstances, le travail négatif des affinités chimiques dans cette séparation étant supérieur au travail positif des affinités qui agissent dans l'élément. Les expériences calorimétriques donnent en effet la mesure de l'un et de l'autre travail. On sait que la dissolution d'un équivalent de zinc dans l'acide sulfurique très-étendu dégage 18680 unités de chaleur. D'autre part, la combustion d'un équivalent d'hydrogène dégage 34460 unités de chaleur, et il est clair que dans le voltamètre à eau acidulée le travail négatif des affinités chimiques est précisément égal et contraire au travail positif des mêmes affinités dans un appareil à combustion d'hydrogène. Si donc on suppose que, conformément aux lois de l'électro-chimie, chaque équivalent de zinc qui se dissout dans l'élément voltaïque détermine la décomposition d'un équivalent d'eau dans le voltamètre, et qu'en outre on tienne compte de la chaleur dégagée par le courant dans le circuit, on aura dans un système en repos un travail négatif supérieur au travail positif, et en même temps une création de chaleur, c'est-à-dire de force vive, absurdité mécanique dont l'évidence nous fait comprendre pourquoi la décomposition n'a pas lieu. Cette remarquable explication est due à M. Favre[1].

Sans doute ce phénomène paraît bien différer des phénomènes chimiques ordinaires; il y a, dans le système formé par l'élément de pile et le voltamètre, un arrangement régulier des substances réagissantes; il y a des conducteurs qui ne prennent aucune part aux actions chimiques et dont la présence est néanmoins indispensable. Tout cela ne ressemble guère aux conditions des réactions qui se passent dans le verre à pied ou le creuset des chimistes. Mais si on se rappelle qu'il est aujourd'hui certain qu'un des phénomènes les

[1] Voir la note Z.

plus connus de la chimie élémentaire, l'action des acides hydratés sur les métaux, est toujours un pur phénomène galvanique, où le métal, ses impuretés et l'acide forment une véritable pile, on sera probablement disposé à penser que ces différences sont accessoires, et on verra dans cette première application des considérations mécaniques aux phénomènes électro-chimiques le type d'une série d'applications que l'avenir saura étendre au domaine entier de la chimie [1].

Si les phénomènes électro-chimiques trouvent quelquefois leur explication dans la considération des effets calorifiques des combinaisons, réciproquement la théorie des courants électriques permet dans beaucoup de cas de substituer aux mesures calorimétriques des déterminations plus simples effectuées à l'aide du galvanomètre et du rhéostat. Il résulte des lois de Ohm, combinées avec les lois de l'échauffement voltaïque, que la quantité totale de chaleur dégagée par l'action chimique, qui dans un élément de pile donne lieu à la dissolution d'un équivalent de métal, est proportionnelle au coefficient numérique appelé force électro-motrice, dans tous les cas au moins où n'intervient pas l'action perturbatrice d'un gaz qui se dégage à la surface d'un métal, soit dans l'élément, soit dans le circuit. Cette relation, clairement énoncée et démontrée pour la première fois en 1847, par M. Helmholtz, mais dont M. Joule paraît avoir été en possession dès 1841, donne un intérêt particulier à la mesure des forces électro-motrices [2]. Elle a, par exemple, conduit récemment M. Jules Regnauld à d'intéressantes observations sur la formation des amalgames métalliques. On savait depuis longtemps que la substitution du zinc amalgamé au zinc métallique dans une combinaison voltaïque avait pour conséquence un accroissement sensible de la force électro-motrice; mais on n'avait su donner de ce singulier phénomène que des explications plus singulières encore. M. Regnauld a fait remarquer qu'il en résultait que le zinc amalgamé dégageait plus de chaleur, en s'unissant à l'oxygène et à un acide, que le zinc ordinaire, et par conséquent qu'en se séparant du mercure le zinc produisait de la chaleur. Le phénomène inverse,

[1] Voir la note AA.
[2] Voir la note BB.

c'est-à-dire la formation de l'amalgame, devait donc produire du froid. Au contraire, la substitution du cadmium amalgamé au cadmium pur diminuant la force électro-motrice, l'amalgamation du cadmium devait produire de la chaleur. Ces deux prévisions ont été complétement vérifiées par l'expérience. Les phénomènes qu'elles indiquent trouvent d'ailleurs leur explication ultérieure dans l'identité presque complète des propriétés chimiques du zinc et du cadmium, combinée avec la grande différence de leurs chaleurs latentes. Les deux métaux ayant probablement la même affinité pour le mercure à peu de chose près, leur union avec ce corps doit dégager des quantités sensiblement égales de chaleur; mais comme en s'amalgamant ils se liquéfient, l'effet calorifique observé n'est que la différence entre la chaleur dégagée par l'action chimique et la chaleur absorbée par la liquéfaction. On comprend donc que le zinc puisse en définitive produire du froid, et le cadmium de la chaleur, le premier métal exigeant, pour passer à l'état liquide, environ deux fois autant de chaleur que le second. Ces considérations s'appliquent à la formation de tous les amalgames métalliques, et s'accordent généralement avec l'expérience [1].

X.

Ce ne sont pas seulement nos machines qui empruntent leur puissance motrice au travail des affinités chimiques. La puissance motrice des animaux, la nôtre, n'ont pas d'autre origine. La respiration, je veux dire l'ensemble des réactions chimiques qui s'opèrent entre l'atmosphère extérieure et l'organisme d'un être animé, n'a pas seulement pour objet l'entretien d'une température constante, la destruction et l'élimination des matériaux hors d'usage dont il faut que le corps se débarrasse, elle est encore la source de la faculté que l'être animé possède de déplacer le centre de gravité d'un corps extérieur ou son propre centre de gravité en prenant un point d'appui. Quelque complexe que soit le détail de ces réactions chimiques, leur résultat définitif est conforme à la tendance natu-

[1] Voir les deux notes de M. Jules Regnauld dans les *Comptes rendus des séances de l'Académie des sciences.*

relle des affinités. C'est une production continuelle d'eau et d'acide carbonique aux dépens de l'hydrogène et du carbone qui existent, soit dans le corps, soit dans les aliments, à des états naturels de combinaison où leurs affinités pour l'oxygène sont bien loin d'être saturées. Le travail des forces chimiques dans la respiration est donc bien évidemment positif. Lorsque l'animal est en repos, ce travail a pour équivalent la quantité de chaleur que l'animal dégage incessamment pour compenser la perte de chaleur due au rayonnement, au contact de l'air et à l'évaporation [1]. Lorsque l'animal est en mouvement, une portion du travail des affinités chimiques a pour équivalent le travail effectué par ce mouvement; le reste seulement se convertit en chaleur, et par conséquent, à une même somme d'actions chimiques produites dans l'intérieur de l'organisme, doit répondre un dégagement de chaleur moindre dans l'état de mouvement que dans l'état de repos.

Ces idées, introduites pour la première fois dans la science en 1845, par M. Jules-Robert Mayer[2], font faire à la physiologie générale un progrès assurément égal au progrès qui est résulté, vers la fin du siècle dernier, des découvertes de Lavoisier et de Sennebier sur la respiration. Elles ne sont pas d'ailleurs demeurées à l'état de pure théorie, et deux séries distinctes d'expériences les ont déjà confirmées de la manière la plus remarquable. La première est due à M. Hirn. Elle a consisté à renfermer dans un espace clos un homme qui demeurait d'abord en repos pendant un certain temps, et exécutait ensuite un travail en élevant sans cesse son propre corps sur la circonférence d'une roue mobile, et à observer dans les deux cas les effets calorifiques et chimiques de la respiration. On a mesuré à la fois la chaleur dégagée et l'acide carbonique expiré, et le rapport de la première quantité à la seconde a été moindre dans l'état de mouvement que dans l'état de repos. Ainsi une quantité donnée d'action chimique respiratoire dégage moins de chaleur lorsque le sujet de l'expérience effectue un travail que lorsqu'il demeure immobile. La différence est même pour chaque individu à peu près proportion-

[1] Voir la note CC.
[2] Dans sa brochure intitulée : *Le mouvement organique et la nutrition* (Die organische Bewegung und der Stoffwechsel, Heilbronn, 1845).

nelle au travail. Mais les conditions des expériences sont trop complexes, les changements matériels qui peuvent survenir dans le corps sont trop difficiles à apprécier pour essayer, comme l'a fait M. Hirn, d'obtenir par cette voie une détermination de l'équivalent mécanique de la chaleur.

M. Béclard a envisagé la question d'une autre manière, et démontré que la chaleur se convertit en travail dans l'organisme, par une expérience qui est à la portée de quiconque possède un bon thermomètre à mercure. Par la simple application d'un instrument de ce genre sur les muscles du bras, il a reconnu que la chaleur dégagée pendant la contraction musculaire est diminuée toutes les fois que cette contraction effectue un travail extérieur, toutes les fois que les muscles en se contractant soulèvent un poids; que cette chaleur, au contraire, augmente toutes les fois que les muscles soutiennent un poids qui tombe en obéissant à l'action de la pesanteur et qui exécute ainsi un travail positif.

Les résultats de ces deux séries d'expériences sont au nombre des plus précieux dont la physiologie expérimentale se soit enrichie dans ces derniers temps. Il est bien clair d'ailleurs qu'ils ne contredisent en aucune façon les données de l'expérience vulgaire sur l'échauffement qui accompagne tout exercice corporel. La contraction musculaire augmente incontestablement la chaleur dégagée par l'organisme en un temps donné, mais elle augmente aussi la combustion respiratoire, ainsi que le prouverait, à défaut d'expériences directes, le besoin d'aliments consécutif à l'exercice. Les recherches de M. Hirn et de M. Béclard font voir simplement que, conformément à la théorie de Mayer, la combustion augmente dans un rapport plus grand que la chaleur produite.

Ainsi, tout animal, tout être doué de mouvement volontaire, se montre à nous non-seulement comme un appareil de combustion, mais comme une machine thermique. Chacun de ses mouvements n'est qu'une conversion partielle en travail mécanique de la chaleur fournie par la combustion, comparable à celle qui a lieu dans une machine électro-magnétique. S'il peut à volonté augmenter la somme des forces vives qui, à un instant donné, existent autour de lui, ce n'est qu'à la condition de diminuer d'une quantité précisément égale

la somme des forces vives calorifiques qui tendent à développer les
actions chimiques dont ses propres tissus sont le siége. A vrai dire,
il n'a qu'un pouvoir de direction sur les forces vives que crée en lui
le travail incessant des affinités chimiques, et, pour rendre sensible la
vraie nature de ce pouvoir, je ne saurais mieux faire que d'emprunter
à Mayer la comparaison de l'action de la volonté sur le corps avec
l'action du pilote sur le bateau à vapeur qu'il dirige, sans être la
cause physique qui le fait marcher.

« Les mouvements du bateau à vapeur, dit Mayer, obéissent à la
volonté du pilote et du machiniste. Mais l'influence spirituelle (*der
geistige Einfluss*), sans laquelle le navire irait en sortant du port se
briser sur l'écueil le plus voisin, ne fait que conduire, elle ne meut
pas. Pour mouvoir, une force physique est indispensable, celle du
charbon qui brûle sous la chaudière. Sans cette force, quelque éner-
gique que soit la volonté de ses conducteurs, le navire demeure immobile, il est mort [1]. »

XI.

Le règne végétal nous offre un spectacle bien différent. Dans les
végétaux supérieurs au moins, le résultat définitif de la vie est contraire aux affinités chimiques. Sous l'empire de conditions qui tendent
toutes à transformer les matières hydrocarbonées en acide carbonique et en eau, les végétaux supérieurs ne cessent d'augmenter la
quantité de ces matières déjà existante. Il s'accomplit donc, en définitive, dans leur intérieur un travail négatif des affinités; et l'ignorance où nous sommes encore du mécanisme de la vie végétale ne
doit pas nous empêcher d'accorder à cette conclusion une confiance
absolue, car elle n'est, après tout, que la formule de ce qui se passe
dans une forêt ou une prairie qui ne reçoit aucun engrais et qui
reproduit tous les ans le bois ou le fourrage qu'on lui enlève. Mais
ce triomphe continuel du règne végétal sur la résistance des affinités chimiques ne peut être obtenu que par une consommation équivalente de forces vives ou de chaleur. De là l'indispensable nécessité
de l'action solaire directe ou indirecte à toute végétation qui n'est

[1] *Le mouvement organique et la nutrition*, p. 54.

pas celle d'une plante infusoire ou parasite [1]. Ni la réfrangibilité particulière des rayons solaires qui sont reconnus les plus favorables à la végétation, ni la faiblesse de leur action thermométrique, qui tient peut-être plus qu'on ne croit à ce qu'ils sont mal absorbés par la surface de nos instruments, même enduits de noir de fumée, ne les distinguent essentiellement des rayons auxquels on réserve d'ordinaire le nom de rayons de chaleur. Ce que les plantes reçoivent du soleil, ce qu'elles absorbent, c'est de la chaleur, c'est la force vive d'un mouvement ondulatoire qui ne diffère que par sa période et son amplitude des mouvements les plus propres à agir sur nos thermomètres. C'est en consommant cette force vive qu'elles peuvent augmenter la quantité de matières combustibles qui existe à la surface de notre planète.

En brûlant les produits de la végétation, nous ne faisons que régénérer cette force vive calorifique. C'est donc par une transformation de l'action solaire que s'engendre le seul combustible dont fassent usage encore aujourd'hui la plus grande partie de la race humaine et les plantes alimentaires où les animaux et nous-mêmes nous puisons toute notre force motrice. C'est par une transformation semblable que s'est engendré autrefois tout le combustible, maintenant fossile, qui est devenu l'aliment principal de notre industrie. Si vous songez de plus que c'est le soleil qui fait souffler le vent, qui évapore l'eau des mers et donne ainsi naissance à la pluie et aux eaux courantes, vous reconnaîtrez qu'en dehors du mouvement des marées tout mouvement produit à la surface de la terre a pour cause directe ou indirecte la chaleur du soleil. Si l'on voulait absolument se procurer une puissance motrice qui n'eût pas cette origine, il n'y aurait guère d'autre moyen que de brûler sous la chaudière d'une machine à vapeur du soufre natif ou du fer météorique.

XII.

Cette belle harmonie naturelle porte notre attention sur le centre de notre système planétaire et nous amène à l'étude des applications astronomiques de la nouvelle théorie.

[1] Voir la note DD.

Vous connaissez tous l'hypothèse par laquelle Buffon a essayé d'expliquer comment s'entretient la chaleur solaire. Suivant ce grand naturaliste, ce sont les comètes qui, en tombant sur la surface du soleil, fourniraient sans cesse de nouveaux matériaux à sa combustion. A mesure qu'on a mieux observé le mouvement des comètes et qu'on a cessé de voir dans le soleil un foyer de combustion semblable à nos sources de chaleur artificielles, on a de plus en plus oublié l'hypothèse de Buffon. La théorie mécanique de la chaleur l'a renouvelée sous une autre forme et pour ainsi dire rajeunie. Mayer a fait remarquer le premier qu'un corps quelconque qui arrive à la surface du soleil perd, au moment du choc, l'énorme quantité de forces vives que lui a communiquée l'action de la gravitation, et que cette perte de force vive a pour conséquence un dégagement de chaleur. Pour restituer au soleil toute la chaleur qu'il rayonne dans l'espace, il suffit donc que sa masse s'accroisse continuellement par une chute de comètes, d'aérolithes ou de toute autre matière cosmique. M. William Thomson, qui a poursuivi avec autant de pénétration que de hardiesse le développement des idées de Mayer, a indiqué, comme l'origine la plus probable de la matière qui vient échauffer le soleil en s'y incorporant, cette immense nébulosité circumsolaire que les astronomes connaissent sous le nom de *lumière zodiacale*. En admettant cette origine, il a pu calculer la quantité de matière qui devrait tomber chaque année sur le soleil pour compenser la déperdition calorifique que l'on peut déduire des expériences de M. Pouillet sur les effets thermométriques du rayonnement solaire. Ramenée à la densité moyenne du soleil, toute cette matière formerait à sa surface une couche de 20 mètres d'épaisseur seulement. Une épaisseur moindre encore serait suffisante si on supposait, avec M. Waterston, que la matière qui vient s'incorporer au soleil fût empruntée indifféremment à toutes les régions de l'espace. Dans l'un et l'autre cas il n'en résulterait qu'un accroissement de diamètre insensible à l'observation la plus délicate pendant de longues années. Dans l'hypothèse même de M. Thomson, il ne faudrait pas moins de quarante siècles pour que l'angle visuel sous lequel le globe solaire nous apparaît fût augmenté de $\frac{1}{10}$ de seconde. Mais une autre conséquence de l'hypothèse pourra être soumise plus facilement au contrôle de l'expérience. Le soleil tourne sur son axe de manière à accomplir une révolution entière en vingt-cinq jours à peu près. Toute matière étrangère qui vient s'unir à sa masse diminue sa vitesse de rotation, particulièrement si elle se fixe à la surface, c'est-à-dire aux points où la vitesse absolue est le plus considérable. La couche de matière dont M. Thomson a calculé l'épaisseur augmenterait ainsi d'une heure en cinquante-trois ans la durée de la révolution. Malheureusement, dans l'état actuel des observations, cette durée n'est pas connue à une heure près; c'est un des éléments astronomiques les plus difficiles à déterminer, car on en déduit la valeur de l'étude des taches solaires qui sont animées à la fois d'un mouvement propre et du mouvement général du soleil, et il n'y a qu'une très-longue série d'observations qui permette d'éliminer l'effet du mouvement propre. Cette deuxième vérification est donc impossible pour le présent et paraît devoir l'être longtemps encore. Mais elle n'est pas, comme la première, ajournée à un avenir indéfini.

On a combiné le principe de la théorie mécanique de la chaleur avec l'hypothèse de Laplace sur l'origine du système planétaire, et il est résulté de là une explication nouvelle de la chaleur propre du soleil et des planètes. On a même essayé d'en faire sortir tout récemment une détermination de l'âge du soleil. Je ne vous demanderai pas de me suivre dans ces spéculations qui vous sembleraient peut-être trop conjecturales ou plutôt trop éloignées du contrôle actuel de l'expérience, mais j'ai dû vous indiquer jusqu'où s'étend la portée de la théorie nouvelle[1]. On a dit à son occasion que la science était aujourd'hui sur la voie de découvrir un nouveau système du monde, tout aussi profond et aussi important que celui que Newton avait révélé à son siècle. Peut-être estimerez-vous qu'il n'y a rien d'excessif dans ce jugement.

XIII.

Je ne voudrais pas cependant vous laisser croire que ce système du monde est déjà fait, et, après vous avoir montré tout ce que la théorie nouvelle nous apprend, je dois vous signaler en général ce

[1] Voir la note EE.

qu'elle nous laisse ignorer. Le principe de l'équivalence du travail et de la chaleur n'est qu'une forme de l'équation des forces vives. Or l'avantage propre des applications de cette équation est d'établir entre deux états différents d'un même système des relations indépendantes des états intermédiaires que le système a traversés; mais leur inconvénient est de ne rien nous apprendre du tout sur ces états intermédiaires eux-mêmes. Tel est précisément le caractère de la théorie nouvelle. Elle nous fait connaître ce qu'on peut appeler le *pourquoi* et le *combien* des phénomènes, elle nous en laisse ignorer le *comment*. Ainsi nous voyons bien que dans sa détente la vapeur transforme en travail ou en force vive une partie de la chaleur qu'elle contient; nous comprenons que les courants induits sont nécessaires à l'exercice simultané de la puissance motrice et de la puissance calorifique des courants; mais dans l'un et dans l'autre cas le mécanisme propre des phénomènes, le jeu des forces élémentaires nous demeure inconnu. Toutefois il ne faudrait pas non plus exagérer la valeur de cette restriction. C'est beaucoup que d'avoir déterminé la vraie nature d'un problème et d'avoir resserré entre des limites certaines le champ ouvert aux hypothèses. La découverte d'une théorie de la constitution des gaz qui présente bien des caractères de la vérité a suivi de près l'application de la théorie mécanique de la chaleur à cette classe de corps. Nous avons le droit d'espérer que cet exemple ne restera pas isolé, et que la nouvelle théorie, après nous avoir montré le lien nécessaire des phénomènes, nous aidera à pénétrer le secret de leur nature intime.

XIV.

L'importance qu'on doit attacher à la théorie nouvelle me fait un devoir de terminer cet exposé par un court historique où je m'efforcerai de rendre justice aux principaux inventeurs. Cela est d'autant plus nécessaire que je me suis attaché constamment à suivre l'ordre logique des idées sans aucun égard à l'ordre historique des découvertes.

On peut distinguer deux périodes dans cette histoire. Dans l'une, qui s'étend jusqu'à l'année 1842, tantôt des idées analogues à la théorie mécanique de la chaleur sont émises par divers auteurs, tantôt les mêmes phénomènes que cette théorie explique sont envisagés en vertu d'autres principes et d'utiles tentatives sont faites pour les ramener à des lois générales; mais le véritable principe n'étant pas trouvé, tous ces efforts demeurent isolés, stériles, sans influence sensible sur la marche générale de la science. Tout ce travail inaperçu finit cependant par porter ses fruits, et, aux environs de l'année 1842, l'idée nouvelle, comme il arrive le plus souvent pour les grandes découvertes, se révèle claire et précise à plusieurs esprits au même moment. Bientôt après commence cette période de progrès rapides qui suit toujours la découverte d'un principe vrai, et peu d'années suffisent à établir ce magnifique ensemble de résultats que j'ai essayé de vous faire entrevoir.

Le premier nom par lequel s'ouvre la liste de ceux qu'on peut appeler les précurseurs de la théorie mécanique de la chaleur est le nom illustre de Daniel Bernoulli. L'*Hydrodynamique* de ce grand géomètre et physicien contient depuis plus d'un siècle, oubliée et négligée de tout le monde, la théorie de la constitution des gaz dont je vous ai dit quelques mots à la fin de notre première réunion. Les contemporains n'y ont vu probablement qu'un débris des anciennes hypothèses cartésiennes, et jusqu'à ces derniers temps on n'a pas soupçonné qu'il s'y trouvât le germe d'une science nouvelle.

En 1780, un peu plus de quarante ans après la publication de l'*Hydrodynamique*, Lavoisier et Laplace, discutant dans leur *Mémoire sur la chaleur* les deux hypothèses qu'on peut faire sur la nature de cet agent physique, s'expriment de la manière suivante :

« D'autres physiciens pensent que la chaleur n'est que le résultat des vibrations insensibles de la matière.... Dans le système que nous examinons, la chaleur est la force vive qui résulte des mouvements insensibles des molécules d'un corps; elle est la somme des produits de la masse de chaque molécule par le carré de sa vitesse.... Nous ne déciderons point entre les deux hypothèses précédentes: plusieurs phénomènes paraissent favorables à la dernière (celle qu'on vient de rappeler): tel est, par exemple, celui de la chaleur que produit le frottement de deux corps solides; mais il en est d'autres qui s'appliquent plus simplement dans la première; peut-être ont-elles lieu toutes deux à la fois [1]. »

Mais, après cette assertion si claire et si précise, on ne rencontre nulle part dans le mémoire l'idée de comparer les forces vives calorifiques avec la force vive ordinaire qui est sensible dans le mouvement du centre de gravité d'un corps ou dans le mouvement de rotation; jamais Lavoisier et Laplace ne comparent la chaleur qu'à elle-même, et il importe alors assez peu, pour la fécondité de leurs raisonnements, qu'ils considèrent cette chaleur comme un corps indestructible ou comme une quantité de forces vives.

Il y a plus : ils considèrent un peu plus loin comme évidente une proposition directement contraire au principe de la conversion de la chaleur en travail. *Toutes les variations de chaleur,* disent-ils, *soit réelles, soit apparentes, qu'éprouve un système de corps, en changeant d'état, se reproduisent dans un ordre inverse lorsque le système repasse à son premier état.* S'ils avaient ajouté que cette égalité a lieu seulement lorsque les changements d'état ne sont accompagnés d'aucun travail extérieur, la théorie mécanique de la chaleur eût été fondée; mais sans ce complément, l'assertion de Lavoisier et de Laplace est une erreur démentie tous les jours par le jeu de la machine à vapeur ou de la machine électro-magnétique.

Nul ne sait comment se seraient modifiées, en définitive, les vues de Lavoisier sur cette question, s'il eût vécu. On peut seulement présumer, par la lecture de son traité de chimie, qu'en 1789 il n'avait pas entièrement abandonné la théorie qui rapporte la chaleur à des mouvements moléculaires. Il est bien vrai que, cédant peut-être à l'influence des opinions courantes de son temps, il parle des gaz comme s'ils résultaient de la combinaison de certaines bases avec le *calorique.* Mais il fait toujours des réserves dont on ne voit plus aucune trace dans les écrits de ses disciples, et ce n'est pas sans quelque scrupule qu'il inscrit la lumière et le calorique en tête de la liste des corps simples.

Quant à Laplace, ses idées ont changé bien vite, et, dans tout ce qu'il a écrit après la période de son association avec Lavoisier, il s'est montré le défenseur convaincu de la théorie de la matérialité du

[1] *Mémoires de l'Académie des sciences,* année 1780, p. 357 et 358.

calorique. Son imposante autorité a même conservé des partisans à cette théorie bien longtemps encore après qu'elle ne reposait plus sur la moindre preuve.

Vers la fin du xviii° siècle, en 1798 et 1799, deux expériences avaient cependant été faites qui suffisaient à démontrer l'inanité de la théorie adoptée par l'auteur de la *Mécanique céleste*. C'étaient les expériences célèbres de Rumford et de Davy sur la chaleur dégagée par le frottement. Rumford avait mesuré d'une manière précise la chaleur produite dans le forage d'un canon, à la fonderie royale de Munich, et, pour ne laisser aucun doute sur l'origine de cette chaleur, il avait déterminé la chaleur spécifique du bronze solide et celle de la limaille de ce métal. Aucune différence sensible n'ayant paru exister entre ces deux chaleurs spécifiques, la seule explication raisonnable que l'on eût donnée du phénomène dans la théorie de la matérialité du calorique s'était trouvée péremptoirement réfutée. On avait admis, en effet, que dans les corps pulvérisés la chaleur spécifique était beaucoup moindre que dans les mêmes corps à l'état compacte, et il résultait bien de cette hypothèse que la pulvérisation d'un corps par le frottement devait dégager de la chaleur. Mais on oubliait que le frottement dégage de la chaleur alors même qu'il n'y a aucune altération des surfaces frottées, et l'expérience de Rumford montrait d'ailleurs l'inexactitude de l'hypothèse.

L'expérience de Davy, postérieure d'un an à celle de Rumford, était plus concluante encore, s'il est possible. Deux morceaux de glace frottés l'un contre l'autre par Davy s'étaient fondus rapidement et avaient produit par leur fusion un liquide dont la chaleur spécifique est plus que double de la chaleur spécifique de la glace. Davy avait apporté d'ailleurs tous ses soins à démontrer que le dégagement de chaleur dû au frottement n'était compensé par aucune absorption sensible de chaleur dans une partie quelconque des appareils.

Parmi les contemporains de Rumford et de Davy, le seul Young paraît avoir compris toute la portée de leurs expériences. Dans ses *Leçons de physique* publiées en 1807, il les a rapprochées de ses immortelles découvertes sur la nature de la lumière, et il a presque atteint le vrai principe de la théorie mécanique de la chaleur. Il a été le premier à révoquer en doute le principe admis par Lavoisier et Laplace, dont je vous parlais tout à l'heure. *Il n'a peut-être pas été démontré dans un seul cas*, dit-il dans sa leçon sur la mesure et la nature de la chaleur, *que la quantité de chaleur absorbée dans un phénomène soit précisément égale à la chaleur dégagée dans le phénomène inverse.* Dans ce simple doute était virtuellement contenue toute la théorie mécanique de la chaleur [1].

Malheureusement c'était l'époque où l'on considérait la loi de la double réfraction comme un argument en faveur de la théorie de l'émission ; c'était l'époque où les plus beaux mémoires de Fresnel restaient oubliés et couraient risque de se perdre pendant des années. Aussi, lorsqu'en 1824 l'esprit original de Sadi Carnot, frappé du spectacle de la révolution industrielle accomplie par la machine à vapeur, chercha à découvrir les lois générales de la puissance motrice du feu, il n'hésita pas un instant à prendre pour point de départ de ses raisonnements la matérialité et, par conséquent, l'indestructibilité du calorique [2]. Je vous étonnerai peut-être si j'ajoute que, malgré cette erreur fondamentale, le nom de Sadi Carnot et celui de son savant commentateur, M. Clapeyron, occuperont toujours une place importante dans l'histoire de la science. Sadi Carnot est l'auteur des formes de raisonnement dont la théorie mécanique fait sans cesse usage ; c'est dans son écrit qu'on trouve les premiers exemples de ces cycles d'opérations qui prennent un corps dans un état déterminé, le font passer à un état différent, en suivant un certain chemin, et le ramènent par une autre voie à son état primitif. M. Clapeyron a éclairci ce que le mémoire de Carnot avait d'obscur, et a montré comment on devait traduire analytiquement et représenter géométriquement ce mode de raisonnement si neuf et si fécond [3]. Ces deux géomètres ont créé en quelque sorte la logique de

---

[1] *Lectures on Natural Philosophy*, t. Ier, p. 651 de l'édition de 1867. — Young convient que l'égalité de la chaleur absorbée et de la chaleur dégagée est probable; mais la simple expression d'un doute sur cette sorte d'axiome est très-digne de remarque en 1807.

[2] *Réflexions sur la puissance motrice du feu et sur les machines propres à développer cette puissance*, Paris, 1824.

[3] Mémoire sur la puissance motrice de la chaleur (*Journal de l'École polytechnique*, t. XIV, année 1834).

la science. Lorsque les véritables principes ont été découverts, il n'y a eu qu'à les introduire dans les formes de cette logique, et il est à croire que sans les anciens travaux de Carnot et de Clapeyron les progrès de la théorie nouvelle n'auraient pas été, à beaucoup près, aussi rapides.

Enfin, je terminerai cette première partie de mon exposé historique en rappelant que M. Seguin, dans un ouvrage publié en 1839, et plus spécialement consacré à l'économie politique qu'à la physique, a présenté sur la machine à vapeur des considérations qui se rapprochent beaucoup de celles par lesquelles j'essayais, dans notre première séance, de vous faire comprendre la transformation de la chaleur en puissance mécanique [1].

J'aborde maintenant les travaux qui, de 1842 à 1849, ont définitivement fondé la science. Ces travaux sont l'œuvre exclusive de trois hommes qui, sans se concerter ni même se connaître, sont arrivés dans le même temps et à peu près de la même manière aux mêmes pensées. La priorité dans l'ordre des publications appartient sans nul doute au médecin allemand Jules-Robert Mayer, dont le nom est revenu bien des fois dans la suite de ces leçons, et il est intéressant de savoir que c'est en réfléchissant sur certaines observations de sa pratique médicale qu'il a conçu la nécessité d'une relation d'équivalence entre le travail et la chaleur. Les variations de la différence de coloration du sang artériel et du sang veineux ont attiré ses réflexions sur la théorie des phénomènes respiratoires. Il n'a pas tardé à voir dans la respiration l'origine de la puissance motrice des animaux; la comparaison des animaux et des machines thermiques lui a suggéré ensuite l'important principe auquel son nom demeurera à jamais attaché. Tel est le récit qu'il a fait lui-même du développement de ses idées dans son *Mémoire sur le mouvement organique et la nutrition,* publié en 1845. Son premier écrit, ses *Remarques sur les forces de la nature inanimée,* publié en 1842 dans les *Annales de Liebig,* ne fait cependant aucune allusion aux phénomènes vitaux et déduit simplement l'équivalence du travail et de la chaleur de l'étude comparée du frottement, de la machine à vapeur et des propriétés des gaz.

[1] *Études sur l'influence des chemins de fer,* p. 180, Paris, 1839. Voyez la note FF.

On trouve d'ailleurs dans ce mémoire une première détermination de l'équivalent mécanique de la chaleur déduite des propriétés des gaz, parfaitement exacte quant au principe, mais dont le résultat numérique s'écarte beaucoup de la vérité, à cause des valeurs inexactes du coefficient de dilatation et de la chaleur spécifique de l'air qui avaient cours dans la science, il y a vingt ans encore. Le *Mémoire sur le mouvement organique et la nutrition* et les *Matériaux pour la dynamique du ciel*, publiés en 1848, contiennent les applications physiologiques et astronomiques du nouveau principe et montrent que, malgré une éducation scientifique imparfaite sur bien des points, Mayer comprenait la portée de sa découverte et savait en tirer parti.

Vers l'époque de la première publication de Mayer, M. Colding, ingénieur des eaux de la ville de Copenhague, présentait à la Société royale des sciences de Danemark une série de mémoires qui contenaient sur la puissance de la machine à vapeur ou à gaz des idées à peu près identiques à celles de Mayer, et une détermination expérimentale de l'équivalent mécanique de la chaleur par le frottement qui ne paraît pas être fort exacte. Ces titres suffisent pour assurer au nom de M. Colding une place parmi ceux des inventeurs de la théorie nouvelle. Mais on doit reconnaître que les divers mémoires de ce physicien, écrits dans une langue dont la connaissance est peu répandue et imprimés plusieurs années seulement après avoir été présentés à l'Académie de Copenhague, n'ont exercé presque aucune influence sur les développements ultérieurs de la science.

Le troisième inventeur dont il me reste à parler, M. Joule, est celui peut-être qui a le plus fait pour la démonstration du nouveau principe et pour son adoption définitive. Son premier travail, publié seulement en 1843, est incontestablement postérieur de quelques mois aux premières publications de Mayer et de Colding. Il contient des expériences sur la chaleur dégagée par les courants induits, et ne paraît pas avoir été d'abord fort remarqué. C'est à ses expériences de 1845 sur les effets calorifiques de la dilatation et de la compression des gaz qu'il appartenait de donner droit de cité dans la science aux idées nouvelles; ce sont ses expériences sur le frottement qui ont donné de l'équivalent mécanique de la chaleur la première détermination digne de confiance; ce sont ses vues sur la constitution des gaz qui ont donné le premier et jusqu'ici le seul exemple d'une explication complète d'un phénomène dont la théorie fait prévoir les lois sans en indiquer le mécanisme.

Immédiatement après ces trois noms doit venir celui de M. Helmholtz, pour avoir, en 1847, dans son *Mémoire sur la conservation de la force*, réuni en un corps de doctrine les idées nouvelles, et en avoir fait de fécondes et importantes applications aux phénomènes d'induction, à l'électro-chimie, aux courants thermo-électriques, etc.

Enfin, la constitution définitive de la science thermodynamique, l'établissement clair et méthodique des procédés d'investigation et de raisonnement qui lui sont propres, ainsi que son application détaillée à la théorie des machines, sont principalement dus aux efforts de trois auteurs dont les noms sont les derniers que je citerai, MM. Clausius, Macquorn Rankine et William Thomson; leurs recherches les plus importantes ont été publiées de 1849 à 1851.

Depuis cette époque, il a été fait bien d'autres travaux sous l'inspiration des mêmes idées. J'ai eu l'occasion d'en citer plusieurs dans le cours de ces deux séances. D'autres se sont trouvés mentionnés sur le tableau des équivalents mécaniques qui a été mis sous vos yeux. Je ne chercherai pas à compléter ces indications. Je me contenterai de vous avoir fait connaître comment ont été posés les fondements de l'édifice scientifique à la construction duquel chacun, depuis dix ans, s'efforce de prendre part.

NOTES.

A. Sur le mouvement perpétuel. — B. Origine de la puissance motrice de la machine à vapeur dans l'hypothèse de la matérialité du calorique. — C. Discussion de quelques expériences de M. Hirn qui semblent contraires à la théorie. — D. Sur un théorème de Coriolis. — E. Sur la loi de dilatation des gaz. — F. Sur le travail intérieur dans les cristaux et dans quelques liquides. — G. Sur une détermination erronée de l'équivalent mécanique de la chaleur. — H. Sur les corps qui se contractent par l'action de la chaleur. — I. Sur les mesures calorimétriques où l'on n'a pas eu égard au travail extérieur. — J. Théorie de la constitution des gaz. — K. Comment les gaz et les vapeurs développent du travail extérieur. — L. Sur l'équivalent mécanique déterminé par la considération de l'acide carbonique. — M. Principe des expériences de MM. W. Thomson et Joule sur les phénomènes thermiques des gaz en mouvement. — N. Sur la découverte de la condensation de vapeur qui accompagne la détente. — P. Du régénérateur de chaleur dans les machines à air. — Q. Détermination du coefficient économique pour la machine d'Ericsson et pour la machine sans régénérateur. — R. Sur la machine à air où la température descendrait jusqu'au zéro absolu de chaleur. — S. Sur la tendance nécessaire de la chaleur à passer d'un corps chaud dans un corps froid. — T. Rôle du frottement dans les expériences électro-thermiques de M. Favre. — U. Sur la découverte des phénomènes d'induction. — V. Lois de l'induction déduites de la théorie. — W. Sur la conversion totale de la chaleur en travail dans les machines électro-magnétiques. — X. Détermination de l'équivalent mécanique par la machine électro-magnétique (Joule). — Y. Sur les forces électro-magnétiques et électro-dynamiques. — Z. Sur la polarisation des électrodes. — AA. Sur la dissolution du zinc dans les acides étendus. — BB. Sur l'application de la mesure des forces électro-motrices aux recherches thermo-chimiques. — CC. De l'influence prétendue du frottement sur la chaleur animale. — DD. Sur la végétation qui s'accomplit en dehors de l'influence de la lumière. — EE. Remarque de Mayer sur le phénomène des marées. — FF. Sur un raisonnement de M. Seguin relatif à la machine à vapeur.

NOTE A, page xv.

Conformément à l'usage ordinaire, j'ai présenté l'impossibilité du mouvement perpétuel comme une conséquence des principes fondamentaux de la mécanique et du mode d'action des forces naturelles.

Mais on y peut voir aussi un principe primitif et évident de soi-même, qui n'exprime au fond autre chose que la nécessité d'un rapport *fini* entre la cause et l'effet.

Si l'on adopte cette manière de voir, l'impossibilité du mouvement perpétuel, érigée en principe, peut servir à démontrer que toutes les forces naturelles doivent être dirigées suivant les droites qui joignent deux à deux les divers points matériels réagissant et n'être fonctions que de la distance. Voici de quelle manière, dans son célèbre *Mémoire sur la conservation de la force*, M. Helmholtz [1] expose cette déduction, qui paraîtra peut-être à plusieurs esprits la meilleure qu'on puisse donner.

«Considérons d'abord, dit M. Helmholtz, un point matériel de masse m, qui se meut sous l'influence des actions de plusieurs corps réunis en un système solide A; la mécanique nous donne les moyens de déterminer à une époque quelconque la position et la vitesse de ce point. Nous pouvons ainsi prendre le temps t pour variable indépendante et envisager comme autant de fonctions du temps les coordonnées x, y, z du point m relatives à un système d'axes invariablement lié au système A, la vitesse q, les composantes u, v, w de cette vitesse suivant les trois axes, et enfin les composantes X, Y, Z de la résultante des forces motrices. Or, notre principe exige que la force vive mq^2 et par conséquent aussi q^2 reprennent toujours la même valeur toutes les fois que m a la même situation par rapport à A. Il faut donc que q puisse s'exprimer non-seulement comme fonction de la variable indépendante t, mais aussi comme simple fonction des coordonnées x, y, z, d'où résulte qu'on doit avoir, en appelant $d(q^2)$ la différentielle totale de q^2,

$$(1) \qquad d(q^2) = \frac{d(q^2)}{dx}\,dx + \frac{d(q^2)}{dy}\,dy + \frac{d(q^2)}{dz}\,dz.$$

Mais comme

$$q^2 = u^2 + v^2 + w^2,$$

on a

$$d(q^2) = 2\,(u\,du + v\,dv + w\,dw)$$

___
[1] *Die Erhaltung der Kraft*, Berlin, 1847.

ou, en remarquant que

$$u = \frac{dx}{dt}, \quad v = \frac{dy}{dt}, \quad w = \frac{dz}{dt},$$

et

$$X = m\frac{du}{dt}, \quad Y = m\frac{dv}{dt}, \quad Z = m\frac{dw}{dt},$$

(2) $$d(q^2) = 2\left(\frac{X}{m}dx + \frac{Y}{m}dy + \frac{Z}{m}dz\right).$$

«Comme les équations (1) et (2) doivent être satisfaites indépendamment de tout rapport particulier établi entre les différentielles dx, dy, dz, on en conclut

$$\frac{d(q^2)}{dx} = \frac{2X}{m}, \quad \frac{d(q^2)}{dy} = \frac{2Y}{m}, \quad \frac{d(q^2)}{dz} = \frac{2Z}{m}.$$

«Mais si q^2 n'est fonction que de x, y, z, il résulte de ces dernières relations que X, Y, Z, c'est-à-dire la grandeur et la direction de la résultante des forces motrices, ne sont également fonctions que de la situation du point m par rapport au corps A.

«Supposons maintenant que le système A se réduise à un point matériel unique a : il résulte de ce qui vient d'être prouvé que la direction et la grandeur de l'action du point a sur le point m ne dépend que de la situation de m par rapport à a. Mais comme la situation de m relativement au seul point a n'est définie que par la distance $ma = r$, il faut que la grandeur et la direction de la force soient dans ce cas uniquement fonctions de cette distance. L'origine des coordonnées étant supposée au point a, on aura

(3) $$d(q^2) = \frac{2}{m}(X\,dx + Y\,dy + Z\,dz) = 0,$$

toutes les fois que

(4) $$d(r^2) = 2(x\,dx + y\,dy + z\,dz) = 0,$$

c'est-à-dire toutes les fois que

$$dz = -\frac{x\,dx + y\,dy}{z}.$$

Si l'on met cette valeur dans l'équation (3), il vient

$$\left(X - \frac{x}{z} Z\right) dx + \left(Y - \frac{y}{z} Z\right) dy = 0,$$

indépendamment de tout rapport particulier établi entre dx et dy : on aura donc séparément

$$X = \frac{x}{z} Z, \qquad Y = \frac{y}{z} Z.$$

En d'autres termes l'action de a sur m devra passer par l'origine des coordonnées, c'est-à-dire par le point a.

« Ainsi, dans les systèmes qui satisfont à la loi de la conservation des forces vives, les actions élémentaires des divers points matériels doivent être des forces centrales. »

NOTE B, page XXIX.

Sadi Carnot a donné, dans l'hypothèse de la matérialité du calorique, une explication des phénomènes de la machine à vapeur qui, pour n'être pas conforme à la réalité, n'offre pas le caractère d'absurdité évidente des hypothèses imaginées pour rendre compte suivant les mêmes principes de la chaleur dégagée par le frottement. Le fluide impondérable, dont l'accumulation en proportions diverses dans les corps produirait les effets variés que désigne l'expression générale de *chaleur*, aurait une tendance essentielle à passer d'un corps chaud sur un corps froid absolument comme les corps pesants tendent à passer d'un lieu élevé dans un lieu plus bas, ou plutôt une pareille tendance résulterait des actions que les molécules calorifiques exercent les unes sur les autres, et de celles qu'elles éprouvent de la part des molécules pondérables. Par conséquent, toutes les fois qu'il y aurait transport de chaleur d'un corps chaud sur un corps froid, il y aurait de la part des forces qui agissent sur le calorique un travail positif, impossible à évaluer *a priori*, mais tout à fait comparable au travail de la pesanteur dans la chute d'un courant d'eau. Tel serait le véritable travail moteur dans la machine à vapeur; la chaleur qui passe de la chaudière dans le condenseur éprouverait une sorte de chute (c'est l'expression même de Sadi Carnot), et le travail effectué par la machine serait l'équivalent de ce phénomène tout mécanique, comme le travail effectué par une roue hydraulique est l'équivalent de la chute du courant moteur.

Ces idées n'ont rien par elles-mêmes qui répugne à l'esprit ni qui soit contredit d'une manière évidente par l'aspect général des phénomènes, mais il est bien clair que l'indestructibilité du calorique est impliquée par la matérialité, et qu'en conséquence la machine à vapeur pose d'elle-même le dilemme suivant, dont la solution doit être demandée à l'expérience : ou bien, le calorique étant un agent matériel, la vapeur apporte au condenseur autant de chaleur qu'elle en emprunte à la chaudière; ou bien, la chaleur étant un mouvement de nature particulière, une portion de la chaleur s'anéantit dans le jeu de la machine et donne ainsi naissance au travail extérieur.

On a vu comment l'expérience avait prononcé.

Note C, page XXIX.

Les recherches de M. Hirn ont été entreprises à l'occasion d'un prix proposé par la *Société de Physique* de Berlin pour la détermination numérique de la véritable valeur de l'équivalent mécanique de la chaleur. C'est dans le rapport fait à la Société par M. Clausius qu'a été signalée l'erreur des raisonnements de M. Hirn relatifs à la machine à vapeur et qu'a été donnée l'interprétation exacte de ses expériences.

M. Hirn ne s'est pas rangé à l'opinion de M. Clausius, et, lorsqu'il a publié son mémoire, tout en imprimant à la suite le rapport de ce savant physicien, il a maintenu la légitimité de ses premiers calculs, et il a cherché à les justifier par des expériences de deux ordres différents, savoir : des mesures de la chaleur consommée dans une machine à vapeur sans détente, et une étude des phénomènes calorifiques qui accompagnent l'écoulement d'une vapeur à haute pression dans un espace vide ou presque vide. Il n'est peut-être pas inutile de montrer à quoi se réduit la valeur de ces nouveaux arguments.

Voici d'abord en quels termes M. Clausius fait voir l'inexactitude du raisonnement primitif de M. Hirn :

« Pour justifier son point de départ, M. Hirn dit que lorsque la vapeur se condense sous la pression à laquelle elle s'est formée, elle rend autant de chaleur qu'il en avait fallu dépenser pour la produire. Cet énoncé est parfaitement juste, mais il ne trouve pas son application dans la machine à vapeur.

« Quand, dans une machine sans détente, la vapeur a complétement rempli le cylindre d'un côté du piston et qu'elle se trouve ensuite mise en rapport avec le condenseur, la première portion seule de cette vapeur s'y précipite sous la pression initiale, puis la tension diminue de plus en plus. L'expansion qu'éprouve la vapeur dans le cylindre détermine un refroidissement tel, que, si elle n'est point surchauffée ou ne reçoit point de chaleur, elle s'y condense déjà. Pour que la condition formelle de l'énoncé ci-dessus pût être remplie, il faudrait que le piston avançât assez rapidement pour maintenir dans le cylindre la pression initiale. Mais dans ce cas la contre-pression qu'il aurait à supporter serait précisément égale à la pression qui le pousse en avant, et on ne pourrait recueillir aucun travail externe. Si l'auteur avait étendu ses recherches à une machine sans détente, il eût certainement trouvé aussi que la quantité de chaleur qui s'échappe avec l'eau de condensation est moindre que celle qu'on dépense à produire la vapeur[1]. »

Ces dernières paroles ont sans doute déterminé M. Hirn à entreprendre l'étude expérimentale d'une machine à vapeur sans détente. Mais il ne paraît pas qu'il ait réussi, dans cette nouvelle recherche, à vaincre toutes les difficultés qui en font, de son propre aveu, *ce que le physicien peut rencontrer de plus difficile dans la science expérimentale*[2]. Il dit bien qu'il a reconnu que, dans une machine sans détente, la dépense de chaleur est nulle ou négligeable; mais, à côté des expériences qui auraient établi cet étrange résultat, il rapporte les données d'une autre expérience, d'où l'on tirerait une conclusion plus étrange encore. Dans une machine où la détente

[1] *Recherches sur l'équivalent mécanique de la chaleur*, par Gustave-Adolphe Hirn, p. 132.

[2] Même ouvrage, p. 179.

n'avait lieu que pendant la cinquième partie de la course du piston, il y aurait eu une fois en même temps *production de travail et création de chaleur*. On peut douter que la méthode expérimentale nouvelle qui a conduit à de pareilles conclusions soit préférable à la méthode adoptée par M. Hirn dans ses premières recherches. La critique claire et décisive de M. Clausius subsiste tout entière.

M. Hirn oppose encore à M. Clausius les résultats de l'expérience suivante : dans un récipient de tôle environné d'eau froide, on fait arriver un jet de vapeur à haute pression, dont un thermomètre mesure la température un peu avant qu'il parvienne à l'orifice d'écoulement. On recueille l'eau condensée en un temps donné, et de l'élévation de température du calorimètre on conclut, en ayant égard aux corrections nécessaires, la chaleur dégagée par cette condensation. On trouve ainsi constamment un nombre supérieur à l'expression

$$p\left[606,5 + 0,305\,t + 0,4805\,(\mathrm{T} - t) - \tau\right],$$

qui représente la chaleur contenue dans la vapeur au moment où elle arrive à l'orifice, si p désigne le poids de la vapeur, T sa température effective, t la température à laquelle elle serait saturée sous la pression qu'elle possède actuellement, τ la température de l'eau condensée, et si l'on admet, conformément aux expériences de M. Regnault, que 0,4805 soit la chaleur spécifique de la vapeur d'eau. Les expériences analogues, où l'on prend pour calorimètre le condenseur d'une machine à vapeur, donnent le même résultat. M. Hirn en conclut que de la vapeur saturée ou surchauffée, en se condensant dans un récipient froid où la pression est inférieure à sa pression actuelle, *crée* de la chaleur.

Le fait est curieux et intéressant, mais facile à expliquer. La vapeur qui sort de l'orifice d'écoulement est animée d'une énorme vitesse, tandis que le liquide qui résulte de sa condensation se trouve en repos. En même temps donc qu'il y a passage de l'état gazeux à l'état solide, il y a disparition d'une force vive considérable, c'est-à-dire, en vertu de nouveaux principes, conversion de cette force vive en chaleur. Il est bien vrai que le travail extérieur exercé sur la vapeur pendant qu'elle se condense est moindre que celui qu'elle a développé en se formant, et cette circonstance diminue la chaleur dégagée par la condensation, mais il n'y a pas compensation. Ainsi, si la vapeur qui passe dans l'appareil calorimétrique est de la vapeur saturée sous la pression de 5 atmosphères, il a fallu, pour la produire, communiquer à chaque unité de poids d'eau à la température τ une quantité de chaleur égale à $651 - \tau$; une portion q de cette chaleur a eu pour effet d'augmenter les forces vives moléculaires, une deuxième portion q' a été l'équivalent du travail intérieur correspondant au changement d'état, enfin une troisième partie q'' a été l'équivalent du travail extérieur et peut s'évaluer sensiblement à 44 unités de chaleur, si l'on admet pour densité absolue de la vapeur d'eau saturée à 5 atmosphères de pression la valeur $\frac{1}{363}$ calculée théoriquement par M. Clausius [1], et si l'on néglige la très-petite différence entre le volume de l'eau à τ et le volume à zéro. D'autre part, des expériences récentes de MM. Minary et Résal [2] permettent d'évaluer à $10^{kil},6$ le poids de vapeur qui sort en vingt minutes d'une chaudière où la pression est de 5 atmosphères, par un orifice circulaire de $0^m,004$ de diamètre, pratiqué à l'extrémité d'un tuyau de $0^m,15$ de diamètre. On conclut de là aisément, en ayant égard à la valeur précédente de la densité et en admettant pour le coefficient de contraction de la veine le nombre $0,44$ donné par les auteurs des expériences, que la vitesse d'écoulement est d'environ 600 mètres par seconde, et par conséquent que chaque kilogramme de vapeur qui s'échappe dans des conditions analogues à celles des expériences de M. Hirn emporte avec lui une force vive égale à peu près à 360000, dont l'équivalent calorifique est peu inférieur à 400 unités. On voit donc que, quand même le travail extérieur ferait entièrement défaut, il y aurait plus que compensation, et que la destruction de cette force vive serait plus que suffisante pour expliquer les effets observés par M. Hirn. Une erreur considérable sur la valeur du coefficient de contraction ne modifierait pas cette conclusion.

Il n'est pas inutile de faire remarquer que la force vive que pos-

---

[1] Les valeurs théoriques de M. Clausius ont été confirmées par les expériences de MM. Tate et Fairbairn (*Comptes rendus de l'Académie des sciences*, t. LII, p. 706).

[2] *Annales des mines*, t. XVIII, p. 653.

sède la vapeur en sortant de l'orifice est elle-même une transformation de la chaleur qu'elle possède dans la chaudière, et par suite
que l'état de la vapeur, au moment où elle sort de l'orifice, ne saurait être le même qu'à l'intérieur de la chaudière, à quelque distance de cet orifice.

NOTE D, page XXXII.

Le théorème suivant, démontré par Coriolis dans son ouvrage
classique sur le *calcul de l'effet des machines*, est en quelque sorte
l'explication de la loi générale que nous avons essayé de formuler :

*La somme des forces vives d'un système de molécules, quels qu'en soient
les ébranlements, peut se décomposer en trois parties : 1° la force vive qu'auraient toutes les molécules transportées au centre de gravité du système;
2° la somme des forces vives qu'auraient ces mêmes molécules, si, dans la
disposition relative où elles se trouvent les unes par rapport aux autres, on
supposait qu'elles formassent un corps de figure invariable auquel on donnerait le mouvement moyen autour du centre de gravité; 3° la somme des
forces vives qu'auraient ces mêmes molécules en vertu des seules vitesses
relatives à des plans coordonnés possédant ce même mouvement moyen de
rotation* [1].*

Dans les applications de l'équation du travail on n'a ordinairement égard qu'aux deux premières parties de la somme, c'est-à-dire
aux forces vives résultant du mouvement général de translation et
de rotation des corps; on ne tient compte de la troisième que lorsqu'il y a des vibrations sensibles, comme les vibrations sonores.
L'idée fondamentale de la théorie nouvelle est d'avoir cherché dans
la chaleur cette troisième partie. Il est d'ailleurs bien clair que, dans
la généralité des cas, l'action des forces mécaniques doit produire
ou détruire simultanément des forces vives de ces trois espèces, et
qu'il n'y a pas plus de raison de négliger la variation des forces vives
calorifiques que celle des forces vives sensibles. On peut même remarquer que la conversion de la force vive sensible en force vive calorifique se produit sans cesse sous nos yeux dans la nature et qu'elle
est l'un des principaux moyens par lesquels s'éteignent les oscilla-

[1] CORIOLIS, *Traité de la mécanique des corps solides et du calcul de l'effet des machines,*
seconde édition, p. 92.

tions des systèmes de corps autour de leurs positions d'équilibre stable.

Note E, page xxxiv.

La loi de dilatation des gaz, que tous les physiciens ont crue exacte jusqu'aux expériences de MM. Magnus et Regnault, porte généralement le nom de loi de Gay-Lussac. Il serait plus juste, à mon avis, de l'appeler loi de Charles. Ce qu'il y a, en effet, d'essentiel dans cette loi, savoir : l'identité approchée des dilatations des divers gaz et, par suite, la proportionnalité de toutes ces dilatations aux températures définies par un thermomètre construit avec un gaz quelconque, a été démontré par Charles de la manière la plus simple. Le réservoir d'une sorte de baromètre à mercure était rempli de gaz, et, l'appareil étant soumis successivement à l'action de deux températures différentes (la température ambiante et la température d'ébullition de l'eau), on observait l'ascension du mercure dans le tube barométrique. Charles a trouvé l'ascension égale pour l'air, l'oxygène, l'azote, l'hydrogène et l'acide carbonique, et il n'en fallait pas davantage pour établir que le coefficient de dilatation de ces divers gaz est sensiblement le même, bien que la valeur de ce coefficient commun ne pût être déterminée de la sorte avec précision[1]. Gay-Lussac n'a guère ajouté à ce résultat qu'une mesure du coefficient de dilatation, inexacte de près de $\frac{1}{30}$. On peut même dire qu'en présentant comme une loi absolue ce qui n'était qu'une relation approchée, il a en quelque façon retardé les progrès de la science. Suivant Charles, les gaz solubles ne se dilateraient pas de la même quantité que les gaz dont la liste vient d'être donnée. On ne sait pas exactement de quels gaz solubles Charles a voulu parler; mais il est probable que ce sont les mêmes sur lesquels Gay-Lussac a jugé à propos d'expérimenter et dont il a annoncé qu'ils avaient le même coefficient de dilatation que l'air, savoir : l'acide sulfureux et l'acide chlorhydrique. On sait aujourd'hui que le coefficient de dilatation de l'acide sulfureux est supérieur de $\frac{1}{15}$ à celui de l'air. Sur ce point important Charles avait donc raison contre Gay-Lussac, et,

[1] Les expériences de Charles sont rapportées par Gay-Lussac lui-même, dans son mémoire sur la dilatation des gaz (*Annales de Chimie*, t. XLIII, p. 157).

quelque imparfait qu'on puisse trouver son procédé, un procédé qui n'a pas accusé des différences de $\frac{1}{15}$ de la quantité à mesurer ne lui a pas été réellement supérieur.

Note F, page xxxv.

Dans les fluides et dans les solides non cristallisés il est possible qu'aucun travail intérieur ne résulte de là simple élévation de température non accompagnée d'un changement de volume. Mais il en est sans doute tout autrement dans les solides cristallisés, au moins dans ceux qui n'appartiennent pas au système cubique. L'inégale dilatation en divers sens produite sur ces corps par l'action de la chaleur ne permet pas de supposer que, lorsqu'on empêche la dilatation par un accroissement de pression suffisant, il n'y ait aucun changement dans l'arrangement moléculaire. Par exemple, si on chauffe un cristal de spath en même temps qu'on le comprime de façon que son volume demeure invariable, puisque l'action de la chaleur tend à allonger le cristal dans le sens de l'axe et à le contracter dans le sens perpendiculaire, il est certain qu'en l'absence de tout changement de volume il y aura un changement de forme, et par suite un travail intérieur. Quand bien même, par une distribution convenable de pressions et de tractions sur la superficie externe, on s'opposerait au changement de forme comme au changement de volume, il y aurait encore un changement dans l'orientation relative des molécules, sinon dans la disposition relative de leurs centres de gravité. Cela est du moins rendu très-probable par l'inégale modification des propriétés optiques dans des directions diverses qui résulte en général de l'action de la chaleur sur les cristaux et qui ne paraît pas explicable par la simple inégalité des dilatations.

Même dans un liquide, lorsqu'il approche de son point de solidification, lorsqu'à l'arrangement moléculaire confus, qui caractérise l'état liquide, tend à succéder un arrangement plus régulier, sinon de la masse entière, au moins de ses diverses parties, il est à présumer qu'un travail intérieur sensible accompagnerait toute variation de température, lors même qu'on maintiendrait le volume invariable. On voit par là combien on doit être scrupuleux à admettre que le

travail intérieur est nul dans des circonstances données. L'invariabilité des distances moyennes des molécules ne le garantit en aucune
façon. De l'eau, par exemple, qui se refroidit au-dessous de la température du maximum de densité, peut occuper successivement, à deux
températures différentes, l'une inférieure, l'autre supérieure à 4 degrés, le même volume sous la même pression extérieure. Le travail
extérieur est nul entre ces deux époques, en vertu même de sa définition; mais rien n'autorise à penser que le travail intérieur le soit
également. L'anomalie même du maximum de densité ne peut guère
se concevoir que si, à mesure qu'on approche du point de congélation, l'orientation relative des molécules cesse d'être absolument
confuse et indéterminée; et si à deux températures différentes le
volume est le même, sans que l'arrangement moléculaire le soit,
un travail intérieur sensible accompagne nécessairement le passage
de l'une de ces températures à l'autre.

Note G, page xxxvii.

Le raisonnement suivant a semblé plausible à divers physiciens,
notamment à M. Kupffer et à M. Masson, et la valeur de l'équivalent
mécanique qu'il a fournie a semblé voisine de la valeur véritable :

Soit P une traction qui, uniformément exercée sur la surface extérieure de l'unité de volume d'un corps, déterminerait une dilatation Δ égale à celle qui résulte d'une élévation de température de
1 degré. Le travail de cette force, lorsqu'on l'emploiera à produire la
dilatation dont il s'agit, sera évidemment $P\Delta$. D'un autre côté, pour
dilater le corps de cette même fraction par l'action de la chaleur, il
faut lui communiquer une quantité de chaleur égale au produit de
la chaleur spécifique c par le poids de l'unité de volume, c'est-à-dire
par la densité D; le travail $P\Delta$ étant l'équivalent mécanique de cette
quantité de chaleur, on aura la relation

$$P\Delta = E\,cD\,[1],$$

qui, suivant M. Kupffer, serait confirmée par l'expérience.

[1] C'est à peu près sous cette forme que M. Masson a reproduit le raisonnement de
M. Kupffer, dans son mémoire sur la corrélation des propriétés physiques des corps (*An-*

Il ne faut pas beaucoup d'attention pour apercevoir combien ce raisonnement est défectueux. La quantité de chaleur cD est nécessairement formée de trois parties, savoir : 1° l'accroissement de la somme des forces vives moléculaires; 2° l'équivalent mécanique du travail intérieur; 3° celui du travail extérieur. Si la dilatation avait lieu dans le vide, la troisième partie serait nulle; dans les conditions ordinaires des expériences, la dilatation ayant lieu sous la pression atmosphérique, cette troisième partie est négligeable devant la seconde; mais il en est tout autrement de la première, qu'on ne saurait négliger sans admettre implicitement que la chaleur spécifique sous volume constant est insensible par rapport à la chaleur spécifique sous pression constante. On ne peut donc égaler au travail intérieur l'équivalent mécanique de la quantité cD tout entière. Il est d'ailleurs fort douteux que l'expression $P\Delta$ soit la valeur exacte du travail intérieur. C'est le travail des forces qui par leur action mécanique produisent une dilatation égale à Δ, *la température du corps étant maintenue constante*. Comme il n'y a d'ailleurs aucun développement de vitesse sensible, c'est aussi, *dans les mêmes circonstances*, l'expression du travail intérieur. Mais rien n'autorise à égaler ce travail intérieur à celui qui a lieu lorsque le corps se dilate par l'effet de la chaleur *en changeant de température*. Ces deux quantités de travail sont certainement du même ordre de grandeur et varient dans le même sens quand on passe d'un corps solide à un autre, mais leur identité est au moins douteuse.

Tout ce qu'on peut dire de général, c'est que la résistance à la traction étant un indice assuré de la grandeur des forces moléculaires, et une partie considérable de la chaleur qu'on communique à un corps pour l'échauffer se dépensant à vaincre ces forces elles-mêmes, la chaleur spécifique et la résistance à la traction ou le coefficient d'élasticité qui en est la mesure varient dans le même sens

nales de *Chimie et de Physique*, 3° série, t. LIII, p. 256). Il est probable que cette interprétation rend exactement la pensée du savant directeur de l'Observatoire physique de Saint-Pétersbourg, mais il serait difficile de le garantir, le texte original du mémoire de M. Kupffer substituant constamment à l'expression nette et précise de travail (*Arbeit*) celle d'action mécanique (*mechanische Wirkung*), qui n'a pas de signification définie dans la langue ordinaire des mathématiques. (*Bulletin de la classe des sciences physiques et mathématiques de l'Académie de Saint-Pétersbourg*, t. X.)

pour des corps d'une même catégorie physique, par exemple pour les métaux. La même règle, un peu vague, peut s'appliquer aux chaleurs latentes de fusion, et c'est ainsi que M. Person a été conduit à établir entre les coefficients d'élasticité et les chaleurs de fusion de divers métaux une relation numérique qu'on peut regarder comme approximativement démontrée par l'expérience, mais qu'il est actuellement impossible de déduire d'aucune théorie exacte. Il se peut que la formule de M. Kupffer ait la même sorte de valeur que la formule de M. Person et soit l'expression empirique d'une relation que la théorie est impuissante à établir. Nous n'avons pas, en effet, prouvé que cette formule fût fausse, mais simplement qu'on ne pouvait la déduire d'aucun raisonnement *a priori;* considérée comme exprimant sous une forme particulière ce fait général, que le coefficient d'élasticité et la chaleur spécifique varient dans le même sens, elle est tout aussi admissible, tout aussi digne qu'une autre d'être comparée à l'expérience.

Toutefois, on ne saurait attacher une valeur définitive à la comparaison que M. Kupffer a tentée. Pour évaluer le poids P en fonction du coefficient d'élasticité, M. Kupffer a fait usage d'une ancienne formule de Poisson qu'on sait aujourd'hui être inexacte et qui très-probablement n'est pas inexacte de la même façon pour tous les corps. Il en résulte qu'un facteur que M. Kupffer suppose constant dans ses calculs varie d'un métal à l'autre, et comme cette variation n'a pas encore été mesurée pour tous les métaux que M. Kupffer a considérés, il n'est pas possible d'introduire dans ses calculs les corrections nécessaires et d'apprécier d'une manière rigoureuse la valeur empirique de sa formule.

NOTE H, page xl.

Il est presque inutile de faire remarquer que si on avait à considérer un de ces phénomènes exceptionnels, tels que la fusion de la glace et les variations du volume de l'eau au-dessous de 4 degrés, où l'action de la chaleur produit sur les corps une diminution de volume, le raisonnement devrait être renversé. On considérerait une première période, dans laquelle le corps se dilaterait en se refroi-

dissant, et par conséquent effectuerait un travail extérieur T tout
en *abandonnant* une quantité de chaleur Q; dans une deuxième période qui ne serait pas exactement l'inverse de la première, le corps
reviendrait à son état initial par l'application d'une quantité de travail extérieur T' et en absorbant une quantité de chaleur Q'. Si T'
était plus petit que T, il y aurait, en définitive, un travail extérieur
produit égal à T — T'; une absorption équivalente de chaleur étant
nécessaire, Q' devrait être plus grand que Q, et on aurait l'équation

$$T - T' = E(Q' - Q).$$

L'exemple des corps qui, entre de certaines limites de température, se contractent sous l'influence de la chaleur, est utile à rapprocher des considérations qui font l'objet de la note précédente. Si
l'on se bornait à comparer le travail extérieur et la quantité de chaleur soustraite ou communiquée au corps dans une transformation
unique qui le fait passer d'un état donné à cet état différent, on
arriverait à cette conclusion singulière, que la création aussi bien
que l'anéantissement de la chaleur peut donner lieu à une production de travail. Rien n'est plus propre à montrer la nécessité d'avoir
égard au travail des forces moléculaires. En réalité, lorsque, par un
ébranlement local, par le contact d'un morceau de glace déjà formé
ou même d'un simple grain de poussière, on détermine la congélation d'une masse d'eau à zéro [1], les forces moléculaires, provoquées
à agir par l'influence d'une des causes accidentelles qu'on vient de
rappeler, amènent les molécules liquides dans les positions qui conviennent à l'état solide, et le travail positif qui s'accomplit dans ce
phénomène a pour équivalent à la fois la chaleur dégagée et le travail extérieur produit par la dilatation. Lorsqu'on liquéfie la glace,
la chaleur qu'il faut lui communiquer est, pour des raisons semblables, l'équivalent de l'excès du travail intérieur sur le travail extérieur. Dans les cas ordinaires, au contraire, la chaleur absorbée
dans la fusion et dégagée dans la solidification est l'équivalent de la
somme et non de la différence du travail intérieur et du travail
extérieur. De même, si l'allongement résultant d'une traction élève

[1] Voir tome II, p. 79.

la température d'une lanière de caoutchouc, tandis qu'il abaisse celle d'un fil métallique, cette opposition d'effets est due à ce que la chaleur dilate les métaux et fait contracter le caoutchouc. C'est un point que M. Joule a complétement mis en lumière[1].

NOTE I, page XL.

La nécessité d'avoir égard au travail extérieur dans tous les phénomènes qui dépendent de l'action de la chaleur sur les corps pourrait faire craindre que la plupart des mesures calorimétriques, exécutées à une époque où le principe de la théorie mécanique de la chaleur était à peine soupçonné, ne fussent entachées d'une erreur fondamentale. Un peu d'attention suffit à montrer que cette crainte ne serait pas justifiée. Sans doute, à parler rigoureusement, les chaleurs spécifiques, les chaleurs latentes dépendent toujours des pressions extérieures sous lesquelles les corps se dilatent ou changent d'état; mais, pour les solides et les liquides, le travail extérieur est si faible dans les circonstances ordinaires, qu'il ne peut résulter de cette dépendance que de faibles corrections, insensibles presque toujours aux procédés de mesure les plus délicats ; pour les gaz, l'influence dont il s'agit est si forte, au contraire, qu'on y a toujours eu égard et qu'on a toujours regardé comme indispensable de définir avec précision la pression supportée par un gaz dont on recherche par exemple la chaleur spécifique. C'est seulement dans le cas des vapeurs que des erreurs ont pu et peuvent encore être commises. Toute expérience sur les chaleurs latentes de vaporisation, où l'on n'applique pas à la vapeur qui se condense un travail extérieur précisément égal au travail qu'elle a développé en se formant, est vicieuse en un point essentiel et ne peut donner de résultat certain. C'est donc à bon droit que M. Regnault, dans ses recherches sur les chaleurs latentes de vaporisation de l'eau, s'est préoccupé d'établir une pression uniforme dans toutes les parties de son appareil. Bien loin d'infirmer en quelque manière les nombres obtenus par cet éminent physicien, la théorie nouvelle en fortifie l'autorité et s'en sert avec con-

---

[1] Voir *Annales de Chimie et de Physique*, 3ᵉ série, t. LII, p. 126.

fiance pour arriver à des résultats nouveaux, mais elle ôte toute valeur certaine et durable aux expériences trop nombreuses où cette précaution fondamentale a été négligée.

Note J, page XLI.

Si dans un espace limité on conçoit un très-grand nombre de molécules séparées par des intervalles tels, que leurs actions réciproques soient insensibles, et si on admet de plus que ces molécules soient en repos, il est bien clair qu'elles n'exerceront absolument aucune influence les unes sur les autres et que l'état d'une partie du système pourra éprouver telle modification qu'on voudra sans que l'état du reste en soit affecté d'aucune manière. Il n'y aura pas non plus d'action sensible analogue à la pression exercée sur les corps par lesquels le système est limité. Certaines molécules pourront bien se trouver à une assez petite distance de ces corps pour agir sur eux; mais, en vertu de l'hypothèse faite sur la valeur des distances moléculaires moyennes, le nombre en sera très-peu considérable relativement au nombre des molécules qui concourent à produire la pression d'un liquide sur un solide ou sur un autre liquide.

Rien assurément ne ressemble moins à un gaz que cet amas incohérent et indifférent qu'on peut à peine appeler un système, et cependant on a vu dans le texte qu'il n'est guère possible de se refuser à admettre que dans les gaz les distances réciproques des molécules sont incomparablement plus grandes que dans toute autre classe de corps. Mais si on attribue à ces molécules un mouvement, tout change de face, et les propriétés connues des gaz *parfaits* deviennent des conséquences nécessaires de l'hypothèse. Par suite de leur mouvement, les molécules venant tour à tour se heurter les unes contre les autres ou contre les limites de l'espace qui les contient, il ne tarde pas à s'établir un état moyen général dont les traits principaux sont faciles à apercevoir. A cause de la grandeur des intervalles moléculaires, presque toutes les molécules, à un instant donné, doivent se mouvoir comme si elles n'étaient soumises à l'action d'aucune force, c'est-à-dire en ligne droite et d'une vitesse uniforme, commune dans l'état définitif à toutes les molécules, mais suivant les directions les plus différentes. Les molécules qui se trouvent fortuitement rapprochées à cet instant agissent les unes sur les autres et modifient réciproquement tant la forme de leurs trajectoires que la grandeur de leurs vitesses; mais ces modifications ne durent qu'un temps très-court, après lequel les molécules s'écartent derechef les unes des autres et rentrent dans les conditions générales du système, ou bien elles se terminent à un choc central ou latéral, et comme les masses des molécules sont par hypothèse égales ainsi que leur vitesse, les vitesses ne font que changer de direction par l'effet du choc sans changer de grandeur. On voit par là que pour trouver quelle est l'action exercée par le système sur les parois qui le limitent, on peut substituer à son état réel un état fictif, dans lequel toutes les molécules chemineraient sans cesse en ligne droite, suivant toutes les directions imaginables, mais sans jamais se rencontrer.

Si les parois sont immobiles et parfaitement élastiques, chaque molécule se réfléchit en changeant la direction de son mouvement, mais en conservant sa vitesse de façon que l'état du système demeure invariable. Supposons ces conditions réalisées et cherchons quelle force il faudra faire agir sur une paroi de surface donnée, de quel poids, par exemple, il faudra la charger pour assurer son immobilité. Cette force devra être capable de changer le signe de la composante normale de la vitesse de chacune des molécules qui viennent en un temps donné choquer la paroi, ou, ce qui revient au même, de lui communiquer une vitesse normale de signe contraire à cette composante et de grandeur double. Bien évidemment donc, elle devra être proportionnelle à la vitesse du mouvement uniforme des molécules et à leur masse. Mais elle devra être encore proportionnelle au nombre des molécules qui viennent choquer la paroi en un temps donné, c'est-à-dire, d'abord au nombre de ces molécules contenues sous l'unité de volume, et ensuite une seconde fois à leur vitesse, car il est assez clair que le temps employé par une molécule donnée à parcourir l'espace qui sépare deux parois est en raison inverse de la vitesse, et par suite que le nombre des chocs de cette molécule contre une même paroi est proportionnel à la vitesse. Ainsi la pression qu'il faut exercer est proportionnelle une fois à la

masse et au nombre des molécules contenues sous l'unité de volume
et deux fois à leur vitesse ; elle l'est donc au carré de la vitesse.

Mais la proportionnalité de la pression au nombre des molécules
n'est autre chose que la proportionnalité de la pression à la densité.
C'est la loi de Mariotte.

La proportionnalité à la masse des molécules et au carré de leur
vitesse est facile à interpréter. Si l'on admet les idées reçues aujour-
d'hui sur la nature de la chaleur, on doit regarder la vitesse des
molécules comme un signe de la température du gaz qui varie dans
le même sens que la température elle-même. De là résulte une définition théorique de l'égalité des températures. Deux gaz sont dits à
la même température lorsque, mis en rapport l'un avec l'autre sous
la même pression, ils n'altèrent pas réciproquement leur état. Or,
si deux gaz contiennent le même nombre de molécules sous l'unité
de volume et que, dans chacun d'eux, le produit de la masse d'une
molécule par le carré de la vitesse soit le même, ils auront la même
pression ; lorsqu'on les mettra en rapport l'un avec l'autre, non-
seulement cette pression ne sera pas altérée, mais, dans le choc
réciproque de leurs molécules, les vitesses ne changeront pas, puisque
la force vive individuelle de ces molécules est la même. On devra
donc les considérer comme possédant la même température. Ainsi,
l'égalité des forces vives moléculaires implique l'égalité de température. En d'autres termes, la force vive moléculaire est une fonction de la température qui est la même pour tous les gaz ; la proportionnalité de la pression à cette force vive signifie donc que,
dans tous les gaz, la relation entre la pression et la température est
la même. De cette identité, combinée avec la loi de Mariotte, on
déduit aisément l'identité des coefficients de dilatation. Si d'ailleurs
on convient, comme c'est l'usage, de définir la température elle-
même au moyen du thermomètre à air, on sait qu'en appelant t cette
température et α le coefficient de dilatation, la pression sous volume constant est proportionnelle à l'expression

$$\frac{1}{\alpha} + t \quad \text{ou} \quad 273 + t.$$

La force vive moléculaire est donc proportionnelle à la température comptée sur un thermomètre à air à partir de — 273 degrés. A cette température de — 273 degrés, la force vive moléculaire deviendrait nulle, et on devrait dire que le gaz ne contient plus de chaleur ; le zéro de chaleur absolue serait atteint : en même temps, le gaz cesserait d'être un gaz et se transformerait dans cet amas inerte d'atomes indépendants et immobiles qu'on définissait tout à l'heure.

Enfin, si l'on admet, avec tous les chimistes, que, sous la même pression, tous les gaz simples contiennent, à volume égal, le même nombre de molécules, les variations de température étant proportionnelles aux variations de la force vive propre à chaque molécule, on voit que, pour élever d'un même nombre de degrés la température de volumes égaux de ces divers gaz, il faut la même quantité de chaleur. La conclusion est évidente quand l'élévation de température a lieu sans changement de volume ; elle le devient, lorsqu'il y a changement de volume, si l'on a égard à la formule de la page XLV.

Ainsi, les propriétés caractéristiques des gaz parfaits s'expliquent d'une manière simple et naturelle. La notion même de l'*état gazeux parfait* se trouve définie avec précision, et il devient facile de concevoir ce que peuvent être ces gaz imparfaits qui ne suivent pas rigoureusement la loi de Mariotte, qui changent de coefficient de dilatation avec la pression, et qui n'ont pas, à volume égal, la même capacité calorifique que l'air ou l'oxygène. Dans le système de molécules distantes et agitées en tous sens qu'on a considéré plus haut, on a supposé qu'à un instant donné le nombre des molécules dont le mouvement n'était pas rectiligne et uniforme était insignifiant par rapport au nombre des molécules dont le mouvement satisfaisait à cette double condition, ou, ce qui revient au même, que pour chaque molécule la durée des époques de perturbation était insensible devant la durée des époques de mouvement uniforme. Qu'on admette maintenant que le rapport de ces deux durées, tout en demeurant très-petit, devienne sensible, les raisonnements qu'on vient de faire ne pourront plus être répétés en toute rigueur, et leurs conséquences ne représenteront plus exactement les propriétés du système, mais donneront seulement l'expression plus ou moins approchée de ses propriétés réelles. De là toutes les dérogations aux anciennes lois que la physique moderne a mis tant de soin à constater. Il est clair

d'ailleurs que plus on diminuera les distances réciproques des molécules, c'est-à-dire plus on condensera un gaz, moins on aura de
chance d'obtenir des mouvements parfaitement uniformes et, par
conséquent, plus on s'écartera des conditions de l'état gazeux parfait. Cet état parfait n'est même, à vrai dire, qu'un idéal dont on
peut s'approcher indéfiniment par une raréfaction croissante du gaz,
mais sans jamais l'atteindre [1].

Note K, page xlv.

La théorie qui fait l'objet de la note précédente, en rapportant
la pression des gaz, non pas à l'action directe d'une force répulsive,
mais à une suite incessante de chocs, permet de concevoir comment
les changements de volume ne sont accompagnés d'aucun travail
intérieur, bien que tout gaz paraisse tendre de lui-même à la dilatation et résister à la compression. Toutes les fois qu'un gaz change
de volume, il arrive simplement que le nombre des molécules contenues dans un espace donné et, s'il y a variation de température,
leur vitesse varient; mais, tant que la densité ne dépasse pas certaines
limites, tant que la distance moyenne des molécules demeure au-
dessus d'une certaine valeur, leurs actions réciproques sont insensibles après comme avant le changement de volume et ne donnent
lieu à aucun travail. Le mécanisme de la relation qui s'établit entre
le travail extérieur et la chaleur dégagée ou absorbée n'est pas
plus difficile à comprendre. Lorsqu'on comprime un gaz, on fait agir
sur un piston mobile une force supérieure à celle qui est nécessaire

---

[1] La théorie qu'on a essayé de résumer dans cette note n'est point une théorie moderne. Elle a été indiquée dès 1738 par Daniel Bernoulli, dans son *Hydrodynamique*. A
peu près oubliée de tout le monde, elle a été probablement inventée une seconde fois, il y
a une quarantaine d'années, par Herapath. Mais c'est de nos jours seulement qu'elle a reçu
de MM. Joule, Krœnig et Clausius sa forme définitive. M. Clausius l'a envisagée sous le
point de vue le plus général, et l'a complétée d'une manière essentielle en ajoutant à la
considération des mouvements de translation des molécules celle de leurs mouvements internes, de leurs mouvements de rotation et des mouvements possibles des fluides impondérables. Dans un exposé qu'on s'est efforcé de rendre élémentaire, on n'a pu avoir égard
à tous ces développements. On se contentera de renvoyer aux *Annales de Chimie et de Physique*, où les mémoires originaux de MM. Joule, Krœnig et Clausius ont été analysés ou
insérés en 1857.

pour changer de signe la vitesse normale de toutes les molécules qui viennent choquer sa surface en un temps donné. La vitesse de toutes les molécules se trouve ainsi directement ou indirectement augmentée, et le travail de la pression extérieure a pour équivalent l'accroissement de la somme des forces vives moléculaires, c'est-à-dire la chaleur dégagée. L'inverse a lieu dans la dilatation. Les molécules du gaz communiquent sans cesse, suivant les lois du choc, une partie de leur force vive au piston sur lequel n'agit plus une force suffisante, et cette communication de force vive est, suivant le point de vue d'où on l'envisage, une absorption de chaleur ou une production de travail.

Des considérations toutes semblables s'appliquent aux vapeurs et à leur travail dans les machines qu'elles font mouvoir. C'est par suite d'une communication de forces vives que le piston se soulève, c'est en restituant des forces vives qu'il descend, et, pour que la machine effectue un travail, il suffit qu'il n'y ait pas compensation entre ces deux ordres de phénomènes. Ainsi disparaît l'espèce de paradoxe qu'on aurait pu trouver dans une production de travail due à un système où les travaux des forces intérieures se compensent exactement.

Note L, page xlvi.

Lorsqu'on a voulu calculer l'équivalent mécanique de la chaleur au moyen des propriétés de l'acide carbonique, on a attribué à la chaleur spécifique sous pression constante (rapportée à l'unité de poids) la valeur 0,2163 qui se déduit des nombres insérés par M. Regnault dans sa note d'avril 1853. Suivant qu'on a pris pour le rapport des deux chaleurs spécifiques la valeur 1,2867 donnée par M. Masson, ou la valeur 1,3382 donnée par Dulong, on a ainsi obtenu les nombres 402 ou 355. Mais le nombre 0,2163 n'exprime que la *chaleur spécifique moyenne* de l'acide carbonique entre les températures zéro et 210 degrés, et cette chaleur spécifique moyenne diffère beaucoup de la vraie chaleur spécifique relative à une température donnée. Il résulte des expériences de M. Regnault (imprimées pour le tome XXVI des *Mémoires de l'Académie des sciences*, mais non encore publiées) qu'aux températures zéro et 100 degrés cet élé-

ment a pour valeur les nombres 0,1870 et 0,2145. Si on met ces
nombres dans la formule de la page xlv, on obtient pour E les valeurs

$$410 \quad \text{et} \quad 357 \qquad \text{ou} \qquad 465 \quad \text{et} \quad 406.$$

suivant qu'on adopte pour $\frac{C}{c}$ le nombre de M. Masson ou celui de
Dulong.

Note M, page xlviii.

La méthode expérimentale que M. William Thomson a imaginée,
et qu'il a appliquée de concert avec M. Joule, consiste à faire passer
un courant de gaz à travers un diaphragme poreux, d'où il sort avec
une pression fort inférieure à celle qu'il possédait d'abord, le frottement ayant absorbé presque toute la vitesse due à la détente; des
thermomètres sensibles font d'ailleurs connaître la température du
gaz avant et après l'écoulement. On a pu ainsi constater pour l'air,
l'acide carbonique et l'hydrogène, que la simple dilatation non accompagnée de travail extérieur détermine toujours une petite variation de température qui est sensiblement proportionnelle à la pression, et qui dépend de la température initiale. On a ensuite calculé,
d'après ces données, quel était le rapport du travail intérieur au
travail extérieur lorsque le gaz se dilatait en déplaçant le point d'application d'une pression extérieure; si on suppose la dilatation très-
petite et la température voisine de 15 degrés, ce rapport a les valeurs
suivantes : pour l'air, $\frac{1}{477}$; pour l'acide carbonique, $\frac{1}{77}$; pour l'hydrogène, il est absolument insensible.

La formule de la page xlv, qui détermine l'équivalent mécanique
de la chaleur par la considération du travail développé et de la chaleur consommée dans une petite dilatation, est donc applicable sans
aucune erreur à l'hydrogène; pour l'air, elle ne comporte qu'une
erreur inférieure à celle qui peut résulter de l'incertitude des valeurs
de la chaleur spécifique à volume constant; pour l'acide carbonique,
enfin, il faudrait augmenter le second membre de $\frac{1}{77}$ de sa valeur [1].

---

[1] Dans un mémoire spécialement destiné à faire disparaître les divergences qui existent
entre les diverses valeurs de l'équivalent mécanique données par la formule dont il s'agit,

Toutefois il serait prématuré d'essayer d'établir ainsi une concordance satisfaisante entre les valeurs de l'équivalent mécanique déduites de la considération des divers gaz. La densité, le coefficient de dilatation et la chaleur spécifique sous pression constante sont connus avec précision, depuis les travaux de M. Regnault, pour l'air, l'hydrogène et l'acide carbonique; mais il y a encore bien de l'incertitude sur les valeurs qu'on attribue à la chaleur spécifique sous volume constant. Cet élément des formules échappe à toute mesure directe et doit être déduit de l'observation de la vitesse du son ou de celle des phénomènes calorifiques produits par les changements de volume, et, dans l'état actuel des expériences, on ne peut le regarder comme connu avec quelque certitude que pour l'air atmosphérique. Il résulte d'ailleurs de la formule et des valeurs connues de C et de c qu'à toute erreur commise sur c répond une erreur plus que double sur E, dans le cas de l'air, et plus que triple dans le cas de l'acide carbonique [1].

M. Baumgärtner a admis que le rapport du travail intérieur au travail extérieur était, d'après MM. William Thomson et Joule, égal à $\frac{1}{690}$ dans l'hydrogène, à $\frac{1}{174}$ dans l'air, et à $\frac{1}{32}$ dans l'acide carbonique. Ces nombres se trouvent effectivement dans le mémoire de MM. Thomson et Joule, mais ils se rapportent au cas où la pression du gaz varie de $4^{atm},7$ à 1 atmosphère. C'est commettre une grave erreur que de s'en servir pour corriger une formule déduite de la considération d'une variation de pression aussi faible que celle qui accompagne une variation de volume égale au coefficient de dilatation. (*Sitzungsberichte der kaiserlichen Akademie der Wissenschaften in Wien*, t. XXXVIII, p. 344.)

[1] Si l'on admet que la densité de l'air soit connue à $\frac{1}{2000}$ près, sa chaleur spécifique sous pression constante et son coefficient de dilatation à $\frac{1}{500}$ près, et le rapport de ces deux chaleurs spécifiques à $\frac{1}{200}$ près, on voit que la valeur de E, déduite de la formule regardée comme absolument exacte, présente une incertitude de plus de $\frac{1}{60}$ ou d'environ 8 unités. Pour l'acide carbonique, la différence des valeurs de c qui se déduisent des expériences de Dulong et de celles de M. Masson est si grande, qu'on ne peut attacher aucune importance au résultat du calcul. On voit donc qu'il n'est pas temps encore de s'occuper de ces corrections, et tout ce qu'on peut dire aujourd'hui avec certitude, c'est que la concordance des résultats relatifs à l'air et à l'hydrogène fixe entre 420 et 430 la valeur de l'équivalent.

Note N, page LVIII.

La nécessité d'une condensation durant la détente de la vapeur saturée a été établie théoriquement par M. Rankine dès 1849, et par M. Clausius dès 1850. Entre la chaleur latente de vaporisation de l'eau, sa chaleur spécifique, et la quantité de chaleur qu'il faut communiquer à l'unité de poids de vapeur, lorsqu'à la fois on l'échauffe et on la comprime de manière qu'elle reste saturée, la théorie établit une relation nécessaire. Toutes les quantités qui entrent dans l'équation, sauf la troisième, étant déterminées par les expériences de M. Regnault, on peut calculer cette quantité inconnue, et on trouve ainsi une valeur négative. Il faut donc *soustraire* de la chaleur à une vapeur qui s'échauffe à la fois et se comprime, si l'on l'on veut qu'elle demeure saturée; il faut en *donner* à une vapeur qui se dilate à la fois et se refroidit sans perdre l'état de saturation. Si, par conséquent, l'expansion a lieu sans communication de chaleur extérieure, la vapeur ne peut conserver tout entière son état primitif de saturation; pour qu'une partie seulement le conserve, il faut qu'une autre partie se condense et dégage ainsi la chaleur nécessaire.

Note P, p. LXI.

Il peut sembler que les raisons qui font que la quantité de chaleur q' est à jamais perdue pour le jeu de la machine s'opposent à l'utilisation indéfinie de la quantité $c(t_1 - t_0)$. En effet, pour ramener le gaz de la température t_1 à la température t_0, on ne voit guère d'autre moyen que de le mettre en contact avec un corps froid qui peut s'échauffer en même temps que le gaz se refroidit, mais qui, comme le gaz, a pour température finale t_0. Dans ces conditions, il serait bien certain que la quantité de chaleur exprimée par $c(t_1 - t_0)$, accumulée tout entière dans un corps à la température t_0, ne pourrait par aucun moyen être employée à l'échauffement d'une seconde masse de gaz et serait tout aussi bien perdue que la quantité q'. Mais cette difficulté a été résolue de la manière la plus élégante par Robert Stirling lui-même.

Le gaz se refroidit dans la machine à air de t_1 à t_0 en traversant les interstices d'un corps poreux et conducteur et dépose successivement les diverses portions de la chaleur qu'il contient sur les diverses couches de ce corps. Si le corps poreux est d'abord à la température t_0, il est évident que toutes ses couches prendront par le passage du gaz des températures supérieures à t_0, bien qu'inférieures à t_1, à l'exception de la dernière, qui conservera la température initiale si l'épaisseur du corps est suffisante. Par conséquent, lorsqu'on y fera passer en sens inverse une deuxième masse de gaz à la température t_0, elle s'y échauffera graduellement et arrivera dans le cylindre de la machine avec une température plus élevée que t_0, de façon que, pour l'élever à la température t_1, il ne faudra pas la même quantité de chaleur que pour la première masse. Lorsqu'après avoir travaillé dans la machine elle s'échappera à son tour, cette deuxième masse trouvera toutes les couches du corps poreux à des températures plus élevées que t_0, sauf la dernière, et par conséquent les portera en définitive à des températures plus élevées que ne l'avait fait la première masse. Il suit de là que la troisième masse qui pénétrera dans l'appareil au troisième coup de piston arrivera au cylindre avec une température plus élevée que la deuxième, et, ces phénomènes successifs se reproduisant sans cesse, la différence entre la température t_1 et la température de la première couche du corps poreux ira toujours en s'atténuant. La quantité de chaleur qu'il faudra emprunter au foyer, avant chaque coup de piston pour amener l'air rigoureusement à la température t_1 sera donc pareillement décroissante. En théorie, ces divers décroissements n'ont pas de limites et la machine s'approche indéfiniment de l'état qu'on a considéré dans le texte, où la quantité de chaleur $c(t_1 - t_0)$ est tour à tour abandonnée et reprise par le gaz, sans déperdition aucune. Dans la pratique, une certaine fraction de cette quantité doit toujours être remplacée à chaque coup de piston aux dépens de la chaleur du foyer; l'expérience a montré que la valeur de cette fraction pouvait descendre au-dessous de $\frac{1}{20}$.

Le corps poreux qui restitue sans cesse à la machine la chaleur dépensée à faire varier la température du gaz sans produire de travail a reçu le nom de *régénérateur de chaleur*. On l'a construit de bien des manières différentes : tantôt on s'est servi d'un système de tiges de verre pressées les unes contre les autres, tantôt de fils métalliques disposés de la même façon, tantôt de toiles métalliques superposées. Le verre et les matières analogues manquent de conductibilité et ne remplissent pas très-bien l'office auquel on les destine. Les fils et les toiles métalliques conviennent beaucoup mieux, mais se détruisent rapidement sous l'influence oxydante de l'air chaud. Cet inconvénient tout pratique a été jusqu'ici le principal obstacle à l'application industrielle des machines à air.

Note Q, page LXIII.

Soit, par exemple, une machine du système de M. Ericsson, où l'air est d'abord échauffé sous pression constante, puis refroidi par dilatation, refroidi encore sous pression constante, et ramené enfin par compression à son état primitif. Représentons, comme pour la machine de Stirling, ces opérations successives par une construction graphique : soit OA (fig. 4) le volume v_0 de l'unité de poids d'air à la température initiale t_0 et sous la pression initiale p_0; soit AM cette pression elle-même. L'air est d'abord porté, sous cette pression p_0,.

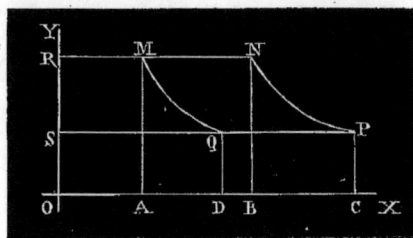

Fig. 4.

de la température t_0 à la température t_1, ce qui exige qu'on lui communique une quantité de chaleur égale à $C(t_1 - t_0)$, C désignant la chaleur spécifique à pression constante. Soit OB le volume v_1 de l'air, quand cette opération est terminée. Ensuite l'air se dilate du volume v_1 au volume $v_2 = OC$, en conservant la température constante t_1. L'ordonnée de l'arc d'hyperbole NP représente à chaque instant la force élastique de l'air pendant cette deuxième opération; appelons p_2 l'ordonnée PC ou la pression finale. La troisième opération consiste à refroidir l'air sous la pression constante p_2 jusqu'à la température initiale t_0, et la quatrième à le comprimer à la température t_0 jusqu'à ce qu'il revienne à son état initial; l'arc d'hyperbole MQ représente la pression à chaque instant de cette dernière période.

L'aire MNPQ est évidemment la représentation géométrique du travail extérieur. On l'évalue aisément en prolongeant les deux droites MN et PQ jusqu'à leur rencontre en R et S avec l'axe des y, et en la considérant comme la différence des aires hyperboliques RSNP et RSMQ. On trouve ainsi

$$\text{surf. MNPQ} = (v_1 - v_0)\, p_0\, l.\, \frac{p_0}{p_2}.$$

La chaleur utilement dépensée est donc égale au quotient de cette expression par l'équivalent mécanique de la chaleur; quant à la dépense totale et à la dépense inutile, il semble qu'en appelant q la quantité de chaleur communiquée au gaz pendant la deuxième opération et q' la quantité abandonnée pendant la quatrième elles aient pour expression

$$C(t_1 - t_0) + q$$

et

$$C(t_1 - t_0) + q'.$$

Mais, de même que dans la machine de Stirling, on peut, au moyen d'un régénérateur, reprendre et utiliser indéfiniment la quantité $C(t_1 - t_0)$. Enfin les quantités q et q' sont elles-mêmes les équivalents calorifiques des travaux représentés par les aires hyperboliques BNPC et AMQD, c'est-à-dire des quantités

$$p_0 v_1\, l.\, \frac{p_0}{p_2} \qquad \text{et} \qquad p_0 v_0\, l.\, \frac{p_0}{p_2}.$$

Le rapport de la dépense utile à la dépense totale est donc simplement

$$\frac{v_1 - v_0}{v_1},$$

c'est-à-dire

$$\frac{\alpha(t_1 - t_0)}{1 + \alpha t_1}.$$

Soit enfin un troisième genre de machines que la pratique n'a pas réalisé, mais qui de tous est le plus parfait en théorie, parce qu'il n'implique pas la nécessité d'un régénérateur. L'air se dilate d'abord, en recevant la quantité de chaleur qui est nécessaire pour le maintenir à la température initiale t_1. L'arc d'hyperbole MN (fig. 5) re-présente à chaque instant la relation entre la pression et le volume pendant ce premier phénomène. Appelons p_1 la pression initiale AM, p_2 la pression finale BN. L'air continuant encore à se dilater, mais sans recevoir ni perdre de chaleur, sa température s'abaisse graduellement et sa pression varie comme l'ordonnée de la courbe NP, qui décroît plus rapidement que celle de la courbe MN. Soient p_3 la pression finale PC et t_0 la température correspondante. Dans une troisième période on comprime l'air, mais on le maintient à la température t_0 par une soustraction continuelle de chaleur, de façon que l'arc d'hyperbole PQ représente l'accroissement de la pression. On arrête cette opération lorsque l'air a pris une pression p_0 telle, que dans la quatrième opération, où on le comprimera sans lui enlever ni lui communiquer de chaleur, il reprenne à la fois la température t_1 et la pression p_1. On voit facilement, par analogie avec les cas précédemment étudiés, que dans la première opération la chaleur communiquée au gaz est égale à

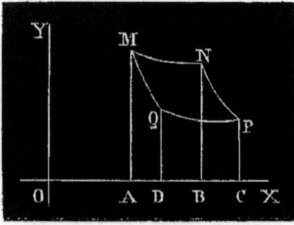

$$\frac{1}{E} p_1 v_1 \, l. \frac{p_1}{p_2},$$

et que dans la troisième la chaleur restituée est

$$\frac{1}{E} p_0 v_0 \, l. \frac{p_0}{p_3}.$$

Mais, d'un autre côté, on a, en vertu de formules connues, en appelant α le coefficient de dilatation des gaz et en ayant égard à la deuxième opération,

$$\left(\frac{1+\alpha t_1}{1+\alpha t_0}\right)^{\frac{C}{C-c}} = \frac{p_2}{p_3};$$

et en ayant égard à la quatrième,

$$\left(\frac{1+\alpha t_1}{1+\alpha t_0}\right)^{\frac{C}{C-c}} = \frac{p_1}{p_0} \quad \text{(1)},$$

[1] Voir Poisson, *Traité de mécanique*, liv. V, chap. VI.

d'où résulte

$$\frac{p_2}{p_3} = \frac{p_1}{p_0} \quad \text{ou} \quad \frac{p_1}{p_2} = \frac{p_0}{p_3}.$$

On en conclut encore immédiatement que le rapport de la dépense utile à la dépense totale est

$$\frac{p_1 v_1 - p_0 v_0}{p_1 v_1},$$

c'est-à-dire

$$\frac{\alpha (t_1 - t_0)}{1 + \alpha t_1}.$$

NOTE R, page LXIV.

Il résulte de la formule générale que si, dans une machine à air satisfaisant aux conditions indiquées, la température s'abaissait jusqu'au zéro absolu de chaleur, le coefficient économique deviendrait égal à l'unité. Il n'est pas difficile d'en apercevoir la raison. Dans la machine de Stirling, par exemple, la troisième opération, celle où le gaz est comprimé en abandonnant de la chaleur, ayant lieu à la température du zéro absolu où le gaz ne possède aucune pression, aucune dépense de travail ne serait nécessaire pour l'effectuer, et tout le travail extérieur développé dans la première opération serait disponible. Dans la machine d'Ericsson, pour qu'à la température t_0, infiniment peu différente du zéro absolu, le gaz eût une pression sensible, il faudrait que son volume fût infiniment petit. Le travail dépensé dans la quatrième opération serait infiniment petit et le travail développé dans la deuxième serait en totalité disponible. Enfin, dans la machine sans régénérateur, la troisième opération ayant lieu, comme dans la machine de Stirling, à la température du zéro absolu, elle n'exigerait pareillement aucune dépense de travail mécanique.

Il n'est pas inutile de considérer un moment comment, à la température du zéro absolu, il est possible de comprimer un gaz sans dépenser de travail. Soit un système de molécules en repos absolu, séparées les unes des autres par des intervalles assez grands pour qu'on puisse négliger leurs actions mutuelles. Si, pour resserrer ce système dans un plus petit espace, on enfonce un piston dans le vase supposé cylindrique où il est renfermé, le piston communiquera une certaine vitesse aux molécules qu'il rencontrera successivement ; mais comme, par hypothèse, la température est, d'une manière quelconque, toujours maintenue au zéro absolu, cette vitesse demeurera toujours infiniment petite. Il suffira donc de faire agir sur le piston une force capable de communiquer en un temps fini une vitesse infiniment petite à un nombre fini de molécules, c'est-à-dire une force infiniment petite.

Note S, page LXVI.

Dans un système uniquement composé de gaz parfaits et simples, la tendance de la chaleur à passer d'un corps chaud sur un corps froid est une conséquence nécessaire des lois du choc des corps élastiques. On a vu dans une note précédente que, dans cet ordre de corps, la température comptée à partir de — 273 degrés était proportionnelle à la force vive des molécules individuelles. Il est bien évident par conséquent que si différents gaz simples sont mis en rapport les uns avec les autres, les molécules qui possèdent la force vive la plus grande abandonneront une partie de cette force vive aux molécules qui en ont une moindre, lorsqu'elles viendront à les choquer ; en d'autres termes, la chaleur passera toujours et nécessairement des molécules les plus chaudes aux molécules les plus froides. Dire que dans un pareil système la chaleur ne peut en aucun cas passer d'un corps froid sur un corps chaud, lorsqu'il subit une série quelconque de transformations où l'état final est identique avec l'état initial, c'est énoncer une vérité aussi clairement démontrée que l'impossibilité du mouvement perpétuel.

Il n'en est plus ainsi dans les autres cas. On peut cependant entrevoir dès aujourd'hui que les lois générales de l'équilibre et du mouvement de la chaleur ne sont autre chose que des théorèmes de mécanique, et si l'on prend toujours un gaz pour terme de comparaison, on peut se faire une certaine idée de ce qui constitue l'égalité ou l'inégalité de température. Lorsqu'un corps solide ou liquide est à la même température qu'un gaz, ses molécules doivent être dans un tel état de mouvement, qu'en supposant le centre de gravité du corps

entier immobile elles ne communiquent ni n'enlèvent de force vive
aux molécules du gaz qui viennent individuellement les choquer.
D'après cela, il paraît bien évident que si deux corps solides sont en
équilibre de température avec un même gaz, lorsqu'on les mettra
directement en contact l'un avec l'autre, ils ne pourront réciproquement modifier l'état de mouvement de leurs molécules, c'est-à-dire
leur température; et ce qui est évident pour le cas où les deux corps
agissent immédiatement l'un sur l'autre paraît encore assez naturel
lorsqu'ils agissent par l'intermédiaire du milieu éthéré aux vibrations
duquel on rapporte tous les phénomènes du rayonnement.

Note T, page lxxii.

Il n'y a pas dans ces expériences à tenir compte du frottement,
et on doit directement comparer la diminution observée de l'action
calorifique et le travail utile de la machine. Les frottements dont la
machine est le siége dégagent sans doute de la chaleur, et cette chaleur agit sur le calorimètre aussi bien que la chaleur dégagée par
le passage du courant. Mais produire de la chaleur par frottement,
c'est en réalité produire du travail et créer de la force vive, et cette
double production a pour conséquence nécessaire une diminution
équivalente de la chaleur dégagée dans le circuit voltaïque. Ainsi,
d'une part, le frottement augmente la quantité de chaleur dégagée
dans le calorimètre; d'autre part, il la diminue d'une quantité précisément égale. Il n'y a donc pas à s'en occuper. La seule correction
qu'il faille apporter aux résultats bruts des expériences est relative
au frottement qui a lieu sur les poulies extérieures au calorimètre
par l'intermédiaire desquelles un poids est soulevé.

L'expérience a d'ailleurs vérifié la compensation exacte des deux
effets opposés du frottement. Que la machine soit en repos ou qu'elle
se meuve sans soulever de poids et sous la seule influence du frottement, on recueille toujours dans le calorimètre la même quantité
de chaleur.

Note U, page lxxiv.

L'expérience à laquelle on fait allusion est décrite dans les

Annales de Chimie et de Physique, 2ᵉ série, t. XXI, page 47. Une lame annulaire de cuivre était suspendue par un fil de soie dans le plan d'un cadre circulaire environné de plusieurs tours d'un fil de cuivre recouvert de soie. On présentait à ce cercle un fort aimant en fer à cheval, de manière qu'un des pôles se trouvait au dedans et l'autre au dehors du cercle. Dès qu'on faisait passer un courant à travers le fil conducteur, le cercle était attiré ou repoussé par l'électro-aimant, mais la durée du phénomène était instantanée, comme celle de tous les phénomènes analogues d'induction. Cette circonstance a probablement empêché Ampère d'être complétement satisfait de son expérience, car il n'en a tiré aucune conséquence et n'en a jamais parlé jusqu'au moment où M. Faraday a publié ses découvertes. On a d'autant plus lieu d'en être surpris qu'en essayant cette expérience, à Genève, en 1822, avec le concours de M. de la Rive, Ampère cherchait bien positivement *à produire un courant électrique par l'influence d'un autre courant.* Ce sont les paroles dont il s'est servi dix ans plus tard.

NOTE V, page LXXV.

Soit une pile d'un nombre quelconque d'éléments, identiques ou non. En vertu d'une loi connue de Faraday, les quantités d'action chimique qui s'accomplissent en un même temps dans les divers éléments de la pile sont équivalentes. Si donc on appelle T, T′, T″,... les travaux des forces chimiques dans les divers éléments pendant le temps nécessaire à la dissolution d'un équivalent de métal dans chacun d'eux, la quantité totale de chaleur correspondante, dégagée dans la pile et dans son circuit supposés en repos, sera exprimée par

$$\frac{T+T'+T''+\cdots}{E}$$

ou

$$\frac{\Sigma T}{E},$$

E désignant comme toujours l'équivalent mécanique de la chaleur. D'autre part, des expériences de M. Joule ont démontré que la quantité de chaleur dégagée pendant l'unité de temps dans un conducteur est proportionnelle à la résistance du conducteur et au carré de l'intensité du courant. R étant la résistance totale du circuit et de la pile, I l'intensité du courant, la quantité de chaleur dégagée pendant l'unité de temps dans la pile et le circuit sera proportionnelle à

$$I^2 R,$$

c'est-à-dire à

$$I \Sigma A,$$

si l'on désigne par ΣA la somme des forces électro-motrices, et si on a égard à la formule connue de Ohm,

$$I = \frac{\Sigma A}{R}.$$

Soit θ le temps nécessaire à la dissolution d'un équivalent de métal dans chaque élément; la quantité de chaleur qu'on vient de représenter par $\frac{\Sigma T}{E}$ sera proportionnelle à $I\theta\Sigma A$, ou simplement à ΣA, si l'on prend pour unité d'intensité celle du courant qui correspond à un équivalent de métal dissous dans l'unité de temps. On aura donc, en choisissant convenablement l'unité des forces électromotrices,

$$\frac{\Sigma T}{E} = \Sigma A.$$

Supposons maintenant que le circuit considéré se meuve en tout ou en partie sous l'influence de centres magnétiques extérieurs ou sous l'influence des réactions mutuelles de ses divers éléments. Le travail des forces chimiques aura à la fois pour équivalents la chaleur dégagée et le travail des forces électro-magnétiques ou électro-dynamiques. Appelons $U\,dt$ la valeur de ce travail dans le temps infiniment petit dt. Soit i l'intensité correspondante du courant; d'après la nature des unités adoptées, $i\,dt$ sera la fraction d'équivalent de métal dissoute dans chaque élément en un temps dt. Soit enfin $Q\,dt$ la quantité totale de chaleur dégagée. On aura, d'après ce qui vient d'être dit,

$$i\,dt\,\frac{\Sigma T}{E} = Q\,dt + \frac{U\,dt}{E}.$$

Mais, en combinant les lois de Ohm et de Joule, on reconnaîtra toujours que $Q\,dt$ est proportionnel au produit de la somme des forces électro-motrices par $i\,dt$. Il est donc impossible que cette somme demeure égale à ΣA; il est nécessaire qu'elle diminue par l'effet du mouvement. En d'autres termes, aux forces électro-motrices dont la somme est représentée par ΣA s'ajoute une force contraire F satisfaisant à la condition

$$i\,\frac{\Sigma T}{E} = i\,(\Sigma A - F) + \frac{U}{E}\cdot$$

Examinons maintenant séparément les deux cas que nous avons distingués. Lorsque le circuit (y compris la pile) se déplace tout d'une pièce et sans se déformer sous l'influence de centres d'action extérieurs, le travail élémentaire $U\,dt$ est proportionnel à l'énergie C de ces centres, à l'intensité i du courant, à une fonction φ qui dépend à la fois de la situation relative du circuit et des centres extérieurs à l'époque considérée et de la nature du mouvement, ainsi qu'au chemin $v\,dt$ parcouru par un élément arbitrairement choisi. On a donc, en supprimant partout le facteur commun $i\,dt$,

$$\frac{\Sigma T}{E} = \Sigma A - F + \frac{C\varphi v}{E},$$

d'où

$$F = \frac{C\varphi v}{E}\cdot$$

Le facteur v représentant la vitesse du déplacement à un instant donné, on voit que la force électro-motrice d'induction est proportionnelle à la vitesse du déplacement et à l'expression $C\varphi$, qui, multipliée par $v\,dt$, représenterait le travail élémentaire des forces extérieures sur le circuit traversé par un courant d'intensité égale à l'unité.

Si les éléments du circuit changent de situation les uns par rapport aux autres, le travail élémentaire de leurs actions réciproques peut se représenter par $i^2\psi v\,dt$, ψ étant une fonction analogue à φ. Ainsi

$$\frac{\Sigma T}{E} = \Sigma A - F + \frac{i\psi v}{E},$$

d'où

$$F = \frac{i \psi v}{F_i}.$$

La force électro-motrice d'induction est, dans ce cas, proportionnelle à l'intensité du courant en même temps qu'à la vitesse.

Dans le cas général où il y a à la fois déformation du circuit et déplacement total ou partiel par rapport à des centres extérieurs, la force électro-motrice d'induction est la somme de deux expressions analogues aux précédentes.

Note W, page LXXV.

Soit une machine rotative, où nous supposerons d'abord que les pièces fixes soient seules traversées par un courant, les pièces mobiles étant des aimants permanents[1]. Admettons que, sous l'influence d'une résistance extérieure, elle soit parvenue à un état tel, que les périodes successives de sa rotation soient identiques; cette condition n'implique pas, à proprement parler, l'uniformité du mouvement; mais, dans une machine bien construite où la grandeur de l'action réciproque des aimants et des hélices ne varie que très-peu d'un instant à l'autre d'une révolution, on peut regarder la rotation comme sensiblement uniforme. Appelant V la vitesse de cette rotation, la force électro-motrice d'induction est exprimée par

$$kV,$$

k étant un coefficient constant qui dépend de la puissance des aimants mobiles et de l'arrangement de la machine. Il suit de là qu'en désignant simplement par A la somme des forces électro-motrices, par R la résistance et par i l'intensité, on a, dans les conditions considérées,

$$i = \frac{A - kV}{R}.$$

---

[1] M. Froment a souvent construit des machines de ce genre. La théorie des machines où les pièces fixes seraient des aimants, et les pièces mobiles des hélices, ne différerait évidemment pas de celle qu'on expose.

La chaleur dégagée correspondante à la dissolution d'un équivalent de métal dans chaque élément est donc

$$A - kV.$$

Dans l'état de repos, elle eût été A. La chaleur convertie en travail est, par conséquent, kV. Le rapport $\dfrac{kV}{A}$ de ces deux quantités augmente avec la vitesse et s'approche indéfiniment de l'unité, à mesure que la force électro-motrice $A - kV$ et l'intensité i tendent vers zéro.

Si les pièces mobiles et les pièces fixes de la machine sont traversées par le même courant, la force électro-motrice d'induction devant s'exprimer par hVi, on a

$$i = \frac{A - hVi}{R};$$

d'où

$$i = \frac{A}{R + hV}.$$

La quantité de chaleur dégagée dans le circuit pendant l'unité de temps est alors

$$\left(\frac{A}{R + hV}\right)^2 R \qquad \text{ou} \qquad iA\,\frac{R}{R + hV};$$

pendant le temps θ nécessaire à la dissolution d'un équivalent de métal dans chaque élément, la chaleur dégagée est égale à

$$i\theta A\,\frac{R}{R + hV},$$

c'est-à-dire à

$$A\,\frac{R}{R + hV},$$

puisqu'on suppose (voyez la note précédente) que $i\theta$ est égal à l'unité. Dans l'état de repos, cette quantité serait A. La quantité de chaleur convertie en travail est donc

$$A\,\frac{hV}{R + hV},$$

dont le rapport à A approche indéfiniment de l'unité à mesure que V augmente.

NOTE X, page LXXVII.

M. Joule faisait tourner, par l'action d'un poids, un électro-aimant mobile entre les branches d'un électro-aimant fixe de grande puissance. Il déterminait d'abord le poids nécessaire pour donner à l'appareil une vitesse constante sous l'influence du frottement, les circuits des deux électro-aimants étant ouverts l'un et l'autre. Ensuite, le circuit fixe étant mis en rapport avec une pile, et le circuit mobile fermé par un fil gros et court, il cherchait le poids qu'il fallait ajouter au précédent pour entretenir la même vitesse constante, et mesurait la chaleur dégagée dans le circuit mobile. Cette dernière partie de l'expérience paraît avoir laissé beaucoup à désirer. L'électro-aimant mobile était placé à l'intérieur d'un cylindre de verre rempli d'eau, et c'est l'élévation de température de ce système complexe qu'on observait directement pour en déduire l'évaluation de la chaleur dégagée. Deux causes d'erreurs constantes devaient tendre à maintenir cette évaluation fort au-dessous de la vérité. D'abord rien n'est moins certain que l'établissement instantané d'une température commune à l'eau, au cylindre de fer doux et aux fils de cuivre recouverts de soie qui constituent le système mobile. Ensuite, la forme cylindrique allongée de ce système favorise l'action refroidissante du rayonnement et du contact de l'air. Cette dernière influence est même particulièrement exagérée par le mouvement de rotation. Quelque soin qu'on apporte aux corrections, il est bien difficile qu'on n'estime pas trop bas la chaleur dégagée par une dépense donnée de travail, et par conséquent trop haut l'équivalent mécanique de la chaleur. Il n'est donc pas étonnant que la valeur déduite de ce système d'expériences soit de $\frac{1}{10}$ supérieure à la valeur la plus probable. Dans quelques expériences individuelles, la différence a même été bien plus forte.

NOTE Y, page LXXX.

On nous a reproché d'avoir posé, au commencement de ces leçons, le principe de l'impossibilité du mouvement perpétuel comme une vérité absolue. Nous paraissions oublier, disait-on, qu'il existe des forces naturelles, les forces électro-magnétiques et les forces électro-dynamiques, qui ne dépendent pas seulement des masses et des distances et qui sont capables dans certains cas de produire des mouvements de rotation dont la vitesse s'accélère indéfiniment. Nous avions un moment pensé à discuter cette objection dans notre seconde leçon, à l'occasion des machines électro-magnétiques ; mais il nous a semblé en définitive qu'il valait mieux faire de cette discussion l'objet d'une note.

Considérons d'abord les forces électro-magnétiques. L'expérience prouve que les aimants agissent sur les courants, et *vice versa*, et que tous les effets de cette action se réduisent à ceux d'un système de forces appliquées aux divers éléments du courant, qui ne dépendent pas seulement des distances, mais aussi de certains angles, et qui ne sont pas même dirigées suivant les droites menées des éléments du courant aux centres d'action magnétique. Sur un courant fermé et de figure invariable, ce système peut être remplacé par un système équivalent, bien qu'en apparence tout différent, composé de forces qui satisfont aux conditions ordinaires de l'action des forces naturelles, et la difficulté s'évanouit d'elle-même. Mais il n'en est pas ainsi lorsque le courant n'est pas fermé ou, pour parler plus exactement, lorsque le circuit fermé, traversé par le courant, est composé de diverses parties indépendantes. Le mouvement de chacune de ces parties est dû à l'action des seules forces qui agissent sur ses divers éléments, et il est parfaitement vrai que, dans certaines conditions, ce mouvement est une rotation qui s'accélère indéfiniment, ou plutôt qui s'accélérerait indéfiniment sans l'influence du frottement, de la résistance de l'air et d'autres causes analogues. Ampère a beaucoup insisté, et à diverses reprises, sur cette exception apparente aux lois générales de la mécanique ; il n'est pas de traité ou d'enseignement un peu complet sur l'électro-magnétisme où elle ne soit mise en lumière ; il n'est même pas d'enseignement élémentaire où le fait de la rotation indéfiniment accélérée ne soit démontré de plusieurs manières par l'expérience.

Mais c'est se tromper étrangement et se faire des phénomènes l'idée la plus incomplète, que de voir une réalité dans cette apparente exception. Soit l'une des plus simples expériences de ce genre, l'une de celles qui se répètent constamment dans les cours de physique de tous les degrés. Un petit courant rectiligne horizontal tourne autour d'un axe vertical mené par une de ses extrémités, sous l'influence d'un aimant vertical placé dans l'axe. Il ne faut pas beaucoup d'attention pour observer qu'à la fin de chaque révolution la vitesse de rotation est un peu plus grande qu'au commencement, aussi longtemps du moins que n'est pas atteint le maximum de vitesse compatible avec les résistances qui s'opposent au mouvement. Le mouvement perpétuel peut donc sembler réalisé, car à la fin et au commencement d'une révolution la situation du courant et de l'aimant sont identiques. Mais cette identité de situation implique-t-elle réellement que rien n'ait changé *dans le système* entier des corps réagissants? Ce système ne se compose pas seulement de l'aimant et du courant mobile; il comprend aussi la pile qui met en mouvement le fluide électrique et les conducteurs qui la font communiquer avec les deux extrémités du courant mobile. Sans parler des phénomènes particuliers qui peuvent avoir lieu aux points de contact des parties fixes avec les parties mobiles, la pile est le siége de transformations incessantes, d'une action chimique continuelle, si elle est formée d'éléments hydro-électriques; d'une absorption continuelle de chaleur, si elle est formée d'éléments thermo-électriques. Est-il bien étonnant que ces transformations aient pour conséquence l'accroissement perpétuel de la vitesse de rotation d'un fil mobile? Le mécanisme réel par lequel est produit ce remarquable phénomène nous est encore caché; mais rien n'oblige à admettre que l'action des forces véritablement élémentaires échappe aux lois générales de l'action des forces naturelles. Les prétendues forces élémentaires, auxquelles on est conduit nécessairement lorsqu'on se borne à considérer l'aimant et le courant mobile, ces forces fonctions des angles et perpendiculaires au plan qui contient l'aimant et le courant, ne sont point les analogues des forces élémentaires d'où résulte le mouvement des astres ou la chute des corps pesants; ce sont de purs symboles mathématiques qui ne représentent pas la réalité, mais simplement le dernier degré où a pu être conduite jusqu'ici l'analyse des phénomènes.

On en peut dire autant des forces électro-dynamiques et de la formule célèbre par laquelle Ampère a représenté ce qu'il appelle l'action mutuelle de deux éléments de courant. Cette formule est une loi expérimentale qui, dans la fécondité infinie de ses conséquences, épuise toute la variété possible des phénomènes, mais qui n'a aucune réalité en dehors du cercle des phénomènes dont elle est le lien général. S'il était possible, par exemple, de mettre deux éléments conducteurs, indépendants de tout circuit voltaïque, dans l'état physique où ils se trouvent lorsqu'ils font partie réellement d'un pareil circuit, rien ne démontre qu'ils dussent s'approcher ou s'éloigner l'un de l'autre, conformément aux lois d'Ampère. Tout ce qu'on peut affirmer, c'est que ces lois représentent les phénomènes d'une manière complète, dans tous les cas accessibles à l'expérience actuelle. On n'y doit voir encore que la traduction du mécanisme secret par lequel ces phénomènes sont produits, et rien n'empêche d'admettre que les forces réelles qui sont en jeu dans ce mécanisme sont simplement fonctions des distances et dirigées suivant les droites qui joignent deux à deux les divers points réagissants.

Au reste, telle était la véritable pensée d'Ampère sur ses propres découvertes. S'il l'a rarement mentionnée, s'il l'a même quelquefois en apparence abandonnée pour une pensée contraire, ç'a été pour ne pas trop heurter les opinions scientifiques contemporaines, qui avaient assez de peine à accepter ses expériences et qui auraient rejeté sans examen ses hypothèses. Mais dans les notes qu'il a jointes à l'exposé sommaire de sa théorie, lu dans la séance publique de l'Académie des sciences du 8 avril 1822, il s'est exprimé de manière à ne laisser aucun doute sur le fond de ses idées.

«Je remarquai, dit-il, 1° que les attractions et répulsions dont j'avais reconnu l'existence entre des portions de fils conducteurs ne peuvent être produites, comme le sont celles de l'électricité ordinaire, par l'inégale distribution des deux fluides qui s'attirent mutuellement, et dont chacun repousse une autre partie de fluide de même espèce que lui, puisque toutes les propriétés jusqu'alors connues des fils conducteurs montrent que ni l'un ni l'autre de ces deux fluides ne se trouve en plus grande quantité dans un corps qui sert de conducteur au courant électrique que dans le même corps à l'état naturel [1] ; 2° qu'il est difficile de ne pas en conclure que ces attractions et répulsions pourraient bien être produites par le mouvement rapide des deux fluides électriques parcourant en sens contraire le conducteur par une suite de décompositions et de recompositions presque instantanées, mouvement admis, depuis Volta, par tous les physiciens qui ont admis la théorie donnée par cet illustre savant de l'admirable instrument dont il est l'auteur; 3° qu'en attribuant à cette cause les attractions et répulsions des fils conducteurs on ne peut se dispenser d'admettre que les mouvements des deux électricités dans ces fils se propagent tout autour dans le fluide neutre qui est formé de leur réunion et dont tout l'espace doit nécessairement être rempli, lorsqu'on explique comme on le fait ordinairement les phénomènes de l'électricité ordinaire; en sorte que, quand les mouvements produits ainsi dans le fluide environnant par deux petites portions de courants électriques se favorisent mutuellement, il en résulte entre elles une tendance à se rapprocher, ce qui est en effet le cas où on les voit s'attirer; et que, quand les mêmes mouvements se contrarient, les deux petites portions de courants tendent à s'éloigner l'une de l'autre, comme le montre l'expérience; 4° que si l'on regarde les attractions et répulsions dont il est ici question comme produites en effet par cette cause, la loi d'après laquelle une petite portion de courant électrique peut être remplacée par deux autres qui soient à son égard ce que sont deux forces relativement à la résultante de ces deux forces est une suite nécessaire de cette supposition, puisque les vitesses se composent comme les forces, et que le mouvement communiqué au fluide qui remplit l'espace par la petite portion de courant représentée en grandeur et en direction par la résultante est nécessairement le même que celui qui résulterait, dans le même fluide, de la réunion des deux petites portions de courants représentées de la même manière par les deux composantes.

---

[1] On sait aujourd'hui qu'il y a de l'électricité libre à la surface des fils conducteurs qui transmettent un courant; mais la distribution de cette électricité est telle, qu'elle ne peut rendre aucun compte des phénomènes électro-dynamiques. D'ailleurs, en combinant comme on le voudra des forces qui ne sont fonctions que des distances, on n'obtiendra jamais des résultantes fonctions des angles.

« A l'époque où je m'occupais de ces idées, M. Fresnel me communiquait ses belles recherches sur la lumière dont il a déduit les
lois qui déterminent toutes les circonstances des phénomènes de l'optique. J'étais frappé de l'accord des considérations sur lesquelles il
s'appuyait, et de celles qui s'étaient présentées à mon esprit relativement à la cause des attractions et répulsions électro-dynamiques.
Il prouvait, par l'ensemble de ces phénomènes, que le fluide répandu dans tout l'espace, qui ne peut être que le résultat de la réunion des deux électricités, était à peu près incompressible, passait à
travers tous les corps comme l'air à travers une gaze, et que les
mouvements excités dans ce fluide s'y propageaient par une sorte de
frottement des couches déjà en mouvement sur celles qui ne l'étaient
pas encore. D'après cela, il était naturel de penser que le courant
électrique d'un fil conducteur faisait partager son mouvement au
fluide neutre environnant, et frottait en partie contre lui, de manière à donner naissance à une réaction de ce fluide sur le courant
qui ne pouvait tendre à déplacer celui-ci tant que la différence de
vitesse était la même de tous les côtés du courant électrique, mais
qui devait tendre à le mouvoir, soit du côté où cette différence de
vitesse et par conséquent la réaction serait moindre, c'est-à-dire du
côté où un autre courant électrique pousserait le fluide dans le même
sens; soit du côté opposé à celui où elle serait plus grande, parce
qu'il s'y trouverait un autre courant électrique tendant à pousser le
même fluide en sens contraire, suivant que les deux courants qui
agiraient ainsi l'un sur l'autre seraient dirigés dans le même sens
ou auraient des directions opposées.

« Ces considérations conduisent à admettre l'attraction entre les
courants qui vont dans le même sens et la répulsion entre ceux qui
sont dirigés en sens contraire, conformément aux résultats de l'expérience; mais je ne me suis jamais dissimulé que, faute de moyen
pour calculer tous les effets des mouvements des fluides, elles étaient
trop vagues pour servir de base à une loi dont l'exactitude pouvait
être constatée par des expériences directes et précises. C'est pourquoi
je me bornai à la présenter comme un fait uniquement fondé sur
l'observation. »

Il est intéressant de voir que derrière le problème qu'il avait résolu, l'illustre auteur de la *Théorie des phénomènes électro-dynamiques* apercevait un autre problème plus profond et plus difficile dont il laissait la solution exacte à l'avenir.

Note Z, page LXXXII.

On peut déduire des mêmes considérations mécaniques la nécessité d'un phénomène bien connu, le phénomène de la polarisation des électrodes. Lorsque le circuit d'un élément de pile est entièrement métallique et demeure immobile, la chaleur dégagée en un temps donné représente le travail entier des forces chimiques. Lorsque le circuit contient en outre un liquide décomposable, la chaleur dégagée par une même quantité d'action chimique dans l'élément doit être diminuée, car elle ne saurait plus représenter que l'excès du travail positif qui a lieu dans l'élément voltaïque sur le travail négatif qui a lieu dans l'appareil de décomposition. Il faut donc que cette quantité de chaleur soit moindre que si on substituait au liquide un conducteur métallique de même résistance, et cela ne peut arriver que si le liquide diminue l'intensité du courant d'une autre manière encore que par l'introduction de sa résistance. Comme on sait qu'il n'y a d'autre moyen de diminuer l'intensité d'un courant que d'accroître la résistance du circuit ou de diminuer la force électro-motrice, on voit que l'introduction d'un liquide qui se décompose a pour conséquence immédiate et nécessaire une diminution de la force électro-motrice totale, c'est-à-dire le développement d'une force électro-motrice contraire à celle de l'élément. C'est précisément en cela que consiste la polarisation des électrodes. C'est par suite de cette polarisation que le courant d'un seul élément de pile ordinaire est réduit à zéro par l'introduction d'un voltamètre à eau acidulée et que la décomposition de l'eau est empêchée. Lorsqu'en même temps que le liquide se décompose il se régénère par l'action d'un des éléments de la décomposition sur l'électrode correspondante, le travail des forces chimiques est réellement nul, et on sait qu'il n'y a pas polarisation.

Note AA, page LXXXIII.

On a remarqué depuis bien longtemps que, lorsque le zinc du commerce se dissout dans l'eau acidulée, le dégagement d'hydrogène n'a pas lieu sur tous les points du métal, mais en certains points particuliers qui paraissent différer des autres. M. de la Rive a reconnu que, sur le zinc distillé, ces points sont beaucoup plus rares et le dégagement d'hydrogène beaucoup plus lent que sur le zinc ordinaire. Enfin, M. d'Almeida étant parvenu, par voie galvanoplastique, à préparer du zinc parfaitement pur, a trouvé que ce métal résistait absolument à l'action de l'acide sulfurique étendu. Dans les deux cas, en ajoutant au zinc quelques métaux étrangers, de manière qu'il fût en contact avec l'acide par une surface hétérogène, on lui rendait les propriétés du zinc ordinaire.

Note BB, page LXXXIII.

On a vu au commencement de la note V que la quantité de chaleur dégagée en un temps donné par un courant dans la totalité de son circuit est proportionnelle au produit de l'intensité par la somme des forces électro-motrices. Soient divers circuits, composés chacun d'un seul élément voltaïque et de conducteurs métalliques : les quantités de chaleur dégagées dans ces divers circuits, pendant l'unité de temps, seront entre elles comme les intensités multipliées par les forces électro-motrices propres aux divers éléments. Mais comme les intensités sont proportionnelles au nombre (entier ou fractionnaire) d'équivalents de métal dissous dans un élément pendant l'unité de temps, il résulte de là que les quantités de chaleur dégagées par la dissolution d'un équivalent de métal dans divers éléments sont entre elles simplement comme les forces électro-motrices. On peut donc substituer aux déterminations calorimétriques des mesures de forces électro-motrices, pourvu qu'on connaisse dans un seul cas, par des expériences directes, la quantité de chaleur dégagée et la force électro-motrice correspondantes.

L'avantage pratique de cette méthode est évident, mais l'application en est sujette à quelques difficultés. Toutes les fois que l'action chimique qui donne lieu à la production du courant est accompagnée d'un dégagement gazeux, la force électro-motrice est variable avec l'intensité du courant; mais, par suite de phénomènes calorifiques locaux produits aux points où le gaz se dégage, il arrive que la production totale de chaleur est constante. Il n'y a plus évidemment à parler de proportionnalité entre les deux quantités. Pour n'avoir pas tenu compte de ces circonstances, plusieurs séries d'observations, exécutées avec soin et habileté, ont perdu la plus grande partie de leur valeur.

Note CC, page LXXXV.

Il en est ainsi, malgré les mouvements qui s'effectuent dans l'intérieur de l'organisme et les résistances qu'ils rencontrent. Il n'y a pas lieu, en effet, de tenir compte de la portion de ces résistances qui est due à l'action des forces extérieures telles que la pesanteur; tant que le centre de gravité du corps ne se déplace pas, la circulation intérieure des fluides, les mouvements musculaires qui la déterminent, la réaction élastique des vaisseaux où elle s'accomplit, ne peuvent avoir pour conséquence un travail de la pesanteur. Quant aux résistances internes, ce sont des frottements qui dégagent précisément autant de chaleur que doit en consommer la puissance musculaire par laquelle le mouvement des fluides est entretenu malgré l'action des frottements. On voit par là combien était vaine la question de l'influence du frottement du sang dans les vaisseaux sur la chaleur propre des animaux qu'avaient posée quelques physiologistes. Ce frottement rend nécessaire l'action du cœur; cette action, à son tour, exige une certaine consommation de la chaleur produite par la combustion respiratoire; mais cette perte se trouve entièrement compensée par la chaleur que dégage le frottement dans toute l'étendue du système vasculaire. Il n'y a, en définitive, de modifié que la distribution de la chaleur, la quantité totale demeurant la même. Tant que l'animal est en repos, il est donc parfaitement légitime de comparer cette quantité de chaleur avec la somme entière des actions chimiques qui constituent l'acte de la respiration.

Note DD, page LXXXVIII.

Lorsque les végétaux supérieurs sont soustraits à l'influence de la lumière, deux cas peuvent se présenter : tantôt ils se comportent comme des corps inanimés, absorbent l'oxygène de l'air et laissent filtrer à travers leur organisme l'eau et l'acide carbonique qui viennent du sol; en même temps ils s'étiolent, et, tout en augmentant quelquefois de dimensions, voient plutôt diminuer qu'augmenter la proportion des matières combustibles qu'ils renferment; tantôt une partie de leurs tissus se détruit par une oxydation plus ou moins rapide, et le reste éprouve de profondes modifications qui n'exigent le concours d'aucune force extérieure, puisqu'elles sont corrélatives à une oxydation produite par le jeu naturel des affinités; tel est, par exemple, le cas d'une graine en voie de germination.

En est-il de même pour les végétaux inférieurs dont la vie paraît presque absolument indépendante de l'influence de la lumière? S'il n'en est pas de même, par quoi est remplacée cette influence pour cet ordre de végétaux? Comment est-il possible qu'ils se développent et que leur végétation soit accompagnée d'un travail négatif des affinités?

L'état présent de la physiologie expérimentale ne fournit pas de réponse précise à ces deux questions. Pour obtenir cette réponse, il faudrait d'abord faire exactement l'analyse comparée des végétaux inférieurs parvenus au terme de leur développement et des matériaux aux dépens desquels ils se développent. Dans la plupart des cas, ces matériaux sont des corps organisés en voie de décomposition, et il est possible que les éléments simples de toute organisation (carbone, hydrogène, oxygène, azote) s'y trouvent dans les mêmes proportions que dans les végétaux eux-mêmes, tout en y étant groupés d'une autre manière. La vie végétale peut n'être alors qu'une série de transformations équivalentes qui n'exige aucune dépense de travail empruntée à une force extérieure.

Si, au contraire, l'expérience montrait que les végétaux inférieurs fixent dans leurs tissus, en dehors de toute action de la lumière, une proportion relative de carbone et d'hydrogène supérieure à celle qui existe dans les matières organiques aux dépens desquelles ils vivent, on pourrait, ce me semble, s'en rendre compte comme il suit : presque toujours, en même temps que ces végétaux se développent, les matières organiques qui leur servent de support et comme de sol se détruisent et prennent peu à peu l'état où tend à les porter le jeu naturel des affinités; dans ces phénomènes, il y a évidemment un travail positif des affinités, et par suite une production de chaleur; n'est-il pas possible qu'une portion de cette chaleur se consomme dans les végétaux eux-mêmes en y produisant des phénomènes d'où résulte un travail négatif des affinités? Ainsi se trouverait suppléée la radiation solaire. Une expérience récente de M. Pasteur nous paraît donner à ces vues quelque chose de plausible et peut d'ailleurs servir à les faire comprendre. M. Pasteur a démontré que l'acétification de l'alcool est due à l'oxygène *physiquement condensé* par d'innombrables végétaux vivant à la surface de ce liquide. Si ces végétaux n'existent pas, l'oxygène de l'air est impuissant à oxyder l'alcool; mais si l'oxygène fait défaut, les végétaux ne peuvent vivre. L'oxydation d'ailleurs ne paraît pas résulter d'une action vitale des végétaux, mais simplement de leur présence et de la faculté qu'ils possèdent à un degré remarquable de condenser les gaz à leur surface. Il n'y aurait donc pas de cercle vicieux à supposer que l'oxydation de l'alcool est une condition nécessaire de la végétation acétifiante. Il serait même assez naturel de penser que la chaleur que dégage cette oxydation, et qui est quelquefois tellement sensible qu'on n'a pas besoin d'un thermomètre pour la constater, se consomme partiellement dans la production des phénomènes de la vie végétale, si le résultat de ces phénomènes est contraire aux affinités.

Note EE, page xc.

Je crois devoir dire quelques mots d'une autre remarquable application astronomique de la théorie, dont l'idée première est encore due à Mayer. Par suite de l'action combinée de la lune et du soleil, on sait qu'il existe sans cesse, en deux points opposés de la surface des mers, deux renflements qui font le tour du globe et produisent le phénomène des marées. Lorsque l'onde de marée arrive sur les côtes des continents, elle y produit des courants de flux et de reflux qui ne peuvent avoir lieu sans frottement, et par conséquent sans développement de chaleur. Il y a donc sans cesse par cette cause, à la surface de notre planète, création de chaleur, c'est-à-dire de force vive. Mais la force vive totale de la planète ne pouvant être augmentée par les réactions mutuelles de ses diverses parties, il faut que cette apparente création de chaleur soit une transformation de la force vive sensible en force vive calorifique. Ainsi, le phénomène des marées diminue sans cesse la force vive que possède le globe terrestre; il diminue probablement à la fois la vitesse de rotation et celle de translation; en d'autres termes, il augmente la durée du jour sidéral, et il diminue le grand axe de l'orbite terrestre.

Les modifications dont il s'agit sont absolument insensibles pour une observation de plusieurs siècles, mais elles ne sont pas pour cela moins intéressantes au point de vue théorique.

Note FF, page xcvi.

Pour établir que, dans le jeu de la machine à vapeur, il y a nécessairement de la chaleur consommée, M. Seguin fait remarquer que, si l'on retrouve dans le condenseur toute la chaleur empruntée à la chaudière, «... cette chaleur pourra suffire (indéfiniment) à produire un effet égal à celui qui a déjà été obtenu, pourvu, toutefois, que l'on parvienne à concentrer le calorique disséminé dans l'eau de condensation, de manière à élever et à réduire en vapeur à 100 degrés un quinzième de sa masse, ce qui est tout à fait conforme à la théorie. On aurait alors, au moyen d'une masse finie de calorique, une quantité infinie de mouvement, ce qui ne peut être admis ni par le bon sens, ni par une saine logique. »

La démonstration n'est pas entièrement satisfaisante, car la concentration de chaleur que suppose M. Seguin ne peut évidemment avoir lieu sans une dépense de travail ou de chaleur. Elle aurait pour effet de porter un corps à la température de 100 degrés avec de la chaleur empruntée à un corps à la température de 40 degrés (c'est la température que M. Seguin admet pour le condenseur). On a vu plus haut sous quelles conditions cela est possible.

Post-scriptum. — Au moment de mettre sous presse, nous recevons communication de l'*Exposition analytique et expérimentale de la théorie mécanique de la chaleur*, par M. Hirn, dont l'auteur a fait hommage à l'Académie des sciences dans la séance du 7 juillet dernier. Dans cet ouvrage, M. Hirn reconnaît complétement l'erreur de ses anciens raisonnements et donne la raison des résultats étranges que ses expériences sur les machines sans détente avaient paru lui fournir. Les critiques que nous avons adressées à ce savant se trouvent donc maintenant sans objet.

16 juillet 1862.

THÉORIE MÉCANIQUE

DE LA CHALEUR.

NOTIONS PRÉLIMINAIRES.

INTRODUCTION.

1. Origine de la théorie. — Les premières notions que l'on peut rapporter à la théorie mécanique de la chaleur remontent à une époque si reculée, qu'il est difficile d'en assigner l'origine avec précision ; ainsi, quelques philosophes grecs, remarquant l'effet destructeur du feu, ont considéré la chaleur comme un effet du mouvement des dernières particules de la matière ; mais la première base solide de la théorie se trouve dans le phénomène du frottement. Depuis longtemps, en effet, la perte de mouvement qu'on observe dans le frottement ou le choc de deux corps, et la production de chaleur qui paraît en résulter, ont été expliquées en admettant que celle-ci n'est qu'un effet du mouvement vibratoire des molécules, accéléré par l'absorption du mouvement sensible qui paraît anéanti. Ces idées étaient généralement répandues à l'époque de la renaissance scientifique inaugurée par Bacon et continuée par Descartes ; mais ces philosophes, qui ne firent que les transporter du domaine public dans leurs œuvres, n'en ont pas vu toute la portée.

Plus tard, et presque de nos jours, les expériences qui ont établi que la chaleur rayonnante et la lumière n'étaient que les effets différents d'un même agent ont apporté à l'hypothèse des vibrations calorifiques une confirmation remarquable que son point de départ ne faisait pas prévoir.

Aujourd'hui il est universellement connu que les phénomènes calorifiques sont des phénomènes purement mécaniques et soumis par suite à toutes les lois du mouvement.

2. Nom par lequel on la désigne. — Le nom de *théorie mécanique de la chaleur*, par lequel on désigne ordinairement le sujet qui nous occupe, n'est peut-être pas le plus convenable, à cause de son sens trop restreint ; mais les autres noms qui ont été quelquefois employés : *conservation de la force*, *corrélation des forces physiques*, sont encore plus impropres, la première expression étant inintelligible par elle-même, et la seconde ayant l'inconvénient de rappeler nombre de spéculations vagues et sans portée qu'on a présentées sous ce nom. Aussi, quoique la science se soit étendue bien au delà de ces premières limites, et qu'un grand nombre de phénomènes de la physique, de la chimie, de la physiologie et même de l'astronomie y aient été rapportés depuis, nous lui conserverons ce nom de *théorie mécanique de la chaleur*, bien qu'il rappelle un peu trop exclusivement le point de départ.

3. Exposé trop général de cette théorie par M. Macquorn Rankine. — On s'est quelquefois attaché à présenter cette théorie indépendamment de toute hypothèse sur la nature des phénomènes calorifiques. C'est ainsi que M. Rankine, abandonnant les suppositions ordinaires d'atomes et de forces par lesquelles on explique tous les phénomènes des sciences physiques, a cherché à établir un système ne renfermant plus rien d'hypothétique, où il présente avec une généralité absolue les lois des phénomènes de la chaleur. A la considération ordinaire des forces il substitue celle d'une nouvelle quantité, l'*énergie*, qui existe dans les corps en partie à l'état actuel, en partie à l'état potentiel, et crée une nouvelle science qu'il nomme *énergétique* [1], dont la mécanique rationnelle ne serait qu'un cas particulier.

Sans doute il peut être intéressant, pour ceux qui s'attachent à la philosophie des sciences naturelles, de ramener les principes de la

[1] M. RANKINE, *Edinburgh Journal*, 2ᵉ série, t. II, p. 100 : Outlines of the Science of Energetics.

mécanique à d'autres principes plus abstraits et plus généraux; mais il ne convient pas d'adopter un point de vue aussi général dans l'étude et l'exposé d'une science découverte tout autrement; une telle méthode manquerait de clarté et, jusqu'à un certain point, de bonne foi, car ce sont ces principes de mécanique qui ont toujours guidé et guident encore aujourd'hui les inventeurs.

4. Marche qu'on suivra dans cet exposé. — Le vrai problème du physicien est toujours de ramener les phénomènes à celui qui nous paraît le plus simple et le plus clair, le mouvement. Nous admettrons donc l'identité des phénomènes thermiques et des phénomènes mécaniques; seulement nous nous astreindrons à ne pas particulariser trop tôt notre hypothèse, en cherchant quelle espèce de mouvement constitue la chaleur. La théorie des ondes, en optique, fournit un exemple de la marche à suivre. Fresnel et avant lui Young et Huyghens ont cherché à déduire toutes les conséquences possibles de l'hypothèse qui fait résulter la lumière d'un mouvement vibratoire, et Fresnel n'a particularisé l'espèce de mouvement que lorsqu'il y a été conduit par l'étude des interférences de la lumière polarisée. De même ici, le point de départ sera que tout phénomène calorifique est un phénomène mécanique, et nous ne particulariserons cette hypothèse qu'après en avoir épuisé toutes les conséquences; alors nous trouverons une classe de corps spéciaux, des gaz parfaits, dans lesquels les forces moléculaires semblent nulles et pour lesquels on peut se représenter avec une grande probabilité le détail du phénomène.

Nous commencerons d'abord par définir exactement certains principes de mécanique indispensables au développement de la théorie, puis nous rappellerons les résultats généraux qui peuvent se déduire des expériences purement thermiques, c'est-à-dire où les effets de la chaleur ne sont comparés qu'avec eux-mêmes. Pour la plupart des lecteurs, ces premières notions n'auront que le caractère d'une révision; cependant elles ne seront pas inutiles, parce qu'elles nous permettront de définir avec précision un certain nombre de locutions généralement usitées dans la théorie de la chaleur.

5. Travail d'une force. — Le travail d'une force constante en grandeur et en direction et parallèle à la direction du mouvement du point d'application est le produit de l'intensité de la force par la grandeur du chemin parcouru.

Ce travail est positif ou négatif suivant que la force est mouvante ou résistante.

Si la force est inclinée sur la direction du déplacement, le travail est égal au produit du chemin par la projection de la force sur la direction du déplacement, et le signe du travail est celui du cosinus de l'angle des deux directions.

Si la force est variable en intensité et en direction, on considère le travail élémentaire effectué dans un temps infiniment petit pendant lequel on suppose la force constante et le déplacement rectiligne; puis, à l'aide des procédés du calcul intégral, on fait la somme de ces travaux élémentaires pour un intervalle de temps quelconque.

6. Principe des forces vives. — Décomposons la force en trois composantes X, Y, Z parallèles à trois axes de coordonnées, et soient dx, dy, dz les composantes d'un déplacement infiniment petit par rapport à ces mêmes axes : le travail élémentaire correspondant sera

$$X\,dx + Y\,dy + Z\,dz,$$

et l'on démontre dans tous les traités de mécanique que

$$X\,dx + Y\,dy + Z\,dz = \tfrac{1}{2}\,d\,mv^2,$$

m étant la masse du mobile et v sa vitesse à l'instant considéré.

La quantité mv^2 a reçu le nom de *force vive* du mobile. On peut donc traduire l'équation précédente de la manière suivante :

Dans le mouvement d'un point matériel, la somme des quantités élémen-

taires de travail, relatives aux différentes forces qui y sont appliquées, est égale à la moitié de l'accroissement correspondant de la force vive du mobile.

Cette égalité, ayant lieu pour tout intervalle infiniment petit, a lieu pour une somme quelconque d'intervalles, et par conséquent pour un intervalle fini, ce qui donne la proposition suivante :

La somme des quantités de travail des différentes forces appliquées à un point matériel pendant un temps fini quelconque est égale à la moitié de l'accroissement de la force vive de ce point dans ce même intervalle.

Cette proposition s'exprime par l'équation

$$\int \left(\mathrm{X}\, dx + \mathrm{Y}\, dy + \mathrm{Z}\, dz \right) = \frac{1}{2}\, mv^2 - \frac{1}{2}\, mv_0^2.$$

Si l'on a un système de points matériels, il faudra appliquer cette équation à chacun d'eux et ajouter membre à membre, ce qui donne pour expression la plus générale du principe des forces vives

$$\Sigma \int \left(\mathrm{X}\, dx + \mathrm{Y}\, dy + \mathrm{Z}\, dz \right) = \frac{1}{2} \left(\Sigma mv^2 - \Sigma mv_0^2 \right).$$

7. Théorème fondamental de la mécanique pratique. — Dans beaucoup de cas, l'ignorance où l'on est de la nature des phénomènes oblige à admettre au nombre des forces des résistances fonctions de la vitesse, des frottements qui, sans être fonctions de la vitesse, sont nuls lorsque les différences de certaines vitesses le sont aussi, etc.; l'intégration de l'expression $\mathrm{X}\, dx + \mathrm{Y}\, dy + \mathrm{Z}\, dz$ n'est alors possible qu'à la condition de connaître l'état initial et la loi du mouvement particulier à chaque point. S'il en est ainsi, toutes les quantités qui figurent dans l'expression peuvent s'exprimer en fonction d'une seule variable indépendante, le temps par exemple, et l'intégration devient toujours possible.

La seule conséquence générale qu'on puisse alors déduire de l'équation précédente est la proposition suivante, qui sert de base à la théorie ordinaire des machines :

Dans toute machine arrivée à l'état de mouvement uniforme ou pério-

diquement uniforme, la somme des travaux est nulle pendant la durée d'une période.

8. L'égalité du travail moteur et du travail résistant, qui se déduit de cette proposition, suffit à la résolution des problèmes de la mécanique pratique où, sans chercher à approfondir la nature des résistances passives, on se borne à étudier la machine au point de vue expérimental. Si l'on remarque, par exemple, que la résistance de l'air peut se représenter par un terme proportionnel au carré de la vitesse, on introduira dans les équations une force résistante proportionnelle au carré de la vitesse. Si l'air, au contraire, est employé comme moteur, on mettra parmi les forces motrices une force proportionnelle au carré de la vitesse. On agira de même à l'égard du frottement, que l'on rangera parmi les forces résistantes. En un mot, on introduira sans scrupule, dans les équations, des forces de toute nature, fonctions de toutes les quantités qui peuvent modifier le mouvement de la machine.

Mais dans une étude scientifique on ne peut se contenter de ces corrections provisoires. On ne doit renoncer que devant une nécessité absolue aux deux principes suivants posés par Newton :

9. **Principes de Newton.** — 1° *Si l'on isole deux points matériels que l'on suppose soustraits à l'influence du reste de la nature, l'action qu'ils exercent l'un sur l'autre se compose de deux forces égales et contraires, appliquées respectivement à chacun des deux points dans la direction de la droite qui les joint, et ne variant qu'avec leur distance.*

2° *Si au système de ces deux points on en ajoute un troisième, on pourra introduire ainsi de nouvelles actions; mais on ne modifiera pas l'action réciproque des deux premiers.*

Il suit de là que, si l'on a un système quelconque de points, on aura les équations relatives au mouvement de ce système en considérant chaque point comme formant un groupe binaire avec chacun des autres.

Ces deux principes, que l'on ne peut guère se refuser à admettre et qu'aucun phénomène physique n'a contredits jusqu'ici, ont été le point de départ de tous les progrès de la physique moléculaire et de la mécanique rationnelle. Ils montrent que les seules forces auxquelles on devra rapporter en dernier lieu l'explication de tous les phénomènes sont les actions réciproques de points matériels qui s'attirent ou se repoussent avec une intensité qui ne dépend que de leur distance et de leur masse.

10. Forces centrales. — Application au principe des forces vives. — Donnons, avec M. Helmholtz, le nom de *forces centrales* à ces actions élémentaires, et cherchons les conséquences qui résultent de l'équation des forces vives lorsqu'on se borne à considérer de pareilles forces.

Dans le système matériel considéré prenons deux points M et M'; appelons x, y, z et x', y', z' leurs coordonnées relatives à trois axes rectangulaires, et désignons par r leur distance.

Soit $\varphi(r)$ la fonction de la distance représentant l'action réciproque des deux points, et supposons les masses comprises dans cette fonction; les composantes de l'action de M' sur M parallèles aux trois axes rectangulaires seront

$$\varphi(r)\frac{x-x'}{r}, \qquad \varphi(r)\frac{y-y'}{r}, \qquad \varphi(r)\frac{z-z'}{r}.$$

Les composantes de l'action de M sur M' seront les mêmes affectées de signes contraires,

$$-\varphi(r)\frac{x-x'}{r}, \qquad -\varphi(r)\frac{y-y'}{r}, \qquad -\varphi(r)\frac{z-z'}{r}.$$

Il y aura donc dans l'expression différentielle $\Sigma\,(X\,dx + Y\,dy + Z\,dz)$ les six termes suivants :

$$\varphi(r)\frac{x-x'}{r}\,dx, \qquad \varphi(r)\frac{y-y'}{r}\,dy, \qquad \varphi(r)\frac{z-z'}{r}\,dz,$$

$$-\varphi(r)\frac{x-x'}{r}\,dx', \quad -\varphi(r)\frac{y-y'}{r}\,dy', \qquad -\varphi(r)\frac{z-z'}{r}\,dz',$$

dont l'ensemble forme l'expression

$$\frac{\varphi(r)}{r}\Big[(x-x')(dx-dx')+(y-y')(dy-dy')+(z-z')(dz-dz')\Big].$$

Or la quantité entre crochets présente avec la valeur de r une relation facile à déterminer,

$$r^2 = (x - x')^2 + (y - y')^2 + (z - z')^2,$$

d'où

$$r\,dr = (x - x')\,(dx - dx') + (y - y')\,(dy - dy') + (z - z')(dz - dz').$$

L'expression précédente se réduit donc à

$$\varphi(r)\,dr.$$

Mais le calcul que nous venons de faire peut se répéter pour un groupe quelconque de deux points, de sorte que l'expression différentielle

$$\Sigma(\mathrm{X}\,dx + \mathrm{Y}\,dy + \mathrm{Z}\,dz)$$

peut s'écrire

$$\Sigma\,\varphi(r)\,dr.$$

Or cette expression peut toujours s'intégrer, et l'intégrale ne dépend absolument que des positions relatives des points du système; car elle est déterminée complètement si l'on donne les distances de tous ces points deux à deux, ce qui ne détermine pas leur position absolue.

Si donc on représente par $f(xyz, x'y'z', x''y''z'', \ldots)$ une fonction des coordonnées de ces points ne dépendant que de leurs situations relatives, l'équation des forces vives pourra s'écrire

$$f(xyz, x'y'z'\ldots) - f(x_0 y_0 z_0, x'_0 y'_0 z'_0, \ldots) = \tfrac{1}{2}\left(\Sigma\,mv^2 - \Sigma\,mv_0^2\right).$$

11. Impossibilité du mouvement perpétuel. — Cette équation montre immédiatement que si, à deux époques différentes, l'état relatif des divers points du système redevient le même, la somme des forces vives aura exactement la même valeur à ces deux époques, et elle démontre ainsi l'impossibilité du *mouvement perpétuel*. En effet, réaliser le mouvement perpétuel, c'est trouver un système de points où, la situation relative redevenant la même, un certain travail est accompli; mais, d'après le principe des forces vives, l'accomplissement du travail entraîne l'accroissement des forces vives, et par conséquent la situation relative ne saurait être la même; il est donc impossible de réaliser le mouvement perpétuel lorsque toutes les forces sont centrales.

12. **Propriété de la fonction des forces.** — La fonction $f(xyz, x'y'z', x''y''z'',...)$, par laquelle nous avons représenté l'intégrale de l'expression $\Sigma \varphi(r) dr$, est telle, que ses dérivées par rapport aux coordonnées d'un point particulier du système représentent les trois composantes de la force appliquée à ce point; on l'appelle *fonction des forces*, et il est connu en mécanique que, lorsque la fonction des forces est maximum pour une position du système, l'équilibre est stable dans cette position [1].

13. **Forme remarquable de l'équation des forces vives.** — On peut donner à l'équation des forces vives une forme sous laquelle elle se prête à un énoncé remarquable.

Posons

$$C - f(xyz, x'y'z',...) = F.$$

C étant une constante indéterminée, l'équation des forces vives devient alors

$$F_0 - F = \frac{1}{2} \left(\Sigma mv^2 - \Sigma mv_0^2 \right)$$

ou

$$F + \frac{1}{2} \Sigma mv^2 = F_0 + \frac{1}{2} \Sigma mv_0^2 = \text{const.}$$

Donc, dans tout système de points matériels soumis seulement à l'action des forces centrales, il existe une fonction de coordonnées telle, qu'en l'ajoutant à la demi-somme des forces vives on a une quantité constante.

14. **Propriétés de la fonction F.** — D'après l'équation qui la définit, la fonction F n'est déterminée qu'à une constante près et ne dépend que des situations relatives des points du système; en

[1] Voir la démonstration élégante que M. Lejeune-Dirichlet a donnée de ce théorème (*Mécanique analytique de Lagrange*, 2ᵉ édit. Bertrand, note 1).

outre, comme ses minima correspondent aux maxima de la fonction des forces, elle est minima dans toute position d'équilibre stable du système.

Déterminons la valeur de la constante arbitraire C, de manière que la fonction F soit nulle lors du *minimum minimorum*; cette fonction, désormais toujours positive, va prendre une signification remarquable et facile à donner.

Si le système passe d'un état quelconque à l'état caractérisé par l'indice 1, le travail effectué est égal à

$$f(x_1 y_1 z_1,\ x'_1 y'_1 z'_1....) - f(xyz.\ x'y'z'....) = F - F_1,$$

et si nous supposons que l'état caractérisé par l'indice 1 soit l'état d'équilibre stable correspondant au *minimum minimorum*, F_1 sera nul et le travail effectué aura la valeur maximum qu'il peut avoir lorsqu'on part de l'état quelconque considéré; F représente cette valeur. On peut donc dire que F est le maximum de travail que peuvent produire les forces par suite d'un changement quelconque du système, et que cette valeur maximum est obtenue lorsque le système passe de l'état actuel considéré à l'état d'équilibre stable correspondant au *maximum maximorum* de la fonction des forces.

L'énoncé du principe des forces vives devient alors le suivant :

Si, dans un système quelconque de corps soumis à l'action de forces centrales, on ajoute à la demi-somme des forces vives le maximum de travail que peuvent produire les forces, en partant de l'état présent du système, on a une quantité constante.

15. Énergie d'un système. — Il résulte de l'équation

$$F + \frac{1}{2} \Sigma \, mv^2 = \text{const.}$$

que les deux quantités F et $\frac{1}{2} \Sigma \, mv^2$ sont complémentaires, qu'elles varient en sens inverse.

Elles représentent deux grandeurs pouvant se transformer l'une dans l'autre; il est donc convenable de les représenter par une expression unique.

Nous emprunterons à M. Rankine celle d'*énergie*, dont l'adoption peut se justifier par les considérations suivantes.

16. Soient un système A caractérisé par l'équation

$$\frac{1}{2} \Sigma mv^2 + F = C,$$

et un autre B pour lequel on ait

$$\frac{1}{2} \Sigma mv^2 + \Phi = \Gamma.$$

Supposons que ces deux systèmes soient liés entre eux de manière que tout changement réalisé dans l'un entraîne nécessairement un changement dans l'autre, et qu'en outre les liaisons soient établies de telle sorte qu'on n'ait à considérer l'introduction d'aucune force nouvelle. On aura l'exemple d'un pareil système en supposant deux corps pesants abandonnés à l'action de la pesanteur et réunis par un fil inextensible et sans poids, passant sur une poulie sans frottement ; les tensions des deux portions de fil situées de part et d'autre de la poulie étant égales et de sens contraires ne seront jamais à considérer dans l'évaluation du travail des forces. Il résulte de là que l'équation des forces vives relative au système complexe formé par la réunion de A et de B s'obtiendra en ajoutant membre à membre les deux équations précédentes

$$\frac{1}{2} \Sigma mv^2 + F + \frac{1}{2} \Sigma mv^2 + \Phi = K.$$

Cette équation montre qu'il ne peut y avoir variation dans la quantité caractéristique du second système qu'autant que la quantité caractéristique du premier varie, ou, ce qui revient au même, qu'il ne peut se produire de changement dans le système B qu'autant que, dans le système A, la quantité $\frac{1}{2} \Sigma mv^2 + F$ varie.

$\frac{1}{2} \Sigma mv^2 + F$ exprime donc la capacité que possède le système A de modifier l'état d'un système voisin avec lequel on peut le supposer lié ; de là le nom d'*énergie* donné à cette quantité.

17. Énergie actuelle, énergie potentielle, énergie totale.
—Cette énergie est la somme de deux grandeurs que l'on peut distinguer par les noms d'*énergie actuelle* et d'*énergie potentielle*.

La demi-somme des forces vives $\frac{1}{2}\Sigma\,mv^2$ est une quantité déterminée par l'état actuel du système, par les vitesses actuelles des différents points; on la nommera donc, avec raison, *énergie actuelle*. La fonction F, au contraire, représente le travail qu'accompliraient les forces si le système passait de son état actuel à un autre état défini; elle est complétement indéterminée si on ne fait connaître que l'état actuel. Elle représente une grandeur qui, en empruntant le langage de la philosophie, peut être considérée comme existant en puissance dans l'état présent du système : c'est l'*énergie potentielle*.

La somme de l'énergie potentielle et de l'énergie actuelle forme l'*énergie totale*.

18. Théorème de la conservation de l'énergie. — Ces dénominations étant acceptées, nous pouvons énoncer de la manière suivante le théorème fondamental de la conservation de l'énergie, que nous avons déduit du principe des forces vives :

L'énergie totale d'un système est une quantité invariable dans tous les états où ce système peut être successivement amené par les actions mutuelles de ses divers points.

19. L'énergie totale d'un système fini est une quantité finie. — L'énergie totale d'un système fini est une quantité finie; car, s'il existait un système fini A ayant une énergie infinie, en l'associant, comme nous l'avons fait précédemment, à un système extérieur B, il deviendrait possible de réaliser dans celui-ci un effet mécanique infini, par une transformation qui réduirait à zéro l'énergie de A. Or il est évident *a priori*, ou tout au moins on ne peut pas douter, d'après l'expérience de chaque jour, qu'une transformation d'un système fini ne peut avoir pour résultat le développement d'un effet mécanique infini dans un second système.

20. Difficultés apparentes. — Certains résultats du calcul présentent avec cette remarque une contradiction apparente. Considérons, par exemple, le système formé par deux points matériels s'attirant en raison inverse du carré de la distance : l'énergie potentielle semble infinie.

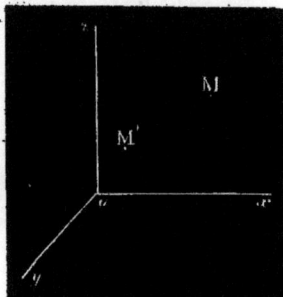

Fig. 1.

Soient, en effet, M et M′ ces deux points, dont nous représenterons les coordonnées par xyz, $x'y'z'$, et les masses par m et m'.

Leur attraction réciproque est égale à $\varphi \dfrac{mm'}{r^2}$, φ étant l'attraction de deux unités de masse situées à l'unité de distance.

Les composantes de l'action M′ sur M sont donc

$$\varphi \frac{mm'}{r^2} \frac{x'-x}{r},$$
$$\varphi \frac{mm'}{r^2} \frac{y'-y}{r},$$
$$\varphi \frac{mm'}{r^2} \frac{z'-z}{r}.$$

Elles sont négatives, d'après la figure, puisqu'elles tendent à diminuer les coordonnées du point M. La somme des travaux élémentaires qu'elles effectuent est

$$\varphi \frac{mm'}{r^3} \left[(x'-x)\,dx + (y'-y)\,dy + (z'-z)\,dz \right].$$

La somme des travaux élémentaires effectués par les composantes de l'action de M sur M′ est de même

$$\varphi \frac{mm'}{r^3} \left[(x-x')\,dx' + (y-y')\,dy' + (z-z')\,dz' \right].$$

Le travail élémentaire total est donc

$$\varphi \frac{mm'}{r^3} \left[(x'-x)(dx-dx') + (y'-y)(dy-dy') + (z'-z)(dz-dz') \right].$$

Si les points M et M′ passent de la position considérée où leur distance est r_0 à une autre position où leur distance soit r_1, le travail accompli par les forces dans ce changement sera

$$\varphi\, mm' \int_{r_0}^{r_1} \frac{1}{r^3}\left[(x'-x)(dx-dx')+(y'-y)(dy-dy')+(z'-z)(dz-dz')\right].$$

Le maximum de cette expression, lorsqu'on fait varier r_1, est l'énergie potentielle.

Or,

$$\frac{1}{r}\left[(x'-x)(dx-dx')+(y'-y)(dy-dy')+(z'-z)(dz-dz')\right]=-dr\,;$$

l'intégrale précédente devient donc

$$\varphi\, mm' \int_{r_0}^{r_1} -\frac{dr}{r^2} = \varphi\, mm'\left(\frac{1}{r_1}-\frac{1}{r_0}\right).$$

Le système considéré ne présente qu'une position d'équilibre stable ; c'est celle où les deux points coïncident : or le maximum de travail est réalisé lorsque l'on passe de la position considérée à cette position unique d'équilibre. Il faut donc, pour avoir l'énergie potentielle, faire $r_1 = 0$ dans l'expression précédente, ce qui lui donne une valeur infinie.

21. Mais il est évident que le système que nous avons imaginé n'a rien de réel ; jamais, dans la nature, on n'a à considérer de points matériels dépourvus de dimensions et doués de masse ; c'est seulement par abstraction qu'on traite ainsi tout corps dont les dimensions sont très-petites par rapport à la distance qui le sépare d'un autre corps qui agit sur lui.

Si aux points matériels on substitue deux sphères solides de rayons ρ_1 et ρ_2, le maximum du travail des attractions mutuelles deviendra

$$\varphi\, \frac{mm'}{\rho_1+\rho_2} - \varphi\, \frac{mm'}{r_0}.$$

quantité finie.

22. **Énergie potentielle relative.** — Il est le plus souvent impossible de déterminer l'énergie totale d'un système, parce qu'il

n'y a aucun corps dont nous connaissions l'état moléculaire d'une
manière absolue. Il peut donc être souvent utile de considérer, au
lieu de l'énergie absolue d'un système, l'*énergie relative* à un état
donné et particulièrement l'*énergie potentielle relative*.

L'énergie potentielle relative à un état quelconque mais déterminé du système est le travail accompli par les forces, lorsque le
système passe de son état actuel à cet état déterminé ; c'est la différence des énergies potentielles absolues correspondant à ces deux
états.

Il n'y aura souvent aucune difficulté à la trouver, si on choisit
convenablement l'état fixe relativement auquel on veut la déterminer. D'après sa définition, elle sera tantôt positive, tantôt négative,
tandis que l'énergie potentielle absolue est toujours positive.

**23. Décomposition de l'énergie actuelle d'un système
en deux termes.** — On dit souvent que l'énergie actuelle ou la
force vive d'un système est la somme des forces vives du mouvement perceptible et du mouvement imperceptible auquel nous attribuons le calorique. La décomposition de la force vive d'un système en deux parties relatives à deux mouvements partiels n'est
nullement générale, et elle a besoin d'être justifiée dans tous les cas
où on l'admet. Nous établirons dès maintenant sa légitimité dans
deux cas très-généraux qui comprendront tous ceux où nous aurons
à en faire usage.

**24. Cas d'un mouvement vibratoire très-rapide par
rapport au reste du mouvement.** — Considérons un système
de points matériels animés d'un mouvement général auquel, à un
instant donné, vient se superposer un mouvement vibratoire extrêmement rapide par rapport au premier.

Les coordonnées d'un point du système, qui étaient x, y, z,
vont devenir $x+\xi$, $y+\eta$, $z+\zeta$; x, y, z, ξ, η, ζ étant des fonctions du
temps telles, que pendant une durée assez courte pour qu'on puisse
négliger les variations de x, y, z on ait

$$\int \xi\, dt = 0. \qquad \int \eta\, dt = 0, \qquad \int \zeta\, dt = 0.$$

Une plaque vibrante, animée d'un mouvement quelconque de translation ou de rotation, nous donne l'exemple d'un pareil système.

A un instant donné, la vitesse réelle d'un point a pour composantes parallèlement aux trois axes

$$\frac{dx}{dt}+\frac{d\xi}{dt}, \qquad \frac{dy}{dt}+\frac{d\eta}{dt}, \qquad \frac{dz}{dt}+\frac{d\zeta}{dt}.$$

L'énergie actuelle est donc

$$\frac{1}{2}\Sigma m\left[\left(\frac{dx}{dt}+\frac{d\xi}{dt}\right)^2+\left(\frac{dy}{dt}+\frac{d\eta}{dt}\right)^2+\left(\frac{dz}{dt}+\frac{d\zeta}{dt}\right)^2\right],$$

ou

$$\frac{1}{2}\Sigma m\left[\left(\frac{dx}{dt}\right)^2+\left(\frac{dy}{dt}\right)^2+\left(\frac{dz}{dt}\right)^2+\left(\frac{d\xi}{dt}\right)^2+\left(\frac{d\eta}{dt}\right)^2+\left(\frac{d\zeta}{dt}\right)^2\right.$$
$$\left.+2\left(\frac{dx}{dt}\frac{d\xi}{dt}+\frac{dy}{dt}\frac{d\eta}{dt}+\frac{dz}{dt}\frac{d\zeta}{dt}\right)\right].$$

Cette expression devient, en appelant v et u les vitesses qu'aurait le point considéré en le supposant animé successivement des deux mouvements,

$$\frac{1}{2}\Sigma m\left[v^2+u^2+2\left(\frac{dx}{dt}\frac{d\xi}{dt}+\frac{dy}{dt}\frac{d\eta}{dt}+\frac{dz}{dt}\frac{d\zeta}{dt}\right)\right].$$

Elle montre qu'en général l'énergie actuelle totale n'est pas égale à la somme des énergies actuelles correspondant aux deux mouvements qui composent le mouvement réel du système.

25. Mais considérons, dans le cas où nous nous sommes placés, la valeur moyenne de la force vive pendant la durée très-courte pour laquelle, x, y, z ne variant pas sensiblement, on a

$$\int \xi\,dt = 0, \qquad \int \eta\,dt = 0, \qquad \int \zeta\,dt = 0.$$

Appelons θ cette durée : la valeur moyenne cherchée a pour expression

$$\frac{1}{2}\Sigma m\frac{1}{\theta}\int_t^{t+\theta}\left[v^2+u^2+2\left(\frac{dx}{dt}\frac{d\xi}{dt}+\frac{dy}{dt}\frac{d\eta}{dt}+\frac{dz}{dt}\frac{d\zeta}{dt}\right)\right]dt;$$

mais on déduit des trois équations précédentes

$$\int_t^{t+\theta} \frac{d\xi}{dt}\, dt = 0, \qquad \int_t^{t+\theta} \frac{d\eta}{dt}\, dt = 0, \qquad \int_t^{t+\theta} \frac{d\zeta}{dt}\, dt = 0.$$

L'expression à obtenir devient donc

$$\frac{1}{2} \Sigma m \frac{1}{\theta} \int_t^{t+\theta} (v^2 + u^2) dt = \frac{1}{2} \Sigma m \left(v^2 + \frac{1}{\theta} \int_t^{t+\theta} u^2\, dt \right).$$

Par conséquent, dans les conditions où nos suppositions nous placent, l'énergie actuelle totale peut être considérée comme la somme des énergies actuelles correspondant aux deux sortes de mouvements.

26. Cas de mouvements irréguliers superposés à un mouvement qui varie d'une manière continue. — Supposons, en second lieu, un système de points matériels extrêmement voisins, animés de mouvements complétement irréguliers superposés à un mouvement qui varie d'une manière continue d'un point à l'autre du système.

Si on représente par x, y, z les fonctions du temps qui déterminent la position d'un point, en ne tenant compte que de ce dernier mouvement, les coordonnées réelles seront $x+\xi$, $y+\eta$, $z+\zeta$, ξ, η, ζ étant des quantités auxquelles on n'impose aucune condition relativement au temps, mais qui, relativement à l'espace, changent d'une manière tout à fait arbitraire d'un point à l'autre, de sorte que, dans un espace assez petit pour que x, y, z ne varient pas sensiblement, on a

$$\Sigma \xi = 0, \qquad \Sigma \eta = 0, \qquad \Sigma \zeta = 0,$$

ou, ce qui exprime la même chose,

$$\Sigma m \xi = 0, \qquad \Sigma m \eta = 0, \qquad \Sigma m \zeta = 0.$$

On aura une image grossière d'un pareil système en imaginant une masse de billes élastiques agitées confusément dans l'intérieur d'un vase animé lui-même d'un mouvement quelconque.

L'énergie actuelle totale du système est, en admettant les mêmes notations que précédemment.

$$\frac{1}{2} \Sigma m \left[v^2 + u^2 + 2 \left(\frac{dx}{dt}\frac{d\xi}{dt} + \frac{dy}{dt}\frac{d\eta}{dt} + \frac{dz}{dt}\frac{d\zeta}{dt} \right) \right].$$

Pour effectuer la sommation indiquée par le signe Σ, prenons d'abord tous les points matériels contenus dans un espace assez petit pour que x, y, z n'y varient pas sensiblement; on a par hypothèse

$$\Sigma m\xi = 0, \qquad \Sigma m\eta = 0, \qquad \Sigma m\zeta = 0,$$

ou

$$\Sigma m \frac{d\xi}{dt} = 0, \qquad \Sigma m \frac{d\eta}{dt} = 0, \qquad \Sigma m \frac{d\zeta}{dt} = 0.$$

L'énergie actuelle de cette fraction du système se réduit donc à

$$\Sigma m \left(v^2 + u^2 \right).$$

L'énergie actuelle totale du système est une somme d'expressions semblables; on peut donc l'écrire aussi

$$\Sigma m \left(v^2 + u^2 \right),$$

et l'on voit qu'elle est encore la somme des énergies actuelles correspondant aux deux sortes de mouvement.

27. La théorie des gaz nous offre un exemple remarquable de ce dernier cas. Un gaz, en effet, peut être considéré comme un système de molécules animées de mouvements dont les directions présentent une irrégularité absolue lorsqu'on passe de l'une à l'autre.

L'énergie actuelle d'un gaz en mouvement est donc égale à l'énergie actuelle du mouvement sensible, augmentée de l'énergie actuelle du mouvement insensible.

28. On peut toujours, en toute rigueur, distinguer dans l'énergie actuelle totale d'un système l'énergie actuelle de la masse totale supposée concentrée au centre de gravité, et l'énergie actuelle des points du corps dans leur mouvement relatif autour du centre de gravité.

En effet, si on désigne par X, Y, Z les coordonnées du centre de gravité par rapport à un système d'axes fixes: par x, y, z les coordonnées d'un point par rapport à un système d'axes parallèles aux premiers, mais passant par le centre de gravité, les coordonnées de la position réelle de ce point seront

$$X + x, \quad Y + y, \quad Z + z.$$

Or on sait que l'on a dans ce cas

$$\Sigma mx = 0, \quad \Sigma my = 0, \quad \Sigma mz = 0,$$

et un calcul tout semblable aux précédents montrera que, si on fait le produit du carré de la vitesse du centre de gravité par la moitié de la masse totale du système, et qu'on y ajoute la moitié de la somme des produits des carrés des vitesses relatives des divers points par leurs masses respectives, on aura l'énergie actuelle du système.

29. Sensations de chaleur et de froid. — L'origine des expressions de chaleur et de froid se trouve dans une certaine classe de sensations. Ces sensations sont relatives à l'état particulier de notre organisme, et leur caractère évidemment relatif indique qu'elles résultent d'une simple modification d'une condition particulière des corps qui est susceptible de plus et de moins. Les corps qui paraissent particulièrement propres à développer en nous les sensations de froid et de chaud sont susceptibles de produire dans les corps voisins des phénomènes particuliers qui se manifestent par des changements de volume ou d'état.

La définition rigoureuse des phénomènes thermiques ne peut résulter que d'une idée théorique sur leur cause. Si l'on ne part pas de cette idée théorique, on ne peut les définir qu'en les comparant expérimentalement, et c'est ce que nous allons chercher à faire.

30. Températures égales, températures inégales. — Considérons deux corps en présence, entre lesquels ne peut s'exercer aucune action chimique et sur lesquels n'agit aucune force extérieure autre qu'une pression normale générale. Il peut arriver que ces deux corps conservent leur volume et leur forme initiale; la propriété que chacun d'eux a d'agir sur notre organisme n'est alors aucunement modifiée par la présence de l'autre, et l'on dit que les deux corps sont à la *même température* ou que l'*équilibre de température* s'est immédiatement établi.

Mais, en général, les deux corps mis en présence éprouveront des variations de volume ou d'état: ces modifications pourront se traduire par une impression différente sur nos organes, et l'on dira que les deux corps étaient primitivement à des *températures différentes*. D'ailleurs. ces changements tendent vers une limite; lorsque cette limite est atteinte, on dit que les deux corps sont à la même température ou que l'équilibre de température est atteint.

31. Lois de l'équilibre de température. — L'équilibre de température étant établi dans un système de corps, l'expérience y constate certaines lois.

1° Cet équilibre est unique. Si l'on vient à modifier l'arrangement des corps qui constituent le système, de manière qu'aucune action chimique ne soit produite et qu'aucun travail extérieur ne soit effectué, l'état du système ne sera en rien modifié.

La nécessité des restrictions posées dans cet énoncé est évidente. Si l'on a, par exemple, du zinc et de l'acide sulfurique séparés par une lame de verre, le tout formant un système en équilibre de température, et que l'on enlève la lame de verre, l'équilibre sera détruit. De même, si l'on a un corps pesant et un cylindre contenant un gaz maintenu par un piston, et qu'on place le poids sur le piston, l'équilibre de température sera encore détruit.

2° Si deux corps A et B, mis séparément en relation avec un troisième C, sont en équilibre de température avec lui, ils sont tous deux à la même température, c'est-à-dire qu'ils ne pourraient pas se modifier réciproquement.

3° Quand trois corps A, B, C sont à des températures différentes, il est toujours possible de les ranger dans un ordre A, B, C tel, que si, par des moyens convenables, on modifie l'état du corps A de manière à l'amener en équilibre avec C, dans la série des états intermédiaires traversés par A, il en existe un où A était en équilibre avec B. On est convenu de dire que la température de B est alors intermédiaire entre celle de A et celle de C.

32. Échelle des températures. — Cette dernière loi, étant vraie pour trois corps, est vraie pour un nombre quelconque. On peut donc concevoir tous les corps de la nature rangés dans une série telle, que si l'on prend l'un d'eux H et qu'on l'amène à être en équilibre de température avec un autre P, ce corps H passe par une série d'états dans lesquels il se trouve en équilibre avec tous les corps intermédiaires. Cette série constitue l'*échelle des températures*.

Or la suite des nombres présente la même propriété fondamentale; un nombre a qui, par une augmentation graduelle, devient égal à un nombre b est successivement égal à tous les nombres intermédiaires; il est donc possible de définir tous les termes de l'échelle des températures au moyen de nombres déterminés par des conventions arbitraires.

La température sera alors un nombre caractérisant l'état d'un système en équilibre. Si ce nombre a la même valeur pour deux systèmes, ces deux systèmes seront en équilibre de température entre eux, c'est-à-dire incapables de se modifier, si on les met en présence l'un de l'autre.

33. Il y a évidemment une infinité de systèmes de nombres capables de représenter tous les termes de l'échelle des températures; car, s'il en existe un, on peut prendre, au lieu des nombres qui le constituent, une fonction continue quelconque, de telle sorte qu'il n'y ait qu'une valeur de la fonction correspondant à chaque valeur de la variable. La valeur de cette fonction, lorsqu'on substitue à la variable le nombre qui représentait primitivement la température, peut également servir à caractériser chaque degré de l'échelle.

34. L'échelle des températures généralement adoptée est définie par les conventions que nous allons maintenant exposer.

La première convention à faire est celle qui est relative à la définition des températures croissantes.

On est convenu de prendre les températures croissantes dans le sens où l'on dit vulgairement qu'un corps est plus chaud qu'un autre; pour préciser davantage, on a considéré deux états successifs d'un même corps, la glace fondante et l'eau bouillante à la pression de 760 millimètres, et l'on a regardé la température à laquelle s'accomplit le second phénomène comme plus élevée que celle que nécessite le premier.

Cette convention est indépendante des ambiguïtés qui peuvent résulter de l'existence d'un maximum de densité.

La deuxième convention se rapporte à l'adoption d'un zéro et à l'affectation d'un signe aux nombres représentatifs des températures.

La raison de cette convention se trouve dans cette remarque, que nous reconnaîtrons plus tard n'être pas complétement exacte, que l'échelle des températures, considérée à partir d'un point quelconque, paraît indéfinie dans les deux sens.

En troisième lieu, pour déterminer les degrés de l'échelle, on a fait choix d'un corps thermométrique ou *thermomètre*, dont l'état se puisse apprécier facilement. La température de tout système est le nombre correspondant à l'état du thermomètre introduit dans le système et mis en équilibre avec lui. Comme le thermomètre ne peut pas atteindre cet équilibre sans qu'il en résulte une modification dans l'état du système, il faut s'arranger de telle sorte que cette modification soit insensible, ce que l'on énoncerait, dans le langage mathématique, en disant que l'on emploie un thermomètre de dimensions infiniment petites.

35. Pour définir l'échelle des températures à l'aide du thermomètre, on a suivi deux marches différentes.

On a rapporté les accroissements successifs de température à des accroissements de volume auxquels les uns ont fait suivre une progression arithmétique, les autres une progression géométrique.

Ainsi, en appelant v_0 le volume à la température o, v le volume à la température 1, V le volume correspondant à la température T, on a défini T par la relation

$$T = \frac{V - v_0}{v - v_0}.$$

La température s'accroît de quantités égales pour des accroissements de volumes égaux.

On a aussi pris comme définition de la température T cette autre équation :

$$\frac{V}{v_0} = \left(\frac{v}{v_0}\right)^T,$$

d'après laquelle les accroissements de température égaux correspondent à des accroissements de volume qui ne sont plus égaux, mais qui sont dans un rapport constant avec le volume qui a subi l'accroissement. Si on appelle $1 + u$ le rapport du volume à la température 1 au volume à la température 0, la dernière équation s'écrira

$$\frac{V}{v_0} = \left(1 + u \right)^{T}.$$

Ce second mode d'établir l'échelle des températures a été proposé par Dalton; le premier, qui est le plus généralement adopté, a été introduit dans la science par Galilée, à qui l'invention du thermomètre paraît devoir être rapportée.

36. L'échelle proposée par Dalton est réellement indéfinie dans les deux sens; le rapport $\frac{V}{v_0}$ est toujours positif, quel que soit T. Au contraire, dans la définition ordinaire, si T est négatif et croît en valeur absolue, le volume diminue jusqu'à s'annuler, puis même devient négatif. L'échelle ordinaire des températures est donc limitée dans un sens et illimitée dans l'autre. Cette limitation dans le sens des températures décroissantes semble, au premier abord, un inconvénient grave; mais elle est plutôt un avantage, comme nous le reconnaîtrons dans la suite.

37. Les températures 0 et 1 ont été définies par celles de deux corps qui, placés dans des conditions faciles à reproduire, présentent toujours la même température; c'est, d'une part, la glace fondante, et, d'autre part, la vapeur d'eau bouillante à la pression de 760 millimètres. Pour la commodité de la classification des températures intermédiaires, on a divisé l'intervalle compris entre ces deux points de l'échelle en un nombre variable de degrés qui est égal à 100 dans le thermomètre centigrade.

38. Le défaut de comparabilité des thermomètres à mercure au delà de 100 degrés, et leur impuissance à faire connaître les températures supérieures à celle de l'ébullition du mercure et inférieures à celle de sa congélation, ont conduit les physiciens à admettre une échelle thermométrique un peu différente de celle que nous venons

de définir. Le corps thermométrique employé est le thermomètre à gaz, où un volume d'air constant subit, par suite des changements de température, des changements de pression qui se mesurent sur l'appareil.

On appelle degré toute élévation de température produisant une augmentation de pression égale au centième de celle qu'on observe lorsque, l'air étant à zéro centigrade sous la pression atmosphérique, la température s'élève à 100 degrés centigrades. Nous adopterons dans ce cours l'échelle thermométrique ainsi définie, en rappelant qu'entre 0 et 100 degrés le thermomètre à mercure et le thermomètre à air sont sensiblement d'accord.

39. Considérations sur l'étude des dilatations et des changements d'état. — Lorsque l'on considère l'ensemble des études relatives aux dilatations et aux changements d'état des corps, on reconnaît sans peine qu'elles se réduisent toutes à déterminer dans quelles conditions les divers corps se mettent en équilibre de température avec un thermomètre. Tant qu'elles ne sont pas accompagnées de mesures calorimétriques, il n'y a pas à leur chercher d'autre signification. Les connaissances qu'elles nous ont permis d'acquérir sont encore aujourd'hui extrêmement incomplètes, et il n'est peut-être pas sans utilité d'indiquer quel est l'ensemble des recherches qui seraient nécessaires pour épuiser ce sujet.

40. Problème général de l'étude des propriétés thermiques des corps. — Lorsqu'un corps se présente à nous, il est soumis à l'action de forces extérieures, les températures de ses divers points sont graduellement variables, et la densité change d'une manière continue d'un point à un autre. Son état, à un moment donné, est donc complétement défini lorsque l'on connaît les trois systèmes de quantités suivantes :

1° Les forces extérieures qui agissent sur le corps;
2° Les températures de ses divers points;
3° Les densités en ces mêmes points.

Mais l'expérience établit une relation entre ces trois systèmes d'éléments, de telle sorte que, lorsque deux d'entre eux sont donnés, le troisième est par là même déterminé. Le problème général à résoudre consiste à trouver cette relation.

41. Cas particuliers que l'on considère dans l'étude de la chaleur. — On considère ordinairement comme appartenant seuls à l'étude de la chaleur les cas où, les forces extérieures se réduisant à une pression uniforme et normale, la température et la densité demeurent constantes dans toute l'étendue du corps. Les cas plus complexes sont considérés comme appartenant à la théorie de l'élasticité, dont l'étude est encore moins avancée que celle des phénomènes calorifiques proprement dits.

Le problème ainsi restreint dépasse encore de beaucoup l'étendue de nos connaissances actuelles. Appelons p la pression positive ou négative supportée par l'unité de surface, v le volume de l'unité de poids, t la température; il s'agit de déterminer la forme de l'équation

$$f(p,\ v,\ t) = \text{o}.$$

Dans cette équation, deux quelconques des trois quantités p, v, t doivent être considérées comme variables indépendantes et la troisième comme une fonction de ces deux-ci.

42. On a généralement étudié à part les effets de la variation d'une seule variable pour différentes valeurs constantes de l'autre. C'est ainsi que, quand il s'agit des solides isotropes et des liquides, on connaît, pour différentes valeurs de t, la relation entre p et v, et, pour une valeur de p égale à la pression atmosphérique, la relation entre v et t. Les études faites sur la compressibilité et la dilatation nous donnent en partie ces relations; mais le peu d'étendue des limites entre lesquelles on a opéré et le nombre restreint des expériences laissent encore de nombreuses lacunes à remplir.

Les notions que l'on possède sur les corps solides cristallisés sont encore moins étendues; c'est à peine si l'on connaît, pour quelques-uns d'entre eux, les directions des axes de dilatation et les lois de variation de longueur suivant ces axes.

Pour les gaz, on a des données plus complètes; on connaît, en général, la relation entre p et v pour différentes valeurs de t; on connaît aussi la relation entre p et t pour une ou plusieurs valeurs de v; enfin on connaît la relation entre v et t pour des valeurs de p voisines de la pression atmosphérique.

Toutes ces relations ne sont pas indépendantes les unes des autres. En effet, nous pouvons considérer, pour un corps quelconque, les trois quantités p, v, t comme les coordonnées rapportées à trois axes rectangulaires d'une surface représentant l'ensemble des propriétés thermiques de ce corps. Si l'on détermine la relation qui existe entre p et v pour une valeur donnée de t, cela revient à trouver la section de la surface par un plan perpendiculaire à l'axe des t; or, si l'on connaissait les sections déterminées dans la surface par tous les plans perpendiculaires à l'axe des t que l'on peut imaginer, il est clair que l'on connaîtrait la surface et que les sections qui pourraient y être faites par des plans perpendiculaires aux autres axes seraient par suite déterminées. Mais comme les trois séries d'expériences que nous avons indiquées sont encore très-incomplètes, aucune d'elles n'est inutile, et il est convenable de les faire concourir également à la connaissance de la surface.

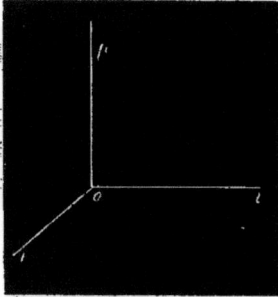

Fig. 2.

43. Gaz parfaits. — Les gaz, à mesure qu'ils se raréfient davantage, ont une tendance commune à obéir à un ensemble de lois simples contenues dans la formule

$$pv - p_0 v_0 (1 + \alpha t) = 0,$$

où p et v représentent la pression et le volume actuels, p_0 et v_0 la pression et le volume à zéro, t la température et α le coefficient de dilatation des gaz.

On peut donc considérer les gaz, à mesure qu'ils se raréfient davantage, comme s'approchant d'un état idéal pour lequel la fonction que nous avons désignée par $f(p, v, t)$ serait égale au premier membre de l'équation précédente.

Les gaz considérés à cet état idéal se nomment *gaz parfaits*. Leur étude est importante en elle-même, parce qu'elle conduit à des lois simples et qu'elle peut s'appliquer aux gaz réels en admettant de légères modifications à ces lois.

44. Phénomènes par lesquels l'équilibre de température s'établit. — Lorsque plusieurs corps sont mis en présence, ils se modifient réciproquement et arrivent à l'équilibre de température; on peut envisager le phénomène sous deux points de vue : examiner les états intermédiaires par lesquels passe successivement chacun des corps, ou bien ne considérer que les relations qui lient l'état final à l'état initial. A ces deux points de vue correspondent deux systèmes d'études très-différents.

Si l'on étudie les variations d'état d'un système où les températures sont primitivement différentes et où l'équilibre de température s'établit en l'absence de toute cause modifiante extérieure, on étudie les lois de la *propagation de la chaleur*.

Si, au contraire, on se borne à établir la relation qui existe entre l'état final et l'état initial, on fait de la *calorimétrie*. C'est à ce second point de vue que nous allons exclusivement nous placer.

45. Phénomènes calorifiques équivalents. — Dans un système de corps pris d'abord à des températures inégales et parvenant ensuite à l'équilibre, les températures de certains corps s'abaissent, tandis que celles de certains autres s'élèvent. Il peut même se faire que pour quelques-uns il y ait un accroissement brusque de volume accompagnant un changement d'état. Mais, en tout cas, on peut répartir les phénomènes qui se passent en deux groupes de sens différents.

L'expérience montre que s'il ne s'exerce entre les corps mis en présence ni action chimique ni action mécanique, la température finale est indépendante de l'arrangement des corps. Il en résulte que les phénomènes inverses qui s'accomplissent dans l'intérieur du système sont toujours les mêmes quand l'état initial d'où l'on part est aussi le même. La production de l'un des groupes de phénomènes dans le système est donc là condition nécessaire de la production de l'autre ; les deux groupes de phénomènes peuvent être considérés comme *équivalents*.

On nomme donc *phénomènes calorifiques équivalents* les phénomènes inverses qui se produisent dans un système de corps partant d'un état initial où l'équilibre de température n'existe pas et tendant vers un état final où cet équilibre est réalisé.

46. Au lieu de chercher l'équivalence entre les phénomènes groupés deux par deux de toutes les manières possibles, il est nécessaire de se demander si l'on ne peut pas ramener cette recherche à la comparaison des divers phénomènes à un phénomène unique pris comme type ; de même que, dans la question de l'équilibre des températures, nous avons réduit le problème à la comparaison des divers systèmes avec un corps type.

Dans le cas actuel, le phénomène type a été tantôt la fusion de 1 gramme de glace à zéro, tantôt l'élévation de 1 gramme d'eau de zéro à 1 degré centigrade. Désignons-le par A. On pourra lui comparer directement tout phénomène inverse, abaissement de température ou changement d'état de même sens qu'un abaissement de température. On pourra toujours faire ou au moins concevoir une expérience dans laquelle le phénomène M, qui sera, si l'on veut, le passage d'un corps d'une température t à une température plus basse t', ait pour conséquence le phénomène type A répété un certain nombre de fois. Le phénomène A étant rapporté à l'unité de poids, on pourra chercher à déterminer le poids de glace ou d'eau dans lequel ce phénomène peut être produit par le phénomène M. Soit m le nombre d'unités de poids du corps type où A s'effectue, M étant un nombre entier ou fractionnaire ; le phénomène M est équivalent à m fois le phénomène A.

Cette méthode de comparaison ne s'applique évidemment pas à tous les phénomènes thermiques, puisqu'elle les suppose de sens inverse à celui du phénomène A et renfermés dans des limites de température supérieures à celles de ce dernier phénomène. Les remarques suivantes vont nous permettre d'en étendre l'usage à tous les cas.

47. Lorsque deux phénomènes M et N ont même équivalent, c'est-à-dire qu'étant de même sens ils sont caractérisés par la même valeur de m, l'expérience montre, toutes les fois qu'elle est possible, que le phénomène M et le phénomène N', *exactement inverse* de N, sont équivalents. Si l'on admet cette proposition dans tous les cas, on en conclura que deux phénomènes exactement inverses l'un de l'autre sont équivalents. Cette conséquence est évidemment impossible à vérifier expérimentalement. On ne peut pas concevoir une expérience où, étant donnés deux corps identiques, l'un parte de la température t pour arriver à la température $t - \theta$, tandis que l'autre, partant de la température $t - \theta$, arriverait à la température t; on sait, en effet, que les deux corps mis en présence arriveraient nécessairement à la moyenne des températures initiales.

On peut cependant concevoir l'équivalence des deux phénomènes de la manière suivante. Décomposons-les en éléments infiniment petits correspondant aux variations de température :

$$t,$$
$$t - dt,$$
$$t - dt - d't,$$
$$t - dt - d't - d''t,$$
$$\ldots\ldots\ldots\ldots,$$
$$t - \theta.$$

Les mêmes éléments se reproduiront en sens inverse pour les deux phénomènes. Or on peut concevoir que le premier corps s'abaissant de t à $t - dt$ détermine l'élévation du second de $t - dt - d't$ à $t - dt$; que le premier corps s'abaissant de $t - dt$ à $t - dt - d't$ détermine l'élévation du second de $t - dt - d't - d''t$ à $t - dt - d't$, et ainsi de suite. Il est donc possible, au moyen de tous les éléments du premier phénomène, excepté le dernier, de produire tous les éléments du second, excepté le premier; on peut donc dire que les deux phénomènes sont équivalents.

Ayant démontré que tout phénomène calorifique est équivalent au phénomène exactement inverse, les restrictions qui limitaient l'usage de la méthode précédente disparaissent. Si le phénomène considéré est de même sens que le phénomène type, on comparera à celui-ci le phénomène exactement inverse. Si le phénomène considéré se produit dans des limites de température inférieures à celles du phénomène type, on le comparera à l'inverse de celui-ci.

48. Équivalents calorifiques. — Quantités de chaleur. — Tout phénomène calorifique peut donc être considéré comme caractérisé par un certain nombre qui représente la quantité du corps type dans laquelle la production du phénomène type serait la conséquence du phénomène considéré. Ce nombre est l'*équivalent calorifique* du phénomène. S'il était connu pour chaque phénomène, les relations entre l'état initial et l'état final seraient faciles à déterminer.

Il y a environ un siècle que ces équivalents ont été introduits dans la science par Black sous le nom de *quantités de chaleur*. A cette époque, où l'on regardait les corps comme renfermant un fluide calorique matériel en quantités différentes, suivant la température, l'établissement de l'équilibre de température n'était que le déversement d'une certaine quantité de fluide de l'un des corps dans l'autre. Lorsque la température d'un corps, placé successivement dans deux conditions différentes, s'était abaissée d'un même nombre de degrés, on regardait ce corps comme ayant perdu dans les deux cas la même quantité de fluide matériel.

Ce qui précède étant établi, il est parfaitement indifférent de se servir de l'expression d'équivalent calorifique ou de celle de quantité de chaleur. Il est préférable de conserver cette dernière, l'expression d'équivalent thermique ayant été quelquefois employée en chimie pour désigner les équivalents déterminés par la loi de Dulong et Petit. Mais ce dont il faut se garder en conservant l'expression de quantité de chaleur, c'est de lui attribuer un sens matériel et de tirer une conséquence quelconque de l'emploi plus ou moins raisonné des expressions métaphoriques empruntées à l'hypothèse de l'indestructibilité de la chaleur. Une quantité de chaleur absorbée sera une quantité de chaleur correspondant à un phénomène du genre d'une élévation de température; une quantité de chaleur dégagée correspondra à un phénomène du genre d'un abaissement de température.

La détermination de ces quantités de chaleur constitue toute la calorimétrie.

49. Plan d'une étude calorimétrique complète. — Il est essentiel d'exposer l'ensemble des déterminations qu'exigerait l'étude calorimétrique complète d'un corps quelconque; les expériences faites jusqu'à ce jour sont fort incomplètes, et les quantités que l'on mesure ordinairement ne sont même pas les plus utiles à connaître au point de vue théorique.

D'après ce qui a été dit plus haut, lorsqu'un corps possède en tous les points la même température et la même densité, et que sur toute sa surface s'exerce une pression normale constante, il existe entre ces trois quantités une relation déterminée

$$f(p, v, t) = 0.$$

p est la pression, v le volume de l'unité de poids et t la température.

Dans l'expérience, on fait le plus souvent varier v et p, et l'on détermine la valeur correspondante de t; dans les recherches théoriques, il est ordinairement plus convenable de prendre v et t pour variables indépendantes.

Supposons donc l'état du corps caractérisé par des valeurs particulières de v et t, et cherchons les quantités de chaleur mises en jeu par suite de la variation de l'une ou l'autre de ces deux variables indépendantes.

Soit Δv un accroissement infiniment petit subi par le volume de l'unité de poids, la température demeurant constante. L'expérience montre que tout changement de volume d'un corps a pour conséquence immédiate un changement de température; il faut donc, pour empêcher la variation de température correspondant à la variation de volume Δv, produire dans les corps voisins une modification thermique équivalente. Soit L la quantité de chaleur absorbée par cette variation de volume; le rapport $\dfrac{L}{\Delta v}$ sera variable avec Δv, mais sa limite a une valeur bien déterminée,

$$\lim \frac{L}{\Delta v} = l.$$

l se nomme *chaleur latente de dilatation*; c'est un nombre tel, que, multiplié par dv, il représente la quantité de chaleur absorbée par l'unité de poids pour éprouver la variation de volume dv sans changer de température.

Supposons maintenant que, le volume de l'unité de poids demeurant constant, la température s'accroisse de Δt. Il faudra communiquer à l'unité de poids du corps une quantité de chaleur Q variable avec Δt. La limite du rapport $\frac{Q}{\Delta t}$ se nomme *chaleur spécifique sous volume constant*,

$$\lim \frac{Q}{\Delta t} = c.$$

c est un nombre tel, que, multiplié par dt, il représente la quantité de chaleur absorbée par l'unité de poids pour éprouver la variation de température dt, sans changer de volume.

Si les variations de volume et de température ont lieu simultanément, la quantité de chaleur nécessaire pour produire la transformation élémentaire ainsi réalisée sera égale, en négligeant une quantité infiniment petite du second ordre, à

$$l\,dv + c\,dt.$$

La quantité de chaleur correspondant à une transformation finie sera donc

$$\int \left(l\,dv + c\,dt \right)$$

l et c étant des fonctions de v et de t.

50. Cette intégrale donne lieu aux mêmes remarques que l'intégrale des travaux élémentaires des forces non centrales. *A priori*, on ne connaît aucune relation entre l et c. Rien n'autorise à penser que la condition nécessaire pour que l'on puisse intégrer soit satisfaite, c'est-à-dire que l'on ait

$$\frac{dc}{dv} = \frac{dl}{dt}.$$

Nous verrons même que cette relation n'est jamais satisfaite dans les phénomènes de dilatation.

Pour obtenir la quantité de chaleur correspondante à une transformation finie, il faut donc donner, non-seulement l'état initial et l'état final, mais encore tous les états intermédiaires : alors, pour chacun des phénomènes élémentaires dont la succession constitue la transformation finie, on connaît la relation qui existe entre les deux variables v et t. La différentielle à deux variables indépendantes $l\,dv + c\,dt$ peut alors être réduite à une différentielle à une seule variable, et l'intégration devient toujours possible.

La quantité de chaleur nécessaire à une transformation finie n'est donc pas en général la même, lorsque les états intermédiaires qui séparent l'état initial de l'état final sont différents. Pour les solides et les liquides, les procédés employés pour passer d'un état déterminé à un autre varient peu, et il en est de même des quantités de chaleur correspondantes. Pour les gaz, au contraire, ces procédés peuvent être très-différents, et à chaque mode de transformation correspond une quantité de chaleur déterminée.

51. L'étude calorimétrique complète d'un corps devrait donc comprendre la détermination des quantités l et c pour toutes les valeurs possibles du volume de l'unité de poids et de la température. Mais on est extrêmement loin d'avoir cette étude complète. On n'a fait aucune détermination directe de la chaleur spécifique sous volume constant : cette donnée n'est pas, en effet, accessible à l'expérience directe. Pour les gaz, les déterminations calorimétriques sont affectées par la présence des parois dans lesquelles il faut les renfermer. Pour les solides et les liquides, on rencontrerait une extrême difficulté si l'on voulait s'opposer à leur dilatation.

Quant aux chaleurs latentes de dilatation, leur étude, quoique plus facile dans certains cas, n'est guère plus avancée, et l'on ne possède encore à leur égard qu'un très-petit nombre d'observations isolées.

Ce qu'on a mesuré le plus souvent, c'est un troisième élément, la chaleur spécifique sous pression constante, dont la considération résulte d'un choix particulier de variables indépendantes.

52. Prenons pour variables indépendantes la pression et la tem-

pérature p et t, et raisonnons toujours sur l'unité de poids du corps considéré.

Si, la pression demeurant d'abord constante, la température s'accroît de Δt, il faudra, pour produire cette modification, une quantité de chaleur R variable avec Δt. La limite du rapport $\frac{R}{\Delta t}$ s'appelle *chaleur spécifique sous pression constante* :

$$\lim \frac{R}{\Delta t} = C \cdot$$

C est un nombre tel, que, multiplié par dt, il représente la quantité de chaleur nécessaire pour produire la variation de température dt, la pression demeurant constante.

Si maintenant, la température demeurant invariable, on donne à la pression un accroissement dp, on verra de même que la quantité de chaleur nécessaire pour produire cette modification peut se représenter par $h\,dp$, h étant un coefficient analogue à l, c, C, et qui n'a pas encore reçu de nom dans la science.

La quantité de chaleur nécessaire pour produire dans l'état du corps une modification représentée par les variations simultanées dt et dp de la température et de la pression sera donc

$$C\,dt + h\,dp.$$

Les quantités C et h sont liées aux coefficients c et l par des équations faciles à déterminer.

Si nous nous plaçons dans le dernier cas, par exemple, aux variations dt et dp de la température et de la pression correspond une variation de volume qui se déduit de l'équation

$$f(p, v, t) = 0,$$

et qui est donnée par la formule

$$dv = \frac{dv}{dp}\,dp + \frac{dv}{dt}\,dt.$$

Or, la quantité de chaleur nécessaire pour produire la modification infiniment petite qu'a subie l'état du corps peut se représenter indifféremment par

$$l\,dv + c\,dt = l\left(\frac{dv}{dp}\,dp + \frac{dv}{dt}\,dt\right) + c\,dt$$

ou

$$C\,dt + h\,dp.$$

On a donc

$$C\,dt + h\,dp = l\left(\frac{dv}{dp}\,dp + \frac{dv}{dt}\,dt\right) + c\,dt$$

et, en égalant les coefficients de dt et de dp,

$$C = c + l\frac{dv}{dt},$$

$$h = l\frac{dv}{dp}.$$

53. Si l'on prend p et v pour variables indépendantes, la quantité de chaleur correspondant à une transformation élémentaire aura pour expression

$$\lambda\,dv + k\,dp,$$

λ et k étant deux nouvelles quantités liées aux coefficients c et l par deux équations analogues aux précédentes.

Soit, en effet, dt la variation de température correspondant aux variations dv et dp du volume et de la pression: on a

$$dt = \frac{dt}{dv}\,dv + \frac{dt}{dp}\,dp,$$

et par suite

$$\lambda\,dv + k\,dp = l\,dv + c\left(\frac{dt}{dv}\,dv + \frac{dt}{dp}\,dp\right),$$

d'où

$$\lambda = l + c\frac{dt}{dv},$$

$$k = c\frac{dt}{dp}.$$

Les coefficients différentiels qui figurent dans les quatre équations qui lient les six quantités l, c, C, h, k, λ ne peuvent être calculés que si l'on connaît la forme de l'équation

$$f(p, v, t) = 0$$

qui unit les trois quantités p, v, t. Cette équation n'est connue que pour les gaz parfaits que nous avons définis par la relation

$$pv = p_o v_o (1 + \alpha t).$$

54. Il est important de remarquer que l'état d'un corps peut être défini par une infinité de systèmes de deux variables indépendantes; ainsi, au lieu de prendre pour variables la température et le volume, on peut prendre la température et l'indice de réfraction, l'indice de réfraction et le pouvoir émissif, le pouvoir émissif et le coefficient de conductibilité, etc., etc., toutes ces variables étant liées à celles que nous avons choisies précédemment par des relations certaines, mais encore très-peu connues.

Soient x et y deux variables indépendantes quelconques qui caractérisent l'état du corps.

On peut toujours représenter par $X dx + Y dy$ la quantité de chaleur nécessaire pour produire dans l'état du corps une modification infiniment petite, définie par les variations simultanées dx et dy des deux variables indépendantes. Or, si on appelle dv et dt les variations correspondantes du volume et de la température, cette quantité de chaleur a aussi pour expression.

$$l \, dv + c \, dt = l \left(\frac{dv}{dx} dx + \frac{dv}{dy} dy \right) + c \left(\frac{dt}{dx} dx + \frac{dt}{dy} dy \right),$$

et par suite

$$X \, dx + Y \, dy = l \left(\frac{dv}{dx} dx + \frac{dv}{dy} dy \right) + c \left(\frac{dt}{dx} dx + \frac{dt}{dy} dy \right),$$

d'où

$$X = l \frac{dv}{dx} + c \frac{dt}{dx},$$

$$Y = l \frac{dv}{dy} + c \frac{dt}{dy},$$

équations générales dont les précédentes ne sont que des cas particuliers.

PRINCIPE DE L'ÉQUIVALENCE

DE LA CHALEUR ET DU TRAVAIL.

———

55. Tant qu'on ne considère que les relations d'équivalence entre les phénomènes thermiques qui résultent des mesures calorimétriques, rien ne détermine à adopter telle ou telle vue théorique sur la nature de la chaleur. Il en est ainsi surtout lorsque l'on ne considère que les solides et les liquides pour lesquels les procédés de transformation qui permettent de passer d'un état initial donné à un état final déterminé varient peu. Quelque théorie que l'on adopte, elle demeurera nécessairement inféconde si on en borne ainsi l'application.

On cite souvent cette phrase de Lavoisier et Laplace pour en conclure qu'ils avaient envisagé la chaleur comme un mode de mouvement : « D'autres physiciens pensent que la chaleur n'est que le résultat des mouvements insensibles des molécules de la matière.... Dans l'hypothèse que nous examinons, la chaleur est la force vive qui résulte des mouvements insensibles des molécules des corps; elle est la somme des produits de la masse de chaque molécule par le carré de sa vitesse [1]. » Mais les auteurs du mémoire ne tirent aucune espèce de conclusion d'une idée aussi nette et aussi précise: car, n'étudiant que les liquides et les solides, toute théorie leur est également bonne, et ils admettent comme plus simple celle de la matérialité du calorique.

Lorsqu'on examine de près, au contraire, les mesures calorimétriques relatives aux gaz, ou lorsque l'on étudie les sources de chaleur et de froid, c'est-à-dire des combinaisons variées de moyens de produire des phénomènes thermiques, sans que d'autres phéno-

---

[1] Mémoire sur la chaleur, *OEuvres de Lavoisier*, t. II, p. 285.

mènes thermiques de sens opposé en soient l'équivalent (choc, frottement, actions chimiques, vie animale, etc.), on est conduit nécessairement au principe de l'équivalence de la chaleur et du travail, qui ne peut se concevoir que dans une théorie mécanique de la chaleur.

Le principe de l'équivalence de la chaleur et du travail est le premier principe fondamental de la théorie mécanique de la chaleur; à ce titre, son établissement à l'état de vérité de premier ordre doit d'abord nous occuper. Pour donner plus de force à sa démonstration, nous la ferons résulter de la considération de trois séries de phénomènes différents parmi lesquels nous prendrons en premier lieu ceux du frottement.

TRANSFORMATION DU TRAVAIL EN CHALEUR.

56. Du frottement. — Lorsqu'une machine est arrivée à l'état de mouvement uniforme, la somme des travaux des forces qui y sont appliquées est égale à zéro d'après le principe des forces vives; or, si on évalue le travail des forces mouvantes, ou le travail moteur, et le travail des forces résistantes, ou le travail utile, on trouve une différence que l'on explique en mécanique en admettant parmi les forces résistantes une force particulière, le frottement, définie par cette condition que son travail est précisément égal à la différence du travail moteur et du travail utile.

Pour nous placer dans les conditions les plus simples, supposons que le travail utile soit nul et que la machine soit entretenue à l'état de mouvement uniforme uniquement par l'action simultanée d'une force mouvante et du frottement, comme cela a lieu, par exemple, lorsque l'on mesure au frein de Prony l'effet utile des machines. Dans la plupart des cas, le frottement sera accompagné d'une altération permanente des surfaces en contact : il y aura production d'une limaille, décomposition des liquides interposés, modification de la structure des corps. Mais on peut atténuer indéfiniment ces phénomènes sans que le frottement disparaisse, et alors tout se réduit dans la machine à un travail de la force mouvante et à une élévation de température d'un système de corps. En augmen-

tant la masse des corps qui, sans éprouver l'action directe du frottement, participent à cette élévation de température, on pourra la
réduire autant qu'on le voudra, de manière à approcher indéfiniment du cas où les matières frottantes n'éprouveraient aucune modification dans leur état. Alors, le travail des forces moléculaires se
trouvant absolument nul, il devient évident que le travail d'une
force mouvante peut n'avoir pour conséquence qu'un phénomène
thermique.

Le travail d'une force mouvante peut donc avoir pour résultat,
soit l'accroissement d'énergie d'un système de corps, soit un phénomène thermique, et il est permis de se demander si ces deux
conséquences ne sont pas réellement identiques. Sans entrer pour
le moment dans l'examen de cette question, qui reviendra utilement
un peu plus loin, puisque dans le premier cas il y a égalité entre
le travail et l'accroissement d'énergie, il est naturel de se demander
si, dans le second cas, il n'existe pas quelque relation définie
entre le travail et le phénomène thermique. Si, entre les deux
nombres qui mesurent, l'un la grandeur du travail de la force
mouvante, l'autre la quantité de chaleur correspondant au phénomène thermique, il existe une relation simple et constante, la
notion d'équivalence entre la chaleur et le travail se trouvera dès
lors établie.

57. Expériences de M. Joule. — L'expérience a prononcé
en faveur de ces prévisions. Un travail très-étendu de M. Joule, et
exécuté dans des conditions très-variées et aussi voisines que possible des conditions idéales où nous nous supposions placés, a établi
d'une manière certaine l'existence d'un rapport constant entre la
quantité de chaleur développée par le frottement et la quantité de
travail qu'on dit ordinairement être absorbée.

Dans ces recherches délicates, où la quantité à mesurer est quelquefois très-petite, le savant de Manchester s'est attaché à n'avoir
jamais à faire subir aux nombres donnés directement par l'expérience que des corrections relativement très-faibles, afin que l'incertitude qui peut régner sur leur évaluation soit sans influence sen-

sible sur le résultat. Les expériences ont porté sur l'eau, le mercure et la fonte de fer[1].

58. Expériences sur l'eau.

58. **Expériences sur l'eau.** — L'eau était mise en mouvement par un agitateur à palettes, et l'on mesurait l'élévation de température correspondant à un travail connu des forces qui faisaient tourner l'agitateur et déterminaient le frottement de l'eau, tant sur elle-même que sur les pièces fixes et mobiles de l'appareil.

La figure 3 représente une section verticale et la figure 4 une section horizontale de l'appareil. Huit couples de palettes en laiton a, a, etc., fixés à un axe mobile vertical, tournent entre quatre couples de vannes fixes b, b', etc., pareillement en laiton. L'axe de

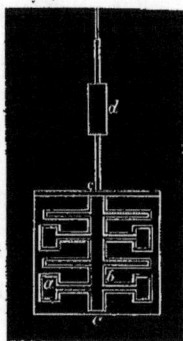

Fig. 3.

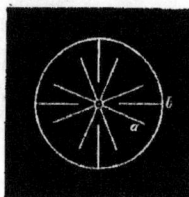

Fig. 4.

rotation est aussi en laiton, mais il est interrompu en d par une pièce de bois qui ne permet pas à la chaleur dégagée de se perdre par conductibilité. Les vannes fixes sont supportées par un cadre de laiton qui soutient aussi les coussinets c, c de l'axe. Tout ce système était introduit dans un vase de cuivre qui pouvait contenir environ 6 à 7 kilogrammes d'eau, et qui portait un couvercle percé de deux orifices, l'un pour l'axe de rotation, l'autre pour le thermomètre.

La rotation de l'agitateur était obtenue à l'aide de la disposition représentée fig. 5. L'axe était mis en mouvement par un cordon qui

[1] *Transactions philosophiques* pour 1850, p. 61.

s'enroulait sur deux poulies en bois A, A parfaitement égales, entraînées par la chute de deux poids en plomb E, E exactement égaux. Les fils qui soutenaient ces poids étaient enroulés sur deux pignons en bois B, B, de 2 pouces anglais de diamètre; le diamètre des poulies était de 1 pied. Leurs axes étaient en acier et reposaient, afin d'atténuer le frottement, sur un système de roues analogue à

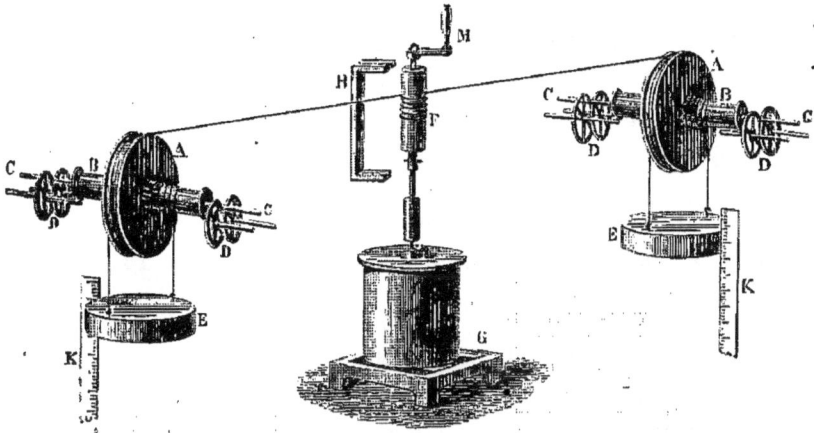

Fig. 5.

celui de la machine d'Atwood. Enfin le vase de cuivre reposait sur un support en bois par un très-petit nombre de points, afin d'éviter les effets de la conductibilité, et un grand écran (non représenté sur la figure) le protégeait contre la chaleur rayonnée par le corps de l'observateur.

59. Pour faire l'expérience, les poids se trouvant en haut de leur course, et l'appareil étant maintenu en repos à l'aide de la manivelle M, on déterminait la température de l'eau avec un thermomètre très-sensible donnant les centièmes de degré de l'échelle de Fahrenheit; puis on laissait descendre les poids jusqu'au sol du laboratoire. On renouvelait vingt fois cette expérience, puis on déterminait de nouveau la température de l'eau, et l'on notait d'ailleurs celle de l'air du laboratoire, au commencement, au milieu et à la fin de l'expérience, qui durait environ 35 minutes. Immédiatement après on suivait, pendant un temps égal à la durée de l'expérience,

la marche du thermomètre plongé dans l'eau, l'appareil demeurant immobile; on appréciait ainsi l'effet du rayonnement.

Le travail moteur effectué par la chute des poids E, E a pour équivalent des phénomènes multiples : 1° le frottement dans l'appareil calorimétrique; 2° le frottement des poulies et des cordons; 3° la force vive détruite à la fin de chaque expérience par le choc des poids contre le sol du laboratoire. Il est évident qu'il n'y a pas à tenir compte d'une usure sensible des surfaces frottantes. La fraction du travail moteur absorbée par les deux derniers effets doit évidemment être retranchée du travail total pour obtenir le travail uniquement employé à produire de la chaleur dans le calorimètre.

La force vive que l'un quelconque des poids perd à la fin de chaque expérience est, en désignant par P la grandeur du poids et par v sa vitesse au moment du choc, $\frac{1}{2}\frac{P}{g}v^2$ ou Ph, h représentant la hauteur de laquelle il devrait tomber en chute libre pour acquérir la vitesse v. Or, la chute s'effectuant dans l'appareil d'un mouvement sensiblement uniforme, l'observation directe peut donner la valeur v; on calculera donc sans difficulté l'expression précédente, et on la retranchera du travail total dû à la chute du poids.

La correction relative au frottement des poulies et des cordons est plus difficile à effectuer. Pour l'évaluer, M. Joule séparait la pièce de bois F de l'agitateur, et, après l'avoir rendue mobile sur deux pivots H, il mettait, à l'aide du cordon enroulé sur cette pièce, les deux poulies en relation l'une avec l'autre de manière que, comme dans la machine d'Atwood, l'un des poids ne pût descendre sans que l'autre montât d'une quantité précisément égale; il cherchait ensuite quel poids il fallait ajouter à un des deux poids E pour donner au système la vitesse uniforme qu'il avait dans l'expérience; le travail de ce poids additionnel mesurait l'effet des frottements nuisibles. Mais il y a quelque inexactitude dans ce mode de correction ; les deux poids qui sollicitent le fil à ses deux extrémités cessant d'être égaux, l'appareil n'est plus symétrique, et la pression sur l'axe du cylindre F est augmentée du côté de la surcharge; en outre, les deux pivots nécessaires pour supporter cet axe exercent un frottement qui n'existe pas dans l'expérience ordinaire et qu'il faut re-

trancher de l'effet précédemment mesuré. On évaluait grossièrement
ce frottement par une nouvelle expérience dans laquelle, le cylindre
étant placé horizontalement et supporté par les mêmes pivots, on
cherchait quelle était la surcharge nécessaire pour lui donner la
vitesse uniforme des expériences calorimétriques.

60. Expériences sur le mercure. — La marche des expériences a été la même, mais l'appareil a dû être construit en fer et
en fonte, au lieu de laiton et de cuivre. Il a été d'ailleurs un peu
modifié; l'agitateur a porté six couples de palettes mobiles entre
huit couples de vannes fixes. La valeur en eau de l'appareil rempli
de mercure a été déterminée directement par la méthode des mélanges..

On a fait deux séries d'expériences.

61. Expériences sur la fonte de fer. — L'appareil est représenté fig. 6. Il se compose d'un axe de fer A entraînant dans son
mouvement une roue de fonte B, taillée en biseau sur ses bords, et

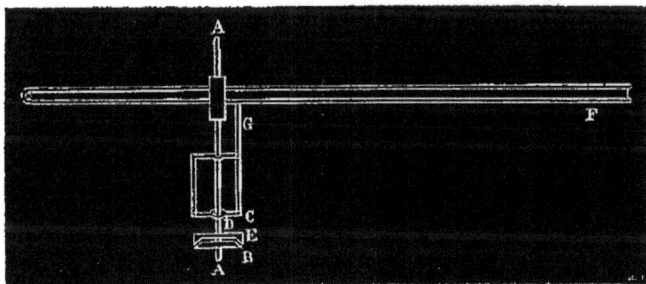

Fig. 6.

qui frotte sur une deuxième roue de fonte E. La deuxième roue est
pressée contre la première par la pièce de fer G, qu'on fait mouvoir
à l'aide d'un levier en bois F. Le tout est placé dans un vase de fonte
plein de mercure, et rien n'est changé à la méthode d'opération.

Dans ces expériences, le frottement a déterminé dans le fer un
mouvement vibratoire accompagné de la production d'un son assez
intense. Le travail mécanique correspondant à ce mouvement vibratoire devait évidemment être retranché du travail dépensé dans l'ap-

pareil pour obtenir le travail employé à produire de la chaleur. M. Joule a essayé de déterminer cette correction en cherchant quel était le travail nécessaire pour faire produire un son de même intensité à une corde de violoncelle. La très-légère usure des surfaces frottantes a été estimée assez faible pour pouvoir être négligée.

On a fait deux séries d'expériences.

62. Résultats des expériences. — Voici quels sont les résultats numériques des expériences de M. Joule, lorsqu'on ne prend que les moyennes des expériences de chaque série.

E est le nombre d'unités de travail ou de kilogrammètres correspondant au dégagement de l'unité de chaleur (quantité de chaleur nécessaire pour élever de zéro à 1 degré un kilogramme d'eau);

θ, l'élévation de la température de l'appareil calorimétrique estimée à $\frac{1}{200}$ de degré de l'échelle de Fahrenheit;

τ, la variation de température correspondant à l'effet perturbateur du rayonnement;

P, la somme des poids moteurs exprimée en grains;

p, le poids équivalent au frottement nuisible;

ω, le poids représentant le frottement des pivots;

H, le chemin total parcouru par les poids, exprimé en pouces anglais;

h, la hauteur d'où ils auraient dû tomber en chute libre pour acquérir la force vive détruite par le choc.

	E	θ	τ	P	p	ω	H	h
Eau.....	424,9	0,575	0,013	406152	2837	168	1260,248	0,008
Mercure.. {	425,0	2,414	0,066	406099	2857	168	1262,731	0,152
{	426,3	0,916	0,061	137326	1040	168	1293,522	0,047
Fer..... {	426,7	4.303	0,210	406099	2857	168	1260,027	5,000
{	425,6	1,510	0,022	137326	1040	168	1279,957	0,094

63. Pour apprécier le degré de précision de ces expériences, prenons, par exemple, les résultats relatifs à l'eau. La variation de température est certainement exacte à $\frac{1}{100}$ près. L'effet du rayonnement est très-faible; il n'atteint pas $\frac{1}{50}$ de degré. La correction la plus dif-

ficile, celle du frottement des pivots, est égale au travail d'un
poids de 168 grains, quantité tout à fait négligeable à côté du travail du poids moteur P. Enfin p, qui représente la correction la plus
importante, est à peine $\frac{1}{200}$ du poids total; sa détermination ne
comporte certainement pas une erreur de $\frac{1}{5}$, de sorte que la correction n'atteint pas $\frac{1}{1000}$ du travail total.

La précision des expériences est donc très-satisfaisante, et l'on
peut énoncer avec une certitude complète le résultat suivant, qu'elles
mettent en évidence : *La quantité de chaleur dégagée par le frottement
est proportionnelle au travail de la force, et le coefficient de proportionnalité
est indépendant de la nature des surfaces frottantes.*

64. Équivalent mécanique de la chaleur. — Le rapport
constant qui existe, dans les phénomènes du frottement, entre le
travail de la force et la quantité de chaleur dégagée correspondante,
a reçu le nom d'*équivalent mécanique de la chaleur*. C'est cette quantité que nous avons désignée par E dans le tableau des expériences
de M. Joule. Les différentes valeurs qu'on y observe ne sont pas
rigoureusement identiques, et il y a lieu de se demander quelle est
l'expérience qui donne la valeur la plus exacte.

Les deux expériences sur le fer doivent évidemment être écartées
à cause de l'usure qui se produit toujours; en outre, dans la première, la correction h, qui est ordinairement de quelques millimètres,
atteint 5 pouces; la deuxième mérite plus de confiance. La première
expérience sur le mercure semble être, entre toutes, celle qui mérite le plus de confiance; l'élévation de température θ y a sa valeur
la plus considérable, si on laisse de côté la première expérience relative au fer; malgré cela, la correction due au rayonnement est
très-faible et à peine supérieure à celle qu'on observe dans l'expérience suivante, où l'élévation de température est bien moins considérable.

Nous adopterons donc comme valeur de E le nombre 425, presque identique au nombre 424,9 qui est celui que M. Joule propose
comme moyenne d'un grand nombre de résultats très-concordants.

65. Les expériences que nous venons de décrire, et qui datent de 1849, ne sont pas les seules que la sience possède sur ce sujet. Déjà, en 1843, M. Joule avait trouvé le nombre 425 pour équivalent mécanique de la chaleur, en considérant le frottement de l'eau dans des tubes très-étroits [1]. Plus tard, M. Favre trouva le nombre 413 en étudiant, à l'aide de son appareil calorimétrique, le frottement de l'acier sur l'acier [2], et M. Hirn, à la même époque, publiait les résultats de ses recherches sur des sujets analogues [3]. Mais, moins précises que celles de M. Joule, ces expériences, qui peuvent être considérées comme apportant une confirmation au principe de la proportionnalité de la chaleur dégagée au travail dépensé, ne sauraient être admises pour fournir une valeur exacte de l'équivalent mécanique de la chaleur.

Nous admettrons donc, comme conclusion de tout ce qui précède, que, dans des circonstances définies par l'expression de frottement, un travail mécanique a pour équivalent, au lieu d'un accroissement d'énergie, un phénomène thermique auquel correspond une quantité déterminée de chaleur; le nombre 425 est le rapport constant de ces deux grandeurs.

66. **Théorie du frottement dans l'hypothèse de la matérialité du calorique.** — Le développement de chaleur qui accompagne le frottement a toujours été la pierre d'achoppement de la théorie de la matérialité de la chaleur, et il est curieux de connaître les diverses hypothèses que l'on a faites pour accorder l'expérience avec la théorie.

La première explication a été donnée par Crawford dans son interprétation des expériences de Black et Wilke. Tout corps est une combinaison de matière pondérable avec une certaine quantité de calorique. Si on pouvait lui enlever tout son calorique, il serait au zéro absolu de température, et en lui communiquant graduellement du calorique on élèverait graduellement sa tempé-

[1] *Philosophical Magazine*, vol. XXIII, p. 442.
[2] *Comptes rendus*, t. XLVI, p. 337.
[3] Hirn, *Recherches sur l'équivalent mécanique de la chaleur*, 1858, p. 1. Voir aussi *Théorie mécanique de la chaleur*, du même, 1865, 2ᵉ édit., 1ʳᵉ part., p. 55.

rature. Si l'on admet que la chaleur spécifique d'un corps soit constante lorsque la température varie, l'absorption de quantités égales de calorique élèvera la température d'un corps d'un même nombre de degrés, et les divers corps absorberont pour arriver à la même température des quantités de chaleur proportionnelles à leurs chaleurs spécifiques. Or, dans le frottement, en même temps qu'il y a dégagement de chaleur, il y a production d'une limaille, et si la limaille a une chaleur spécifique moindre que celle du corps compacte, tout est expliqué : la chaleur dégagée est la différence des quantités de calorique que contiennent à la même température le poids du corps qui s'est réduit en limaille, et cette limaille elle-même.

Rumford renversa cette explication par la célèbre expérience qu'il fit à la fonderie de canons de Munich [1]. Frappé de la grande quantité de chaleur développée dans le forage des canons, il construisit un appareil où, par le frottement d'une sorte de pilon fortement pressé contre le fond d'un cylindre creux en fer, il parvint, au bout de deux heures et demie, à mettre en ébullition une masse d'eau d'environ 10 litres. Or la quantité de limaille produite était extrêmement faible et avait même chaleur spécifique que le métal.

M. Lamé a cherché encore par une hypothèse singulière à accorder ces faits avec la théorie de la matérialité du calorique [2]. Il a supposé que la quantité de chaleur combinée à une molécule matérielle allait en croissant, à mesure que sa distance à la surface augmentait, jusqu'à une profondeur finie et très-petite, à partir de laquelle elle devenait constante. La limaille contient alors, d'une manière absolue, moins de chaleur que le métal qui l'a fournie, puisque le rapport du poids des couches voisines de la surface au poids total y est plus grand. La constance des chaleurs spécifiques d'un métal et de sa limaille n'objecte rien contre cette manière d'envisager le phénomène, si l'on suppose, en outre, que l'accroissement de chaleur nécessaire pour élever d'un degré la température d'une particule solide est indépendant de sa position, et par suite de la

[1] An Inquiry concerning the Source of the Heat which is excited by Friction (*Philosophical Transactions Abridged*, vol. XVIII, p. 286).

[2] LAMÉ, *Cours de physique de l'École polytechnique*, 2ᵉ édit., vol. I, p. 484.

chaleur absolue qu'elle contient déjà et qui peut varier avec cette position.

On peut ainsi, à la rigueur, expliquer l'expérience de Rumford; mais on ne rend compte, en aucune manière, de l'expérience de Davy dans laquelle deux morceaux de glace frottés l'un contre l'autre dans le vide de la machine pneumatique et à une température inférieure à zéro se sont rapidement fondus en donnant un liquide dont la chaleur spécifique est plus que double de celle de la glace solide [1].

TRANSFORMATION DE LA CHALEUR EN TRAVAIL.

67. Le frottement nous a donné l'exemple d'un phénomène où le travail accompli par une force mouvante avait uniquement pour équivalent l'élévation de température d'un système de corps; dans d'autres circonstances, on peut observer le phénomène inverse et obtenir le travail d'une force résistante comme unique équivalent d'un abaissement de température. Dans le premier cas, nous avons trouvé un rapport constant entre le phénomène mécanique mesuré par la grandeur du travail et le phénomène thermique caractérisé par une quantité de chaleur; nous allons démontrer que, dans le second cas, entre les mêmes phénomènes, définis de la même manière, existe ce même rapport constant.

Pour faire cette démonstration, nous considérerons les phénomènes thermiques de sens contraires que présente successivement un même corps lorsqu'il passe de la température t à la température T, en traversant une série d'états intermédiaires, pour revenir de T à t, en passant par une autre série d'états intermédiaires, qui n'a de communs avec la première que l'état initial et l'état final en ordre inverse.

68. **Phénomènes dont une machine à vapeur est le siége.** — Prenons, par exemple, une machine à vapeur arrivée à l'état de mouvement uniforme, et considérons les transformations qui s'y ac-

[1] Davy, *Elements of Chemical Philosophy*, p. 94.

complissent pendant une allée et une venue du piston dans le corps
de pompe. Un double phénomène thermique s'observe :

1° Une masse d'eau déterminée est prise dans le condenseur à
la température t, amenée dans la chaudière et transformée en vapeur saturée à la température T. En même temps il y a un abaissement de température des produits de la combustion des gaz du
foyer, caractérisé par une quantité de chaleur déterminée.

2° La vapeur saturée passe dans le corps de pompe, soulève le
piston, se détend et retourne au condenseur pour y prendre la température t qu'on suppose entretenue constante par un courant convenable d'eau froide. En même temps il y a une élévation de température d'un système de corps (eau froide qui arrive dans le
condenseur, enveloppes de la vapeur, corps extérieurs) correspondant aussi à une quantité de chaleur déterminée.

Si on se place au point de vue purement mécanique, on se trouve
en présence d'un paradoxe. En effet, au commencement et à la fin
de la période considérée, l'état relatif des différentes parties du
système est redevenu identiquement le même : la masse d'eau
enlevée au condenseur lui a été intégralement rendue, le piston
est revenu à son point de départ, et cependant un travail extérieur a été accompli. Le principe des forces vives paraît en défaut. Mais toute contradiction disparaît si on considère les phénomènes thermiques qui se sont accomplis. Ces phénomènes ne sont
pas équivalents. L'expérience a appris depuis longtemps que les
quantités de chaleur qui leur correspondent ne sont pas égales, et
que, pour employer le langage ordinaire, celle qui est absorbée
dans le premier cas est plus grande que celle qui est dégagée dans
le second. Dès lors, l'accroissement d'énergie communiqué aux
corps extérieurs doit être considéré comme l'équivalent de la différence de ces quantités de chaleur et se trouver avec elle dans un
rapport constant et égal à l'équivalent mécanique de la chaleur. C'est
ce qu'ont établi les expériences de M. Hirn [1].

[1] Hirn, *Recherches sur l'équivalent mécanique de la chaleur*, p 20. Voir aussi *Théorie
mécanique de la chaleur*, du même, 2ᵉ édition de la 1ʳᵉ partie, p. 35.

69. Expériences de M. Hirn. — Ces expériences ont porté sur les machines à vapeur d'une filature de coton des environs de Colmar. Bien que la précision n'en puisse être très-grande, leur importance n'en est pas moins considérable, à cause de l'intérêt qu'il y a à examiner les phénomènes qui se passent dans une machine à vapeur dans les circonstances mêmes où ils se produisent journellement dans l'industrie, et non dans celles où une expérimentation plus ou moins limitée peut les offrir.

Les expériences de M. Hirn comprennent trois déterminations distinctes : évaluation des deux phénomènes thermiques non équivalents dont la machine est le siége; évaluation du travail effectué par la vapeur.

Les expériences de M. Regnault donnent immédiatement avec une grande exactitude la quantité de chaleur absorbée par l'eau à t degrés pour se transformer en vapeur saturée à T degrés. Si l'on représente par q la quantité d'eau qu'il est nécessaire d'introduire, à chaque coup de piston, dans l'intérieur de la chaudière, pour le jeu parfaitement régulier de la machine, cette quantité de chaleur est égale à

$$q\,[\,6o6,5 + o,3o5\,(T - t)\,].$$

L'évaluation de la quantité de chaleur correspondant au retour de l'eau à l'état liquide est plus difficile.

Si l'on pouvait éviter la communication de chaleur aux pièces solides de la machine, le seul phénomène thermique à considérer serait l'élévation de température de l'eau du condenseur. Il suffirait alors de déterminer la quantité d'eau froide qu'il faut introduire pendant un temps donné dans le condenseur pour y maintenir la température constante. Admettons ces conditions réalisées et supposons que, pendant que le piston monte et descend, il faille donner au condenseur une quantité Q d'eau à θ degrés, pour que sa température demeure constante. Cette quantité d'eau prend au condenseur une quantité de chaleur $Q\,(t - \theta)$ qui est précisément la quantité de chaleur correspondante à la deuxième transformation. Il suffit, pour déterminer la valeur de Q, d'un appareil à écoulement constant que l'on règle jusqu'à ce que la température t soit devenue ab-

solûment invariable. Mais $Q(t - \theta)$ ne représente pas la totalité de
la chaleur abandonnée par la vapeur. Les pièces qui servent à la
conduire au condenseur s'échauffent plus ou moins et rayonnent
vers les corps extérieurs; de là des corrections dont il faut nécessairement tenir compte. Si nous représentons par R la quantité de
chaleur qui correspond à la somme de ces phénomènes perturbateurs,
quantité que M. Hirn s'est attaché à rendre aussi petite que possible,
sans la déterminer bien exactement, la quantité de chaleur correspondante au deuxième phénomène thermique sera

$$Q(t - \theta) + R.$$

Reste à déterminer le travail accompli par la vapeur.

Ce travail se compose de parties dont l'évaluation expérimentale
n'est pas également facile; car, s'il est possible de mesurer l'effet
utile, il ne l'est guère de déterminer le travail absorbé par les frottements et les ébranlements des différentes pièces de la machine. L'é-
valuation théorique du travail total s'obtient au contraire facilement
si l'on connaît la tension de la vapeur à chaque instant et la course
du piston.

Soient P la pression de la vapeur, H la course du piston, s sa
surface; le travail de la vapeur pendant la période ascendante est

$$\int_0^H P s \, dh.$$

Pendant la période descendante, la vapeur exerce sur la base du
piston une pression p et accomplit un travail

$$-\int_0^H p s \, dh.$$

Le travail total effectué pendant une période complète est donc

$$\int_0^H (P - p) s \, dh,$$

P et p étant les valeurs de la pression qui correspondent à deux
positions identiques du piston, l'une pendant l'ascension, l'autre
pendant la descente.

Pour déterminer à chaque instant la pression de la vapeur dans

le corps de pompe, M. Hirn s'est servi du petit appareil très-ingé-
nieux connu sous le nom d'*indicateur de Watt*. On sait que cet appareil consiste essentiellement en un petit cylindre que l'on visse sur
une ouverture pratiquée au couvercle du cylindre de la machine à
vapeur, et qui présente à son intérieur un piston très-mobile, surmonté
d'un ressort à boudin qui fait sans cesse équilibre à la pression de
la vapeur. La tige du piston porte un crayon dont la pointe va presser
doucement sur la surface d'un tambour cylindrique animé par la
machine elle-même d'un mouvement circulaire de va-et-vient. Le
crayon trace sur la feuille de papier qui recouvre le tambour une
courbe fermée dont les ordonnées font connaître la pression de la
vapeur et dont les abscisses indiquent le point de la course qui répond à cette pression. On gradue d'avance l'instrument en déterminant combien une pression de 1, 2, 3 atmosphères sur le petit piston fait avancer le crayon.

70. Résultats de ces expériences. — C'est par ces procédés,
et en employant des précautions que la lecture du mémoire peut
seule faire connaître, que M. Hirn est parvenu à établir d'une manière évidente la proportionnalité du travail produit à la chaleur
perdue, dans le fonctionnement d'une machine à vapeur.

Les expériences de M. Hirn sont nombreuses, mais il y a tout un
groupe qui doit être rejeté, c'est celui qui est relatif aux machines
fonctionnant sans détente. Dans ces machines, en effet, le piston
arrive à l'extrémité de sa course animé d'une vitesse considérable;
il y a donc un choc et par suite une dissémination de force vive qu'il
est impossible d'évaluer; l'inexactitude peut même aller si loin, que
certaines expériences de M. Hirn ont indiqué que la vapeur en se condensant dégage plus de chaleur qu'elle n'en absorbe en se formant,
ce qui est en contradiction évidente avec tout ce que l'on sait sur les
machines. Les expériences sur les machines à détente fournissent,
au contraire, une série de nombres assez concordants. Ces expériences, au nombre de neuf, exactement calculées, conduisent aux
valeurs suivantes de l'équivalent mécanique de la chaleur :

310,   355,   408,   368,   453,   398,   606,   299,   387.

Ces nombres, dont la moyenne est 398, sont ceux qu'on trouve dans le tableau D des *Recherches sur l'équivalent mécanique de la chaleur* présentées à la Société de physique de Berlin Le nombre 413, qu'on a quelquefois donné comme résultant des expériences de M. Hirn. avait été obtenu par M. Clausius et cité dans son rapport sur le mémoire précédent, alors que M. Hirn n'avait publié qu'une partie des données expérimentales relatives à ses recherches; mais lorsqu'on fait usage de toutes celles qui ont été publiées depuis, on trouve les nombres que nous venons de citer.

Le nombre 398 diffère de 425 de $\frac{1}{17}$; mais une pareille différence ne doit pas étonner lorsque certains nombres tels que 299 et 606 varient du simple au double. Cependant, si l'on tient compte de la difficulté de la question et de l'intérêt qui s'attache à l'étude du moteur le plus puissant et le plus employé de l'industrie, on ne peut méconnaître que les expériences de M. Hirn ont une importance considérable et qu'elles apportent une confirmation remarquable au principe d'équivalence de la chaleur et du travail.

71. Transformation de la chaleur en travail au moyen des gaz. — Dans la machine à vapeur, la transformation de la chaleur en travail s'effectue par l'intermédiaire d'une masse d'eau déterminée qui subit une série de modifications qui la ramènent à son état initial sans que les phénomènes thermiques de sens contraires qui s'accomplissent soient équivalents. Les gaz se prêtent également bien à ce mode de transformation, et leur étude, à ce point de vue, puise de l'intérêt dans cette remarque que, pour un groupe d'entre eux, pour les gaz parfaits, on connaît avec une grande exactitude les éléments nécessaires au calcul des quantités de chaleur qui correspondent aux divers modes de transformation. On pourra donc déduire de cette étude une valeur de l'équivalent mécanique de la chaleur incomparablement plus exacte que la précédente et qui méritera d'autant plus de confiance que les éléments nécessaires à sa détermination auront été obtenus par des études faites déjà depuis longtemps et sans aucune préoccupation de théorie.

72. Aux lois renfermées dans l'équation

$$pv = p_0 v_0 (1 + \alpha t).$$

qui définit les gaz parfaits, les expériences calorimétriques permettent d'ajouter les deux suivantes :

1° La chaleur spécifique sous pression constante est indépendante
de la température et de la pression.

Cette loi a été clairement établie pour l'air et pour l'hydrogène
par M. Regnault [1]; elle ne se soutient pas aussi bien pour l'acide
carbonique, mais l'ensemble des expériences en autorise parfaitement l'application aux gaz considérés à cet état idéal que nous
avons appelé l'état parfait.

2° La chaleur spécifique sous volume constant est également indépendante de la température et de la pression.

Cette seconde loi résulte, d'une part, des expériences de Dulong [2]
sur la vitesse du son, qui conduisent à admettre pour tous les gaz
parfaits le même rapport entre la chaleur spécifique à pression
constante et la chaleur spécifique à volume constant; et, d'autre
part, des expériences faites par la méthode de Clément et Desormes [3],
par Gay-Lussac et Welter [4] et par M. Masson [5], dans le but de déterminer la valeur de ce même rapport entre des limites assez étendues
de température et de pression. Ces expériences n'ont ni la précision
ni la généralité de celles de M. Regnault sur les chaleurs spécifiques
des gaz à pression constante; mais la tendance de leurs résultats vers
la loi énoncée n'en est pas moins évidente.

73. Ces lois étant établies, considérons une transformation finie
quelconque subie par l'unité de poids d'un gaz. La quantité de chaleur nécessaire pour opérer cette transformation sera, si on prend
pour variables indépendantes le volume de l'unité de poids et la

---

[1] REGNAULT, Chaleur spécifique des fluides élastiques, *Mémoires de l'Académie des
sciences*, t. XXVI, p. 298.

[2] *Annales de Chimie et de Physique*, 2° série, t. XLI, p. 113.

[3] *Journal de Physique*, novembre 1819.

[4] *Annales de Chimie et de Physique*, 2° série, t. XX, p. 266.

[5] *Annales de Chimie et de Physique*, 3° série, t. LIII, p. 268.

température,

$$\int (l\,dv + c\,dt).$$

Cette quantité ne peut en général s'intégrer que si l'on connaît la relation qui existe à chaque instant entre v et t; mais dans le cas actuel, la chaleur spécifique sous volume constant c étant constante, on a immédiatement, en appelant θ la variation de température éprouvée par le gaz,

$$\int (l\,dv + c\,dt) = c\theta + \int l\,dv.$$

L'intégrale qui figure dans le second membre peut recevoir une forme remarquable.

Nous avons établi la relation (52)

$$C = c + l\frac{dv}{dt}.$$

Or

$$v = \frac{p_0 v_0 (1 + \alpha t)}{p},$$

par conséquent

$$\frac{dv}{dt} = \frac{\alpha p_0 v_0}{p};$$

on a donc

$$l = \frac{C - c}{\alpha p_0 v_0} p,$$

et par suite

$$\int l\,dv = \frac{C - c}{\alpha p_0 v_0} \int p\,dv.$$

Si donc on appelle Q la quantité de chaleur correspondant à la transformation indiquée, il vient

$$Q = c\theta + \frac{C - c}{\alpha p_0 v_0} \int p\,dv.$$

Cette expression apprend que la quantité de chaleur correspondant à une transformation quelconque d'un gaz se compose de deux parties : l'une qui est la quantité de chaleur nécessaire pour que la température varie de θ, le volume du gaz demeurant constant; l'autre qui est le produit de la quantité $\dfrac{C - c}{\alpha p_0 v_0}$ par l'intégrale $\int p\,dv$. La première ne dépend que de l'état initial et de l'état final, la seconde dépend des états intermédiaires.

L'intégrale $\int p\,dv$ a une signification facile à trouver; elle représente le travail effectué par la force élastique du gaz.

En effet, considérons sur la surface arbitraire qui limite le volume du gaz un élément infiniment petit quelconque $d^2\sigma$; la pression exercée par cet élément sur les corps extérieurs est $p\,d^2\sigma$, puisque p représente la pression relative à l'unité de surface, et le travail élémentaire de cette pression correspondant à une transformation infiniment petite a pour valeur $p\,d^2\sigma h$, h étant le déplacement infiniment petit de l'élément parallèlement à lui-même. Le travail élémentaire total a donc pour expression

$$ p \int d^2\sigma h ; $$

mais il est visible que $\int d^2\sigma h$ n'est autre chose que la variation infiniment petite du volume du gaz; par conséquent,

$$ p \int d^2\sigma h = p\,dv . $$

$\int p\,dv$ représente donc bien la somme des travaux élémentaires effectués par la force élastique du gaz.

On peut représenter géométriquement la valeur de cette intégrale en faisant usage, pour figurer l'état du corps considéré, d'un mode de représentation graphique très-répandu aujourd'hui, et qui a été employé pour la première fois par Clapeyron dans son Commentaire des *Réflexions sur la puissance motrice du feu* de Sadi Carnot [1].

74. Prenons pour variables indépendantes le volume de l'unité de poids et la pression, et considérons ces deux variables comme

[1] *Journal de l'École polytechnique*, t. XIV.

étant, l'une l'abscisse, l'autre l'ordonnée d'un même point dans un système de deux axes rectangulaires. Le point M ainsi défini pourra être considéré comme déterminant l'état du corps, et le lieu de ses positions fera connaître la série des états intermédiaires par lesquels ce corps aura passé. Soit MN (fig. 7) la courbe figurative d'une transformation finie quelconque : il est évident que l'intégrale $\int p\,dv$ est égale à l'aire comprise entre la courbe MN, l'axe des volumes et les deux ordonnées extrêmes; car si l'on décompose cette aire en éléments infiniment petits par des parallèles à l'axe des pressions, chacun d'eux a précisément pour surface $p\,dv$.

Si la courbe a été parcourue par le point figuratif de l'état du corps dans le sens de M vers N, tous les éléments de l'intégrale $\int p\,dv$ sont positifs; si elle a été parcourue dans le sens inverse de N vers M, ils sont au contraire tous négatifs; de sorte que si le corps

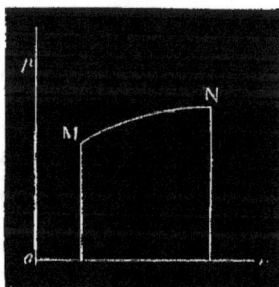

Fig. 7.

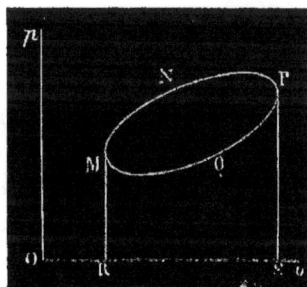

Fig. 8.

subit successivement les deux séries de transformations correspondant, l'une à MN, l'autre à NM, le travail total effectué sera absolument nul.

Étendons ces considérations au cas où un gaz subit un cycle quelconque de transformations qui le ramènent à son état initial. La courbe décrite par le point figuratif de l'état du corps sera une courbe fermée telle que MNPQ (fig. 8), parcourue, par exemple, dans le sens qu'indique l'ordre des lettres. Le travail effectué par la force élastique du gaz se compose de deux parties de signes contraires : une partie positive égale à l'aire RMNPS, et une partie négative égale à l'aire SPQMR. La somme algébrique de ces deux quantités, ou l'aire MNPQ, représente donc le travail accompli en définitive par la force élastique du gaz; elle représente l'accroissement d'énergie communiqué aux corps extérieurs, ou le travail extérieur effectué.

Si nous considérons maintenant la quantité de chaleur qu'il a fallu donner au gaz pour qu'il accomplisse la série des transformations supposées, nous la trouverons dans un rapport remarquable avec le travail effectué.

Cette quantité de chaleur se déduit de la formule

$$Q = c\theta + \frac{C - c}{\alpha \, p_0 v_0} \int p \, dv,$$

dans laquelle on doit faire $\theta = 0$ pour exprimer que l'état final est identique à l'état initial, ce qui donne

$$Q = \frac{C - c}{\alpha \, p_0 v_0} \int p \, dv.$$

Cette formule nous montre qu'un phénomène thermique, qui dépense en s'accomplissant une quantité de chaleur donnée, peut avoir pour équivalents un cycle de transformations où l'effet thermique et le travail des forces moléculaires sont nuls, et une somme de travail qui, pour un gaz donné, est, avec la quantité de chaleur correspondante, dans un rapport égal à $\frac{\alpha \, p_0 v_0}{C - c}$.

Nous trouvons ainsi dans l'expression $\frac{\alpha \, p_0 v_0}{C - c}$ une nouvelle valeur de l'équivalent mécanique de la chaleur que nous allons maintenant déterminer.

-75. Nous ne connaissons pas les constantes qui servent à définir les propriétés physiques des gaz à l'état parfait, mais nous connaissons celles qui sont relatives à un certain nombre de gaz permanents très-voisins de cet état parfait, et si l'on effectue pour ceux-ci le calcul de l'expression $\frac{\alpha \, p_0 v_0}{C - c}$, on trouve les nombres suivants :

Pour l'air. 426,0
Pour l'oxygène 425,7
Pour l'azote. 431,3
Pour l'hydrogène 425,3

L'accord de ces nombres entre eux et avec le nombre 425, déduit des expériences de Joule, est très-remarquable. La valeur la plus probable de l'équivalent mécanique de la chaleur à laquelle ils conduisent est le nombre 425,3 relatif à l'hydrogène, qui semble plus voisin que tout autre gaz de l'état parfait.

Si l'on cherche à appliquer les considérations précédentes aux gaz qui ne sont pas permanents, on trouve des nombres dont les valeurs ne sont pas très-concordantes, et on en a conclu quelquefois qu'il y avait autant d'équivalents mécaniques de la chaleur que de gaz différents. Cette conclusion est le résultat d'une double erreur :

1° Si l'acide carbonique, par exemple, donne un nombre qui s'écarte notablement des précédents, cela tient à ce que les suppositions que nous avons faites dans la marche du calcul ne s'appliquent pas à ce gaz; ainsi nous avons supposé C et c constants, c'est-à-dire indépendants de la température et de la pression; or, la chaleur spécifique de l'acide carbonique varie avec la température autant et plus que celle de certains liquides.

2° L'état actuel de la science ne donne qu'avec une certaine approximation la valeur de certains éléments qui entrent dans l'expression de l'équivalent mécanique.

Le coefficient de dilatation, la densité, la chaleur spécifique sous pression constante ont été déterminés par M. Regnault avec une très-grande exactitude; on peut répondre peut-être du millième de leur valeur; mais il en est tout autrement de la chaleur spécifique sous volume constant, et il est facile de montrer qu'une légère variation dans la valeur de cet élément a une grande influence sur celle de l'équivalent mécanique.

En effet, en désignant par E la valeur de l'équivalent, on a

$$E = \frac{\alpha p_o v_o}{C - c} = \frac{\alpha p_o v_o}{C\left(1 - \dfrac{c}{C}\right)},$$

et, en posant $\dfrac{C}{c} = x$,

$$E = \frac{\alpha p_o v_o}{C\left(1 - \dfrac{1}{x}\right)},$$

d'où l'on déduit, en considérant E comme une fonction de x et en prenant la différentielle des deux membres,

$$\Delta E = -\frac{\alpha\, p_0 v_0}{C}\;\frac{\Delta x}{x^2\left(1-\frac{1}{x}\right)^2} = -\frac{\alpha\, p_0 v_0}{C\left(1-\frac{1}{x}\right)}\;\frac{\Delta x}{x^2\left(1-\frac{1}{x}\right)}$$

ou

$$\Delta E = -\,E\,\frac{\Delta x}{x\,(x-1)}.$$

Si l'on applique cette formule au cas de l'azote, par exemple, on a, en remplaçant E par 425 et x par 1,403,

$$\Delta E = -752\,\Delta x.$$

Pour obtenir une variation $\Delta E = -6$, qui donne pour valeur de l'équivalent mécanique 425 au lieu de 431, il suffit d'admettre pour x une variation égale à 0,008; or le rapport des chaleurs spécifiques à pression constante et à volume constant n'est connu pour aucun gaz avec une bien grande précision. La formule de Laplace, à l'aide de laquelle on le détermine ordinairement, lorsque l'on connaît la vitesse du son, n'est établie qu'à la faveur de certaines hypothèses auxquelles l'expérience peut ne satisfaire qu'imparfaitement; ainsi, la chaleur dégagée par la compression d'une tranche infiniment petite, prise dans le milieu où le son se propage, peut se communiquer en partie aux couches voisines, tandis que la théorie suppose qu'elle est tout entière employée à élever la température de la tranche considérée. D'autre part, les expériences très-soignées de M. Masson, faites par la méthode de Clément et Desormes, ne permettent même pas d'affirmer la deuxième décimale.

On doit donc regarder comme tout à fait insignifiante la faible différence des nombres 425 et 432, et voir dans la concordance des nombres cités plus haut, si l'on tient compte de l'incertitude qui pèse encore sur la détermination de quelques éléments [1], une con-

---

[1] Dans le calcul de l'expression $\dfrac{\alpha\, p_0 v_0}{C-c}$ on a admis pour x ou $\dfrac{C}{c}$ les valeurs suivantes :

Air. . . . . 1,4078 (MOLL et VAN BREK, *Pogg. Ann.*, t. V, p. 351).
Oxygène. . . . 1,3998 (VAN REES, *De celeritate soni*, 1819).
Azote. . . . . . 1,4028 (VAN REES, *De celeritate soni*, 1819).
Hydrogène. . 1,4127 (DULONG, *Ann. de Chim.*, 2e série, t. XLI, p. 113).

firmation remarquable des résultats que nous ont donnés l'étude du frottement et celle de la machine à vapeur.

ÉQUIVALENCE DE LA CHALEUR ET DE L'ÉNERGIE.

76. Conclusions des recherches précédentes. — L'étude des trois ordres de phénomènes que nous venons de considérer nous conduit aux conclusions suivantes :

1° Dans des conditions diverses, il peut arriver que l'énergie d'un système de corps éprouve une variation; mais il y a toujours en même temps production d'un phénomène calorifique qui n'a pas pour équivalent un phénomène de sens contraire.

2° La variation d'énergie est, dans un ordre donné de phénomènes, proportionnelle à la quantité de chaleur correspondante au phénomène thermique.

3° Dans des ordres de phénomènes radicalement différents, la valeur du rapport de proportionnalité est la même et sensiblement égale à 425.

On est naturellement conduit à étendre ces conclusions à tous les cas et à considérer comme une loi générale de la nature la possibilité de la variation d'énergie d'un système, à la condition qu'il y ait en même temps production d'un phénomène thermique. Et l'on peut démontrer par une réduction à l'absurde que, cette possibilité étant admise, il doit exister dans tous les cas le même rapport entre la variation d'énergie et la quantité de chaleur relative au phénomène thermique.

77. Invariabilité de l'équivalent mécanique de la chaleur. — Pour faire cette démonstration, nous imiterons le raisonnement à l'aide duquel Sadi Carnot, s'appuyant sur l'impossibilité du mouvement perpétuel, démontrait, dans l'hypothèse de la matérialité du calorique, la nécessité d'un rapport constant entre les phénomènes mécaniques et les phénomènes thermiques dont une machine à feu est le siége [1].

[1] Sadi Carnot, *Réflexions sur la puissance motrice du feu*, p. 20.

Comparons deux phénomènes arbitraires dans lesquels des transformations inverses s'effectuent. Prenons, par exemple, un appareil à frottement où du travail se transforme en chaleur et une machine à vapeur où de la chaleur disparaît en produisant du travail.

Soit E la valeur de l'équivalent mécanique de la chaleur dans l'appareil à frottement : un travail T des forces qui le font mouvoir déterminera une variation de température correspondant à une quantité de chaleur Q telle que

$$T = EQ.$$

Employons toute cette quantité de chaleur à faire marcher la machine à vapeur, il en résultera un travail qui sera différent de T si la valeur de l'équivalent mécanique n'est plus égale à E dans la machine; si elle est plus petite, par exemple, le travail produit sera $T(1 - h)$. Concevons que cette quantité de travail soit simplement employée à produire dans le volant de la machine un accroissement d'énergie égal à $T(1 - h)$.

Nous pouvons dans une opération suivante nous servir de cet accroissement d'énergie pour faire marcher de nouveau l'appareil à frottement et y produire une quantité de chaleur Q' telle que

$$T(1 - h) = EQ'.$$

La quantité Q' est évidemment plus petite que Q, et, si on l'emploie à faire marcher une seconde fois la machine à vapeur, elle déterminera dans le volant un accroissement d'énergie x donné par la relation

$$\frac{x}{Q} = \frac{T(1-h)}{Q},$$

d'où l'on tire

$$x = T(1 - h)^2.$$

En poursuivant indéfiniment la série de ces opérations, on arriverait à réduire l'accroissement d'énergie à $T(1 - h)^m$.

Or, on peut considérer la machine à vapeur et l'appareil à frottement comme formant un système unique dont le jeu, dans le cas actuel, peut se diviser en m périodes. On se trouverait alors en présence de ce résultat tout à fait incompatible avec les lois de la mécanique, que l'énergie d'un système irait en diminuant indéfiniment, quoique l'état physique des corps qui le composent fût absolument le même au commencement et à la fin de chaque période. L'existence d'un pareil système tendant de lui-même vers le repos, sans qu'aucun changement physique s'opère dans sa constitution, est évidemment contraire au principe de l'inertie de la matière.

L'absurdité ne serait pas moins manifeste si nous avions supposé, dans la machine à vapeur, une valeur plus grande que E à l'équivalent mécanique de la chaleur; nous aurions été conduits à cette conclusion, que l'énergie d'un système de corps, réagissant simplement les uns sur les autres, pourrait s'accroître au delà de toute limite, c'est-à-dire que l'on pourrait réaliser le mouvement perpétuel, ce qui est impossible.

78. Considérations théoriques sur la chaleur rayonnante. — Les vues théoriques universellement adoptées aujourd'hui sur la propagation de la chaleur rayonnante confirment d'une manière générale l'identité des quantités de chaleur et des quantités d'énergie, bien qu'elles n'aient encore conduit à aucune vérification numérique.

La chaleur rayonnante est produite par les vibrations d'un fluide répandu dans tout l'espace et auquel on a donné le nom d'éther[1]. Ces vibrations se propagent par ondes et peuvent se communiquer aux molécules pondérales qui, dans cette hypothèse, sont elles-mêmes animées de mouvements vibratoires dont la force vive est d'autant plus grande que la température est plus élevée. Lorsqu'un corps se refroidit, il perd à chaque instant une certaine quantité de force vive qui se communique à l'éther environnant et se dissémine dans toutes les directions; lorsqu'il s'échauffe, il emprunte au contraire à l'éther environnant une certaine quantité de force vive. L'échauffement d'un corps est donc un phénomène mécanique correspondant à une variation déterminée d'énergie totale formée à la fois d'énergie potentielle, puisque, le volume ayant changé, les

[1] Voir, *Annales de Chimie et de Physique*, 2ᵉ série, t. LVIII, p. 432, une note d'Ampère sur la chaleur et sur la lumière considérées comme résultant de mouvements vibratoires.

positions relatives des molécules ne sont plus les mêmes, et d'énergie actuelle, puisque les vitesses de ces molécules ont également varié.

Lorsque, dans une enceinte imperméable à la chaleur, l'équilibre de température s'établit dans un système de corps, l'énergie des uns diminue, celle des autres augmente; mais l'énergie totale du système demeure constante. Si cet établissement d'équilibre a pour effet la production d'un phénomène mécanique extérieur au système, l'énergie totale diminue précisément de la quantité dont s'est augmentée celle des corps extérieurs. Dans ce cas, nous savons qu'il n'y a plus équivalence entre les phénomènes thermiques opposés, et qu'il existe un rapport constant entre le travail extérieur effectué et la différence des quantités de chaleur correspondantes à ces phénomènes.

79. Évaluation de la quantité de chaleur correspondant à une modification quelconque de l'état d'un corps.
— Ces considérations vont nous permettre d'établir quelle est la quantité de chaleur correspondant à une modification simultanée de température et de volume apportée à l'état d'un corps.

Soit Q cette quantité de chaleur. Si nous représentons toujours par E l'équivalent mécanique de la chaleur, QE est la variation d'énergie qui constitue réellement le phénomène que nous appelons thermique. Ce phénomène se compose de trois parties : un double changement dans l'état du corps et le déplacement des points d'application des forces extérieures. Le corps éprouve d'abord une variation A d'énergie actuelle provenant de l'accélération des mouvements vibratoires des molécules. L'énergie potentielle des forces moléculaires subit en même temps une modification P résultant du changement de volume du corps. Enfin l'énergie potentielle des forces extérieures éprouve une variation S. On a donc

$$QE = A + P + S.$$

Des trois quantités qui figurent dans le second membre, les deux premières A et P sont entièrement définies, je ne dis pas calculables, si l'on connaît l'état initial et l'état final du corps; car la variation A d'énergie actuelle ne dépend que des vitesses des molécules au com mencement et à la fin de la transformation, et la variation P d'énergie potentielle est également déterminée, si l'on fait connaître à ces deux époques les distances des molécules.

On désigne souvent la somme A + P sous le nom d'*énergie interne*. Il est à remarquer que cette quantité varie sans cesse, qu'elle est à chaque instant altérée par les vibrations invisibles des molécules, et que, dans un intervalle de temps extrêmement petit, elle oscille un très-grand nombre de fois autour d'une valeur moyenne. C'est cette valeur moyenne, qui est toujours la même pour un état donné, qu'il importe seule de considérer.

La troisième quantité S dépend au contraire de tous les états intermédiaires par lesquels le corps a passé. On la désigne ordinairement sous le nom de travail extérieur, mais il vaut mieux employer la dénomination d'*énergie sensible* qui convient non-seulement au cas où il y a réellement un travail extérieur effectué, mais encore à ceux où le corps viendrait à communiquer une vitesse sensible à des corps extérieurs, en se dilatant brusquement, ou prendrait lui-même une vitesse propre, en faisant explosion, par exemple.

Si on désigne par U l'énergie interne, l'équation précédente s'écrira

$$QE = U + S.$$

Cette équation nous apprend que lorsqu'un corps passe d'un état initial donné à un autre état également déterminé, en suivant différentes voies de transformation, la quantité de chaleur nécessaire pour effectuer ce passage varie avec la quantité d'énergie sensible développée. En d'autres termes, l'absorption ou le dégagement de chaleur qui accompagne une modification quelconque d'un corps ne dépend pas seulement de cette modification elle-même, mais du travail mécanique extérieur qui peut être créé ou consommé en même temps que cette modification a lieu.

Il existe un assez grand nombre d'expériences qui, sans se prêter toujours à une vérification numérique, offrent cependant une confirmation remarquable de ce théorème général.

80. Expérience de M. Hirn. — Je citerai d'abord une expérience de M. Hirn dans laquelle on mesure la quantité de chaleur apportée dans un vase métallique par un jet de vapeur animé d'une vitesse considérable [1]. La vapeur, fournie par un générateur à haute pression, est lancée dans le vase métallique qui plonge dans un calorimètre plein d'eau; elle s'y condense totalement sous la pression atmosphérique, en abandonnant une quantité de chaleur qui se détermine comme dans toutes les expériences calorimétriques. Or, si l'on compare la quantité de chaleur ainsi abandonnée par la vapeur à celle qu'il faudrait donner à l'eau résultant de sa condensation pour l'amener à l'état de vapeur dans le générateur (cette dernière quantité se détermine très-exactement à l'aide des expériences de M. Regnault), on trouve que la première est plus grande que la seconde.

Il est facile de trouver la raison de cette différence. Dans les expériences où M. Regnault détermine la chaleur latente d'une vapeur, celle-ci passe, sans vitesse sensible, du générateur où elle se forme dans le récipient où elle se condense, parce que la même pression règne dans tout l'appareil. Dans le cas actuel, il n'en est plus ainsi; la vapeur s'écoule d'un milieu où la pression est de plusieurs atmosphères dans un milieu où elle n'est que d'une atmosphère; elle prend donc une vitesse considérable, et, lorsqu'elle se condense en eau immobile, elle perd toute son énergie actuelle sensible qui se transforme en force vive calorifique. Il n'est donc pas étonnant que la quantité de chaleur recueillie ici soit plus grande que celle que donne un calcul qui suppose que la vapeur passe du générateur dans le calorimètre sans vitesse sensible.

Il n'est pas possible de calculer dans l'état actuel de la science la quantité de chaleur correspondant à la perte d'énergie sensible qui a lieu dans l'expérience de Hirn, car on ne connaît pas les lois de l'écoulement des vapeurs. On sait cependant, d'après les recherches de MM. Minary et Resal [2], que la vapeur qui s'échappe à la pression de cinq atmosphères par un orifice de quelques millimètres n'a pas une vitesse de moins de 600 mètres. L'énergie actuelle que possède cette vapeur, par unité de masse, est donc au moins égale à

---

[1] HIRN, *Recherches sur l'équivalent mécanique de la chaleur*, p. 154 et 167.
[2] MINARY et RESAL, Recherches expérimentales sur l'écoulement des vapeurs (*Annales des Mines*, 5e série, t. XIX, p. 379).

180.000 unités, ce qui correspond à 400 unités de chaleur. Dans
ces conditions, la vapeur sort donc en emportant l'équivalent de
400 unités de chaleur de plus qu'elle n'emporterait si elle s'écoulait
sans vitesse sensible.

81. Expériences de M. Edlund. — Les expériences de
M. Edlund [1] conduisent aux mêmes conclusions que celle de
M. Hirn; elles présentent en outre cet intérêt que la comparaison
numérique des résultats de l'expérience avec les prévisions de la
théorie est possible jusqu'à un certain point.

M. Edlund s'est proposé d'examiner un phénomène calorifique
encore bien peu étudié, le dégagement ou l'absorption de chaleur
qui accompagne la contraction ou l'allongement d'un fil métallique.

Le principe des expériences consistait à mesurer successivement :
1° la quantité de chaleur absorbée par un fil qui s'allonge en même
temps qu'un poids suspendu à son extrémité descend d'une quantité
donnée; 2° la quantité de chaleur dégagée par le même fil lorsqu'il
se raccourcit d'une quantité égale à l'allongement précédent en soulevant le même poids; 3° la quantité de chaleur dégagée lorsque le
fil se raccourcit sans soulever aucun poids. Les deux premières quantités doivent être égales entre elles, mais inférieures à la troisième.

Pour apprécier ces quantités de chaleur, M. Edlund s'est servi

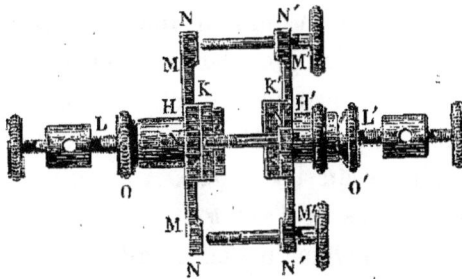

Fig. 9.

d'une pince thermo-électrique de construction particulière, qui

---

[1] EDLUND, Recherches sur les phénomènes calorifiques qui accompagnent les changements de volume des corps solides et sur le travail mécanique correspondant (*Poggendorff's
Annalen*, t. CXIV, p. 1).

mesurait exactement l'abaissement ou l'élévation de température du fil métallique sur lequel on l'appliquait. Elle était formée d'un cristal d'antimoine et d'un cristal de bismuth (non représentés sur la figure) fixés dans deux pièces d'ivoire H et H' (fig. 9) qui étaient engagées elles-mêmes dans deux gros ressorts de laiton MM, M'M'. Les cristaux communiquaient intérieurement avec les vis métalliques L, L', et par l'intermédiaire de ces vis avec le galvanomètre. Les trois vis NN' servaient à rapprocher l'un de l'autre les deux ressorts MM, M'M' et à presser ainsi le fil métallique entre les deux cristaux, sans qu'il fût d'ailleurs en contact avec aucune autre partie de l'appareil. Le galvanomètre était d'ailleurs un galvanomètre à réflexion et à aiguille astatique.

Le fil métallique expérimenté était fixé par sa partie supérieure à l'extrémité d'une courte barre de fer a (fig. 10), qui était elle-même supportée par une forte poutre verticale A encastrée dans l'embrasure d'une porte. L'extrémité inférieure portait une pince d'acier F percée d'un trou horizontal, qui s'engageait entre les deux branches d'une fourchette métallique supportée par un levier en bois $a'a''$, mobile autour d'un axe horizontal b. En faisant passer une tige d'acier par deux trous pratiqués dans les branches de la fourchette et par le trou de la pince f, on rendait l'extrémité inférieure du fil solidaire du levier. Un poids Q était suspendu au levier de l'autre côté de l'axe b, et on lui donnait une position telle, que l'opération précédente pût se faire sans déranger le levier et par conséquent sans donner au fil le moindre allongement. Une pièce de laiton c, qui soutenait un poids D, servait à produire les allongements par l'intermédiaire du levier $a'a''$. A cet effet, il suffisait de la poser d'abord au-dessus de l'axe b et de la faire ensuite glisser vers l'extrémité P. Ce mouvement s'effectuait aisément à l'aide d'un fil, la pièce c reposant sur le levier par un galet E et la surface supérieure du levier étant polie avec soin. Le déplacement angulaire du levier s'appréciait au moyen d'un miroir G dans lequel on observait par réflexion l'image d'une échelle divisée verticale. Il était facile d'en déduire la valeur absolue de l'allongement du fil. Enfin, pour soustraire autant que possible le fil aux variations accidentelles de température et lui donner une température à peu près uniforme dans toute sa longueur, M. Edlund avait disposé une boîte de verre BC (représentée ouverte sur la figure) tapissée intérieurement de feuilles d'étain.

Pour faire une expérience, on faisait rapidement descendre le poids D depuis l'axe *b* jusqu'à l'extrémité du levier, on notait le dé-

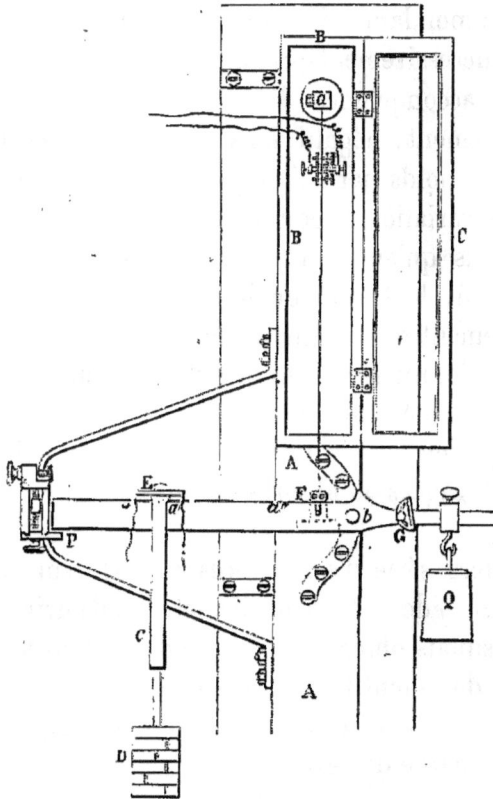

Fig. 10.

placement angulaire du levier et l'amplitude de la première excursion de l'aiguille galvanométrique. On prenait cette amplitude pour mesure de l'abaissement de température du fil. Lorsque le retour de l'aiguille à sa position primitive indiquait le retour du fil à la température ambiante, on faisait remonter le poids D jusqu'en *b* et on notait pareillement l'élévation de température due au raccourcissement du fil. On produisait un second allongement égal au premier par une seconde chute du poids D; mais, lorsque l'équilibre de température était rétabli, au lieu de faire remonter de nouveau ce poids vers l'axe, on retirait rapidement la petite tige d'acier qui rendait la pince F solidaire du levier $a'a''$; l'extrémité P du levier tombait sur l'obstacle qui lui était opposé, comme on le voit sur la figure, et, le fil revenant à sa longueur primitive, on notait l'élévation de température correspondante. On observait ainsi les deux variations de température successivement produites par un allongement et un raccourcissement accompagnés d'un travail extérieur (positif dans le cas d'un allongement, négatif dans le cas d'un raccourcissement) égal au produit du poids par l'allongement ou le raccourcissement, et une troisième variation produite par un raccourcissement égal au précédent, mais qu'aucun travail mécanique extérieur sensible n'avait accompagné, le travail de la pesanteur correspondant au très-petit déplacement du système formé par le fil et la pince pouvant être négligé devant le travail des deux premières expériences. Ces variations de température sont, pour un même fil, et dans une même série d'expériences, évidemment proportionnelles aux quantités de chaleur dégagées ou absorbées.

82. La première série d'expériences a porté sur un fil d'acier (une corde de piano) de $1^{mm},14$ de diamètre et d'environ $0^{m},590$ de longueur. Les résultats obtenus sont reproduits dans le tableau suivant, où u, u', u'' désignent les trois excursions de l'aiguille galvanométrique correspondantes aux trois périodes de l'expérience décrite plus haut, et p la charge du levier.

p	u	u'	u''	$\dfrac{u'' - \dfrac{u+u'}{2}}{p^2}$
11,848	46,5	46,0	96,5	0,66
6,665	29,3	27,1	41,6	0,67
8,393	33,9	33,2	54,5	0,61
10,242	42,2	42,2	74,0	0,68
12,758	56,0	54,7	116,0	0,70

Parmi toutes les lois que l'inspection de ce tableau fait reconnaître, celle qui est relative à la constance des nombres de la dernière colonne doit surtout nous intéresser. Remarquons d'abord que les valeurs de u'' sont toujours très-supérieures à celles de u ou de u', ce qui signifie que, lorsque le fil s'est contracté sans effectuer de travail mécanique extérieur, il a dégagé plus de chaleur que lorsqu'il s'est contracté de la même quantité en soulevant un poids. Il est facile de voir que l'expression $u'' - \dfrac{u+u'}{2}$ peut être prise pour mesure de l'excès de la chaleur dégagée dans le premier cas sur la chaleur dégagée dans le second. Cet excès, d'après la théorie, est proportionnel au travail mécanique effectué dans l'expérience où le fil s'est contracté en soulevant un poids; or, ce travail est proportionnel au carré de la charge, puisqu'il est le produit de deux termes dont l'un, l'allongement, est proportionnel à cette quantité, et dont l'autre est la charge elle-même; par conséquent, nous devons constater la proportionnalité de l'expression $u'' - \dfrac{u+u'}{2}$ au carré de p; c'est précisément ce résultat que mettent en évidence les nombres de la cinquième colonne.

D'autres expériences faites sur des fils d'argent, d'argentan, de laiton, de platine, de bronze d'aluminium ont conduit au même résultat.

M. Edlund fait remarquer que lorsqu'un métal se contracte en effectuant un travail extérieur égal à celui qu'il a fallu dépenser pour le dilater, ses molécules reviennent sans vitesse à leurs positions primitives d'équilibre, parce que la tension du fil décroît dans le même rapport que l'allongement. Au contraire, si la contraction a lieu sans travail mécanique extérieur, le mouvement des molécules s'accélère sans cesse, et elles arrivent à leur position d'équilibre avec un accroissement de force vive qu'on peut regarder comme identique à l'excès de chaleur dégagée. On pourrait dire que le travail mécanique extérieur empêche la production d'une certaine quantité de chaleur qui se serait naturellement développée.

Pour déduire des expériences de M. Edlund une valeur de l'équivalent mécanique de la chaleur, il faudrait pouvoir déterminer en grandeur absolue les quantités de chaleur absorbées ou dégagées, ce qui exigerait qu'on tînt compte d'un certain nombre d'influences qu'il est très-difficile d'évaluer. Ainsi, il est clair que la manière dont

la chaleur se communique du fil à la pince dépend de la nature du
fil et de la pression exercée par la pince sur le fil. Cette pression
exerce même une autre influence : elle contrarie les changements
de longueur de la partie du fil qui est saisie entre les deux branches
de la pince, et par suite diminue les variations de température qui
ont lieu dans cette partie et qui sont précisément celles que l'expérience manifeste [1].

83. Application aux expériences calorimétriques. —
Nous terminerons cet ordre de considérations par une dernière remarque importante au point de vue expérimental.

Toute mesure calorimétrique dans laquelle il s'est produit une
variation d'énergie sensible un peu considérable sans qu'on en ait
tenu compte est une expérience défectueuse; c'est une expérience
analogue à celle de Hirn, dans laquelle la quantité de chaleur recueillie est l'équivalent d'un phénomène indéterminé. Il n'est pas
sans intérêt de chercher en quelle mesure cette remarque affecte les
déterminations calorimétriques effectuées jusqu'à ce jour.

Les mesures de chaleurs latentes faites par M. Regnault sont à
l'abri de toute critique. Dans la manière d'opérer, les deux phases
de l'expérience sont complétement définies : d'une part, de l'eau à
zéro se transforme en vapeur saturée à la température T, en même
temps le point d'application d'une force extérieure égale à la tension maximum de la vapeur à cette température se déplace d'une
certaine quantité; d'autre part, la vapeur ainsi formée revient à
l'état d'eau à zéro, et dans cette seconde transformation la force
extérieure effectue un travail exactement égal et contraire à celui
qu'elle a effectué dans la première partie de l'expérience. La quantité
de chaleur recueillie dans le second cas est donc exactement égale à

[1] Dans un travail plus récent (Détermination quantitative des phénomènes calorifiques
qui se produisent pendant le changement de volume des métaux, etc., *Poggendorff's
Annalen*, 1865, n° 12, et *Annales de Chimie et de Physique*, 4° série, t. VIII, p. 257),
M. Edlund a cherché à lever ces difficultés, et il a obtenu les valeurs suivantes de l'équivalent mécanique de la chaleur :

Avec l'argent	433,6
Avec le cuivre	430,1
Avec le laiton	428,3

celle qui a été dépensée dans le premier, et c'est précisément celle
que l'on voulait mesurer.

Il en est de même dans la détermination des chaleurs spécifiques
des gaz sous pression constante. Lorsque le gaz se refroidit dans le
calorimètre, la pression extérieure exécute un travail positif assez
considérable ; mais ce travail est complétement défini par les lois de
la dilatation des gaz, et son influence est toujours facile à évaluer : il
n'enlève donc rien à la valeur de la détermination expérimentale :
seulement on sait que, dans la chaleur spécifique d'un gaz sous
pression constante, il y a une partie qui est l'équivalent du travail
accompli par la pression extérieure, lorsque le gaz se dilate sous
l'influence d'une élévation de température égale à un degré.

APPLICATION DU PRINCIPE

DE L'ÉQUIVALENCE DE LA CHALEUR ET DU TRAVAIL

À L'ÉTUDE DES GAZ.

GAZ PARFAITS.

84. Lorsqu'on se borne à considérer les gaz parfaits, le principe de l'équivalence de la chaleur et du travail renferme dans ses conséquences tout ce que la théorie mécanique de la chaleur peut nous apprendre à leur égard; c'est donc par leur étude qu'il est le plus simple de commencer. Nous y trouverons cet avantage, que nous serons ainsi naturellement conduits à la découverte du second principe fondamental de la théorie, que nous ne pourrions établir actuellement qu'à l'aide de considérations tout à fait étrangères à celles que nous avons développées jusqu'ici.

Nous avons démontré, en nous appuyant sur l'invariabilité des deux chaleurs spécifiques avec la pression et la température, que la quantité de chaleur nécessaire pour produire une modification quelconque dans l'état d'un gaz parfait était donnée par la formule

$$Q = c\theta + \frac{C - c}{\alpha \, p_0 v_0} \int p \, dv.$$

En outre, l'expression $\frac{C - c}{\alpha p_0 v_0}$, calculée pour quelques gaz permanents bien connus, a été trouvée sensiblement la même. La partie variable de cette expression $\frac{C - c}{v_0}$, c'est-à-dire la différence des chaleurs spécifiques rapportées à l'unité de volume, paraît tendre, en effet, vers une valeur constante à mesure que l'on considère des gaz plus éloignés de leur point de liquéfaction; il est donc permis d'admettre qu'elle est rigoureusement la même pour tous les gaz parfaits. Soit A la valeur constante de l'expression $\frac{C-c}{\alpha p_0 v_0}$, la formule précédente s'écrit

$$Q = c\vartheta + A \int p \, dv.$$

On peut en déduire trois conséquences importantes.

85. Propriétés des gaz parfaits. — 1° Si la transformation que subit le gaz est telle, que la température finale soit égale à la température initiale, la quantité de chaleur correspondante est proportionnelle au travail extérieur

$$Q = A \int p \, dv.$$

A est l'inverse de l'équivalent mécanique de la chaleur.

2° La formule générale

$$EQ = U + S,$$

ou

$$Q = AU + AS,$$

peut s'écrire, dans l'hypothèse d'un gaz qui se dilate sans prendre de vitesse sensible,

$$Q = AU + A \int p \, dv,$$

et si on la compare à l'équation

$$Q = c\theta + A \int p \, dv,$$

on voit que

$$c\theta = AU$$

ou

$$U = \frac{c\theta}{A},$$

c'est-à-dire que l'énergie intérieure d'un gaz n'est fonction que de sa température.

3° Il en résulte que tout changement de volume qui n'est accompagné d'aucun développement d'énergie sensible n'entraîne aucune variation de température, ou entraîne des variations telles, que les quantités de chaleur correspondantes se compensent exactement.

86. Expériences de M. Joule. — Ces propriétés physiques trouvent leur confirmation dans des expériences de M. Joule [1] qui ont précédé celles de M. Regnault sur les chaleurs spécifiques des gaz, et qui constituent une démonstration directe des conséquences que nous venons de déduire de l'équation générale.

Ces expériences méritent une étude et une discussion toutes spéciales, non pas qu'elles aient la précision des expériences de M. Joule lui-même sur le frottement, ou la rigueur des déterminations calorimétriques de M. Regnault ; mais parce que, indépendamment de leur intérêt historique, elles sont éminemment propres à familiariser avec la théorie que nous étudions.

87. Première série d'expériences. — Les premières expériences servent à établir que, lorsqu'un gaz varie de volume et de pression sans éprouver de changement de température, il y a une absorption ou un dégagement de chaleur proportionnel au travail extérieur. La première série se rapporte au dégagement de chaleur qui accompagne la compression de l'air.

Dans un récipient R (fig. 11) en cuivre très-épais, d'une capacité d'environ 2232 centimètres cubes ; on comprimait, à l'aide d'une petite pompe C, l'air puisé dans l'atmosphère par l'intermédiaire du tuyau d'aspiration A et d'un serpentin très-long W plongé dans l'eau. Le gaz prenait dans le serpentin une température constante après s'être desséché dans un appareil à chlorure de calcium G. Le récipient portait à sa partie inférieure un tuyau coudé muni d'un robinet S que nous décrirons plus loin et qui permettait à l'air de s'échapper. Le récipient et le corps de pompe plongeaient dans un calorimètre contenant $20^k,5$ d'eau. Pour empêcher la déperdition de la chaleur, on avait formé les parois du calorimètre d'une double enveloppe métallique dans l'intérieur de laquelle une couche d'air de $0^m,025$ se trouvait enfermée.

L'expérience se faisait en donnant aussi rapidement que possible

[1] *Philosophical Magazine*, 1845, 3ᵉ série, t. XXVI, p. 369.

un certain nombre de coups de piston, 300 par exemple; on amenait ainsi en quinze ou vingt minutes la pression du gaz à 21 ou 22 atmosphères et on notait la variation de température correspondante

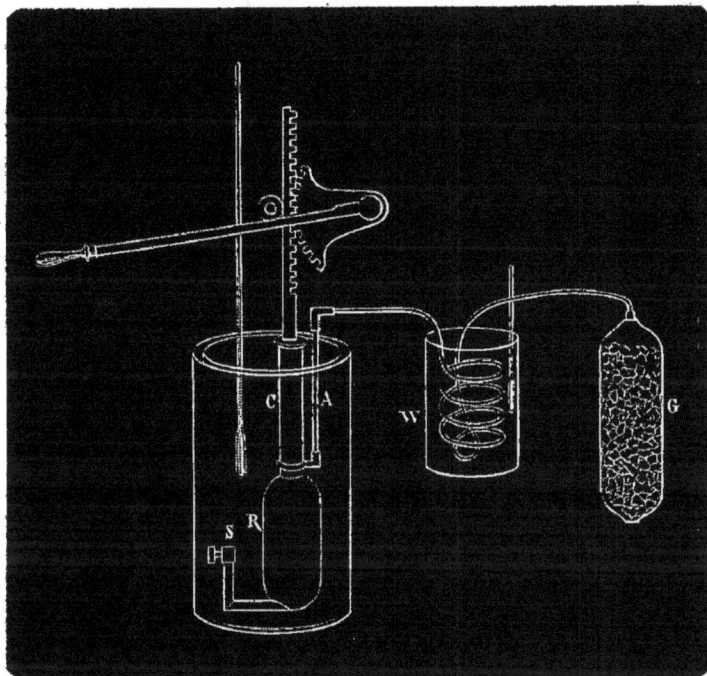

Fig. 11.

du calorimètre. On portait ensuite le récipient dans la cuve hydro-pneumatique et on mesurait à la pression atmosphérique le volume de gaz condensé. On rapportait enfin l'appareil dans le calorimètre et on faisait une nouvelle expérience après avoir intercepté la communication du corps de pompe avec le tuyau d'aspiration. Dans cette nouvelle expérience où les 300 coups de piston étaient donnés avec la même vitesse que précédemment, le vide existait constamment sous le piston et la variation de température observée était seulement due au frottement contre les parois du corps de pompe, et aux causes extérieures, rayonnement, agitation de l'eau du calori-mètre, etc., qui avaient déjà agi dans la première expérience.

Il était facile de déduire de ces observations le travail absorbé par la compression du gaz et la quantité de chaleur dégagée correspondante.

88. La pompe était mise en mouvement par l'expérimentateur : il était donc impossible de mesurer directement le travail total; d'ailleurs, il eût été difficile d'évaluer la part correspondante au frottement; aussi, est-ce à l'aide du calcul et de certaines données que l'on déterminait le travail relatif à la compression. La masse de gaz renfermée dans l'appareil à la fin de l'expérience se compose : 1° de la masse de gaz qui y était contenue au commencement et qui a été amenée de la pression initiale p_0 à la pression finale p_1; 2° de toutes les masses introduites successivement par chaque coup de piston et dont chacune a passé de la même pression p_0 à la pression p_1. Si la masse d'eau dans laquelle est plongé tout l'appareil est assez considérable pour que la chaleur dégagée ne lui communique qu'une élévation de température très-faible, on pourra ramener les transformations éprouvées par chaque masse gazeuse à une simple variation de pression de p_0 à p_1, la température restant constante.

Dans cette hypothèse, considérons en particulier une masse dont le volume u_0 à p_0 est devenu u_1 à p_1. La manière dont la transformation s'est effectuée est assez compliquée; mais quelle qu'elle soit, si p désigne la pression à un instant donné, du la variation de volume pendant un temps très-court, — $p du$ sera le travail élémentaire de la force qui a produit la compression du, et le travail total sera donné par l'intégrale

$$- \int_{u_0}^{u_1} p \, du.$$

Or, dans notre hypothèse.

$$u_0 p_0 = up$$

ou

$$p = \frac{u_0 p_0}{u}.$$

L'intégrale précédente peut donc s'écrire

$$- u_0 p_0 \int_{u_0}^{u_1} \frac{du}{u} = u_0 p_0 \, \mathrm{L} \, \frac{u_0}{u_1} = u_0 p_0 \, \mathrm{L} \, \frac{p_1}{p_0}.$$

Si l'on fait la somme de toutes les expressions $u_0 p_0 \mathrm{L} \frac{p_1}{p_0}$ qui conviennent à chaque masse de gaz dont la masse totale est constituée, on aura, en appelant V_0 le volume de cette dernière à la pression p_0,

$$V_0 p_0 \mathrm{L} \frac{p_1}{p_0}.$$

Telle est l'expression du travail cherchée. Elle exige, pour être calculée, la connaissance des trois quantités p_0, V_0 et p_1.

p_0 est la pression atmosphérique. V_0 est mesuré directement comme nous l'avons indiqué. Quant à p_1, M. Joule en déduisait la valeur de l'équation

$$\frac{p_1}{p_0} = \frac{V_0}{a},$$

où a mesure le volume du récipient.

89. L'évaluation de l'effet calorimétrique dû à la compression du gaz s'obtenait en retranchant la variation de température observée dans la seconde expérience de celle qui avait été obtenue dans la première; mais ce résultat devait être corrigé. Dans la seconde expérience, où l'on se propose surtout d'évaluer l'effet dû au frottement du piston contre les parois du corps de pompe, le vide existe sous le piston et le frottement n'y est pas le même que dans l'expérience réelle où on comprime le gaz jusqu'à une pression de 22 atmosphères. M. Joule a donc entrepris des expériences directes pour comparer les effets du frottement dans le cas où le vide existe sous le piston et dans celui où la pression y est de 11 atmosphères, valeur moyenne entre les pressions extrêmes qui étaient produites dans l'expérience réelle. Il en a déduit une correction un peu arbitraire en vertu de laquelle il multipliait par $\frac{6}{5}$ l'effet observé dans la seconde expérience. C'est en ce point que les déterminations de M. Joule présentent le plus d'incertitude; sous les autres rapports elles laissent peu à désirer. Le thermomètre employé permettait d'apprécier $\frac{1}{200}$ de degré Fahrenheit ou $\frac{1}{360}$ de degré centigrade. La variation de

température du calorimètre étant de $\frac{1}{3}$ de degré centigrade se trouvait donc évaluée à $\frac{1}{100}$ près environ.

La moyenne des résultats d'un grand nombre d'expériences où la pression fut poussée d'abord jusqu'à $21^{\text{atm}},5$, puis seulement jusqu'à $10^{\text{atm}},5$, donna, comme équivalant au dégagement de l'unité de chaleur, les nombres

$$
\begin{array}{cc}
\text{atm} & \text{kgm} \\
21,5 \ldots\ldots\ldots\ldots\ldots & 452,5 \\
10,5 \ldots\ldots\ldots\ldots & 437,2
\end{array}
$$

Ces deux nombres sont tous deux très-supérieurs à la vraie valeur de l'équivalent mécanique de la chaleur : cependant ils ne diffèrent pas beaucoup entre eux, et, à l'époque où les expériences furent exécutées, ils purent être considérés comme établissant suffisamment la constance du rapport entre le travail effectué et la quantité de chaleur dégagée correspondante.

90. Deuxième série d'expériences. — M. Joule confirma d'ailleurs ces résultats en exécutant, par une méthode exactement inverse, une deuxième série d'expériences où on évaluait la quantité de chaleur absorbée par un gaz qui se dilate en effectuant un travail extérieur facile à déterminer. — Dans le récipient qui avait servi aux premières expériences, on comprimait de l'air à 22 atmosphères et, le corps de pompe ayant été enlevé, on adaptait à l'orifice de sortie du gaz un serpentin en plomb qui était immergé dans la même masse d'eau que le récipient (fig. 12). Le gaz, amené en dehors du calorimètre sous une cloche pleine d'eau renversée sur la cuve hydropneumatique, se dégageait en refoulant l'eau contre l'action de la pression atmosphérique.

Pour nous rendre compte de cette expérience, supposons que le gaz comprimé soit renfermé dans un tube cylindrique fermé à une extrémité par une paroi fixe et à l'autre par un piston mobile sans frottement que l'on maintient d'abord en repos. Attribuons en outre à la pression initiale une valeur telle, que le gaz, en se dilatant jusqu'à l'extrémité du tube, prenne exactement la pression atmosphérique, et supposons enfin que la température soit maintenue constante par l'immersion de l'appareil dans une masse d'eau suffisante.

Abandonnons le piston à l'action des pressions qui agissent sur lui : à un moment quelconque de sa course, il est soumis à l'action de deux forces, la pression atmosphérique s'exerçant sur sa base

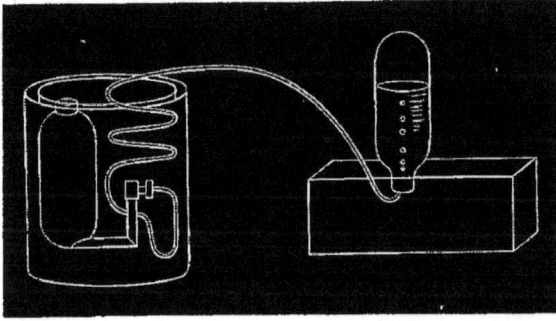

Fig. 12.

externe et la pression actuelle du gaz sur sa base interne. Soient s la section du tube, p_0 la pression atmosphérique et p la pression actuelle du gaz rapportée à l'unité de surface; $s(p-p_0)$ représente à un instant quelconque la force motrice qui agit sur le piston, et l'on sait, d'après un théorème connu de mécanique, que la force vive du piston est égale à chaque instant au double du travail effectué par la force motrice. Il en résulte qu'arrivé à l'extrémité du tube le piston s'échappe avec une vitesse déterminée par la valeur suivante de la demi-force vive :

$$\int_x^l s(p-p_0)\,dx,$$

où x et l représentent les distances initiale et finale du piston à la paroi fixe; et, en même temps, l'air contenu dans le tube se trouve en équilibre de pression avec l'air atmosphérique.

Les conséquences de l'expérience sont donc : 1° la transformation d'une masse gazeuse amenée d'une pression initiale plus ou moins élevée à la pression atmosphérique; 2° le déplacement du point d'application de la pression extérieure sp_0 sur une longueur $(l-x)$, c'est-à-dire l'accomplissement d'un travail extérieur égal à $sp_0(l-x)$;

3° le développement d'une quantité d'énergie actuelle sensible égale à

$$\int_x^l s(p-p_0)\,dx.$$

Concevons qu'on exerce à chaque instant sur la circonférence du piston un frottement qui empêche le mouvement de s'accélérer : le piston quittera le tube avec une vitesse négligeable, et le développement d'énergie sensible se bornera à la production d'un travail extérieur égal à $sp_0(l-x)$. Le frottement aura dégagé une quantité de chaleur précisément équivalente à la perte d'énergie actuelle du piston, de sorte que l'absorption de chaleur qu'on pourra observer sera uniquement due à la production du travail extérieur.

Dans ces conditions, la quantité de chaleur absorbée par la dilatation du gaz est inférieure à celle que dégagerait une compression exactement inverse, parce qu'elle correspond à un travail mécanique beaucoup plus faible; la différence est précisément équivalente à la perte d'énergie actuelle du piston

$$\int_x^l s(p-p_0)\,dx.$$

Si on calcule, en effet, cette dernière expression, on a, en conservant aux lettres les mêmes significations que plus haut,

$$\int_x^l s(p-p_0)\,dx = \int_{u_1}^{u_0}(p-p_0)\,du = -p_0(u_0-u_1) + \int_{u_1}^{u_0}p\,du$$
$$= -p_0(u_0-u_1) + u_0 p_0\,\mathrm{L}\,\frac{u}{u_1},$$

et en ajoutant ce résultat à la valeur du travail extérieur effectué pendant la dilatation,

$$sp_0(l-x) = p_0(u_0-u_1),$$

on trouve

$$u_0\,p_0\,\mathrm{L}\,\frac{u_0}{u_1},$$

ce qui, en se reportant au paragraphe 88, représente précisément la valeur du travail extérieur correspondant à une compression exactement inverse.

91. L'expérience de Joule a réalisé les conditions où la dilatation s'effectue sans qu'il y ait communication de force vive à aucun corps du système. L'air, en sortant du calorimètre, n'avait jamais qu'un très-faible excès de pression sur la pression atmosphérique, et il arrivait sous la cloche avec une vitesse négligeable. Il a suffi pour obtenir ce résultat de présenter à l'écoulement du gaz un obstacle considérable occasionnant un frottement énorme qui, en détruisant les vitesses des molécules, restituait au calorimètre une partie de la chaleur qu'elles lui avaient empruntée. Les robinets particuliers que M. Joule employait dans ces expériences lui ont permis d'obtenir et de régler très-facilement ce frottement.

La figure 13 indique la disposition qu'ils présentent. Une vis a en laiton permet d'appliquer contre des rebords fixes un disque annulaire en cuir l; une autre vis en acier S, dont le pas est plus petit, traverse la première et passe à frottement dur à travers le disque en cuir, tandis que son extrémité conique vient s'appliquer contre les parois d'une petite cavité de même forme h, creusée dans un métal mou tel que l'étain. En agissant à l'aide de clefs convenablement appropriées sur les têtes de ces deux vis, on conçoit qu'il était possible d'obtenir, soit une fermeture hermétique, soit un orifice d'écoulement égal à la section du tube où le robinet se trouvait adapté. Cette disposition très-recommandée par M. Joule, et mise à profit depuis par M. Regnault dans ses recherches sur les chaleurs spécifiques des gaz, permet d'obtenir, en diminuant convenablement l'orifice d'échappement, une vitesse d'écoulement aussi faible qu'on le désire.

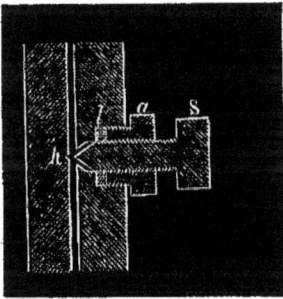

Fig. 13.

L'expérience se comprend maintenant d'elle-même. La quantité de chaleur absorbée s'évaluait comme dans toutes les expériences calorimétriques. Quant au travail extérieur effectué, il était évidemment égal au volume d'eau expulsé de la cloche, multiplié par la pression atmosphérique p_0.

Les résultats de trois groupes d'expériences ont conduit aux valeurs suivantes de l'équivalent mécanique de la chaleur :

Dilatation de l'air de 21 à 1^{atm}................ 450,9

——————— 10 à 1 447,6

——————— 23 à 14 417,9

Ces résultats confirment ceux de la première série, et ils peuvent être considérés avec eux comme établissant la vérification expérimentale de la première conséquence que nous avons déduite de l'équation générale relative aux gaz parfaits (85).

92. Troisième série d'expériences. — Les deux autres conséquences sont vérifiées dans les expériences suivantes, qui ont été beaucoup plus remarquées que les précédentes, parce qu'elles ont semblé en contradiction avec le fait très-connu du refroidissement qui accompagne toujours la dilatation d'un gaz.

Elles établissent que lorsqu'un gaz éprouve un changement de volume que n'accompagne aucun développement d'énergie sensible, il n'y a ni absorption ni dégagement de chaleur.

A cet effet, M. Joule réunit deux récipients analogues à celui que nous avons déjà décrit (fig. 14). Dans l'un on a comprimé de l'air jusqu'à 22 atmosphères; dans l'autre, on a fait le vide aussi complétement que possible. Si l'on ouvre les robinets que présente chacun des récipients, le gaz comprimé dans le premier se précipite dans le deuxième et double de volume. Cependant, si tout l'appareil est plongé dans un vase plein d'eau, on n'observe pas la moindre variation de température. Comme l'expérience devait donner un résultat négatif, on avait augmenté la sensibilité de l'appareil en donnant au calorimètre une forme qui permettait de réduire la masse d'eau à 7^{kil},5. En opérant avec les plus grands soins, le résultat fut toujours le même.

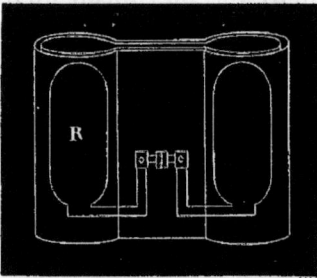

Fig. 14.

Le travail accompli par le gaz dans sa transformation n'est pas absolument nul, car le récipient où l'on a fait le vide renferme encore une faible masse d'air que la machine pneumatique n'a pu enlever, et que la dilatation du gaz comprimé amène d'une pression initiale très-petite à la pression finale de 11 atmosphères. Mais on peut aisément montrer que ce travail est complétement négligeable. Supposons que, lorsque la limite du vide est atteinte, la pression du gaz soit de $0^{kil},002$ par centimètre carré, ce qui correspond à une hauteur de mercure d'un peu moins de 2 millimètres. La masse de gaz passe de cette pression initiale à une pression de 11 atmosphères qui correspond à 11 kilogrammes environ par centimètre carré; sa tension est donc devenue 5500 fois plus forte et le travail correspondant à cette transformation est (88)

$$a \cdot 0^{kgm},002 \cdot L. 5500,$$

a étant le volume du récipient en centimètres cubes. On trouve ainsi pour valeur de ce travail $0^{kgm},03$; l'effet calorimétrique correspondant est insignifiant, si l'on songe qu'il faut 425 kilogrammètres pour dégager une unité de chaleur.

93. **Quatrième série d'expériences.** — La quatrième série d'expériences explique ce que les résultats de la troisième paraissent avoir d'inconciliable avec ceux de la deuxième.

Si, dans la dernière expérience, on considère, dans le récipient qui renferme l'air comprimé, une masse limitée de gaz qui y soit encore contenue lorsque l'expérience est terminée, il est évident que rien ne la distingue de la masse de gaz identique, que l'on pourrait de même considérer à part, dans l'une des expériences où la dilatation est accompagnée d'un abaissement de température. Il est donc impossible qu'il n'y ait pas abaissement de température dans ce récipient, et par suite, dans l'autre, une élévation de température précisément égale.

Pour vérifier ces prévisions, M. Joule n'a eu qu'à renverser l'appareil qui lui avait servi dans l'expérience précédente, et à introduire dans un calorimètre spécial, d'abord chaque récipient, puis le système des tubes de communication auxquels sont adaptés les robinets, (fig. 15). On put alors constater un abaissement de température dans le calorimètre qui renfermait le récipient primitivement plein d'air comprimé, tandis que dans les deux autres on observait une élévation de température.

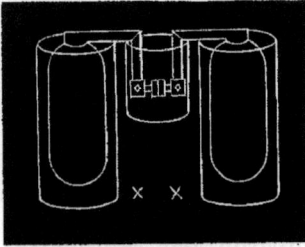

Fig. 15.

Ces résultats s'expliquent aisément : la quantité de chaleur absorbée dans le premier calorimètre est employée à communiquer de la force vive au gaz qui passe avec une grande vitesse dans le récipient où on a fait le vide. Mais cette vitesse ne tarde pas à s'éteindre, tant par le frottement réciproque des molécules d'air que par leur choc contre les parois de l'appareil, et aussi par leur frottement contre les orifices des robinets; la force vive ainsi détruite régénère toute la quantité de chaleur qu'elle avait absorbée, et l'on doit observer une compensation exacte entre tous les effets calorimétriques produits.

Les expériences, faites avec le plus grand soin, ont toujours accusé un petit excès calorifique dont M. Joule a rendu compte en faisant remarquer que l'appareil ne plongeait pas tout entier dans l'eau. En effet, les deux portions des tubes de communication qui s'étendent entre les calorimètres éprouvent au contact de l'atmosphère des variations de température dont le résultat est à considérer. Dans la première partie, le gaz refroidi par suite du développement d'énergie sensible tend à se mettre en équilibre de température avec l'extérieur et absorbe une certaine quantité de chaleur; dans la deuxième partie, une fraction seulement de l'énergie sensible développée ayant été ramenée à l'état d'énergie calorifique, la température du gaz s'élève au-dessus de la température ambiante, mais moins qu'elle ne s'était d'abord abaissée, et il en résulte par rayonnement une perte de chaleur insuffisante à compenser le gain qui a eu lieu dans la première partie; d'où l'apparence d'un léger dégagement de chaleur dans la somme des effets calorimétriques observés.

94. L'énergie intérieure d'un gaz est indépendante du volume. — M. Regnault a répété les expériences des deux dernières séries et il en a obtenu une vérification complète [1]. On peut donc considérer comme établi par l'expérience qu'un gaz conserve la même température lorsqu'il se dilate sans développer d'énergie sensible, qu'il n'absorbe ou ne dégage ainsi aucune quantité de chaleur, et que, par suite, la variation d'énergie interne est nulle. L'énergie intérieure d'un gaz, variable avec la température, est donc indépendante du volume, c'est-à-dire que l'on a, en conservant aux lettres les significations déjà établies,

$$\frac{dU}{dv} = 0.$$

Si l'on part de cette donnée expérimentale et de l'équation générale

$$EQ = U + \int p\, dv,$$

donnée par le principe de l'équivalence, on peut retrouver certaines propriétés physiques des gaz parfaits.

En effet, on en déduit

$$E\,dQ = dU + p\,dv = \left(\frac{dU}{dt}\,dt + \frac{dU}{dv}\,dv\right) + p\,dv,$$

ou

$$E\,dQ = \frac{dU}{dt}\,dt + \left(\frac{dU}{dv} + p\right)\,dv.$$

D'ailleurs

$$dQ = c\,dt + l\,dv;$$

on a donc les deux égalités

$$\frac{dU}{dt} = Ec, \qquad \frac{dU}{dv} = El - p.$$

De la première on déduit

$$E\,\frac{dc}{dv} = \frac{d\left(\frac{dU}{dt}\right)}{dv} = \frac{d^{\circ}\left(\frac{dU}{dv}\right)}{dt};$$

[1] *Comptes rendus des séances de l'Académie des sciences*, t. XXXVI, p. 680, 1853.

mais

$$\frac{dU}{dv} = 0,$$

et par suite

$$\frac{d\left(\frac{dU}{dv}\right)}{dt} = 0,$$

donc

$$\frac{dc}{dv} = 0,$$

c'est-à-dire que la chaleur spécifique sous volume constant est indépendante de la densité, dans les gaz parfaits.

De la seconde on déduit

$$El - p = 0 ;$$

mais (52) $l = \dfrac{C - c}{\dfrac{dv}{dt}},$

donc

$$p = E \frac{C - c}{\dfrac{dv}{dt}} = E \frac{C - c}{p_o v_o \, \alpha} p,$$

et par suite

$$\frac{C - c}{v_o} = \frac{p_o \, \alpha}{E},$$

c'est-à-dire que la différence des chaleurs spécifiques à pression constante et à volume constant, rapportées à l'unité de volume, est la même pour tous les gaz parfaits.

95. Degré d'exactitude des expériences précédentes.
— Les expériences de M. Joule ont toutes porté sur l'air, c'est-à-dire sur un gaz permanent dont les propriétés, très-voisines de celles qui caractérisent l'état gazeux parfait, en diffèrent cependant un peu ; il est donc permis de se demander si elles présentent un degré d'exactitude qui permette d'appliquer avec la même rigueur aux gaz réels et aux gaz parfaits les conclusions qu'on en a déduites. Sous ce rapport, la troisième série d'expériences mérite seule une discussion spéciale, comme étant la plus importante et la plus précise.

M. Joule admet qu'il peut apprécier $\frac{1}{360}$ de degré centigrade : la masse d'eau du calorimètre étant $7^{kil},5$, il faut, pour produire une variation de température égale à cette fraction de degré, $\frac{1}{48}$ d'unité de chaleur, ce qui correspond à environ 9 unités de travail. En conséquence, si la dilatation du gaz, qui occupe dans le récipient où il est comprimé un volume de $2^{lit},25$, est accompagnée d'un accroissement d'énergie intérieure égal à 9 unités, cet accroissement d'énergie échappera complétement à l'expérimentateur.

Ce résultat peut être présenté sous une autre forme. Si $\frac{1}{48}$ d'unité de chaleur est la limite de sensibilité de l'appareil, quelle est la plus petite variation de température que le procédé permette d'accuser dans la masse de gaz?

$2^{lit},25$ d'air à 22 atmosphères pèsent environ $0^{kil},064$; la chaleur spécifique de l'air est $0,238$; on a donc, en désignant par x la variation cherchée,

$$0,064 \times 0,238 \times x = \frac{1}{48},$$

d'où

$$x = 1°,4.$$

Par conséquent, il pourrait arriver qu'en se dilatant de 22 à 11 atmosphères, sans accomplir de travail extérieur, l'air éprouvât un changement de température de $1°,4$ que l'expérience ne saurait accuser.

Il est d'ailleurs difficile de concevoir qu'on puisse atteindre une précision plus grande en répétant des expériences analogues à celles de Joule; il résulte du principe même de toute expérience calorimétrique que la masse d'eau du calorimètre doit être assez considérable.

GAZ RÉELS.

96. Méthode de M. William Thomson. — On doit à M. William Thomson l'indication d'une méthode très-sensible qui a permis de reconnaître que les gaz réels, en se dilatant, se comportent autrement que les gaz parfaits [1].

Soient deux longs tubes en hélice, communiquant ensemble par un orifice très-étroit, et mis en rapport l'un avec une pompe de compression, l'autre avec l'atmosphère. Si l'on fait marcher la pompe de compression, un courant d'air s'établira dans tout l'appareil, et, par suite de la petitesse de l'orifice de communication, la pression variera très-rapidement de part et d'autre, de façon qu'on pourra dans chacun des deux tubes la regarder comme sensiblement constante à partir d'une section peu éloignée de cet orifice. Soient p_1 la valeur de la pression relative au premier tube, p_0 la pression relative au deuxième; représentons par MM' l'axe commun des deux

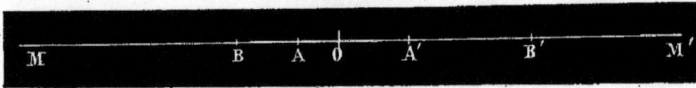

Fig. 16.

tubes (supposés rectifiés), par O la position de l'orifice, par A et A' les deux sections à partir desquelles tout devient constant; soit m la masse de gaz contenue à chaque instant entre les sections A et A'; soient AB le volume occupé par une masse égale dans le premier tube à partir de la section A, A'B' le volume correspondant à partir de la section A'. Considérons à un instant donné la masse $2m$ contenue entre les sections B et A': au bout d'un temps qu'il est inutile de spécifier, cette masse se trouvera tout entière comprise entre les sections A et B'. Le travail des pressions extérieures à cette masse aura été entre ces deux époques égal à

$$p_1 \times AB - p_0 A'B',$$

c'est-à-dire à zéro, car la température étant supposée maintenue la

[1] *Transactions de la Société royale d'Édimbourg*, t. XX, p. 289.

même de part et d'autre des sections A et A', par l'immersion de tout l'appareil dans une masse d'eau, les volumes d'une même masse de gaz dans les deux tubes sont, d'après la loi de Mariotte, en raison inverse des pressions. Quant au travail intérieur, s'il y en a un, ce sera simplement le travail qui accompagne la dilatation de la masse m lorsqu'elle passe du volume AB au volume A'B' sans changement de température. Si ce travail intérieur est nul, il y aura eu compensation exacte entre les phénomènes calorifiques dont le gaz est le siége lorsqu'il traverse l'espace AA'; il aura été restitué, par le frottement du gaz tant sur lui-même que sur l'orifice, précisément autant de chaleur qu'il en aura été absorbé par l'expansion, et par conséquent le liquide ambiant n'aura point cédé de chaleur à l'appareil. Mais il résulte de là qu'on peut supprimer entièrement ce liquide, et qu'en passant à travers l'orifice O le gaz reviendra à sa température initiale dès qu'il aura atteint la région très-rapprochée de cet orifice où la pression est constante.

Ainsi, si le travail intérieur qui accompagne l'expansion d'un gaz est nul en s'écoulant au travers d'un orifice étroit réunissant deux tubes de grande longueur où la pression n'est pas la même, un gaz ne doit éprouver aucune variation de température. Cette conséquence de la théorie est susceptible de la vérification la plus délicate au moyen du thermomètre à mercure ou des appareils thermo-électriques. Si elle ne se vérifie pas, on en conclura que le travail intérieur qui accompagne la dilatation du gaz n'est pas négligeable et on pourra, par des déterminations calorimétriques convenables, mesurer la quantité de chaleur qu'il faut communiquer à l'unité de poids du gaz pour qu'en passant de la pression p_1 à la pression p_0 à travers l'orifice O elle conserve sa température initiale. Soient q cette quantité de chaleur, ΔU la variation d'énergie intérieure correspondante,

$$Eq = \Delta U.$$

Si le gaz ne suit pas la loi de Mariotte, il y a une variation d'énergie sensible dont il faut tenir compte. Soient v_0 et v_1 les volumes occupés par l'unité de poids du gaz aux pressions p_0 et p_1. Les travaux extérieurs accomplis pendant la transformation ont pour expression $p_0 v_0$

et p_1v_1. Le premier est négatif et absorbe une quantité de chaleur qui présente sur celle que le second dégage un excès positif ou négatif, dont la valeur entre pour une partie dans celle de q; il en résulte qu'il faut ajouter, dans l'équation précédente, à la variation d'énergie intérieure ΔU la variation d'énergie sensible correspondante à cet excès, c'est-à-dire $p_0v_0 - p_1v_1$. On a donc

$$Eq = \Delta U + p_0v_0 - p_1v_1.$$

97. Expériences de MM. William Thomson et Joule.

— MM. William Thomson et Joule ont tenté d'appliquer à différents gaz cette méthode d'investigation [1]. L'appareil dont ils ont fait usage diffère un peu par sa construction de celui que M. Thomson avait imaginé en premier lieu, mais il repose exactement sur les mêmes principes. Une pompe à simple effet, mue par une machine à vapeur, chassait incessamment un gaz dans un serpentin de cuivre, de $0^m,05$ de diamètre intérieur et de 10 à 11 mètres de longueur, uni par un tube de même diamètre à un second serpentin tout pareil. Chacun des deux serpentins était suspendu dans l'intérieur d'un vase de $1^m,20$ de diamètre, rempli d'eau froide. Le tube de jonction portait latéralement un orifice à robinet par où on pouvait faire échapper le gaz dans l'atmosphère si on le jugeait convenable. Le second serpentin était terminé par une douille sur laquelle on pouvait fixer un tuyau d'échappement quelconque. Un petit manomètre à air comprimé faisait connaître la pression du gaz antérieure à l'écoulement.

Une première série d'expériences a eu pour objet non des mesures, mais l'étude ou la démonstration des phénomènes calorifiques qui accompagnent l'écoulement d'un gaz comprimé par un orifice étroit. Sur l'extrémité du second serpentin on a fixé une plaque mince de cuivre percée en son centre d'un trou de $1^{mm},2$ de diamètre. La pompe étant mise en mouvement et donnant vingt-sept coups de piston par minute, la pression au voisinage de l'orifice s'est élevée à $8^{atm},4$; à partir de ce moment elle est demeurée invariable, l'écoulement compensant exactement l'introduction du gaz par la pompe.

---

[1] *Philosophical Transactions of the Royal Society of London*, 1854, vol. CXLIV, p. 321.

On a pu obtenir un écoulement constant sous des pressions moindres
en laissant échapper une partie de l'air par le robinet placé entre
les deux serpentins. Un thermomètre sensible, dont le réservoir
n'avait pas tout à fait 4 millimètres de diamètre, étant placé devant
l'orifice, le froid produit par l'expansion du gaz et la création de la
force vive dont ses molécules étaient animées a été rendu sensible
par les observations suivantes.

PRESSION DANS LE SERPENTIN.	TEMPÉRATURE DE L'AIR		REFROIDISSEMENT.
	dans LE SERPENTIN.	au delà DE L'ORIFICE.	
atm	o	o	o
8,4.....................	22	8,58	13,42
4,9.....................	22	11,65	10,35
2,1.....................	22	16,25	5,75

La boule du thermomètre étant placée au milieu d'un tube conique de gutta-percha, de telle façon qu'il ne restât entre la boule
et le tube qu'un passage très-étroit, la portion du courant d'air qui
s'est engagée dans ce passage a perdu toute sa force vive par frottement et a dégagé ainsi une quantité de chaleur que les élévations
de température suivantes ont rendue sensible.

PRESSION DANS LE SERPENTIN.	TEMPÉRATURE DE L'AIR		ÉCHAUFFEMENT dû AU FROTTEMENT.
	dans LE SERPENTIN.	dans le tube DE GUTTA-PERCHA.	
atm	o	o	o
8,4.....................	22	45,75	23,75
4,8.....................	22	39,23	17,23
2,1.....................	22	26,2	4,20

On peut donner diverses formes curieuses à l'expérience qui constate l'échauffement dû à la destruction de la force vive.

1° Si on met l'index et le pouce un peu au-dessus de l'orifice et qu'on les rapproche comme si on voulait pincer le courant d'air entre les doigts, on rencontre une résistance assez grande et on éprouve à l'extrémité des doigts une élévation de température qui ne peut être supportée plus de cinq à six secondes.

2° Le doigt est placé très-près de l'orifice, de manière que l'air s'échappe difficilement entre la pièce de métal et le doigt. On éprouve une sensation de chaleur d'autant plus remarquable qu'on peut s'assurer que l'orifice lui-même est très-froid.

3° On presse de même avec le doigt contre l'orifice un morceau épais de caoutchouc. L'échauffement devient bientôt tel, qu'on ne peut supporter le contact.

98. Ces divers phénomènes ont montré à MM. Thomson et Joule qu'il était impossible de faire aucune expérience satisfaisante avec un orifice percé en mince paroi, et leur ont suggéré l'idée d'y substituer un tampon poreux tel, qu'immédiatement après l'avoir traversé l'air se trouvât dans une condition constante. La forme qu'ils ont définitivement adoptée pour cette pièce importante de leurs appareils est la suivante. Un cylindre creux de buis bb (fig. 17) présentait dans son intérieur un rebord sur lequel reposait une mince plaque de laiton percée de trous nombreux. Sur cette plaque on plaçait d'abord une certaine quantité de coton, de soie ou de toute autre matière compressible, ensuite une seconde plaque pareille, et on appuyait celle-ci contre un second rebord intérieur au moyen d'un autre cylindre de buis ee qui se vissait dans le premier. Le tampon poreux ainsi préparé formait un cylindre de 68 millimètres de hauteur sur 37^{mm},5 de diamètre. Le système entier

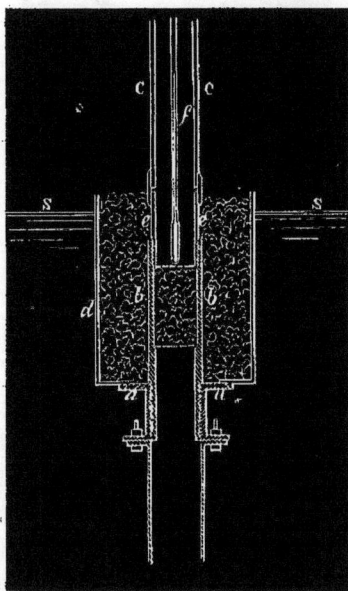
Fig. 17.

était fixé à l'extrémité du second serpentin et défendu contre le contact
de l'eau où ce serpentin était plongé par une boîte d'étain *d* remplie
de coton, afin d'empêcher toute communication de chaleur par voie
de conductibilité. Dans la figure, SS représente le niveau de l'eau
dans le calorimètre et CC un manchon de verre au travers duquel
on lit les indications du thermomètre *f*.

On a d'abord étudié l'influence perturbatrice des variations de
pression qui peuvent survenir dans le serpentin. $27^{gr},75$ de coton
ayant été comprimés entre les deux plaques de l'appareil qu'on vient
de décrire, la pression dans le serpentin a été portée par le jeu de
la pompe à $2^{atm},3$; lorsqu'on a ouvert complétement le robinet du
tube de jonction des deux serpentins, elle s'est réduite à $1^{atm},5$. On
a eu de la sorte le moyen de faire varier de $\frac{8}{10}$ d'atmosphère la pression d'écoulement. Pour examiner l'influence d'une variation temporaire de pression, on a d'abord laissé le robinet du tube de jonction
ouvert jusqu'à ce que la température de l'air après l'écoulement fût
devenue invariable, puis on l'a fermé pour le rouvrir au bout de
quelques instants et on a noté les variations de température du courant d'air. La longue durée de ces oscillations a été vraiment surprenante : celles qu'on déterminait en fermant le robinet pendant
$3^{s},75$ duraient de trois à quatre minutes ; une fermeture d'une minute
produisait des oscillations d'un quart d'heure de durée. On a ensuite opéré d'une manière inverse. On a fermé le robinet jusqu'à
ce que l'état du courant d'air fût devenu invariable, puis on l'a ouvert pendant quelques instants. Les effets obtenus ont été plus
marqués encore et ont duré jusqu'à une demi-heure.

Sans s'arrêter à expliquer ces fluctuations de température, ce qui
serait assez difficile si on voulait une explication complète, on voit
qu'il faut absolument les écarter des expériences. A cet effet, on a
fait marcher la pompe avec la plus grande régularité possible et on
n'a commencé les observations qu'une heure et demie ou deux heures
après que la pompe a été mise en train. A partir de ce moment on
a observé de deux minutes et demie en deux minutes et demie la
température du bain, celle du courant d'air et la pression indiquée
par le manomètre à air comprimé. Le tableau suivant contient les

résultats des expériences sur l'air imparfaitement desséché par la chaux vive (contenant environ $\frac{1}{200}$ de son poids de vapeur d'eau).

POIDS ET NATURE DE LA MATIÈRE DU TAMPON.	TEMPÉRATURE du bain où plonge le serpentin.	EXCÈS de la pression intérieure sur la pression atmosphérique.	REFROIDISSE-MENT observé.	NOMBRE d'expériences dont le résultat moyen est seul indiqué dans ce tableau.
gr	o	atm	o	
12,38 de coton..........	17,006	0,43	0,108	7
24,75 de coton..........	20,125	0,55	0,146	7
24,75 de coton..........	17,744	1,45	0,354	5
37,58 de soie...........	18,975	1,26	0,365	4
37,58 de soie...........	17,809	2,71	0,707	8
47,95 de bourre de soie.....	15,483	4,18	1,110	12
47,95 de bourre de soie.....	12,734	4,02	1,033	4 [1]

(1) Dans cette dernière expérience l'air ne s'écoulait pas du serpentin directement dans l'atmosphère ; le tube de verre CC, qui, dans les expériences précédentes, amenait librement le courant d'air au dehors, avait été muni, à sa partie supérieure, d'une fermeture à robinet qui ne laissait échapper le gaz que par un orifice très-étroit, et maintenait à l'intérieur une pression d'environ une atmosphère et demie.

Ainsi un refroidissement constant accompagne l'expansion de l'air dans les conditions des expériences, et ce refroidissement est sensiblement proportionnel à la variation de pression subie par l'air. On a en effet, pour le rapport du refroidissement à la pression dans les diverses expériences, la série des valeurs :

I.............................	0,251
II............................	0,266
III...........................	0,244
IV............................	0,289
V.............................	0,260
VI............................	0,265
VII...........................	0,257
Moyenne...............	0,262

On voit de plus que la température du bain n'exerce pas d'influence sensible.

On a ensuite expérimenté sur l'acide carbonique. Ce gaz a été fourni par un tonneau de bière en pleine fermentation et par conséquent a toujours contenu quelques centièmes d'air atmosphérique. On a supposé que l'effet observé était la somme des effets dus à l'air et à l'acide carbonique du mélange. Cette hypothèse ayant donné des résultats concordants, MM. Thomson et Joule ont résumé dans le tableau suivant les résultats de leurs expériences.

POIDS ET NATURE DE LA MATIÈRE DU TAMPON.	TEMPÉRATURE du serpentin.	EXCÈS de la pression intérieure sur la pression atmosphérique.	REFROIDISSE- MENT observé.	NOMBRE d'expériences dont le résultat moyen est indiqué dans ce tableau.
gr	o	atm	o	
12,38 de coton............	18,962	0,40	0,459	2
27,75 de coton............	20,001	1,26	1,446	4
37,58 de soie.............	19,077	2,53	2,938	3
47,95 de bourre de soie.....	12,844	4,12	5,049	1

Si on prend le rapport du refroidissement à la différence de pression, on trouve, pour les trois premières expériences,

$$1,147$$
$$1,148$$
$$1,160$$

Moyenne 1,151

et pour la quatrième

$$1,225.$$

La différence de ces résultats montre que, pour l'acide carbonique, la température absolue du bain exerce une influence considérable.

Les expériences sur l'hydrogène ont été faites avec un appareil de plus petites dimensions, et elles ont indiqué un refroidissement environ treize fois moindre que le refroidissement de l'air dans les mêmes circonstances.

Enfin une dernière série d'expériences a eu pour objet d'examiner spécialement l'influence de la température initiale du gaz. En amenant de la vapeur d'eau dans les bains où les serpentins étaient plongés, on a maintenu la température très-voisine de $91°,5$, et on a expérimenté tour à tour sur l'air et l'acide carbonique. On a ainsi obtenu les nombres suivants avec le tampon de bourre de soie :

NATURE DU GAZ.	TEMPÉRATURE initiale du gaz.	EXCÈS de la pression intérieure sur la pression atmosphérique.	REFROIDISSEMENT observé.	RAPPORT du refroidissement à la différence des pressions.
Air...............	91,578	atm 5,10	1,050	0,206
Acide carbonique......	91,516	5,10	3,586	0,703

On voit que, dans l'un comme dans l'autre cas, le froid produit est singulièrement diminué par l'élévation initiale de température.

99. Calcul de la variation d'énergie intérieure qui accompagne la dilatation d'un gaz. — Ces expériences, jointes à celles de M. Regnault sur la compressibilité des gaz, vont nous permettre de déduire de l'équation

$$Eq = \Delta U + p_0 v_0 - p_1 v_1$$

une valeur approchée de la variation d'énergie intérieure qui accompagne le changement de volume d'un gaz dont la température demeure invariable.

Si l'on appelle δ un nombre constant pour un même gaz à une même température, les expériences de MM. Thomson et Joule apprennent que l'on peut représenter par

$$\delta(p_1 - p_0)$$

l'abaissement de température qu'éprouve le gaz lorsque sa pression s'abaisse de p_1 à p_0.

7.

La transformation s'effectuant au contact de matières extrêmement peu conductrices et la variation de température étant toujours très-faible, la quantité de chaleur qu'il faut fournir au gaz pour le ramener à sa température initiale est égale à $C\delta(p_1 - p_0)$. Telle est la quantité désignée par q dans l'équation précédente; on a donc

$$EC\delta(p_1 - p_0) = \Delta U + p_0 v_0 - p_1 v_1,$$

C étant la chaleur spécifique du gaz sous pression constante et δ un nombre donné par les expériences de MM. Thomson et Joule.

D'autre part M. Regnault a démontré que le volume v_1 d'une masse de gaz à la pression p_1 était lié au volume v_0 qu'elle occupe à la pression atmosphérique p_0 par la formule empirique

$$\frac{p_1 v_1}{p_0 v_0} = 1 + A\left(\frac{v_0}{v_1} - 1\right) + B\left(\frac{v_0}{v_1} - 1\right)^2,$$

où A et B sont des coefficients constants très-petits pour tous les gaz soumis à l'expérience. A est négatif pour l'air et l'acide carbonique, et positif pour l'hydrogène; B est positif pour l'air et l'hydrogène et négatif pour l'acide carbonique [1].

De cette formule on tire

$$p_1 v_1 - p_0 v_0 = p_0 v_0 \left[A\left(\frac{v_0}{v_1} - 1\right) + B\left(\frac{v_0}{v_1} - 1\right)^2\right],$$

et il n'y a plus d'autre inconnue que ΔU dans l'équation précédente.

[1] Pour l'air,

$$\frac{p_1 v_1}{p_0 v_0} = 1 - 0,0011054\left(\frac{v_0}{v_1} - 1\right) + 0,000019381\left(\frac{v_0}{v_1} - 1\right)^2;$$

pour l'acide carbonique,

$$\frac{p_1 v_1}{p_0 v_0} = 1 - 0,0085318\left(\frac{v_0}{v_1} - 1\right) - 0,0000072856\left(\frac{v_0}{v_1} - 1\right)^2;$$

pour l'hydrogène,

$$\frac{p_1 v_1}{p_0 v_0} = 1 + 0,00054723\left(\frac{v_0}{v_1} - 1\right) + 0,0000084155\left(\frac{v_0}{v_1} - 1\right)^2.$$

100. Rapport du travail intérieur au travail extérieur qui accompagne la dilatation d'un gaz. — Considérons le cas où le gaz soumis d'abord à la pression atmosphérique éprouve un changement infiniment petit dans son volume et dans sa pression. La variation de l'énergie intérieure est infiniment petite, ainsi que le travail extérieur qui l'accompagne ; mais leur rapport tend vers une limite finie qu'il est intéressant de connaître.

Posons

$$p_1 = p_0 + h,$$
$$v_1 = v_0 - k.$$

Le travail extérieur accompli pendant la transformation est évidemment égal à $p_0 k$, en négligeant les infiniment petits du second ordre ; quant à la variation de l'énergie intérieure, elle est donnée par la formule $\Delta U = EC\delta h + p_1 v_1 - p_0 v_0$:

$$p_1 v_1 - p_0 v_0 = p_0 v_0 \left[A \left(\frac{v_0}{v_0 - k} - 1 \right) + B \left(\frac{v_0}{v_0 - k} - 1 \right)^2 \right].$$

En négligeant les infiniment petits du second ordre, la valeur entre crochets au second membre est égale à $A \dfrac{k}{v_0}$; on a donc

$$p_1 v_1 - p_0 v_0 = A p_0 k.$$

et par suite

$$\Delta U = EC \, \delta h + A p_0 k.$$

Il reste à déterminer h en fonction de k, afin que, en prenant le rapport des quantités infiniment petites, k disparaisse :

$$p_1 v_1 - p_0 v_0 = v_0 h - p_0 k = A p_0 k,$$

d'où

$$h = (1 + A) \frac{p_0}{v_0} k,$$

et

$$\Delta U = EC\delta (1 + A) \frac{p_0}{v_0} k + A p_0 k.$$

Par conséquent, en désignant par ΔT le travail extérieur $p_o k$, il vient

$$\frac{\Delta U}{\Delta T} = \frac{EC\delta(1+A)}{v_o} + A.$$

Si l'on effectue le calcul pour les trois gaz sur lesquels MM. Thomson et Joule ont expérimenté, on trouve pour valeur du rapport cherché :

Air................................. 0,0020 $= \frac{1}{500}$

Acide carbonique . . . . 0,0080 $= \frac{1}{125}$

Hydrogène........................ 0,0008 $= \frac{1}{1250}$

Ainsi, dans l'air qui se dilate à la température ordinaire en déplaçant le point d'application d'une pression voisine de la pression atmosphérique, un changement infiniment petit de volume est accompagné d'un travail intérieur qui n'est que $\frac{1}{500}$ du travail extérieur.

On remarquera que le travail intérieur est plus grand dans l'air que dans l'hydrogène, et incomparablement plus grand surtout dans l'acide carbonique, c'est-à-dire dans celui des trois gaz qui s'éloigne le plus de l'état gazeux parfait.

101. La connaissance des résultats que nous venons d'obtenir est nécessaire pour qu'on puisse déduire de l'étude des gaz une valeur exacte de l'équivalent mécanique de la chaleur. En effet, la formule qui donne la valeur de cet équivalent est

$$El\,dv = p\,dv.$$

Elle exprime que la chaleur consommée dans une dilatation où la température demeure invariable a uniquement pour équivalent le travail extérieur, c'est-à-dire qu'elle suppose la nullité du travail intérieur, ce qui est inexact lorsqu'on raisonne sur les gaz réels. La formule rigoureuse est

$$El\,dv = p\,dv\,(1+\varepsilon),$$

ε désignant le rapport du travail intérieur au travail extérieur.

L'introduction de ce terme correctif dans le calcul que nous avons fait de la valeur de l'équivalent mécanique (75) ne changerait que fort peu le résultat. Dans le cas de l'hydrogène, la correction est complétement insignifiante; elle est encore très-faible pour l'air, mais elle devient sensible pour l'acide carbonique; toutefois, il serait prématuré d'en faire l'application, l'incertitude qui pèse sur la détermination des chaleurs spécifiques à volume constant rendant illusoire toute correction de cet ordre de grandeur.

102. La valeur du rapport du travail intérieur au travail extérieur dépend de la grandeur de la transformation subie par le gaz; nous l'avons calculée dans le cas d'une modification infiniment petite, déterminons-la dans le cas général.

Le travail intérieur est donné par la formule

$$\Delta U = EC\delta(p_1 - p_0) + p_1 v_1 - p_0 v_0,$$

dont le calcul n'offre aucune difficulté, tous les éléments nécessaires étant donnés par les expériences de MM. Thomson et Joule et par celles de M. Regnault.

Le travail extérieur est celui qui accompagne la dilatation d'un gaz qui passe sans changer de température de la pression p_1 à la pression atmosphérique p_0; il est égal à l'intégrale

$$\int_{v_1}^{v_0} p\, dv,$$

or

$$pv = p_0 v_0 \left[1 + A\left(\frac{v_0}{v} - 1\right) + B\left(\frac{v_0}{v} - 1\right)^2 \right],$$

ou

$$pv = p_0 v_0 (1 - A + B) + p_0 v_0 \left[\frac{(A - 2B) v_0}{v} + \frac{B v_0^2}{v^2} \right];$$

par suite, en remplaçant dans l'intégrale précédente p par sa valeur tirée de cette équation, il vient

$$\int_{v_1}^{v_0} p\, dv = p_0 v_0 (1 - A + B) \int_{v_1}^{v_0} \frac{dv}{v} + p_0 v_0 \int_{v_0}^{v_1} \left[\frac{(A - 2B) v_0}{v^2} + \frac{B v_0^2}{v^3} \right] dv,$$

expression qui s'intègre très-facilement; le calcul n'est même ni long ni difficile, grâce aux tables que M. Regnault a placées à la fin de son mémoire [1].

Le calcul effectué pour l'air conduit aux résultats suivants.

PRESSION INITIALE p_1.	PRESSION FINALE p_0.	RAPPORT des VOLUMES EXTRÊMES $\frac{v_1}{v_0}$.	RAPPORT DU TRAVAIL INTÉRIEUR au TRAVAIL EXTÉRIEUR.
atm 1,9978	atm 1	2	$0,0032 = \frac{1}{312}$
3,9874	1	4	$0,0057 = \frac{1}{175}$
19,7198	1	20	$0,0159 = \frac{1}{63}$

Ce tableau met en évidence la rapide augmentation de la valeur du rapport du travail intérieur au travail extérieur lorsque la pression varie dans des limites de plus en plus étendues; il montre aussi quelle est la grandeur de l'erreur que l'on commet, lorsqu'on néglige le travail intérieur, et apprend quelles expériences il reste à faire dans cet ordre de recherches. On doit regarder désormais comme inutile tout travail qui aurait uniquement pour but de montrer qu'on peut négliger, pour de faibles variations de pression, le travail intérieur qui accompagne la dilatation d'un gaz; on ne doit accorder de valeur réelle qu'à ceux qui présenteront une précision suffisante pour mettre au contraire en évidence et mesurer ce travail intérieur.

Il résulte aussi de ces considérations que, dans les applications qui nous restent à faire de la théorie mécanique de la chaleur aux gaz, on pourra adopter l'hypothèse de la nullité du travail intérieur pour obtenir une première approximation de la marche des phénomènes. C'est après avoir fait cette remarque que nous allons traiter quelques problèmes relatifs aux transformations les plus ordinaires qu'éprouve un gaz.

[1] *Mémoires de l'Académie des sciences*, t. XXI, p. 420.

DÉTENTE ET ÉCOULEMENT DES GAZ.

103. Détente des gaz sans variation de chaleur. —
Comment se comporte un gaz éprouvant une variation simultanée
de volume et de pression sans recevoir de chaleur de l'extérieur,
ou, en d'autres termes, comment varient le volume, la température
et la pression d'un gaz dans une enceinte absolument dépourvue de
conductibilité?

La solution de ce problème s'appliquera encore approximativement au cas où le gaz se trouvant en contact avec des parois réelles
se dilatera avec une rapidité telle, qu'il ne puisse y avoir de communication de chaleur sensible, pendant la durée de l'expérience,
entre le gaz et le vase qui le renferme.

Supposons donc que l'unité de poids d'un gaz éprouve une variation de volume dv et une variation de température dt sans qu'aucun phénomène thermique s'accomplisse dans les corps voisins : on
a alors

$$l\,dv + c\,dt = 0.$$

On sait d'ailleurs que

$$El = p$$

ou

$$l = Ap,$$

A désignant toujours l'inverse de l'équivalent mécanique de la
chaleur.

L'équation différentielle qui gouverne le phénomène devient ainsi

$$Ap\,dv + c\,dt = 0.$$

Mais la loi de Mariotte, combinée avec la loi de dilatation des gaz,
conduit à la relation

$$pv = p_0 v_0 (1 + \alpha t)$$

ou

$$p = \frac{p_0 v_0}{v} (1 + \alpha t).$$

On a donc l'équation différentielle suivante, où les variables sont séparées,

$$A p_0 v_0 \frac{dv}{v} + c \frac{dt}{1 + \alpha t} = 0.$$

Cette équation s'intègre immédiatement et donne

$$A p_0 v_0 \, Lv + \frac{c}{\alpha} L(1 + \alpha t) = H,$$

H étant une constante.

L'intégration suppose que la chaleur spécifique sous volume constant c est indépendante de la température; mais on sait qu'on a tout lieu de supposer qu'il en est ainsi pour les gaz parfaits.

Soient p_1, v_1, t_1 les données finales; p_2, v_2, t_2 les données initiales.

Appliquons-les à l'équation précédente :

$$A p_0 v_0 \, Lv_1 + \frac{c}{\alpha} L(1 + \alpha t_1) = H,$$

$$A p_0 v_0 \, Lv_2 + \frac{c}{\alpha} L(1 + \alpha t_2) = H.$$

d'où, par soustraction,

$$A p_0 v_0 \frac{\alpha}{c} L \frac{v_1}{v_2} - L \frac{1 + \alpha t_2}{1 + \alpha t_1} = 0$$

ou

$$\left(\frac{v_1}{v_2} \right)^{\frac{A p_0 v_0 \alpha}{c}} = \frac{1 + \alpha t_2}{1 + \alpha t_1}.$$

Si à cette équation on ajoute la relation

$$p_2 v_2 = p_0 v_0 (1 + \alpha t_2),$$

qui caractérise l'état gazeux parfait, on voit que l'état du gaz défini par les valeurs des trois variables p_2, v_2, t_2 est connu à chaque instant de la transformation.

104. La formule que nous venons d'établir est susceptible de prendre une forme plus simple.

On a

$$A = \frac{C - c}{\alpha p_o v_o},$$

ce qui donne

$$\frac{A p_o v_o \alpha}{c} = \frac{C}{c} - 1.$$

La formule précédente peut donc s'écrire

$$\left(\frac{v_1}{v_2}\right)^{\frac{C}{c} - 1} = \frac{1 + \alpha t_2}{1 + \alpha t_1}.$$

On sait d'autre part que

$$\frac{1 + \alpha t_2}{1 + \alpha t_1} = \frac{p_2 v_2}{p_1 v_1}$$

ou

$$\frac{p_2}{p_1} = \frac{v_1}{v_2} \cdot \frac{1 + \alpha t_2}{1 + \alpha t_1}.$$

En combinant cette formule avec la précédente, il vient

$$\frac{p_2}{p_1} = \frac{v_1}{v_2} \left(\frac{v_1}{v_2}\right)^{\frac{C}{c} - 1} = \left(\frac{v_1}{v_2}\right)^{\frac{C}{c}},$$

et si nous désignons par k le rapport constant $\frac{C}{c}$,

$$\frac{p_2}{p_1} = \left(\frac{v_1}{v_2}\right)^k$$

ou

$$p_2 v_2^k = p_1 v_1^k,$$

relation très-simple qui, sous cette forme, remplace la loi de Mariotte dans les conditions où un gaz varie de volume et de pression sans absorber ni dégager de chaleur.

105. Cette formule avait été établie par Laplace [1] et par Poisson [2] bien avant l'apparition de la théorie mécanique de la chaleur. Ils l'obtenaient très-simplement en admettant que le rapport des deux chaleurs spécifiques était indépendant de la température et de la pression, ce que les expériences de Gay-Lussac et de Welter tendaient à établir.

En effet, quelque idée qu'on se fasse sur la nature de la chaleur, on a toujours l'équation

$$l\,dv + c\,dt = 0,$$

et la valeur de l satisfait toujours à l'égalité (73)

$$l = \frac{C-c}{\alpha v}(1+\alpha t).$$

On a donc

$$\frac{C-c}{\alpha}\frac{dv}{v} + c\frac{dt}{1+\alpha t} = 0$$

ou

$$\frac{1}{\alpha}\left(\frac{C}{c}-1\right)\frac{dv}{v} + \frac{dt}{1+\alpha t} = 0.$$

Si l'on admet que le rapport $\dfrac{C}{c}$ est constant, cette équation sera immédiatement intégrable et conduira à la relation précédente.

106. La formule $p_2 v_2^k = p_1 v_1^k$ a été l'objet de vérifications expérimentales de la part de M. Cazin, dans un *Essai sur la détente et la compression des gaz sans variation de chaleur* [3]. Mais ces recherches, en établissant que la formule ne se vérifie que pour de petites variations de pression, n'ont rien appris qui ne pût être aisément prévu. Elles ont cependant servi à mettre en évidence un fait intéressant, qui constitue la seule objection sérieuse que l'on puisse faire aux expériences de Clément et Desormes : c'est que, lorsqu'un gaz s'écoule par un large orifice, d'un réservoir où il est comprimé, dans l'atmos-

---

[1] Laplace, *Mécanique céleste*, livre XII.

[2] Poisson, *Annales de Chimie et de Physique*, 2ᵉ série, t. XXIII, et *Traité de Mécanique*, 2ᵉ édition, t. II, p. 646.

[3] *Annales de Chimie et de Physique*, 3ᵉ série, t. LXVI, p. 206.

phère où dans un autre réservoir, il atteint la pression nécessaire à la cessation de l'écoulement avec une vitesse acquise qui produit une série d'oscillations de part et d'autre de l'orifice. Il suit de là que si le gaz sort par un robinet qui s'ouvre puis se ferme dans un temps convenable, on peut trouver dans le réservoir, après l'opération, des quantités de gaz tantôt plus petites, tantôt plus grandes, suivant la phase d'oscillation au moment de la fermeture.

107. Écoulement des gaz. — Le problème de l'écoulement des gaz est traité d'une manière insuffisante dans tous les ouvrages de mécanique pure, parce qu'on ne tient pas compte des phénomènes calorifiques qui s'accomplissent dans le voisinage de l'orifice; il convient donc d'en reprendre ici la solution, en se plaçant dans des conditions plus voisines de la réalité et compatibles au moins avec la nature des gaz.

Envisagé dans tous ses détails, le problème est d'une complication excessive; aussi, comme dans toutes les recherches théoriques analogues, nous bornerons-nous à considérer un cas très-simple où le phénomène, débarrassé des influences accessoires qui l'accompagnent toujours dans l'expérience, se montre dans une simplicité idéale qui rende facile la solution du problème et permette d'arriver à des formules dont l'exactitude sera souvent suffisante pour le praticien et qui pourront être prises avantageusement comme types des formules empiriques destinées à représenter les lois du phénomène réel. Telle est en particulier la marche qu'ont suivie Torricelli et Bernoulli pour étudier l'écoulement des liquides.

M. G. Zeuner, à qui l'on doit de nombreuses applications de la théorie mécanique de la chaleur, a donné une solution très-satisfaisante du problème qui nous occupe [1].

108. Considérons deux masses de gaz indéfinies soumises à des pressions différentes et séparées par une cloison percée d'un trèspetit orifice. Le gaz s'écoule du milieu où la pression est la plus élevée dans celui où elle est la plus faible; mais, comme on suppose les deux masses de gaz indéfinies, la pression demeure néanmoins

---

[1] ZEUNER, *Das Locomotiven Blasrohr*, Zurich, 1863.

constante de part et d'autre de l'orifice pendant un temps quelconque. Il en serait encore ainsi pendant un temps infiniment court, si les deux masses de gaz étaient finies; la méthode infinitésimale permettra donc de ramener aisément ce cas au précédent.

Soient p_1 la pression la plus élevée, p_2 la plus faible. L'expérience montre qu'à une très-petite distance de l'orifice la pression du gaz qui s'échappe est égale à p_2. Traçons la très-petite surface A à partir de laquelle la pression du gaz prend cette valeur : en vertu du principe d'égal débit, la vitesse du gaz qui s'écoule diminue à mesure qu'il s'éloigne de l'orifice, et l'on conçoit qu'on puisse tracer une surface B suffisamment éloignée dans le second milieu pour que les vitesses des différentes molécules y soient insensibles. On conçoit de même qu'il existe dans le premier milieu une surface analogue C sur laquelle on puisse négliger la vitesse du gaz.

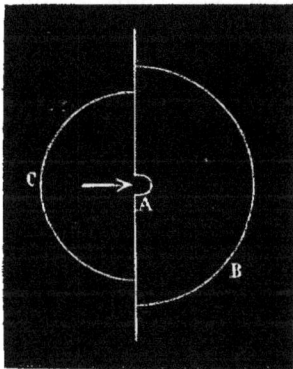

Fig. 18.

Supposons l'écoulement arrivé à un régime bien régulier et cherchons la vitesse que possède le gaz sur la surface A où la pression est devenue égale à p_2.

Que se passe-t-il pendant qu'un poids $d\varpi$ de gaz traverse cette surface ?

Le gaz environnant la surface C, sur laquelle la vitesse est insensible, s'avance, et un poids $d\varpi$ de gaz pénètre à l'intérieur de cette surface sous l'action de la pression p_1 qui effectue ainsi un travail positif égal à $p_1 v_1 d\varpi$, v_1 étant le volume de l'unité de poids à la pression p_1 et à la température t_1 qui règne sur la surface C. En même temps que l'énergie potentielle diminue ainsi de la quantité $p_1 v_1 d\varpi$, le gaz éprouve entre les surfaces C et A une série de modifications dans lesquelles la pression, le volume et la température changent. J'admets, et cela est indispensable à la généralité du raisonnement, que cette transformation est accompagnée d'une absorption de chaleur $Q d\varpi$ (Q répondant à l'unité de poids) qui entraîne dans les corps extérieurs une diminution d'énergie calorifique $EQ d\varpi$, laquelle doit être ajoutée à $p_1 v_1 d\varpi$ pour donner la diminution totale d'énergie observée.

Cette diminution a pour conséquence une augmentation précisément égale qui se compose : 1° de l'accroissement d'énergie intérieure subi par le gaz entre les surfaces C et A, accroissement que nous représenterons par $U d\varpi$, U répondant à l'unité de poids; 2° de l'énergie actuelle qu'acquiert le gaz qui arrive sur la surface A et qu'on peut représenter par $\dfrac{d\varpi}{g} \dfrac{w^2}{2}$, w étant une vitesse moyenne qui n'est peut-être celle d'aucune molécule, mais qui diffère très-peu de la vitesse de la plupart d'entre elles; 3° de l'énergie $Eq d\varpi$, correspondant à la quantité de chaleur $q d\varpi$ que le frottement a pu développer; 4° enfin de l'accroissement d'énergie potentielle de la pression p_2, dont le point d'application se trouve déplacé par l'introduction du poids $d\varpi$ dans l'espace compris entre les surfaces A et B. Soit v_2 le volume de l'unité de poids à la pression p_2 et à la température t_2 qui règne dans le second milieu à partir de la surface A : cet accroissement aura pour expression $p_2 v_2 d\varpi$.

On a donc

$$p_1 v_1 d\varpi + EQ d\varpi = U d\varpi + \frac{w^2}{2g} d\varpi + Eq d\varpi + p_2 v_2 d\varpi,$$

ou bien, en négligeant la quantité de chaleur développée par le frottement, ce qui laisse la solution dans un degré d'exactitude bien suffisant pour l'état peu avancé de la question,

$$p_1 v_1 + EQ = U + \frac{w^2}{2g} + p_2 v_2.$$

109. L'expression de la quantité Q est facile à trouver : c'est la quantité de chaleur correspondant à une transformation de l'unité de poids du gaz où l'état initial, l'état final et tous les états intermédiaires sont complétement déterminés; c'est donc

$$\int l dv + c dt = c (t_2 - t_1) + \int_{v_1}^{v_2} l dv.$$

Le terme U s'obtient de même aisément à l'aide des données. On

sait en effet que pour les gaz parfaits l'accroissement d'énergie intérieure ne dépend que de la température initiale et de la température
finale, et qu'elle est toujours représentée par $Ec(t_2 - t_1)$ lorsqu'il
s'agit de l'unité de poids.

L'équation précédente devient donc, en supprimant les termes
communs aux deux membres,

$$p_1 v_1 + E \int_{v_1}^{v_2} l \, dv = \frac{w^2}{2g} + p_2 v_2$$

ou

$$\frac{w^2}{2g} = \int_{v_1}^{v_2} p \, dv + p_1 v_1 - p_2 v_2.$$

Telle est l'équation définitive qui donne pour w^2 une valeur re-
marquablement simple. Elle met en évidence ce résultat important :
que la vitesse avec laquelle un gaz s'écoule par un orifice mince
dépend non-seulement de la pression qui existe à l'intérieur et de
celle qui règne à l'extérieur, c'est-à-dire des pressions initiale et
finale, mais encore de toute la série des pressions que prend le gaz
en passant de la dernière surface, où sa pression est p_1, à la première
où elle devient p_2; et comme ces pressions intermédiaires dépendent
des températures correspondantes, on voit que la vitesse d'écoulement dépend de la série des températures que prend la masse
gazeuse pendant cette suite de transformations.

110. Nous examinerons successivement trois hypothèses que l'on
peut faire sur la manière dont la température varie dans le voisinage
de l'orifice.

1° On peut d'abord admettre que, par le contact d'un foyer de
chaleur convenable, la température du gaz demeure invariable pendant l'écoulement. Le volume et la pression sont alors liés ensemble
par la loi de Mariotte, et l'on a

$$p_1 v_1 - p_2 v_2 = 0.$$

L'équation précédente se réduit ainsi à

$$\frac{w^2}{2g} = \int_{v_1}^{v_2} p \, dv.$$

D'ailleurs, dans ce cas,

$$\int_{v_1}^{v_2} p\, dv = p_1 v_1 \int_{v_1}^{v_2} \frac{dv}{v} = p_1 v_1 \, \mathrm{L}\frac{v_2}{v_1} = p_1 v_1 \, \mathrm{L}\frac{p_1}{p_2}.$$

On a donc simplement

$$w^2 = 2g\, p_1 v_1 \, \mathrm{L}\frac{p_1}{p_2}.$$

C'est la formule ordinaire que l'on donne dans les traités de mécanique, où on la déduit, d'après Navier[1], de l'hypothèse improbable du parallélisme des tranches. Elle est peu utile dans la pratique, puisqu'elle suppose des conditions qui n'y sont jamais réalisées.

2° Une autre hypothèse consiste à admettre qu'un gaz en s'écoulant conserve la même densité, ce qu'on peut supposer réalisé en admettant qu'on diminue convenablement, par le contact d'un corps froid, la température du gaz dont la pression diminue. On a alors, puisque le volume de l'unité de poids demeure constant,

$$\int_{v_1}^{v_2} p\, dv = 0$$

et

$$\frac{w^2}{2g} = p_1 v_1 - p_2 v_2.$$

Mais $v_1 = v_2$; par suite,

$$w^2 = 2g\, v_1\, (p_1 - p_2).$$

C'est la formule que Daniel Bernoulli donne dans son *Hydrodynamica*, et il n'est pas difficile de voir que c'est précisément celle qui règle l'écoulement des liquides pour lesquels on peut supposer en effet, vu leur faible compressibilité, l'invariabilité du volume de l'unité de poids.

Pour de petites variations de pression, cette formule donne des nombres qui s'accordent assez avec ceux de l'expérience; mais, pas plus que la précédente, elle ne convient au cas de fortes pressions.

[1] NAVIER, Mémoire sur l'écoulement des fluides élastiques (*Mémoires de l'Académie des sciences*, t. IX, p. 311, 1829).

111. 3° La troisième hypothèse est indiquée par l'expérience elle-même. En réalité, le gaz ne se trouve jamais en rapport qu'avec lui-même, c'est-à-dire avec un corps extrêmement peu conducteur, et avec les parois de l'orifice solide, qu'il ne touche que pendant un temps extrêmement court; tout doit donc se passer très-sensiblement comme si les modifications que le gaz éprouve avaient lieu dans une enceinte dépourvue de conductibilité. On se rapprochera donc beaucoup des conditions réelles, si on admet entre le volume et la pression la relation

$$p_1 v_1^k = p_2 v_2^k,$$

où

$$k = \frac{C}{c}.$$

Que devient dans ce cas la formule

$$\frac{w^2}{2g} = \int_{v_1}^{v_2} p\,dv + p_1 v_1 - p_2 v_2 ?$$

Calculons d'abord la différence $p_1 v_1 - p_2 v_2$.
De la relation $p_1 v_1^k = p_2 v_2^k$ on tire

$$p_1 v_1 v_1^{k-1} = p_2 v_2 v_2^{k-1},$$

d'où

$$p_2 v_2 = p_1 v_1 \frac{v_1^{k-1}}{v_2^{k-1}},$$

et par suite

$$p_1 v_1 - p_2 v_2 = p_1 v_1 \left(1 - \frac{v_1^{k-1}}{v_2^{k-1}} \right),$$

ou

$$p_1 v_1 - p_2 v_2 = p_1 v_1^k \left(\frac{1}{v_1^{k-1}} - \frac{1}{v_2^{k-1}} \right).$$

L'intégrale $\int_{v_1}^{v_2} p\,dv$ s'évalue aussi aisément :

$$p = \frac{p_1 v_1^k}{v^k},$$

$$\int p\,dv = p_1 v_1^k \int \frac{dv}{v^k} = -\frac{1}{k-1} \frac{p_1 v_1^k}{v^{k-1}} + \text{const.};$$

d'où

$$\int_{v_1}^{v_2} p\, dv = \frac{p_1 v_1^k}{k-1} \left(\frac{1}{v_1^{k-1}} - \frac{1}{v_2^{k-1}} \right).$$

On a donc

$$\frac{w^2}{2g} = p_1 v_1^k \left(\frac{1}{v_1^{k-1}} - \frac{1}{v_2^{k-1}} \right) \left(1 + \frac{1}{k-1} \right),$$

ou enfin

$$\frac{w^2}{2g} = \frac{k}{k-1}\, p_1 v_1^k \left(\frac{1}{v_1^{k-1}} - \frac{1}{v_2^{k-1}} \right).$$

Cette formule se calcule aisément : p_1 et p_2 sont donnés par les conditions mêmes du problème, v_1 se déduit de p_1 et t_1, et v_2 s'obtient en fonction des données par la relation

$$p_1 v_1^k = p_2 v_2^k.$$

On peut donc comparer facilement les nombres déduits de cette formule à ceux que fournit l'observation directe. Toutefois, il est plus simple de remplacer cette formule unique par un système de deux formules où entrent les températures t_1 et t_2.

Des calculs précédemment développés (104) il résulte

$$\frac{v_1^{k-1}}{v_2^{k-1}} = \frac{1 + \alpha t_2}{1 + \alpha t_1}.$$

De là une nouvelle expression de $\dfrac{w^2}{2g}$,

$$\frac{w^2}{2g} = \frac{k}{k-1}\, p_1 v_1 \left(1 - \frac{v_1^{k-1}}{v_2^{k-1}} \right),$$

ou

$$\frac{w^2}{2g} = \frac{k}{k-1}\, p_1 v_1 \left(1 - \frac{1 + \alpha t_2}{1 + \alpha t_1} \right),$$

$$\frac{w^2}{2g} = \frac{k}{k-1}\, p_1 v_1\, \frac{\alpha(t_1 - t_2)}{1 + \alpha t_1}.$$

Cette expression peut se simplifier :

$$k = \frac{C}{c},$$

$$k - 1 = \frac{C - c}{c},$$

$$\frac{k}{k - 1} = \frac{C}{C - c}.$$

Par suite,

$$\frac{w^2}{2g} = C \, \frac{\alpha p_1 v_1}{(C - c)(1 + \alpha t_1)}(t_1 - t_2):$$

or

$$\frac{\alpha p_1 v_1}{(C - c)(1 + \alpha t_1)} = \frac{\alpha p_0 v_0}{C - c} = E,$$

par conséquent

$$(\alpha) \qquad \frac{w^2}{2g} = EC(t_1 - t_2),$$

expression très-simple dont le calcul s'effectue aisément si l'on connaît t_1 et t_2.

t_1 est une des données du problème. t_2 se détermine de la manière suivante :

$$p_1 v_1^k = p_2 v_2^k$$

ou

$$p_1^{\frac{1}{k}} v_1 = p_2^{\frac{1}{k}} v_2.$$

D'autre part,

$$\frac{p_1 v_1}{1 + \alpha t_1} = \frac{p_2 v_2}{1 + \alpha t_2},$$

et, en divisant membre à membre les deux dernières égalités,

$$p_1^{\frac{1}{k} - 1}(1 + \alpha t_1) = p_2^{\frac{1}{k} - 1}(1 + \alpha t_2),$$

$$\frac{1 + \alpha t_1}{1 + \alpha t_2} = \left(\frac{p_2}{p_1}\right)^{\frac{1}{k} - 1};$$

or;

$$\frac{1}{k} - 1 = -\frac{k-1}{k};$$

on a donc en définitive

$$(\beta) \qquad \frac{1 + \alpha t_1}{1 + \alpha t_2} = \left(\frac{p_1}{p_2}\right)^{\frac{k-1}{k}},$$

formule qui donne t_2 si p_1, t_1 et p_2 sont connus.

Si on applique maintenant les données de l'expérience aux formules (α) et (β), on trouve pour la vitesse d'écoulement des valeurs qui paraissent se rapprocher beaucoup de celles que l'observation directe fait connaître [1].

MACHINES À GAZ.

112. La dilatation d'un gaz à température constante s'effectue sans variation d'énergie interne, de sorte que la chaleur nécessaire à la production du phénomène est tout entière convertie en travail extérieur. La possibilité de cette conversion totale de la chaleur en travail au moyen des gaz a fait concevoir, dans ces dernières années, des espérances presque illimitées sur la puissance mécanique des machines à air; mais une simple remarque suffit pour montrer que l'observation précédente ne les justifie point. En effet, la transformation considérée n'est possible qu'une seule fois; lorsque l'augmentation de volume du gaz a atteint ses dernières limites, la production de travail s'arrête nécessairement : or cette condition est incompatible avec le jeu d'une machine thermique quelconque, dont le fonctionnement doit toujours être continu. On ne peut donc voir dans l'expérience précédente que la première période d'une série de transformations qui ramène le gaz à son état initial pour lui permettre

[1] Weisbach, Vorläüfige Mittheilungen über die Ergebnisse vergleichender Versuche über den Ausfluss der Luft und des Wassers unter hohem Drucke (*Civilingenieur*, Bd. V, S. 1).—*Ingenieur- und Maschinenmechanik*, Braunschweig, 1863, 4 Auflage, Bd. I, S. 911.

Grashof, Ueber die Bewegung der Gase im Beharrungszustande in Röhrenleitungen und Kanälen (*Zeitschrift des Vereins deutscher Ingenieure*, Bd. VII, S. 243 u. 280).

de recommencer de nouveau et indéfiniment la production des mêmes phénomènes. Mais dans un cycle entier d'opérations la force élastique du gaz est alternativement mouvante et résistante; le travail extérieur résultant se compose donc de parties alternativement positives et négatives, et, en particulier, il peut être nul si la transformation qui ramène le gaz à son état initial est exactement inverse de celle qui l'en a éloigné. La nécessité d'un cycle d'opérations où l'état final est identique à l'état initial rend parfaitement insignifiante la considération du travail intérieur puisque, quel que soit le corps employé, il est nécessairement nul à la fin de la transformation. Les avantages de la machine à gaz résultent d'autres considérations.

113. Définition du coefficient économique d'une machine thermique. — Dans le jeu d'une machine à gaz, et en général dans celui de toute machine thermique, on peut distinguer deux périodes. Dans la première il y a transformation d'une certaine quantité d'énergie calorifique en énergie sensible; nous appellerons *dépense primitive* la quantité de chaleur correspondante au phénomène thermique qui s'accomplit dans cette transformation. Dans la seconde il y a retour d'une partie de l'énergie sensible développée, à l'état d'énergie calorifique; nous appellerons *dépense utile* l'excès de la dépense primitive sur la quantité de chaleur régénérée dans la seconde période. Cette dernière quantité peut n'être pas complétement perdue pour le jeu de la machine; on doit examiner si elle n'est pas susceptible d'être employée en partie pour aider à fournir la quantité de chaleur qui constituera la dépense primitive d'une seconde opération identique à la première; nous appellerons *dépense totale* l'excès de la dépense primitive sur la portion de chaleur régénérée qui est ensuite utilement employée.

Le *coefficient économique* d'une machine thermique est le rapport de la dépense utile à la dépense totale.

Le problème actuel consiste à déterminer la valeur du coefficient économique dans les machines à gaz et à chercher sous quelles conditions il présente sa valeur maximum.

114. Représentation graphique du jeu des machines thermiques. — Représentons, comme nous l'avons déjà fait, l'état du corps qui parcourt le cycle des transformations dont la machine est le siége par un point dont l'abscisse est égale au volume de l'unité de poids, et l'ordonnée égale à la pression. La loi des positions du point figuratif sera une courbe fermée telle que MNPQ (fig. 19), l'ordre des lettres indiquant le sens dans lequel la courbe est parcourue.

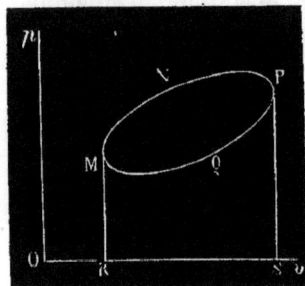

Fig. 19.

L'aire MNPQ est précisément égale au travail effectué par la machine pendant l'accomplissement d'un cycle entier d'opérations.

En effet, lorsque le point figuratif partant du point M décrit l'arc MNP, la pression du corps effectue un travail positif égal à l'aire RMNPS; lorsqu'il revient à son point de départ en suivant le chemin PQM, la pression accomplit un travail négatif égal à l'aire SPQMR; la somme algébrique de ces deux travaux ou la quantité d'énergie sensible qui reste libre à la fin de la transformation est donc représentée par la différence des deux aires précédentes, c'est-à-dire par la surface MNPQ. Si l'on convient de compter les aires positivement quand l'abscisse croît, et négativement quand elle décroît, on peut encore dire que l'aire représentative du travail de la machine est égale à la somme géométrique des aires décrites par le point figuratif de l'état du corps.

Ce mode de représentation des cycles se prête à quelques remarques fondamentales qui nous seront très-utiles dans la suite.

1° Nous avons supposé que le point M, correspondant à l'abscisse minima de la courbe figurative, représentait l'état du corps à l'instant où commence la série de ses transformations; mais cette restriction est évidemment inutile, et l'on peut faire correspondre l'état initial du corps à un point quelconque de la courbe, pourvu que l'on suppose que celle-ci soit toujours parcourue dans le même sens.

2° En général, toute machine thermique servant à opérer la conversion d'une certaine quantité d'énergie calorifique en énergie sen-

sible peut également servir à transformer de l'énergie sensible en
énergie calorifique.

Pour préciser les idées, supposons que le corps considéré soit un
gaz assujetti à parcourir le cycle MNPQ dans le sens qu'indique
l'ordre des lettres. De M en N et en P, le gaz se dilate en déplaçant
le point d'application d'une pression extérieure constamment égale à
l'ordonnée de la courbe MNP; il effectue ainsi un travail extérieur
égal à l'aire RMNPS, auquel correspond l'absorption d'une quantité
de chaleur équivalente Q. Je néglige le travail intérieur puisque,
à la fin de la transformation, la somme des variations de l'énergie
interne est nulle. De P en Q et en M, le gaz se comprime sous l'action d'une pression extérieure constamment égale à l'ordonnée de
la courbe PQM; il en résulte un dégagement de chaleur q équivalente au travail représenté par l'aire SPQMR. En somme, la série
des transformations étant achevée, il y a disparition d'une quantité
de chaleur égale à $Q - q$, et production d'une quantité d'énergie sensible équivalente à l'aire MNPQ.

Supposons maintenant que le gaz parcoure le même cycle de
transformations en sens inverse, ce qui est évidemment possible.

De M en Q et en P, le gaz se dilate en effectuant un travail extérieur égal à l'aire RMQPS, ce qui nécessite une absorption de chaleur précisément égale à q. De P en N et en M, il se comprime sous
l'action d'une pression extérieure qui effectue un travail égal à
l'aire SPNMR, en déterminant le dégagement d'une quantité de chaleur égale à Q. En somme, il y a dépense d'une quantité d'énergie
sensible égale à l'aire MQPN et production d'une quantité de chaleur égale à $Q - q$.

Les conditions les plus avantageuses pour la machine renversée
le sont aussi pour la machine ordinaire; une seule et même théorie
suffit donc pour les deux cas.

Il est important de remarquer, pour la généralité des raisonnements, que la possibilité de la réversion n'existe pas toujours, c'est-
à-dire qu'un certain nombre de transformations ne sont pas susceptibles d'être réalisées de deux manières exactement inverses. Par
exemple, deux corps frottés l'un contre l'autre dégagent toujours de
la chaleur; mais, s'ils sont en repos, il n'est pas possible de les

mettre en mouvement par une application directe de la chaleur dégagée. Lorsqu'on fait mouvoir une machine de Clarke, on peut
échauffer jusqu'au rouge un fil de platine qui unit les deux pôles;
mais il n'est pas possible de mettre la machine en mouvement par
une communication directe de chaleur au fil métallique, etc. Nous
aurons bientôt occasion d'insister davantage sur la distinction à faire
entre les *cycles réversibles* et les cycles *non réversibles*.

3° Étant donné un nombre quelconque d'opérations successives
où l'état final est identique à l'état initial, il est toujours possible
de les considérer comme fai-
sant partie d'un cycle unique.

Soient deux séries circu-
laires de transformations représentées par les courbes
fermées M et N; je joins par
une courbe quelconque deux
points P et Q arbitrairement
choisis, et je dis que le cycle
unique MPQNQPM est équi-
valent aux deux cycles pro-

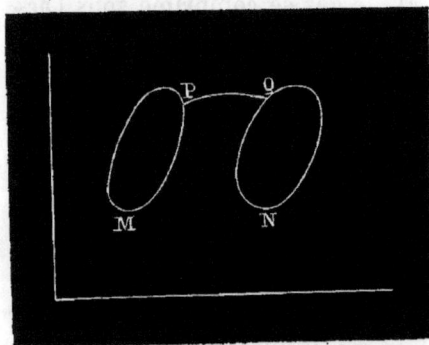

Fig. 20.

posés. En effet, il n'en diffère que par les deux transformations
exactement inverses PQ et QP qui se compensent rigoureusement.

La démonstration s'étend évidemment à un nombre quelconque
de cycles.

4° Un cycle étant donné, on
peut toujours le décomposer en une
infinité d'autres.

Soit le cycle MNPQ : je trace la
courbe quelconque MP et je dis
qu'on peut remplacer le cycle proposé par l'ensemble des deux cycles
MNPM et MPQM. En effet, le ré-

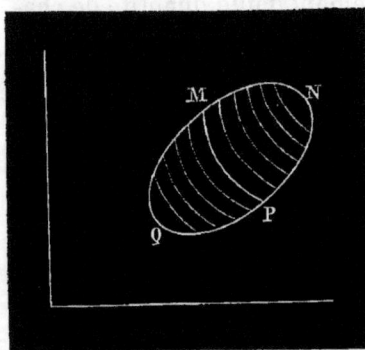

Fig. 21.

sultat de cette substitution est uniquement d'introduire dans la série
des opérations que subit le corps considéré deux transformations
inverses PM et MP qui se détruisent complétement.

La généralisation du théorème est évidente. En particulier, si on décompose le cycle MPQ en une infinité d'autres par une infinité de courbes telles que MN, on pourra remplacer la machine réelle, dans laquelle se réalise le cycle proposé, par une infinité de machines élémentaires correspondant à chacun des nouveaux cycles formés.

La dernière remarque relative à la décomposition des cycles permet de n'avoir aucun égard à la singularité des courbes et de ramener tous les cas à celui où le cycle des transformations peut être représenté par une courbe dénuée de points multiples et de points d'inflexion.

115. Machine à gaz réalisant un cycle de Carnot. — La considération des cycles de transformations, qui permet de faire abstraction du travail intérieur moléculaire et qui rend ainsi les résultats de la théorie indépendants d'hypothèses prématurées aujourd'hui, a été introduite dans la science par Sadi Carnot, dans ses *Réflexions sur la puissance motrice du feu.* Dans cet ouvrage l'auteur considère un cycle particulier dont la réalisation constitue la machine à gaz la plus simple; ce cycle, que nous appellerons *cycle de Carnot,* du nom de son inventeur, comprend quatre périodes qu'il est commode de présenter dans l'ordre suivant :

1° Le gaz étant mis en relation avec des corps totalement dépourvus de conductibilité, on diminue peu à peu la pression; le gaz

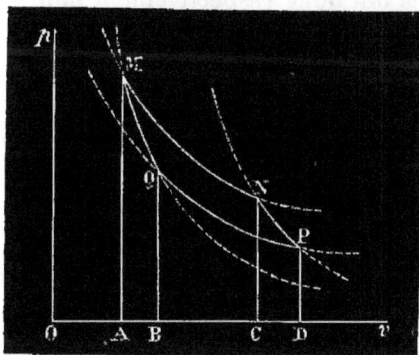

Fig 22.

se dilate comme dans une enceinte imperméable à la chaleur, en passant de l'état initial défini par le point N à l'état défini par le point P. En même temps, la température, qui était t_1 en N, diminue et devient égale à t_2 en P.

2° Le gaz étant mis en contact avec une masse infinie de conductibilité infinie à la température t_2, on augmente la pression; le gaz se comprime en conservant la température t_2, et le point figuratif décrit la courbe PQ.

3° Le gaz est replacé dans l'enceinte dépourvue de conductibilité, et on continue à augmenter la pression jusqu'à ce que la température soit redevenue égale à t_1 : le point figuratif décrit alors la courbe QM.

4° Enfin, le gaz étant mis en contact avec une masse infinie de conductibilité infinie à la température t_1, on ramène la pression à sa valeur primitive NC, et le gaz reprend son état initial en suivant la transformation MN où sa température demeure constante et égale à t_1.

Il est évident que la série d'opérations qui constitue un cycle de Carnot peut s'effectuer sur un corps quelconque aussi bien que sur un gaz.

On a donné le nom de *lignes isothermes* aux courbes MN et QP qui représentent une transformation du corps résultant d'une variation de volume sans variation de température.

On a donné le nom de *lignes de nulle transmission* aux courbes MQ et NP, qui représentent une transformation du corps résultant d'une variation de volume sans communication de chaleur avec l'extérieur.

116. Pour les gaz les équations de ces courbes sont parfaitement connues. Les deux lignes isothermes MN et QP représentent la relation qui existe entre le volume et la pression d'un gaz lorsque la température demeure constante ; elles ont donc respectivement pour équation

$$pv = p_0 v_0 \left(1 + \alpha t_1 \right).$$
$$pv = p_0 v_0 \left(1 + \alpha t_2 \right).$$

Chacune d'elles est une hyperbole équilatère ayant pour asymptotes les axes de coordonnées, et l'ordonnée de la deuxième est, pour une même valeur de l'abscisse, moindre que l'ordonnée correspondante de la première.

Les deux courbes de nulle transmission MQ et NP représentent la liaison remarquable qui existe entre le volume et la pression d'un gaz, lorsqu'il se dilate sans recevoir ni communiquer de chaleur, c'est-à-dire lorsque l'accroissement d'énergie sensible du gaz résulte uniquement d'une transformation de l'énergie intérieure. Si donc on représente par p_1v_1 les coordonnées correspondantes au point M, par $p'_1v'_1$ celles du point N, ces deux courbes ont respectivement pour équation

$$pv^k = p_1v_1^k.$$

$$pv^k = p'_1v'^k_1.$$

Ce sont deux courbes présentant les mêmes asymptotes que les hyperboles précédentes, mais différant de celles-ci en ce qu'elles ne sont pas symétriques par rapport à la bissectrice de l'angle des axes: elles se rapprochent beaucoup plus vite de l'axe des abscisses que de celui des ordonnées, et l'une d'elles reste encore toujours au-dessous de l'autre.

117. L'évaluation du coefficient économique d'une machine à gaz réalisant un cycle de Carnot s'effectue sans difficulté.

Considérons le point M comme représentant l'état initial du gaz. Dans la première opération, qui est alors représentée par la courbe MN, le gaz se dilate et accomplit un travail extérieur dont l'expression est, d'après une formule bien connue,

$$p_1v_1 \log \frac{v'_1}{v_1}.$$

La température demeurant constante, il est nécessaire et suffisant que la masse infinie de température t_1, avec laquelle le gaz est en contact, lui fournisse une quantité de chaleur égale à

$$A\,p_1v_1 \log \frac{v'_1}{v_1}.$$

C'est la dépense primitive de la machine.

Pendant la deuxième et la quatrième opération il ne se produit aucune variation dans l'énergie calorifique des corps extérieurs.

Dans la troisième opération, celle que figure la courbe PQ, le gaz conservant la température t_2 est comprimé du volume $OD = v_2'$ au volume $OB = v_2$, et le travail de la pression extérieure est

$$p_2 v_2 \log \frac{v_2'}{v_2}.$$

Il est encore nécessaire, pour que la température du gaz demeure constante, que la masse infinie de température t_2 avec laquelle il est en contact absorbe sans cesse la chaleur qui se dégage et qui est représentée par

$$A \, p_2 v_2 \log \frac{v_2'}{v_2}.$$

Cette quantité de chaleur doit être considérée comme entièrement perdue pour le jeu de la machine. En effet, elle est reçue sur une masse infinie de température t_2 qui est incapable de fournir la moindre quantité de chaleur à un corps dont la température est plus élevée que la sienne; elle y est donc sans utilité pour une transformation qui s'effectue à la température t_1, et par conséquent elle ne peut servir en aucune manière à entretenir la première opération d'une deuxième période d'activité de la machine. Il en résulte que la dépense totale est égale à la dépense primitive

$$A \, p_1 v_1 \log \frac{v_1'}{v_1},$$

et que la dépense utile est

$$A \left(p_1 v_1 \log \frac{v_1'}{v_1} - p_2 v_2 \log \frac{v_2'}{v_2} \right).$$

118. L'expression de la dépense utile peut s'obtenir d'une autre manière, en calculant directement le travail extérieur effectué à la fin de la transformation. Ce travail est égal à l'aire MNPQ ou à la différence des aires AMNPD et AMQPD.

L'aire AMNPD représente le travail extérieur accompli par le gaz pendant les deux premières opérations qui sont figurées par les courbes MN et NP: elle est donc égale à

$$p_1 v_1 \log \frac{v_1'}{v_1} + \int_{v_1'}^{v_2'} p \, dv.$$

Pour effectuer l'intégration je remarque que l'on a

$$pv^k = p_1'v_1'^k$$

ou

$$p = p_1'v_1'^k \frac{1}{v^k};$$

par suite,

$$\int_{v_1'}^{v_2'} p\, dv = p_1'v_1'^k \int_{v_1'}^{v_2'} \frac{dv}{v^k} = p_1'v_1'^k \frac{1}{k-1}\left(\frac{1}{v_1'^{k-1}} - \frac{1}{v_2'^{k-1}}\right),$$

ce qui peut s'écrire

$$\int_{v_1'}^{v_2'} p\, dv = p_1'v_1' \frac{1}{k-1}\left[1 - \left(\frac{v_1'}{v_2'}\right)^{k-1}\right].$$

Et comme

$$p_1 v_1 = p_1' v_1',$$

l'expression de la surface cherchée devient

$$p_1 v_1 \log\frac{v_1'}{v_1} + p_1 v_1 \frac{1}{k-1}\left[1 - \left(\frac{v_1'}{v_2'}\right)^{k-1}\right].$$

L'aire AMQPD s'obtiendra de la même manière, en supposant que le point figuratif de l'état du gaz suive le chemin MQP au lieu du chemin MNP. Il vient ainsi pour expression de cette surface

$$p_2 v_2 \log\frac{v_2'}{v_2} + \int_{v_1}^{v_2} p\, dv$$

ou

$$p_2 v_2 \log\frac{v_2'}{v_2} + p_1 v_1^k \int_{v_1}^{v_2} \frac{dv}{v^k}.$$

et, en effectuant les mêmes calculs que précédemment,

$$p_2 v_2 \log\frac{v_2'}{v_2} + p_1 v_1 \frac{1}{k-1}\left[1 - \left(\frac{v_1'}{v_2}\right)^{k-1}\right].$$

Mais il existe entre les quantités v_1 et v_2, v_1' et v_2' les relations connues (104)

$$\left(\frac{v_1}{v_2}\right)^{k-1} = \frac{1+\alpha t_2}{1+\alpha t_1},$$

$$\left(\frac{v_1'}{v_2'}\right)^{k-1} = \frac{1+\alpha t_2}{1+\alpha t_1};$$

par conséquent,

$$\frac{v_1}{v_2} = \frac{v_1'}{v_2'}.$$

Cette dernière égalité entraîne celle des travaux extérieurs correspondant aux transformations MQ et NP. Par suite, la différence des aires considérées, ou le travail extérieur cherché, se trouve simplement exprimée par

$$p_1 v_1 \log \frac{v_1'}{v_1} - p_2 v_2 \log \frac{v_2'}{v_2},$$

ce qui donne pour valeur de la dépense utile l'expression déjà trouvée

$$A\left(p_1 v_1 \log \frac{v_1'}{v_1} - p_2 v_2 \log \frac{v_2'}{v_2}\right),$$

ou, en ayant égard à la dernière égalité,

$$A\left(p_1 v_1 - p_2 v_2\right) \log \frac{v_1'}{v_1}.$$

119. Le coefficient économique de la machine, c'est-à-dire le rapport de la dépense utile à la dépense totale, est donc

$$\frac{p_1 v_1 - p_2 v_2}{p_1 v_1}.$$

Cette expression est susceptible de prendre une forme remarquable.

$$p_1 v_1 = p_0 v_0 (1 + \alpha t_1),$$

$$p_2 v_2 = p_0 v_0 (1 + \alpha t_2);$$

par suite,

$$\frac{p_1 v_1 - p_2 v_2}{p_1 v_1} = \frac{\alpha(t_1 - t_2)}{1 + \alpha t_1},$$

ce qui montre que le coefficient économique ne dépend que des températures extrêmes entre lesquelles la machine fonctionne.

On peut l'écrire

$$\frac{t_1 - t_2}{\frac{1}{\alpha} + t_1}$$

ou, en désignant par T les températures comptées à partir du point $-\frac{1}{\alpha}$ qu'on appelle, d'après des raisons que nous discuterons plus tard, le *zéro absolu de température*,

$$\frac{T_1 - T_2}{T_1}.$$

Les températures comptées à partir du point de l'échelle thermo-métrique situé à $\frac{1}{\alpha}$ degrés au-dessous du zéro ordinaire s'appellent *températures absolues*. On peut donc énoncer le théorème suivant :

Le coefficient économique d'une machine à gaz réalisant un cycle de Carnot est égal à la différence des températures absolues entre lesquelles la machine fonctionne, divisée par la plus grande de ces températures.

120. Une telle machine n'est pas susceptible d'une réalisation pratique; il n'est guère possible de construire une machine à gaz ou à vapeur où il n'y ait que des phénomènes de détente, c'est-à-dire où toutes les opérations consistent en variations simultanées de volume et de pression. En général, la période de détente est toujours précédée, dans les machines ordinaires, d'une autre période où le gaz se dilate à pression constante ou s'échauffe à volume constant. Néanmoins j'ai dû faire connaître cette machine, parce que c'est la plus simple et qu'on y ramènera toutes les autres en les décomposant en une infinité de machines infinitésimales différant infiniment peu de la précédente.

121. Machine à gaz quelconque. — Il est nécessaire d'établir d'abord une propriété des courbes de nulle transmission qui permet de distinguer facilement si une transformation d'un gaz nécessite une absorption ou un dégagement de chaleur.

Soient MN la courbe figurative de la transformation et M' un point infiniment voisin du point M. Proposons-nous de déterminer s'il y a eu absorption ou dégagement de chaleur dans la transformation infiniment petite MM'. Menons par le point M, dont les coordonnées sont $p_1 v_1$, la courbe de nulle transmission dont l'équation est

$$pv^k = p_1 v_1^k.$$

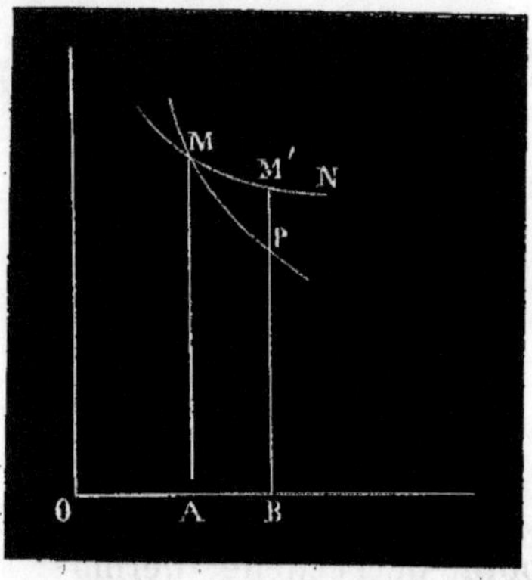

Cette courbe rencontre l'ordonnée M'B au point P qui, dans le cas de la figure, est au-dessous du point M' : je dis qu'il en résulte que la transformation MM' s'est effectuée avec absorption de chaleur. En effet, s'il n'y avait eu aucune quantité de chaleur communiquée, la pression correspondante au volume OB eût été BP; or, elle est plus grande et égale à BM' : il a donc fallu qu'il y eût transmission d'une certaine quantité de chaleur de l'extérieur au gaz.

Si la courbe MM' se fût trouvée au-dessous de la courbe de nulle transmission, le gaz aurait au contraire cédé de la chaleur aux corps extérieurs.

Fig. 23.

122. Considérons maintenant une courbe fermée quelconque représentant un cycle de transformations éprouvées par un gaz. Nous supposerons, d'après les remarques déjà faites, que la courbe soit partout convexe et qu'elle ne présente aucun point multiple.

Menons toutes les courbes de nulle transmission définies par l'équation

$$pv^k = K,$$

où K est un paramètre variable. Parmi toutes ces courbes, il y en a toujours deux entre lesquelles est comprise la courbe représentative du phénomène. Appelons t_1 et t_2 les températures correspondantes aux points A et B où les deux courbes de nulle transmission extrêmes touchent la courbe considérée, et supposons pour fixer les idées que t_2 soit plus grand que t_1.

Il est visible que si la transformation est telle que la machine convertisse en énergie sensible une certaine quantité d'énergie calo-

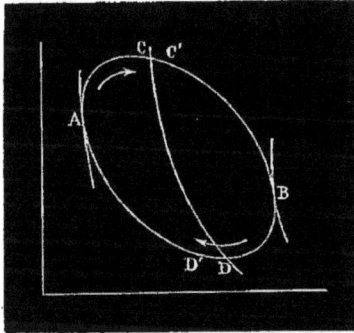

Fig. 24.

rifique, le point qui représente à chaque instant l'état du gaz doit parcourir la courbe dans le sens des flèches représentées sur la figure. Il n'est pas moins évident, d'après ce qui a été établi dans le paragraphe précédent, qu'en un point quelconque de l'arc ACB le gaz absorbe de la chaleur tandis qu'il en dégage tout le long de l'arc BDA. En effet, si l'on mène une courbe de nulle transmission quelconque CD, l'élément de courbe CC′, compté sur le premier arc dans le sens de la flèche, se trouve au-dessus de la ligne de nulle transmission, tandis que l'élément DD′, pris sur le second, se trouve au-dessous.

Les quantités de chaleur absorbée et dégagée s'expriment facilement.

Pendant la première période, la quantité de chaleur communiquée de l'extérieur au gaz est égale à $c(t_2 - t_1)$, plus l'équivalent calorifique du travail extérieur, ce qui donne

$$c(t_2 - t_1) + A \int p\, dv.$$

Pendant la deuxième période le gaz abandonne, au contraire,

$$c(t_2 - t_1) + A \int p'\, dv.$$

Dans ces expressions, c représente comme toujours la chaleur spécifique du gaz à volume constant, A l'inverse de l'équivalent mécanique de la chaleur, p la pression le long de l'arc ACB et p' la pression le long de l'arc BDA.

Il résulte de là que la dépense utile est

$$A\left(\int p\,dv - \int p'\,dv\right).$$

Quelle est la dépense totale?

123. Pour avoir la dépense totale, il faut, dans la dépense primitive $c(t_2 - t_1) + A\int p\,dv$, faire la part de ce qui peut être utilisé de nouveau et celle de ce qui est à jamais perdu. Or, je dis que la quantité de chaleur représentée par le premier terme $c(t_2 - t_1)$ ne constitue pas une dépense réelle.

En effet, cette quantité de chaleur absorbée pendant la première phase de la transformation est restituée en totalité dans la seconde, et je vais démontrer que cette restitution s'opère dans des conditions telles, que la quantité de chaleur ainsi rendue peut servir à l'entretien d'une nouvelle période d'activité de la machine.

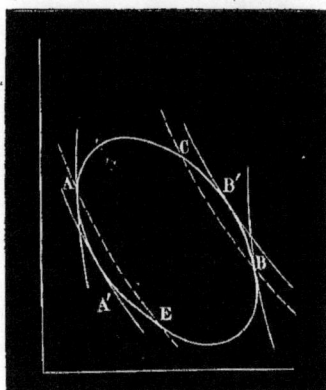

Fig. 25.

La courbe figurative du cycle est comprise entre deux lignes de nulle transmission qui la touchent aux points A et B où les températures sont t_1 et t_2; elle est également comprise entre deux lignes isothermes qui la rencontrent aux points A' et B' correspondants aux températures extrêmes t'_1 et t'_2. Soient, en outre, les deux lignes isothermes AE et CB qui passent par les points A et B.

De A en C, la quantité de chaleur absorbée est $c(t_2 - t_1) + A\displaystyle\int_A^C p\,dv$.

De C en B', la quantité de chaleur absorbée est $c(t'_2 - t_2) + A\displaystyle\int_C^{B'} p\,dv$.

De B' en B, la quantité de chaleur absorbée est $-c(t'_2 - t_2) + A\displaystyle\int_{B'}^B p\,dv$.

La quantité totale de chaleur absorbée dans la première période est donc

$$c(t_2 - t_1) + A \int_A^B p\, dv.$$

On a de même dans la seconde période :

De B en E, quantité de chaleur dégagée, $c(t_2 - t_1) + A \int_B^E p\, dv.$

De E en A', quantité de chaleur dégagée, $c(t_1 - t_1') + A \int_{A'}^E p\, dv.$

De A' en A, quantité de chaleur dégagée, $-c(t_1 - t_1') + A \int_A^{A'} p\, dv.$

En somme, la quantité totale de chaleur dégagée est

$$c(t_2 - t_1) + A \int_A^B p\, dv.$$

Mais la partie $c(t_2 - t_1)$, dégagée de B en E, peut être restituée complétement de A en C pour servir à une seconde période d'activité de la machine.

En effet, imaginons entre AE et CB une infinité de lignes isothermes infiniment rapprochées, correspondantes aux températures t_1, $t_1 + \Delta t$, $t_1 + 2\Delta t$,..., $t_1 + n\Delta t = t_2$. Ces lignes diviseront les deux arcs AC et BE en une infinité d'arcs élémentaires que je désignerai, de A en C, par a_1, a_2,..., a_n, et de B en E par a_1', a_2',..., a_n'. Aux extrémités de chacun de ces arcs élémentaires le gaz prend les températures suivantes: d'abord, suivant AC,

$$\underbrace{\qquad}_{a_1} \underbrace{\qquad}_{a_2} \qquad\qquad \underbrace{\qquad}_{a_{n-1}} \underbrace{\qquad}_{a_n}$$
$$t_1 \quad t_1+\Delta t \quad t_1+2\Delta t \ldots t_1+(n-2)\Delta t \quad t_1+(n-1)\Delta t \quad t_1+n\Delta t = t_2$$

puis, suivant BE,

$$\underbrace{\qquad\qquad}_{a_1'} \qquad\qquad \underbrace{\qquad}_{a_{n-2}'} \underbrace{\qquad}_{a_{n-1}'} \underbrace{\qquad}_{a_n'}$$
$$t_2 = t_1+n\Delta t \quad t_1+(n-1)\Delta t \ldots t_1+3\Delta t \quad t_1+2\Delta t \quad t_1+\Delta t \quad t_1$$

Or, il est évident que si l'on ne tient pas compte des transformations extrêmes a_n et a'_n, toutes les variations de température prises deux à deux peuvent être considérées comme s'entraînant mutuellement. Ainsi l'élévation de température produite dans la transformation a_1 peut être considérée comme résultant de l'abaissement de température qui a lieu dans la transformation a_{n-1}; il suffit de supposer, pour qu'il en soit ainsi, que la quantité de chaleur dégagée par l'abaissement de température qui accompagne la transformation a'_{n-1} soit déposée sur un corps à la température $t + \Delta t$, où le gaz à la température t_1 pourra venir la prendre dans la transformation a_1. On peut raisonner de même pour chacun des couples de transformation a_2 et a'_{n-2}, a_3 et a'_{n-3}, ..., a_{n-1} et a'_1.

Et alors on voit que la quantité de chaleur $c(t_2 - t_1)$ une fois communiquée peut servir indéfiniment au jeu de la machine en passant de la seconde phase de la transformation à la première. Ce voyage incessant de la même quantité de chaleur ne s'effectuera pas sans perte dans la pratique; mais on peut concevoir une machine parfaite où cette déperdition soit insensible. Dans cette hypothèse, la dépense totale est au plus égale à la valeur de l'expression

$$A \int p \, dv.$$

Nous allons voir qu'elle peut lui être inférieure.

124. Je trace sur la figure une infinité de courbes de nulle transmission infiniment voisines, et je substitue ainsi à la machine réelle une infinité de machines élémentaires dont le jeu est représenté pour chacune par un quadrilatère curviligne formé par deux arcs finis de courbe de nulle transmission et par deux arcs infiniment petits de la courbe donnée. Si ces deux arcs infiniment petits appartenaient à des courbes isothermes, on se trouverait ramené au cas d'un cycle

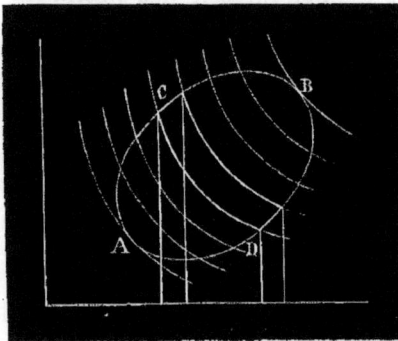

Fig. 26.

de Carnot; or, je dis que j'ai le droit de supposer qu'il en est ainsi. En effet, pendant la transformation qui correspond au passage de l'une des courbes de nulle transmission à la courbe infiniment voisine, le gaz reçoit une quantité de chaleur égale à

$$c\,dt + A p\,dv.$$

Pendant le retour de la deuxième courbe à la première, il abandonne

$$c\,dt' + A p'\,dv'.$$

Mais, d'après ce qui a été dit dans le paragraphe précédent, on peut négliger complétement les premiers termes de ces deux expressions dans la recherche du coefficient économique, et dès lors la machine infinitésimale considérée devient assimilable à une machine du genre de celle que nous avons déjà étudiée. Si donc on représente par t et t' les températures entre lesquelles elle fonctionne, son coefficient économique sera

$$\frac{\alpha\,(t - t')}{1 + \alpha t}.$$

Au point de vue économique, on peut donc substituer à la machine réelle une infinité de machines élémentaires réalisant un cycle de Carnot, où les températures extrêmes sont celles des points d'intersection des courbes de nulle transmission avec la courbe représentative du jeu de la machine réelle.

125. Il est très-important de remarquer que la température en quelques points de la seconde période peut être supérieure à celle de certains points de la première, et qu'alors la quantité de chaleur dégagée $A \int p'\,dv$ peut ne pas être entièrement perdue; car si une portion de cette chaleur est déposée sur un corps ayant une température égale ou supérieure à celle du gaz pendant une partie de la première période, elle pourra lui être communiquée dans cette partie et diminuer d'autant la dépense primitive.

Soit en effet une machine élémentaire fonctionnant entre les températures t et t'; on lui communique dans la première phase de la transformation une quantité de chaleur $Ap\,dv$; on en utilise une fraction $\frac{\alpha(t-t')}{1+\alpha t}$, et la fraction complémentaire $1 - \frac{\alpha(t-t')}{1+\alpha t} = \frac{1+\alpha t'}{1+\alpha t}$ est abandonnée sur un corps à la température t'. Mais cette dernière quantité de chaleur est susceptible d'être employée pour faire marcher une autre machine élémentaire fonctionnant entre les températures t' et t'', t' appartenant maintenant à la première période. Supposons qu'elle soit entièrement absorbée dans la première phase de la nouvelle transformation; une fraction $\frac{\alpha(t'-t'')}{1+\alpha t'}$ se convertira en travail extérieur, et le reste sera déposé sur un corps à la température t''. En somme, on aura utilisé de la dépense initiale $Ap\,dv$, qui constitue ici la dépense totale, une fraction égale à

$$\frac{\alpha(t-t')}{1+\alpha t} + \frac{\alpha(t'-t'')}{1+\alpha t'} \cdot \frac{1+\alpha t'}{1+\alpha t} = \frac{\alpha(t-t'')}{1+\alpha t}.$$

Il pourra même arriver que la quantité de chaleur déposée à la température t'' puisse servir à entretenir le jeu d'une nouvelle machine élémentaire fonctionnant entre les températures t'' et t''', et ainsi de suite.

En définitive, la machine réelle peut être remplacée par une infinité de machines élémentaires dont les unes ont réellement pour coefficient économique

$$\frac{\alpha(t-t')}{1+\alpha t},$$

et dont les autres peuvent être combinées ensemble de manière à former des machines complexes dont le coefficient économique, plus grand que celui qui correspond à chacune des machines simples, a une valeur de la forme

$$\frac{\alpha(t_1-t_2)}{1+\alpha t_1},$$

t_1 étant une température qui se réalise dans la première période et t_2 une température qui appartient à la seconde. Cette dernière expression est susceptible d'un maximum que l'on obtient en remplaçant t_1 par la température la plus élevée de la première période et t_2 par la température la plus basse de la seconde. Soient T_1 et T_2 ces températures extrêmes comptées à partir du zéro absolu ; le coefficient économique des machines simples ou complexes dont l'ensemble équivaut à la machine réelle est au plus égal à la quantité

$$\frac{T_1 - T_2}{T_1},$$

d'où ce théorème fondamental :

Étant donnée une machine à gaz fonctionnant entre deux limites de températures déterminées, le coefficient économique est au plus égal à la différence des températures absolues entre lesquelles la machine fonctionne, divisée par la plus haute de ces températures.

126. Machines à gaz présentant le coefficient économique maximum. — Il résulte de cet énoncé que la machine à gaz qui présente le plus d'avantages est celle qui réalise un cycle de Carnot, puisque le coefficient économique y a précisément la valeur maximum que l'énoncé précédent lui permet d'atteindre ; mais cette machine, dont la réalisation pratique présente des difficultés presque insurmontables, n'est pas la seule qui jouisse de cette propriété ; il en existe une infinité d'autres qui présentent le même avantage sous les conditions suivantes : 1° que la communication de chaleur entre le gaz et l'extérieur n'ait lieu qu'à deux températures constantes, ce qui introduit dans la courbe représentative du jeu de la machine deux lignes isothermes correspondantes aux températures extrêmes t_1 et t_2 ; 2° que les deux opérations qui permettent de passer de l'une des courbes isothermes à l'autre pour fermer le cycle soient telles que l'une puisse fournir par sa réalisation toute la chaleur nécessaire à l'accomplissement de l'autre.

Démontrons d'abord qu'on peut imaginer une infinité de machines satisfaisant à ces conditions ; nous ferons voir ensuite qu'elles ont toutes le même coefficient économique qu'une machine à gaz réalisant un cycle de Carnot.

Soient AB et CD deux courbes isothermes correspondantes aux températures t_1 et t_2, DA une courbe quelconque représentant la transformation que le gaz éprouve en passant d'une des lignes isothermes à l'autre; le problème consiste à trouver la courbe BC telle, que la transformation correspondante régénère, dans des conditions où elle puisse être employée de nouveau, toute la chaleur nécessaire à la transformation DA.

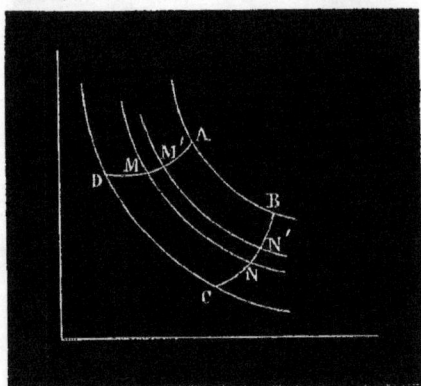
Fig. 27.

Imaginons que l'on mène entre AB et CD une infinité de lignes isothermes infiniment voisines, telles que MN, M'N', etc. Elles seront toutes comprises dans l'équation

$$pv = H,$$

où H est un paramètre qui varie entre les valeurs constantes H_1 et H_2 correspondantes aux deux courbes extrêmes

$$H_1 = p_0 v_0 (1 + \alpha t_1),$$
$$H_2 = p_0 v_0 (1 + \alpha t_2).$$

Ces lignes coupent la courbe DA en une infinité de points dont chacun peut être défini par une valeur de H et une valeur de v, de sorte que la courbe elle-même, qui est le lieu de ces points, peut être représentée par une équation de la forme

$$v = \varphi(H).$$

Considérons maintenant les deux arcs infiniment petits MM', NN' compris entre deux courbes isothermes infiniment voisines : nous aurons exprimé la condition qui définit la courbe BC, si nous écrivons que la quantité de chaleur absorbée dans la transformation

élémentaire MM' est égale à celle qui est dégagée dans la transformation N'N, car l'une est précisément abandonnée à la température
à laquelle l'autre est prise.

Or la première est égale à

$$c \frac{dt}{dH} dH + Ap \frac{dv}{dH} dH,$$

et la seconde à

$$c \frac{dt}{dH} dH + Ap' \frac{dv'}{dH} dH.$$

On a donc

$$p \frac{dv}{dH} = p' \frac{dv'}{dH}.$$

En vertu des relations

$$pv = H, \qquad p'v' = H,$$

cette équation devient

$$\frac{1}{v} \frac{dv}{dH} = \frac{1}{v'} \frac{dv'}{dH}$$

ou, en intégrant,

$$\log v' = \log v + \log C,$$

ou enfin

$$v' = Cv.$$

Par conséquent, si $v = \varphi(H)$ représente la courbe DA, la courbe
cherchée BC sera définie par l'équation $v' = C\varphi(H)$, qui convient à
une infinité de lignes à cause de la présence de la constante arbitraire C.

127. Dans le cycle ABCD on peut négliger complétement la
transmission de chaleur qui a lieu le long des courbes BC et DA, et
assimiler celles-ci, au point de vue économique, à des lignes de
nulle transmission. Le coefficient économique de la machine est donc
simplement égal à

$$\frac{\int p\, dv - \int p'\, dv}{\int p\, dv},$$

p désignant la pression le long de la courbe isotherme AB et p' le long de CD.

Cette expression se calcule comme dans le cas d'un cycle de Carnot.

Désignons, en conservant les mêmes notations, les coordonnées du point A par $p_1 v_1$, celles du point B par $p_1' v_1'$, celles du point C par $p_2' v_2'$, celles du point D par $p_2 v_2$.

L'expression précédente est égale (117) à

$$\frac{p_1 v_1 \log \frac{v_1'}{v_1} - p_2 v_2 \log \frac{v_2'}{v_2}}{p_1 v_1 \log \frac{v_1'}{v_1}} ;$$

mais, d'après ce qui vient d'être démontré,

$$v_1' = c v_1,$$

$$v_2' = c v_2,$$

et par suite

$$\frac{v_1'}{v_1} = \frac{v_2'}{v_2}.$$

La valeur du coefficient économique devient donc

$$\frac{p_1 v_1 - p_2 v_2}{p_1 v_1},$$

ce qui est précisément l'expression obtenue dans le cas d'un cycle de Carnot.

128. Machine de R. Stirling. — Ayant trouvé la loi la plus générale de la transformation d'un gaz, dans une machine qui fonctionne entre deux limites de température données, avec le coefficient économique maximum, nous allons examiner rapidement les deux cas particuliers les plus simples qui ont été réalisés dans la pratique.

On peut supposer d'abord que l'équation $v = \varphi(H)$ a la forme simple

$$v = \text{const.}$$

On a alors la machine à air inventée par Robert Stirling vers 1816. Les deux lignes qui réunissent les deux courbes isothermes sont deux droites parallèles à l'axe des pressions, et la courbe représentative du cycle a la forme MNPQ.

La série des opérations que subit le gaz est facile à définir. Prenons le point M pour représenter l'état initial de l'air qui occupe le volume OA sous la pression AM à la température arbitraire t_2.

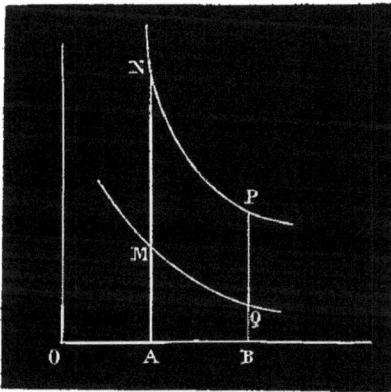

Fig. 28.

1° On échauffe le gaz à volume constant jusqu'à ce que sa température soit devenue égale à t_1. 2° On le laisse se dilater à température constante; il atteint le volume OB en effectuant un travail extérieur égal à l'aire hyperbolique ANPB. 3° On le refroidit à volume constant jusqu'à ce qu'il reprenne sa température initiale t_2. 4° On le comprime de manière à le réduire à son volume primitif OA; on dépense ainsi une quantité de travail mesurée par l'aire AMQB. Le travail engendré par la dilatation à température constante est supérieur au travail absorbé par cette compression, et l'excès peut recevoir telle application extérieure qu'on voudra.

129. Il n'entre pas dans l'esprit de ce cours de faire une description détaillée des machines à air; mais il importe de se rendre compte de la manière dont certaines conditions théoriques sont réalisées dans l'expérience; en particulier, il est intéressant de connaître les dispositions adoptées dans la pratique pour que les deux transformations qui permettent au gaz de passer d'une courbe isotherme à l'autre puissent s'effectuer à l'aide d'une quantité de chaleur constante qui, une fois donnée, ne fait plus que voyager de l'une à l'autre.

La figure représente une section verticale de la machine de Stirling dans ses parties essentielles [1].

L'air alternativement chaud et froid est renfermé dans le récipient DCABACD qui consiste en une double enceinte formée de deux enveloppes semblables dont l'une est intérieure à l'autre. Dans la partie cylindrique de l'enveloppe intérieure se meut sans frottement le piston E qui est creux et rempli de poussière de brique ou de toute autre matière peu conductrice. Ce piston, qui reçoit son mouvement de la machine elle-même, détermine l'échauffement ou le refroidissement du gaz à volume constant, en l'obligeant à venir séjourner tantôt au-dessus, tantôt au-dessous de lui.

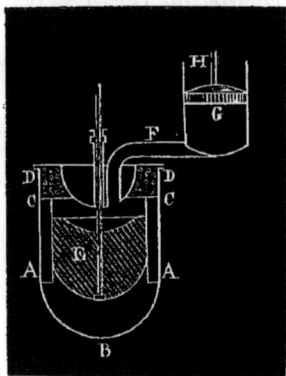

Fig. 29.

Faisons pour un instant abstraction du tuyau de communication F et du corps de pompe G; supposons le piston E au haut de sa course et la masse d'air qui est au-dessous à la température t_1. Lorsque le piston s'abaisse, le gaz s'échappe par de nombreux trous pratiqués dans la partie hémisphérique de l'enveloppe intérieure, pénètre dans l'espace annulaire compris entre les parties cylindriques des deux enveloppes et vient remplir le vide que le piston laisse au-dessus de lui. Mais dans ce mouvement l'air rencontre de AA en CC une série de tiges de verre et de métal qui ne lui laissent que d'étroits passages dans lesquels il abandonne presque toute la chaleur qu'il a dû emprunter au foyer de la machine, placé au-dessous du fond hémisphérique ABA, pour élever sa température de t_2 à t_1; le faible excès qui peut lui en rester est totalement absorbé de CC en DD au contact des nombreuses spires d'un tuyau de cuivre enroulé en spirale et constamment traversé par un courant d'eau froide; le gaz, ramené ainsi à la température ambiante sans que son volume ait changé, pénètre dans l'enveloppe intérieure. Lorsque le piston s'élève, l'air reprend le même chemin en sens inverse; il recouvre dans l'espace annulaire CCAA une partie de la chaleur qu'il y avait

[1] RANKINE, *Steam engine and other prime movers*, p. 362.

laissée, et, lorsqu'il arrive remplir de nouveau la capacité inférieure du récipient, il n'a besoin d'emprunter au foyer de la machine, pour reprendre son état initial, qu'une quantité de chaleur inférieure à celle qu'il avait d'abord absorbée.

A mesure que le nombre des coups de piston augmente, l'état des températures du système de corps placé sur le trajet du gaz approche d'un état stationnaire où les couches inférieures AA sont à la température t_1, tandis que la partie supérieure DD reste à la température t_2. Lorsque cet état est atteint, l'expérience démontre que la restitution de chaleur qui s'opère par l'intermédiaire de ce système de corps est presque complète, et que le foyer n'a pas à fournir au gaz $\frac{1}{20}$ de la quantité de chaleur qu'il aurait à lui communiquer s'il devait l'amener directement de la température t_2 à la température t_1.

On a donné le nom de *régénérateur de chaleur* à l'ensemble des corps placés sur le trajet du gaz pour lui restituer la chaleur dépensée à faire varier la température sans produire de travail [1].

130. Le jeu de la machine de Stirling est facile à comprendre. Le corps de pompe G, qui renferme le piston H dont le mouvement de va-et-vient détermine le fonctionnement de la machine, communique constamment avec le récipient DCABACD par l'intermédiaire du tuyau de communication F.

1° Le piston H étant à la base du corps de pompe G, le piston E, qui est à la partie inférieure de sa course, s'élève, et l'air passe sans changer de volume de la température t_2 à la température t_1.

2° Le gaz se détend à la température t_1 en soulevant le piston H.

3° Le piston E s'abaisse et l'air passe de la température t_1 à la température t_2.

4° Le piston H refoule l'air à la température t_2 en revenant à sa position initiale.

Sans entrer dans plus de détails, je ferai seulement remarquer qu'il existe une certaine masse d'air dont le volume n'est pas négligeable, qui ne passe jamais à travers le régénérateur et qui ne fait

---

[1] Lisez la note P de l'*Exposé de la théorie mécanique de la chaleur*.

que cheminer du tuyau de communication F au corps de pompe G; cette masse d'air, qui est incapable d'opérer la transformation de la chaleur en énergie mécanique, sert uniquement à transmettre la pression entre l'air réellement actif et le piston moteur.

131. Machine d'Ericsson. — Si l'équation générale $v = \varphi(H)$ prend la forme

$$v = mH,$$

m étant une constante, on a la machine d'Ericsson. Dans ce cas, les équations des deux courbes intermédiaires entre les lignes isothermes données sont

$$p = \frac{1}{m},$$

$$p = \frac{1}{m'}.$$

Le cycle représentatif du jeu de la machine a la forme MNPQ. Le

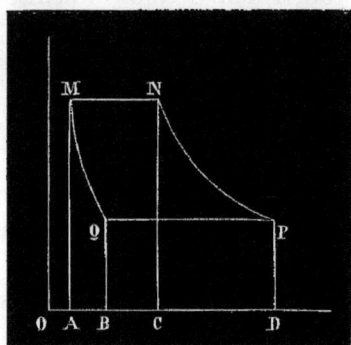

Fig. 3o.

gaz partant d'un état initial déterminé par la position du point M est d'abord échauffé sous pression constante, de manière que son volume augmente de OA à OC, et sa température de t_2 à t_1; alors il se dilate à température constante et son volume augmente encore de CD. Il est ensuite refroidi à pression constante, de manière que son volume diminue de OD à OB en même temps que sa température s'abaisse de t_1 à t_2; enfin il est comprimé à température constante jusqu'à ce qu'il soit ramené à son état primitif.

Il n'y a aucune difficulté à concevoir des dispositions mécaniques permettant de réaliser la série de ces transformations; nous ne ferons donc pas la description de la machine d'Ericsson, qui ne nous apprendrait rien d'essentiel après celle que nous avons faite de la machine de Stirling; on la trouvera d'ailleurs dans des ouvrages de mécanique très-répandus [1].

Nous nous occuperons maintenant d'établir le second principe fondamental de la théorie mécanique de la chaleur, ou principe de Carnot, auquel on arrive d'une manière simple et naturelle en partant des résultats obtenus dans ce chapitre.

[1] RANKINE, *Steam engine and other prime movers*, p. 354. — DELAUNAY, *Cours élémentaire de mécanique*, p. 682.

PRINCIPE DE CARNOT.

—

132. Rapport entre la quantité de chaleur transportée d'une ligne isotherme à l'autre et le travail extérieur correspondant. — Nous avons établi que, dans une machine à gaz fonctionnant avec le coefficient économique maximum, c'est-à-dire réalisant un cycle de transformations où toute la chaleur dépensée est communiquée au gaz à la température la plus élevée t_1, et toute la chaleur perdue abandonnée à la température la plus basse t_2, le rapport de la quantité de chaleur convertie en travail à la quantité de chaleur dépensée est

$$\frac{\alpha(t_1 - t_2)}{1 + \alpha t_1}.$$

Ce résultat peut se présenter un peu autrement. Désignons par Q la dépense totale de chaleur, par h la quantité de chaleur utilisée, par q la quantité de chaleur perdue qu'on peut considérer comme transportée d'un corps à la température t_1 sur un corps à la température t_2; on a

$$\frac{h}{Q} = \frac{\alpha(t_1 - t_2)}{1 + \alpha t_1}.$$

ou

$$\frac{Q - h}{h} = \frac{q}{h} = \frac{1 + \alpha t_2}{\alpha(t_1 - t_2)}.$$

Si nous multiplions le second membre de la dernière égalité par l'inverse de l'équivalent mécanique de la chaleur A, nous aurons le rapport entre la quantité de chaleur inutilement transportée d'une source à la température t_1 dans un réservoir à la température t_2 et la quantité de travail développée dans la transformation correspondante,

$$A \frac{1 + \alpha t_2}{\alpha(t_1 - t_2)}.$$

Ce rapport est une fonction très-simple des températures extrêmes entre lesquelles la machine fonctionne. Nous allons démontrer que sa valeur est indépendante de l'agent par l'intermédiaire duquel s'opère la conversion de la chaleur en travail, et qu'il est le même, pour les mêmes limites de température, dans toutes les machines où le cycle des transformations satisfait aux conditions énoncées plus haut, c'est-à-dire où le corps mis en jeu ne reçoit de chaleur qu'à la température la plus élevée et n'en abandonne qu'à la plus basse.

133. Cycle de Carnot dans le cas d'un corps quelconque. — Considérons une machine construite avec un corps quelconque, gaz imparfait, liquide ou solide, et supposons, pour satisfaire aux conditions précédentes, que le cycle des transformations soit un cycle de Carnot.

Il n'y a aucune difficulté à concevoir qu'un corps quelconque subisse une pareille série de transformations, dont la première machine à gaz étudiée nous a déjà offert un exemple. La courbe représentative du jeu de la machine sera composée de deux lignes isothermes MN et QP correspondantes aux deux températures t_1 et t_2, et de deux courbes de nulle transmission MQ et NP.

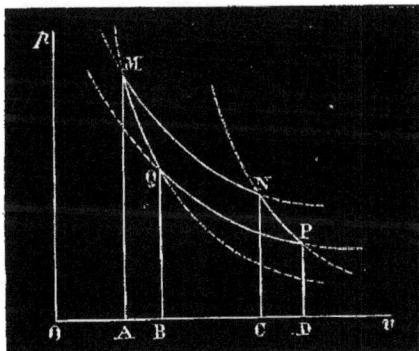

Fig. 31.

Pour les gaz parfaits, les lignes isothermes sont des hyperboles équilatères, mais il est probable qu'il n'en est plus ainsi aux deux limites extrêmes de l'état gazeux réel. Pour les liquides qui sont très-peu compressibles, l'ordonnée de ces courbes croît très-rapidement lorsque l'abscisse diminue de petites quantités. Pour les solides on peut considérer des pressions négatives, et les lignes isothermes peuvent être prolongées au-dessous de l'axe des abscisses, jusqu'à la limite où se produit la désagrégation moléculaire. La forme des lignes de nulle transmission nous est encore moins connue que celle des lignes isothermes; on sait seulement que, dans le cas des liquides, un accroissement considérable de pression ne produit qu'une très-faible augmentation de température.

Prenons le point M pour représenter l'état initial du corps mis en jeu dans la machine. De M en N une quantité Q de chaleur est communiquée au corps à la température t_1, en même temps qu'un travail extérieur égal à l'aire AMNC est effectué. De N en P une portion de l'énergie intérieure du corps se transforme en énergie sensible en donnant lieu à une production de travail égale à l'aire CNPD; dans cette opération aucune quantité de chaleur n'est empruntée ou communiquée à l'extérieur, et la température du corps s'abaisse de t_1 à t_2. De P en Q une certaine quantité d'énergie sensible BQPD, qu'on peut supposer être une fraction de celle qui a été développée dans les deux opérations précédentes, est convertie en énergie interne, et l'énergie calorifique d'un système de corps à la température t_2 se trouve augmentée de q. Enfin, de Q en M, une autre portion d'énergie sensible AMQB est employée à augmenter l'énergie intérieure du corps qui reprend son état initial, sans qu'il y ait aucune quantité de chaleur empruntée ou cédée aux corps extérieurs.

En résumé, la somme des variations de l'énergie interne du corps est nulle, puisque l'état final est identique à l'état initial; mais l'énergie totale d'un système extérieur a été augmentée de la quantité MNPQ. En même temps on a emprunté une quantité de chaleur Q à un corps ayant la température t_1, et une quantité q a été déposée sur un corps ayant la température t_2.

Le rapport qui existe entre la quantité de chaleur transportée de la masse infinie de température t_1 sur la masse infinie de température t_2 et le travail produit a pour expression

$$A \frac{q}{Q - q}.$$

Il n'est pas possible de calculer directement la valeur de ce rapport, mais nous allons démontrer qu'elle ne peut pas être différente de celle que nous avons trouvée dans le cas où l'agent de la transformation de la chaleur en travail est un gaz parfait.

134. Constance du rapport entre la chaleur transportée et le travail produit. — Considérons, en effet, une machine à gaz et une machine à liquide, par exemple, fonctionnant entre les mêmes limites de température t_1 et t_2 et présentant la même dépense utile h. En conservant aux lettres les mêmes significations que précédemment, on a pour la première

$$A\frac{q}{Q-q} = A\frac{q}{h} = A\frac{1+\alpha t_2}{\alpha(t_1-t_2)}.$$

Je dis qu'on a de même pour la seconde

$$A\frac{q'}{Q'-q'} = A\frac{q'}{h} = A\frac{1+\alpha t_2}{\alpha(t_1-t_2)}.$$

Je démontrerai d'abord qu'on ne peut pas avoir

$$\frac{q'}{h} > \frac{1+\alpha t_2}{\alpha(t_1-t_2)}.$$

Pour cela, je remarquerai que le cycle des transformations qui s'accomplissent dans la machine à liquide est réversible, c'est-à-dire que la courbe représentative de ce cycle peut être parcourue dans les deux sens par le point figuratif de l'état du corps, et qu'ainsi, suivant le sens adopté, la machine peut servir, soit à transformer en travail la quantité de chaleur $Q'-q'$, soit à convertir en chaleur la quantité de travail $E(Q'-q')$. Supposons le dernier cas.

La machine emprunte alors une quantité de chaleur q' à un corps à la température t_2 et la transporte sur un corps à la température t_1 en y ajoutant toute la chaleur qu'elle crée dans son intérieur, en consommant la quantité de travail Eh.

Si l'on admet l'inégalité précédente, on aura

$$q' > q.$$

Or, je dis que cette dernière inégalité est impossible. En effet, associons la machine à liquide avec la machine à gaz de telle façon que tout le travail développé par l'action de la chaleur dans celle-ci soit dépensé à faire marcher la première dans le sens que nous avons adopté. Dans la machine à gaz, on emprunte à un corps S à la température t_1 une quantité de chaleur $Q = q + h$ dont une partie h est transformée en travail et dont l'autre q est déposée sur un corps R à la température t_2. Dans la machine à liquide, on emprunte à un corps de température t_2, qui peut être encore R, une quantité de chaleur q', et cette quantité de chaleur, après avoir été augmentée de celle qui résulte de la transformation de la quantité de travail Eh fournie par la première machine, est déposée sur un corps de température t_1 qui peut être encore S. En somme, après une période complète du jeu de la double machine, il n'y a ni chaleur ni travail créé et l'on a transporté du corps R de température t_2 sur le corps S de température t_1 une quantité de chaleur $q' - q$, c'est-à-dire que l'on a augmenté l'énergie calorifique d'un corps ayant une température t_1 aux dépens de l'énergie calorifique d'un autre corps ayant une température plus basse t_2. Cette dernière conséquence est inadmissible. Dans une transformation d'un système où l'état final est identique à l'état initial, un pareil transport de chaleur, constituant le seul phénomène accompli, serait en contradiction formelle avec le principe suivant que nous acceptons comme un axiome :

Il ne peut jamais passer de la chaleur d'un corps plus froid dans un corps plus chaud sans qu'il n'y corresponde quelque autre modification.

Pour qu'une élévation de température dans un corps et un abaissement de température dans un autre soient deux phénomènes corrélatifs, il ne suffit pas qu'il y ait entre eux un rapport déterminé, il faut encore que le corps dont la température s'abaisse soit primitivement le plus chaud et celui dont la température s'élève le plus froid, ou bien il faut qu'il se produise quelque autre effet. Mais si l'on veut réduire le phénomène au *seul* passage de la chaleur d'un corps dans un autre, l'expérience nous montre que ce passage n'est possible que si le corps le plus chaud perd de la chaleur et si le plus froid en gagne. Ainsi, tandis que l'on peut très-facilement déterminer la fusion de la glace par la condensation de la vapeur d'eau à 100 degrés, on ne peut pas produire *directement* la vaporisation de la vapeur condensée par la congélation de l'eau fondue.

L'hypothèse $q' > q$ nous conduit donc à une impossibilité qui n'est certainement pas de même ordre que l'impossibilité du mouvement perpétuel, mais qui doit être considérée comme une impossibilité physique établie par les phénomènes les mieux connus.

Si nous supposions

$$q' < q,$$

un raisonnement tout semblable au précédent nous conduirait, en prenant la machine à liquide comme productrice de travail et la machine à gaz comme productrice de chaleur, aux mêmes conséquences contradictoires avec l'expérience.

On a donc

$$q' = q.$$

Par suite, dans la machine à liquide comme dans la machine à gaz, le rapport qui existe entre la quantité de chaleur transportée du corps ayant la température t_1 sur le corps ayant la température t_2, et le travail produit, a nécessairement pour valeur

$$A \frac{1 + \alpha t_2}{\alpha (t_1 - t_2)},$$

ou, en substituant aux températures ordinaires les températures absolues,

$$A \frac{T_2}{T_1 - T_2}.$$

135. Énoncé du principe de Carnot. — Cette expression convient non-seulement aux machines réalisant un cycle de Carnot, mais encore à toutes celles qui satisfont aux conditions qui rendent maximum le coefficient économique des machines à gaz, c'est-à-dire à toutes les machines où la série des opérations peut se représenter par deux lignes isothermes et par deux arcs de courbe susceptibles d'être décomposés en une infinité d'éléments se correspondant deux à deux, et tels, qu'une transformation élémentaire quelconque du premier arc trouve dans la transformation élémentaire correspondante du second les conditions nécessaires à sa réalisation. La démonstration précédente se prête évidemment à ce degré de généralisation.

Nous nous trouvons ainsi conduits à un principe extrêmement important qui a été établi pour la première fois par Sadi Carnot, et qu'on peut énoncer de la manière suivante :

Dans toute machine thermique, où l'agent employé pour la conversion de la chaleur en travail parcourt un cycle de transformations telles qu'il n'emprunte de chaleur qu'à un corps d'une température déterminée, et n'en abandonne qu'à un autre d'une température également déterminée mais plus basse, il existe un rapport constant entre la quantité de chaleur transportée du corps le plus chaud sur le corps le plus froid, et la quantité de chaleur transformée en travail; ce rapport, indépendant de la nature de l'agent employé, est égal à la plus basse des températures absolues entre lesquelles la machine fonctionne, divisée par la différence de ces températures.

A cause de l'importance de ce principe, il n'est pas inutile, avant d'en développer les conséquences, de revenir sur la démonstration que nous venons d'en donner d'après M. Clausius. Cette démonstration repose tout entière sur une impossibilité physique qui n'apparaît pas avec le même degré de certitude qu'une impossibilité mécanique, comme celle du mouvement perpétuel; aussi a-t-elle rencontré de nombreuses objections dont la réfutation lui sera un utile commentaire.

DISCUSSION DE LA DÉMONSTRATION QUE M. CLAUSIUS A DONNÉE DU PRINCIPE DE CARNOT[1].

136. Découverte du principe. — C'est à Sadi Carnot que l'on doit d'avoir formulé le premier le principe que nous venons d'établir et qui doit par conséquent porter son nom. Il l'énonce de la manière suivante dans ses *Réflexions sur la puissance motrice du feu* (1824) :

« La puissance motrice de la chaleur est indépendante des agents

[1] CLAUSIUS, *Abhandlungen über die mecanische Wärmetheorie*, 1re partie, p. 297.

mis en œuvre pour la réaliser; sa quantité est fixée uniquement par les températures des corps entre lesquels se fait en dernier résultat le transport du calorique. » (Page 38.)

Il remarque ensuite que ce principe, déduit de la considération d'un cycle de Carnot, est applicable à toutes les machines où « la méthode de développer la puissance motrice atteint la perfection dont elle est susceptible, » c'est-à-dire à toutes les machines qui présentent le coefficient économique maximum.

Il est intéressant de connaître les idées sous l'influence desquelles, à cette époque où tout le monde acceptait l'hypothèse de la matérialité de la chaleur, ce principe a été découvert.

137. Démonstration donnée par Sadi Carnot dans l'hypothèse de la matérialité du calorique. — Sadi Carnot avait remarqué la nécessité d'avoir, dans toute machine à feu, un foyer pour échauffer le corps mis en jeu (vapeur, air, etc.) et un réfrigérant pour le refroidir; et il avait été frappé de cette circonstance que la production du travail est toujours accompagnée du rétablissement d'équilibre dans le calorique, c'est-à-dire de son passage d'un corps où la température est plus ou moins élevée à un autre où elle est plus basse. La production du mouvement lui parut ainsi due, non à une consommation réelle du calorique, mais à son transport d'un corps chaud sur un corps froid.

S. Carnot considère le calorique comme un fluide ayant une tendance à se mouvoir dans une direction déterminée, de la même manière qu'un fluide naturel; il compare la puissance motrice de la chaleur à celle d'une chute d'eau : « Toutes deux ont un maximum que l'on ne peut pas dépasser, quelle que soit d'une part la machine employée à recevoir l'action de l'eau, et quelle que soit de l'autre la substance employée à recevoir l'action de la chaleur. La puissance motrice d'une chute d'eau dépend de sa hauteur et de la quantité du liquide; la puissance motrice de la chaleur dépend aussi de la quantité de calorique employé, et de ce qu'on pourrait nommer, de ce que nous appellerons en effet la hauteur de sa chute, c'est-à-dire de la différence de température des corps entre lesquels se fait l'échange du calorique. » (Page 28.)

D'après cela, entre deux limites de température données, il doit y avoir un rapport constant, et indépendant de la nature de l'agent employé, entre la quantité de chaleur transportée du foyer dans le réfrigérant et la quantité de travail produite. Pour démontrer la nécessité de ce principe, S. Carnot s'appuie sur l'impossibilité du mouvement perpétuel.

Supposons que par l'intermédiaire du corps A, qui parcourt un cycle de Carnot, la quantité de chaleur Q soit transportée du corps à t_1 sur le corps à t_2, en même temps qu'une quantité de travail H est effectuée; et admettons que par l'intermédiaire d'un autre corps B, parcourant la même série de transformations entre les mêmes limites de température, le transport de la même quantité de chaleur Q soit accompagné de la production d'une quantité de travail $H' > H$. Je dis que le mouvement perpétuel est possible.

En effet, le cycle de transformations employé étant réversible, j'accouple les deux machines A et B de manière que, dans la dernière, la quantité de travail H' soit obtenue par le transport de la quantité de chaleur Q du corps à t_1 sur le corps à t_2, tandis que dans la première la quantité de travail H qu'on peut supposer empruntée à H' est dépensée à opérer le transport de la même quantité de chaleur Q du corps à t_2 sur le corps à t_1. Après une période complète du jeu de la double machine, la quantité de chaleur Q est revenue intégralement à son point de départ, et il reste une quantité de travail disponible égale à $H' - H$. Par conséquent une transformation qui n'amène aucun changement dans l'état d'un système, tant dans la matière pondérable que dans les fluides impondérables qui le composent, pourrait être accompagnée de la production d'une certaine quantité de travail, ce qui est évidemment impossible; autrement, la machine précédente pouvant accumuler sur un de ses organes, sans dépense d'aucune sorte, une quantité de force vive de plus en plus grande, réaliserait le mouvement perpétuel. Il faut donc que $H = H'$.

Telle est la démonstration que Carnot donne de son principe, dont l'importance n'a pas été remarquée de ses contemporains.

138. Modification apportée par M. Clausius à la démonstration de S. Carnot. — En 1839, M. Clapeyron donna, dans le *Journal de l'École polytechnique*, des développements analytiques intéressants sur le théorème de Carnot en faisant usage d'une méthode de représentation graphique qui a été adoptée, après lui, par tous les auteurs.

Dix ans plus tard, quelques savants, portant leur attention sur la coïncidence de certains faits avec les résultats de la théorie de Carnot, furent conduits à se demander si son principe n'était pas vrai, quoiqu'il eût été établi dans l'hypothèse de la matérialité de la chaleur.

Un examen attentif montra à M. Clausius qu'une très-légère modification dans la forme de la démonstration de Carnot la rendait valable dans la théorie actuelle de la chaleur, en la faisant reposer, non plus sur le principe de l'impossibilité du mouvement perpétuel, mais sur le principe général suivant : *La chaleur ne peut passer d'elle-même d'un corps plus froid dans un corps plus chaud.*

Reprenons, en effet, les suppositions précédentes, en conservant l'hypothèse de la matérialité de la chaleur. Admettons que le transport de la même quantité de chaleur Q donne avec le corps B une quantité de travail H' plus grande qu'avec le corps A. Il en résulte que si la quantité de travail H' est appliquée à la machine A renversée, on effectuera le transport d'une quantité de chaleur $Q' > Q$ du corps à t_2 sur le corps à t_1. Cela posé, accouplons les deux machines : transportons avec la machine B la quantité de chaleur Q du corps à t_1 sur le corps à t_2 et employons la quantité de travail H' ainsi produite à faire marcher la machine A renversée; il en résultera le transport de la quantité de chaleur Q' du corps à t_2 sur le corps à t_1. Nous aurons ainsi transporté finalement, sans dépense d'aucune sorte, la quantité de chaleur $Q' - Q$ du corps à t_2 sur le corps à t_1. En répétant indéfiniment la même opération, nous pourrions donc faire passer une quantité illimitée de chaleur d'un corps froid sur un corps chaud, sans qu'il se produisît aucun autre phénomène : cela est évidemment impossible.

La démonstration ainsi présentée peut se répéter mot pour mot dans l'hypothèse où la chaleur est considérée comme un mou-

vement vibratoire, et elle devient dans ce cas la démonstration de
M. Clausius.

139. Principe de la démonstration de Clausius. — Si
l'on rejette le principe de Carnot, on se trouve donc conduit à admettre la possibilité d'une transformation dont les effets ultimes se
bornent à un transport de chaleur d'un corps froid sur un corps
chaud. La réalisation d'une pareille transformation ne constitue certainement pas une absurdité de même ordre que celle du mouvement perpétuel; elle doit être considérée comme une impossibilité
physique, mais elle n'apparaît pas comme une impossibilité mécanique. Il serait même absurde qu'il fallût, pour effectuer un pareil
transport de chaleur, la moindre quantité de travail; toute dépense
de travail concomitante ne pourrait avoir pour conséquence qu'un
accroissement d'énergie interne ou externe n'ayant qu'un rapport de
simultanéité avec le transport considéré, seulement les deux phénomènes peuvent être liés l'un à l'autre de telle sorte que l'un ne puisse
se produire sans l'autre, bien qu'il n'y ait entre eux aucune relation
d'équivalence.

La nécessité de la concomitance d'un phénomène accessoire pour
rendre possible le passage de la chaleur d'un corps froid sur un
corps chaud n'a pas encore été établie par la théorie; mais nous
l'accepterons comme un résultat de l'expérience, et nous dirons :

*Dans une série circulaire de transformations où l'état final du corps est
identique à l'état initial, il est impossible que la chaleur passe d'un corps
plus froid dans un corps plus chaud, à moins qu'il ne se produise en même
temps quelque autre phénomène accessoire.*

Si nous ajoutons avec M. Clausius que ce phénomène accessoire
est la transformation d'une certaine quantité de travail en chaleur
ou le passage d'une certaine quantité de chaleur d'un corps chaud
sur un corps froid, nous aurons mis le principe de sa démonstration à l'abri de toutes les objections qu'on lui a faites [1].

[1] *Cosmos*, Sur un principe général de la théorie mécanique de la chaleur, par M. R.
CLAUSIUS, 12ᵉ année, vol. XXII, p. 560.

140. Objections de M. Hirn. — Première disposition expérimentale. — Parmi les expériences les plus remarquables que l'on a cherché à opposer au principe de la démonstration de Clausius, il faut citer les dispositions très-ingénieuses imaginées par M. Hirn pour réaliser des systèmes de transformations où un corps s'échauffe en empruntant toute la chaleur qu'il gagne à une source dont la température est plus basse que la sienne [1].

La première disposition est la plus simple en théorie, mais la plus difficile à réaliser.

Concevons un cylindre horizontal, fermé à ses deux extrémités, dans lequel se meut sans frottement un piston absolument imperméable à la chaleur. Le piston étant au milieu du cylindre, supposons que des deux côtés il se trouve un mètre cube d'air sec à zéro et sous la pression normale $0^m,760$.

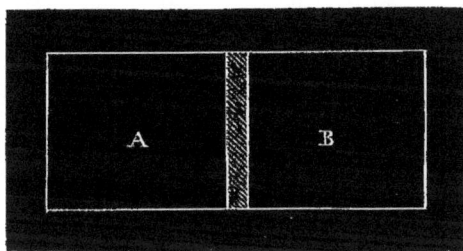

Fig. 32.

Suivant les besoins de l'expérience, les bases du cylindre seront tantôt conductrices, tantôt dépourvues de conductibilité.

Rendons d'abord la base de gauche conductrice et, après l'avoir mise en contact avec un foyer, chauffons l'air de A jusqu'à ce que le volume de B soit réduit de moitié. La seconde partie du cylindre étant supposée imperméable à la chaleur, la pression du gaz en B variera suivant la loi indiquée par la formule

$$(\alpha) \qquad\qquad p_1 v_1^k = p_2 v_2^k.$$

Si, d'après les conventions ordinaires, nous prenons pour unité de volume le mètre cube, et pour unité de pression la pression normale $0^m,760$, la valeur constante du terme pv^k sera égale à l'unité, et la pression à la fin de l'opération sera donnée par la formule

$$p \left(\frac{1}{2} \right)^k = 1,$$

---

[1] Hirn, *Exposition de la théorie mécanique de la chaleur*, 1re édition, p. 507.

d'où

$$p = 2^{\text{atm}},665.$$

Cette pression est commune aux deux masses d'air, puisque le piston qui les sépare est mobile sans frottement.

La température finale de l'air en B sera donnée par la formule générale

$$(\beta) \qquad \frac{1 + \alpha t_2}{1 + \alpha t_1} = \left(\frac{v_1}{v_2}\right)^{k-1},$$

qui devient dans le cas actuel

$$1 + \alpha t = 2^{k-1},$$

d'où

$$t = 90°,75.$$

Quant à la température à laquelle on a dû porter la masse A, on l'obtient immédiatement à l'aide de la relation

$$(\gamma) \qquad pv = p'v' \frac{1 + \alpha t}{1 + \alpha t'},$$

qui donne, en appelant τ la température cherchée,

$$2,665 \times \frac{3}{2} = 1 + \alpha\tau,$$

d'où

$$\tau = 817°,75.$$

Les phénomènes étant arrivés à ce point, supprimons la communication de la base de gauche avec le foyer, en la recouvrant d'une enveloppe imperméable à la chaleur, et mettons la base de droite, rendue conductrice, en contact avec une source de chaleur qui amène la masse d'air de B à la température de 817°,75.

Si on appelle P et V la pression et le volume de cette masse d'air à la fin de l'opération, on aura, en appliquant la formule générale (γ),

$$PV = \frac{1}{2} \times 2,665 \frac{1 + \alpha \cdot 817,75}{1 + \alpha \cdot 90,75}.$$

D'ailleurs, si on considère le gaz de A, il a pris la même pression P et le volume $2 - V$; on a donc, d'après la formule (α),

$$P(2 - V)^k = 2,665 \left(\frac{3}{2}\right)^k.$$

Si on élimine P entre ces deux équations, on trouve

$$V = 0^{mc},955.$$

La température finale de A s'obtient dès lors facilement à l'aide de la formule (β). En la désignant par τ', il vient

$$\frac{1 + \alpha\tau'}{1 + \alpha \cdot 817,75} = \left(\frac{1,50}{1,045}\right)^{k-1},$$

d'où

$$\tau' = 993^n,8.$$

141. Ainsi, à l'aide d'une source de chaleur à $817°,75$ on peut, sans aucune dépense de travail, porter un corps à $993°,8$. c'est-à-dire à 176 degrés de plus. Dans le cas actuel, cet accroissement de température s'effectue aux dépens de la chaleur de la source de la manière suivante : la chaleur appliquée à la masse B produit un double effet; une partie sert à élever la température de l'air de $90°,75$ à $817°,75$; le reste a pour équivalent le travail effectué par la pression de cet air; mais ce travail lui-même a uniquement pour effet de déterminer dans l'air de A un accroissement d'énergie interne en vertu duquel sa température s'élève de $817°,75$ à $993°,8$. Par conséquent une portion de l'énergie calorifique d'une source à $817°,75$ se trouve avoir finalement pour équivalent l'élévation de température d'un corps de $817°,75$ à $993°,8$.

Mais le phénomène ne présente pas les conditions de simplicité nécessaires pour qu'il puisse constituer un argument contre le principe de la démonstration de Clausius. En réalité, il y a un phénomène concomitant au transport de chaleur mis en évidence : il y a passage d'une certaine quantité de chaleur de la source sur un corps à une température plus basse, et l'existence de ce phénomène accessoire est nécessaire à la réalisation du premier. Il est nécessaire, pour produire l'élévation de température de la masse d'air A de $817°,75$ à $993°,8$, aux dépens de la source de chaleur à la température de $817°,75$, de déterminer en même temps l'échauffement de la masse d'air B de $90°,75$ à $817°,75$.

L'expérience envisagée ainsi dans son ensemble ne présente aucune contradiction avec l'axiome que nous avons adopté.

142. Deuxième disposition expérimentale. — La seconde disposition imaginée par M. Hirn est assez curieuse au point de vue du mécanisme par lequel s'effectue le transport de chaleur. Voici en quels termes son auteur la présente :

Concevons deux cylindres A et B (fig. 33) égaux en section dont les bases sont mises en communication par le tube tt', et dans lesquels se meuvent sans frottement deux pistons dont les tiges sont commandées par une roue dentée. Dans la partie fermée, comprise sous les deux pistons, se trouve un poids Π d'un corps quelconque, d'air atmosphérique par exemple, à une pression p_0 et à une température initiale de zéro.

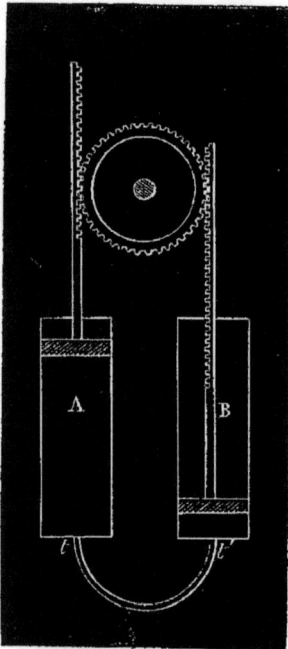

Fig. 33.

Par suite de la disposition qui vient d'être décrite, il est bien clair :

1° Que, quelle que soit la pression, les pistons resteront en repos, puisque cette pression est la même des deux côtés, et que les pistons se font réciproquement équilibre par la roue dentée;

2° Que, lorsque nous tournerons la roue dentée dans un sens ou dans l'autre, l'un des pistons remontera, et l'autre descendra avec la même vitesse;

3° Que, puisque nous supposons nuls tous les frottements, nous pourrons transvaser à volonté le gaz de A en B et de B en A par le mouvement de la roue, sans *nulle dépense de travail*, pourvu que nous

fassions marcher les pistons assez lentement pour pouvoir négliger
le très-petit excès de pression qu'il faudra d'un côté pour pousser le
gaz dans le cylindre opposé.

Admettons en outre que les parois de nos cylindres soient imper-
méables à la chaleur, de telle sorte que le gaz n'éprouve ni perte ni
gain de chaleur par elles.

Maintenant, le piston de A étant au haut de sa course, et le piston de B étant au bas, portons le tube tt', et rien que ce tube, à une
température constante τ, et faisons descendre très-lentement le
piston A de sorte que l'air en passant par tt' prenne toujours la température τ.

Quelles vont être les conséquences de cet échauffement par parties infinitésimales?

143. Remarquons que le volume v compris entre les deux pistons est invariable, et que chaque portion de gaz, une fois échauffée,
est séparée de la source et ne reçoit ou ne perd plus de chaleur du
dehors. La pression du gaz, d'abord p_0, va donc s'élever peu à peu,
à mesure que le gaz passera en tt' et s'échauffera.

Les portions d'air à τ qui entrent en B sont ainsi soumises à une
pression croissante, par suite de l'échauffement des portions voisines : ces portions *s'échauffent donc au-dessus de τ degrés*. De même,
l'air de A se trouvant comprimé de plus en plus s'échauffera aussi
au-dessus de zéro.

Les premières portions d'air à τ qui sont entrées dans B ont nécessairement éprouvé un accroissement de température supérieur à
celui des portions qui sont venues après, puisqu'elles ont subi, à
partir de leur entrée, un accroissement de pression plus considérable
que celles-ci; par conséquent, si nous admettons que chaque tranche
conserve sa température sans s'équilibrer avec les tranches voisines,
nous aurons, lorsque tout aura passé en B, et à partir du fond de B,
une suite de couches dont la température ira en s'élevant : la couche
en contact avec le piston, qui est la première entrée, aura la température maxima, puisque c'est pour elle que le changement de
pression a été le plus considérable. La couche inférieure, au con-

traire, sera à la température minima, puisque le changement de pression a été nul pour elle, à partir de son entrée en B.

Proposons-nous de calculer la température moyenne totale.

144. Soit t la température, à un moment quelconque de l'expérience, d'une couche d'air infiniment mince de poids $d\varpi$ qui peut appartenir à l'une ou à l'autre des deux masses d'air A et B; soit v le volume de l'unité de poids à cette température et à la pression p qui est commune à toute la masse de gaz. On a, en affectant de l'indice zéro les quantités qui se rapportent à l'état initial,

$$pv\,d\varpi = p_0 v_0\,d\varpi(1 + \alpha t).$$

Pour chaque tranche infiniment mince, il existe une équation de ce genre relative à l'époque considérée, et, si on en fait la somme, il vient

$$p\int v\,d\varpi = p_0 v_0 \Pi + \alpha p_0 v_0 \int t\,d\varpi.$$

Mais en appelant θ la température moyenne de toute la masse, c'est-à-dire la température qu'on y observerait si la chaleur qu'elle gagne y était uniformément répandue, on a

$$\Pi\theta = \int t\,d\varpi.$$

Par suite,

$$p\int v\,d\varpi = p_0 v_0 \Pi + \alpha p_0 v_0 \Pi\theta;$$

et remarquant que

$$\int v\,d\varpi = v_0 \Pi = V,$$

il vient simplement

$$p = p_0(1 + \alpha\theta),$$

ce qui montre qu'il existe entre la pression initiale, la pression à un moment quelconque de l'expérience, et la température moyenne, la même relation que si cette température moyenne était réellement celle de tous les points de la masse de gaz.

Supposons maintenant qu'un poids $d\varpi$ de gaz traverse le tube tt' pour passer de A en B. Cette masse de gaz chauffée isolément dans un tube ouvert par les deux bouts se dilate, et, comme elle est infiniment petite par rapport au volume total invariable V, sa dilatation ne modifie que d'un infiniment petit la pression à laquelle elle était soumise en entrant en tt'. Elle s'échauffe donc à *pression constante* et non à *volume constant*. L'excès de température qu'elle prend ensuite dans le corps de pompe B provient précisément de la compression qui la ramène à son volume initial. Il suit de là que, si on désigne par t la température qu'elle possédait en entrant dans le tube tt', elle empruntera au foyer une quantité de chaleur représentée par

$$C(\tau - t)d\varpi.$$

Quant à la température t de la masse de gaz A, elle est donnée par la relation connue

$$\frac{1 + \alpha t_2}{1 + \alpha t_1} = \left(\frac{p_2}{p_1}\right)^{\frac{k-1}{k}},$$

qui devient dans le cas actuel

$$1 + \alpha t = \left(\frac{p}{p_0}\right)^{\frac{k-1}{k}}.$$

On a donc

$$C(\tau - t)d\varpi = C\left\{\tau - \frac{1}{\alpha}\left[\left(\frac{p}{p_0}\right)^{\frac{k-1}{k}} - 1\right]\right\}d\varpi$$

ou, si l'on a égard à la relation établie précédemment entre p et p_0,

$$C(\tau - t)d\varpi = C\left\{\tau - \frac{1}{\alpha}\left[(1 + \alpha\theta)^{\frac{k-1}{k}} - 1\right]\right\}d\varpi.$$

De cette quantité de chaleur communiquée à la masse de poids $d\varpi$ résulte une variation $d\theta$ de la température moyenne de la masse entière, et l'on doit avoir

$$\Pi c\, d\theta = C \left\{ \tau - \frac{1}{\alpha} \left[\left(1 + \alpha\theta \right)^{\frac{k-1}{k}} - 1 \right] \right\} d\varpi$$

ou

$$\frac{\Pi c\, \alpha}{C}\, d\theta = \left[1 + \alpha\tau - \left(1 + \alpha\theta \right)^{\frac{k-1}{k}} \right] d\varpi.$$

On a donc enfin cette équation différentielle, où les variables sont séparées,

$$d\varpi = \Pi\alpha \frac{c}{C} \frac{d\theta}{1 + \alpha\tau - 1 + \alpha\theta)^{\frac{k-1}{k}}}.$$

Si on intègre depuis zéro jusqu'à Π, ce qui suppose que toute la masse de gaz a passé de A en B, on a, en désignant par Θ la température finale moyenne,

$$1 = \alpha \frac{c}{C} \int_0^\Theta \frac{d\theta}{1 + \alpha\tau - 1 + \alpha\theta)^{\frac{k-1}{k}}},$$

ou

$$1 = \frac{\alpha}{k} \int_0^\Theta \frac{d\theta}{1 + \alpha\tau - 1 + \alpha\theta)^{\frac{k-1}{k}}},$$

équation qui peut servir à déterminer Θ.

145. En faisant $\tau = 273$ degrés, M. Hirn a trouvé par un calcul approximatif $\Theta = 335$ degrés.

Pour compléter l'objection, ramenons le gaz à son état initial. Supposons que le bas du cylindre B soit traversé par un tube mince

à parois conductrices, dans lequel on fait couler très-lentement un
filet de mercure à zéro. Il est évident que la première tranche infiniment mince de mercure prendra la température de 335 degrés et
que les portions suivantes prendront des températures graduellement décroissantes depuis 335 degrés jusqu'à zéro. A cette limite le
gaz sera ramené à son état initial, et une certaine masse de mercure aura été portée à une température supérieure à celle de la
source.

Mais remarquons que, la température du filet de mercure décroissant de 335 degrés à zéro, la chaleur empruntée en définitive
à la source produit un double effet : une partie seulement a pu se
fixer dans une masse de mercure à une température supérieure à
273 degrés, le reste a dû nécessairement passer sur du mercure
dont la température est restée comprise entre zéro et 273 degrés.
Ce dernier phénomène rend le premier possible, et le principe de
Clausius demeure intact.

**146. Tendance de l'énergie sensible à se transformer
en énergie calorifique.** — Dans un autre ordre d'idées, M. Rankine s'est trouvé conduit à admettre la possibilité de certains phénomènes qui sont en contradiction directe avec l'axiome que nous discutons et qui ont amené M. Clausius à faire un nouvel examen de
son principe.

L'origine de cette nouvelle discussion se trouve dans une théorie
très-remarquable, indiquée d'abord par M. William Thomson [1] et
développée ensuite par M. Helmholtz [2], qui semble établir la tendance de la nature à s'approcher indéfiniment d'un état final où
toute énergie sensible aura disparu, après s'être transformée en
énergie calorifique, et où il n'existera plus aucune différence de
température entre les corps. Le point de départ de cette théorie repose sur cette remarque que le mouvement tend toujours à se détruire de lui-même et à se convertir en chaleur par suite du frottement et des chocs, et que le retour à l'état d'énergie sensible de la
quantité de chaleur ainsi développée ne peut jamais s'effectuer d'une

[1] *Phil. Mag.*, 4ᵉ série, vol. IV, p. 304.
[2] HELMHOLTZ, *Ueber die Wechselwirkung der Naturkräfte*, Königsberg, 1854.

manière complète. L'impossibilité de ramener la totalité de la chaleur développée à l'état d'énergie sensible résulte de l'application du principe de Carnot. Si nous prenons, en effet, la machine la plus avantageuse pour transformer la chaleur en travail, celle qui réalise un cycle de Carnot, nous savons qu'une dépense Q de chaleur n'amène que la transformation d'une quantité q en énergie sensible, et que le reste $Q-q$, qu'on peut supposer abandonné sur le corps le plus froid qui existe, est entièrement perdu pour le but qu'on se propose. L'énergie calorifique de l'univers n'est donc pas susceptible de produire indéfiniment de l'énergie sensible, et comme l'énergie sensible actuellement existante se transforme sans cesse en énergie calorifique, il arrivera nécessairement un état d'équilibre où celle-ci existera seule.

Mais, en mettant de côté l'énergie calorifique, on peut voir une autre source d'énergie sensible dans l'énergie potentielle des corps qui sont susceptibles d'entrer en combinaison. Il est facile de voir que les transformations qui peuvent l'amener à l'état d'énergie sensible sont toujours accompagnées d'un accroissement de l'énergie calorifique des corps environnants.

En effet, si l'action chimique est employée à produire de la chaleur, on rentre dans le cas précédent. Si on l'emploie à faire naître un courant électrique avec lequel on mettra en mouvement une machine électro-magnétique, les conducteurs qui existent dans toute machine de ce genre s'échaufferont nécessairement et absorberont ainsi en pure perte une certaine quantité de chaleur. Enfin, si on veut régénérer l'énergie potentielle qui s'est détruite dans l'intérieur de la pile, en effectuant, à l'aide d'un nouveau courant électrique, la séparation des éléments qui se sont combinés, il y aura encore nécessairement dans les conducteurs un développement de chaleur inutile. Par conséquent, à chaque opération une certaine quantité d'énergie potentielle disparaît en se transformant en chaleur.

Si donc on laisse de côté les actions vitales encore mal connues et dont le rôle matériel est d'ailleurs peu considérable, on est fondé à énoncer la proposition suivante : *Dans un système de corps, l'énergie sensible tend sans cesse à se transformer en énergie calorifique, et le retour inverse ne peut jamais s'effectuer d'une manière complète; par conséquent, après un temps déterminé, le système ne doit plus contenir d'énergie sen- sible.* De là cette conclusion :

Les corps de la nature tendent sans cesse à modifier leur état réciproque en marchant vers un état d'équilibre définitif de température qui sera le point de départ d'une ère de repos absolu.

147. Hypothèse de M. Rankine. — On a fait à cette théorie, au nom de la philosophie, des objections sur lesquelles je n'ai pas à m'arrêter. Énoncée pour un système fini, elle ne répugne pas à l'esprit, mais, étendue à un système illimité, à l'univers *supposé infini*, elle est complétement vide de sens.

Cependant, même restreinte à un système fini, elle n'a pas paru acceptable à tous les esprits, et M. Rankine a cherché à échapper aux difficultés qu'elle soulève de la manière suivante [1] :

Le milieu intrastellaire ou éther qui est répandu dans toute l'étendue du monde visible a des bornes au delà desquelles se trouve le vide absolu et infini. Dans cette hypothèse, les rayons de chaleur émis par tous les corps de la nature se réfléchissent totalement aux limites de l'univers et viennent former aux points où ils convergent des foyers de chaleur d'une grande intensité. Si un astre, arrivé à l'état de masse éteinte et inerte, vient à traverser dans son mouve- ment un de ces centres d'énergie calorifique, il peut être réduit en vapeurs et ses éléments séparés deviennent des réservoirs d'action chimique formés aux dépens d'une quantité équivalente de chaleur rayonnante. M. Rankine a été même jusqu'à se demander si certains astres ne seraient pas quelques-uns de ces foyers lumineux.

Mais si l'on admet cette hypothèse, s'il est possible, en plaçant un corps au point de concours d'un système de rayons réfléchis, d'amener sa température à être supérieure à celle des corps rayon- nants, que devient notre axiome qui dit qu'il est impossible de faire passer de la chaleur d'un corps froid sur un corps chaud?

148. Réfutation de l'hypothèse de Rankine par la théo- rie du rayonnement. — Pour mettre son principe à l'abri de

[1] *Phil. Mag.*, 4ᵉ série, vol. IV, p. 358. On the Reconcentration of the mechanical Energy of the Universe.

toute objection de cette nature, M. Clausius a exposé avec beaucoup
de détails toute une théorie du rayonnement de la chaleur qui démontre l'impossibilité de l'hypothèse de Rankine [1]. Sans le suivre
dans tous les détails où il entre, il est facile de montrer que l'emploi
d'un appareil capable de concentrer les rayons émis par une source
de chaleur ne permet pas d'élever la température d'un corps à une
température supérieure à celle de la source.

La théorie de la réflexion apparente du froid en est une première
démonstration. Un corps, situé dans une enceinte avec laquelle il se
trouve en équilibre de température, est placé devant un miroir
concave sur lequel il envoie des rayons qui viennent tous converger
au foyer conjugué du point qu'il occupe. Suivant la direction de
chacun de ces rayons, il en existe un autre émis par l'enceinte, qui
se propage en sens inverse, passe au foyer conjugué, tombe sur le
miroir et est réfléchi vers le corps. La perte et le gain de chaleur
qu'entraînent avec eux les deux rayons qui parcourent le même
chemin en sens inverse se compensent exactement, et l'équilibre de
température persiste. Mais si l'on vient à placer au foyer conjugué du
point occupé par le corps un deuxième corps plus froid, pour lequel
le premier pourra être considéré comme une source de chaleur, tous
les rayons de l'enceinte qui se croisaient en ce point seront arrêtés
par le nouveau corps qui y substituera ses propres rayons, et le
premier corps recevant moins de chaleur qu'il n'en émet se refroi-
dira. Le second s'échauffera, au contraire; mais il est évident que
la température finale, résultant de l'établissement de l'équilibre,
sera inférieure à la température initiale de la source.

On peut objecter, il est vrai, que cette théorie ne s'applique pas
à l'hypothèse de Rankine, où la source de chaleur et la surface qui
en concentre les rayons sont entourées du vide absolu, et non situées au milieu d'une enceinte douée d'un certain pouvoir émissif.

149. Soient alors, dans un espace indéfini (fig. 34), deux surfaces
AB et A'B', dont l'une est l'image de l'autre par rapport à la lentille
aplanétique CD, que je suppose dénuée de pouvoir absorbant et de

[1] CLAUSIUS. Ueber die Concentration von Wärme- und Lichtstrahlen und die Grünzen
ihrer Wirkung, *Annales de Poggendorff*, t. CIX, p. 275.

pouvoir réflecteur. Les deux surfaces sont dans des conditions différentes de température, et je suppose qu'elles absorbent tous les rayons
qui tombent sur elles.

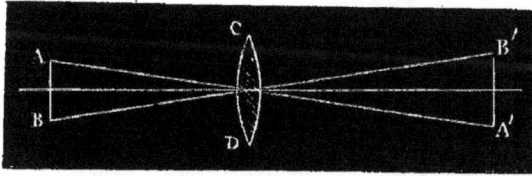

Fig. 34.

Soit e la quantité de
chaleur émise par un
point quelconque de
AB, et qui tombe nor-
malement dans l'unité
de temps sur l'unité de surface, à l'unité de distance. Soit e' la quantité correspondante pour A'B'.

Supposons qu'on enlève la lentille. Chaque point de AB enverra
sur A'B' un cône de rayons dont l'ouverture angulaire, mesurée par
la surface découpée sur la sphère de rayon 1, ayant son centre au
sommet, aura pour expression

$$\frac{s'}{r^2}$$

s' désignant la surface A'B', et r sa distance à la surface AB. La quantité de chaleur comprise dans ce cône sera donc égale à

$$\frac{s'}{r^2} e,$$

et la quantité de chaleur totale envoyée par AB sera représentée par

$$\frac{ss'}{r^2} e.$$

s désignant la surface AB.

On aura de même, pour la quantité totale de chaleur envoyée,
dans l'unité de temps, par A'B' sur AB,

$$\frac{ss'}{r^2} e'.$$

Le rapport de la chaleur envoyée par la surface AB à la chaleur
qu'elle aura reçue sera donc égal à

$$\frac{e}{e'}.$$

Si $\frac{e}{e'} = 1$, la présence de la surface A'B' n'amènera aucune variation de température dans AB; si $\frac{e}{e'} > 1$, la température de AB s'abaissera; si $\frac{e}{e'} < 1$, sa température s'élèvera. Dans tous les cas, nous savons que l'équilibre de température finira par s'établir et que le système prendra un état moyen final compris entre les températures initiales extrêmes.

Or, je dis que la présence de la lentille ne change rien au rapport des quantités de chaleur échangées entre les deux surfaces. En effet, un point quelconque de AB envoie sur le point correspondant de A'B', qui est son foyer conjugué, un cône de rayons ayant pour sommet le point considéré et pour base la surface de la lentille. L'ouverture angulaire de ce cône est égale à

$$\frac{\sigma}{p^2},$$

σ désignant la surface de la lentille, et p sa distance à la surface AB; par conséquent la quantité de chaleur qu'il contient est

$$\frac{\sigma}{p^2} e$$

et, par suite, la quantité totale de chaleur envoyée, dans l'unité de temps, de la surface AB à la surface A'B', par l'intermédiaire de la lentille, se trouve représentée par

$$\frac{s\sigma}{p^2} e.$$

On aura de même, pour expression de la quantité de chaleur envoyée de A'B' sur AB,

$$\frac{s\sigma}{p'^2} e'.$$

Mais, p' désignant la distance de la surface A'B' à la lentille, on a évidemment

$$\frac{s}{p^2} = \frac{s'}{p'^2}.$$

Par conséquent, le rapport des quantités de chaleur émise et reçue par la surface AB est encore

$$\frac{e}{e'}.$$

Ce cas très-simple montre quelle est la raison du phénomène. L'emploi de la lentille permet, il est vrai, d'augmenter dans un certain rapport la quantité des rayons que le corps chaud envoie sur le corps froid; mais il détermine en même temps l'augmentation dans le même rapport de la quantité de rayons que le corps froid envoie sur le corps chaud. Ce résultat est général et s'obtient quel que soit l'appareil de convergence employé.

Considérons, en effet, un élément de surface ab et son image $a'b'$ par rapport à une surface aplanétique quelconque. Ces deux éléments, de surface d'étendue σ et σ' jouissent par hypothèse d'un pouvoir absorbant égal à 1; ils sont donc soumis à la loi du cosinus, et, par conséquent, lorsqu'on cherchera la quantité de chaleur émise dans une direction donnée, on pourra remplacer l'élément rayonnant par sa projection sur un plan perpendiculaire à la direction considérée.

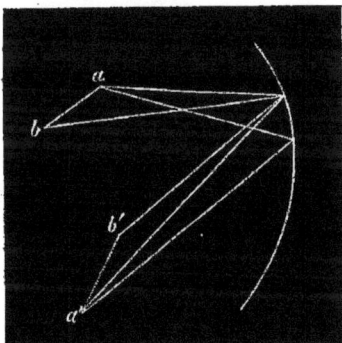
Fig. 35.

Il résulte d'abord de là, sans démonstration nouvelle, qu'en conservant aux lettres e et e' les significations précédentes, le rapport entre les quantités de chaleur émise par l'élément ab, rayonnant librement vers $a'b'$, est

$$\frac{e}{e'}.$$

Cherchons maintenant le rapport des quantités de chaleur que les deux éléments échangent par un élément quelconque ω de la surface réfléchissante.

Si on appelle p la distance de ab à l'élément de surface ω, i l'angle des rayons incidents avec la normale à cet élément, l'ouverture angulaire du cône de rayons que le point a envoie sur ω est

$$\frac{\omega \cos i}{p^2},$$

et, par conséquent, la quantité de chaleur qu'il contient

$$\frac{\omega \cos i}{p^2}\, e.$$

Pour avoir la quantité totale de chaleur envoyée sur ω par l'élément entier ab, il faut, d'après la loi du cosinus, multiplier l'expression précédente par $\sigma \cos \theta$, θ étant l'angle que la normale à l'élément fait avec la direction des rayons incidents, ce qui donne

$$\sigma \cos \theta\, \frac{\omega \cos i}{p^2}\, e.$$

On représentera de même la quantité de chaleur envoyée par la surface $a'b'$ sur l'élément ω par

$$\sigma' \cos \theta'\, \frac{\omega \cos i'}{p'^2}\, e'.$$

Le rapport entre ces deux quantités de chaleur est donc

$$\frac{e}{e'}\frac{\dfrac{\sigma \cos \theta}{p^2}}{\dfrac{\sigma' \cos \theta'}{p'^2}}.$$

Or, je dis que

$$\frac{\sigma \cos \theta}{p^2} = \frac{\sigma' \cos \theta'}{p'^2}.$$

En effet, ces deux expressions représentent : la première, l'ouverture angulaire d'un cône ayant son sommet en un point de l'élément ω et circonscrit à la surface ab; la seconde, l'ouverture angulaire d'un autre cône ayant son sommet au même point que le premier et circonscrit à la surface $a'b'$. Mais $a'b'$ étant l'image de ab, le second

cône peut être considéré comme formé des génératrices du premier,
que l'on a fait tourner d'un même angle autour de la normale au
plan de réflexion; par conséquent, les deux cônes ont même ouverture angulaire, et le rapport des quantités de chaleur échangées
entre les deux éléments par une portion quelconque de la surface
réfléchissante est encore

$$\frac{e'}{e}.$$

Ainsi, il est impossible d'amener un corps à une température supérieure à celle d'un autre corps, en concentrant sur le premier les
rayons de chaleur émis par le second. Cette conclusion est entièrement favorable au principe de la démonstration de Clausius.

**150. Justification de la marche que l'on a suivie pour
établir le principe de Carnot.** — Il n'est pas inutile de revenir
en quelques mots sur la marche que nous avons suivie pour établir
le principe de Carnot. La démonstration que nous en avons donnée
est complétement indépendante des notions dont nous l'avons fait
précéder dans le développement de ce cours; elle n'emprunte aucun
de ses éléments à une théorie précédente, et l'on pourrait sans difficulté la placer immédiatement après celle du principe de l'équivalence de la chaleur et du travail. Mais ces deux démonstrations sont
empruntées à des ordres d'idées très-différents, et vouloir, dès le
début, les donner successivement l'une et l'autre, *à priori*, sans préparation, c'est s'exposer à faire naître dans l'esprit du lecteur une
certaine défiance pour une théorie qui semble chercher ses bases au
milieu de tous les ordres de considérations possibles. Il est bien préférable de n'arriver au principe de Carnot que comme à une conséquence nécessaire du principe fondamental de l'équivalence, dans
un cas extrêmement particulier, il est vrai, celui des gaz parfaits, et
d'en étendre ensuite l'application à tous les cas, par des raisonnements complétement indépendants de l'état hypothétique considéré
comme caractéristique des gaz parfaits.

Peut-être arrivera-t-on plus tard, par les progrès ultérieurs de
la science, à établir d'une manière tout à fait générale la nécessité

du principe de Carnot, comme on a pu établir celle du principe de l'équivalence en appliquant les lois de la mécanique au mouvement vibratoire qui cause la chaleur.

GÉNÉRALISATION DU PRINCIPE DE CARNOT.

151. Extension du principe de Carnot au cas où la chaleur transformée en travail n'est pas empruntée aux corps entre lesquels a lieu la transmission de chaleur. — Le principe de Carnot, tel que nous l'avons énoncé et tel qu'il résulte de notre démonstration, ne s'applique, en définitive, qu'à un genre de cycle de transformation très-particulier. Dans le mode d'opération extrêmement simple que nous avons considéré, il ne s'agit, en effet, que de deux corps qui perdent ou gagnent de la chaleur, et il y est tacitement supposé que la chaleur transformée en travail provient d'un des deux corps entre lesquels la transmission de chaleur a lieu. M. Clausius a cherché à rendre la démonstration du principe de Carnot indépendante de ces conditions trop particulières, et il est parvenu à donner du second principe fondamental de la théorie mécanique de la chaleur une expression très-générale qui en étend considérablement l'application [1]. Le principe sur lequel reposent tous ces raisonnements est toujours le suivant :

Il ne peut jamais passer de la chaleur d'un corps plus froid dans un corps plus chaud, sans qu'il n'y corresponde quelque autre modification.

Pour commencer, nous nous servirons de nouveau du mode d'opération inventé par Carnot et représenté graphiquement par Clapeyron, mais avec cette différence que nous supposerons, outre les deux corps entre lesquels la transmission de chaleur aura lieu, encore un troisième corps à une température quelconque qui fournira la chaleur transformée en travail.

Comme il ne s'agira que d'un exemple, nous choisirons comme

---

[1] CLAUSIUS, Sur une nouvelle forme du second théorème principal de la théorie mécanique de la chaleur (*Pogg. Ann.*, t. XCIII), traduit dans le *Journal de Liouville*, t. XX, 1855.

corps variable un de ceux dont les modifications se feront d'après les lois les plus simples possible, c'est-à-dire un gaz permanent.

152. Soient donc t la température, OA le volume, AM la pression d'une quantité donnée d'un gaz permanent, et concevons qu'on effectue les opérations suivantes :

1° Le gaz étant enfermé dans une enceinte imperméable à la chaleur, on diminue la pression de manière à augmenter le volume jusqu'à OB (fig. 36); le point figuratif de l'état du corps décrit la ligne de nulle transmission MP, et la température, qui était t, descend à t_1.

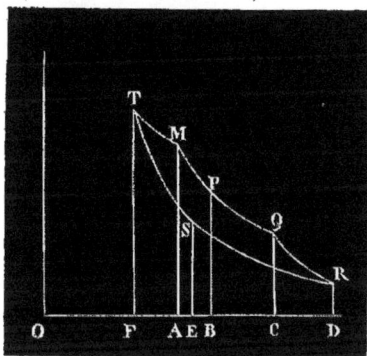

Fig 36.

2° On met le gaz en communication avec un corps K_1, à la température t_1, et on continue à diminuer la pression, mais de manière que toute la chaleur absorbée par la dilatation du gaz lui soit rendue par le corps. Nous supposerons que la température du dernier corps, à cause de la grandeur de sa masse ou pour toute autre raison, ne soit pas sensiblement abaissée par cette cession de chaleur et qu'elle puisse, par conséquent, être regardée comme constante. Alors le gaz conservera aussi pendant la dilatation cette température constante, et le point figuratif décrira l'arc d'hyperbole équilatère PQ. Soit Q_1 la quantité de chaleur cédée par K_1.

3° On sépare le gaz du corps K_1 et on continue de le laisser se dilater sans qu'il puisse ni perdre ni gagner de chaleur, jusqu'à ce que sa température soit abaissée de t_1 à t_2, ce qui détermine l'arc de courbe QR de même nature que MP.

4° On met le gaz en communication avec le corps K_2 maintenu à la température constante t_2, et on le comprime en laissant toute la chaleur produite se communiquer au corps K_2. On continue cette compression jusqu'à ce que K_2 ait reçu la même quantité de chaleur Q_1 que celle qui a été cédée auparavant par K_1. Le point figuratif décrit l'arc d'hyperbole équilatère RS.

5° On sépare le gaz du corps K_2, et on le comprime sans qu'il puisse ni perdre ni gagner de chaleur, jusqu'à ce que sa température soit montée de t_2 à la valeur initiale t. La courbe de nulle transmission ST représente la loi de variation de la pression pendant cette transformation. Le volume OF auquel on réduit ainsi le gaz est nécessairement plus petit que le volume initial OA, sans quoi, le point T faisant partie de la ligne isotherme qui passe par le point M, la courbe ST couperait nécessairement une des lignes déjà tracées, et alors, en prenant le point d'intersection pour origine du cycle, et en arrêtant la série des opérations lorsqu'on est revenu en ce point, on aurait accompli un travail égal à l'aire de la courbe fermée qui représente la transformation, sans aucune dépense de chaleur; car la plus grande quantité de chaleur Q_1 qui ait pu être empruntée à l'extérieur a été restituée dans la quatrième opération.

6° On met le gaz en communication avec un corps K maintenu à la température constante t; et on le laisse se dilater jusqu'à son volume initial OA, K lui rendant la chaleur absorbée. Soit Q la quantité de chaleur ainsi communiquée au gaz pendant que le point figuratif décrit l'arc d'hyperbole équilatère TM.

Ces six changements forment un mode d'opérations d'un tour entier, le gaz finissant par revenir exactement à son état initial. Des trois corps K, K_1, K_2, qui, pendant l'opération, ne sont à considérer qu'autant qu'ils servent de sources et de réservoirs de chaleur, les deux premiers ont perdu les quantités de chaleur Q et Q_1, et le dernier a gagné la quantité de chaleur Q_1, ce qu'on peut exprimer en disant que Q_1 a passé de K_1 à K_2 et que Q a disparu. Cette dernière quantité est donc l'équivalent du travail extérieur produit qui est égal à l'aire curviligne MPQRST. Si on le désigne par H, on a

$$EQ = H.$$

153. Le tour entier des opérations décrites ci-dessus peut être renversé en effectuant d'abord une compression AF pendant la communication du gaz avec le corps K, au lieu de la dilatation précédente FA, et en effectuant de même l'une après l'autre les dilatations FE et ED, et les compressions DC, CB, BA, toujours aux mêmes condi-

tions auxquelles on a effectué auparavant les modifications opposées.
Alors les corps K et K_1 gagneront les quantités de chaleur Q et Q_1
et le corps K_2 perdra la quantité de chaleur Q_1. En même temps,
on aura emprunté à l'extérieur une quantité de travail égale à l'aire
curviligne MTSRQP. Le résultat des opérations renversées est donc
que la quantité de chaleur Q_1 a passé de K_2 à K_1 et que la quantité
de chaleur Q a été produite par le travail extérieur consommé et
cédée au corps K.

154. Nous avons fait porter la série des opérations précédentes
sur un gaz permanent; mais il est évident qu'on peut y soumettre
d'autres corps, et alors, bien que la forme de la courbe représentative change, le résultat demeure le même : les trois corps K, K_1, K_2
sont les seuls qui perdent ou gagnent de la chaleur, et, en outre,
un des derniers en perd autant que l'autre en gagne.

Cela posé, nous pouvons prouver que dans le cycle considéré il
y a un rapport constant, indépendant de l'agent de la transformation, entre la quantité de chaleur Q convertie en travail et la quantité Q_1 transmise de K_1 à K_2. En effet, supposons que l'on opère
successivement avec deux corps différents A et B et que la transformation en travail de la même quantité de chaleur Q soit accompagnée de la transmission d'une quantité de chaleur égale à Q_1 dans
le premier cas, et à $Q_1' > Q_1$ dans le second. Renversons le mode
des opérations subies par le corps B. Alors la quantité de chaleur Q,
transformée par le premier mode en travail, serait transformée par
le second mode en chaleur et rendue au corps K, et pour le reste
aussi tout se retrouverait à la fin dans l'état initial, à l'exception
qu'il y aurait plus de chaleur transmise de K_2 à K_1 que dans la direction opposée. Il y aurait donc en tout une transmission de chaleur
égale à $Q_1' - Q_1$ du corps plus froid K_2 au corps plus chaud K_1,
qui ne serait compensée par rien, ce qui est contraire au principe.

On démontrerait de même, en renversant le mode des opérations
subies par le corps A, qu'on ne peut pas avoir $Q_1' < Q$; donc

$$Q_1' = Q_1.$$

155. Cette démonstration est susceptible d'une généralisation assez grande, car elle s'applique sans aucune modification à tout cycle satisfaisant aux trois conditions suivantes : 1° que toute la chaleur transformée en travail soit empruntée à un corps à la température t; 2° que toute la chaleur transmise soit enlevée à un corps à la température t_1 et portée sur un corps à la température t_2; 3° que toutes les autres quantités de chaleur absorbées et abandonnées par le corps qui est l'agent de la transformation se compensent exactement.

La courbe représentative d'un pareil cycle présentera un contour dans lequel entreront des portions des trois lignes isothermes correspondantes aux températures t, t_1, t_2, et les arcs des deux dernières courbes devront satisfaire à la condition que les quantités de chaleur correspondantes soient égales. Il y aura, en outre, telle série d'arcs que l'on voudra, pourvu qu'à tout élément de l'un d'eux corresponde sur un autre un élément tel, que la quantité de chaleur absorbée par la transformation élémentaire que figure le premier élément soit dégagée à la même température par celle que figure le second, de manière qu'on puisse, au moyen d'un régénérateur, l'employer à reproduire la première transformation dans une opération suivante.

Si l'on représente alors par Q la quantité de chaleur transformée en travail à la température t, par Q_1 la quantité de chaleur transportée du corps à t_1 sur le corps à t_2, le rapport $\dfrac{Q}{Q_1}$ ne dépendra que des trois températures t, t_1, t_2. et l'on aura, quel que soit l'agent de la transformation,

$$\frac{Q}{Q_1} = \varphi\,(t, t_1, t_2),$$

t pouvant être égal à t_1 ou même à t_2 s'il s'agit d'un cycle inverse.

156. **Expression analytique du principe de Carnot dans le cas considéré.** — Cherchons la forme de la fonction φ. Pour cela prenons un second cycle dans lequel, les températures t_1 et t_2 restant les mêmes, la température la plus élevée soit t' au lieu de t. Le transport de la quantité de chaleur Q_1 sera alors accompagné de

la transformation en travail d'une quantité de chaleur Q' différente de Q, et l'on aura

$$\frac{Q'}{Q_1} = \varphi(t', t_1, t_2).$$

Comparant cette équation à la précédente, il vient

$$\frac{Q}{Q'} = \frac{\varphi(t, t_1, t_2)}{\varphi(t', t_1, t_2)}.$$

Si l'on suppose maintenant que le second cycle soit effectué dans un ordre inverse, la quantité de chaleur Q_1 sera transportée du corps à t_2 sur le corps à t_1, et la quantité de travail EQ' empruntée à l'extérieur sera transformée en une quantité de chaleur Q', déposée sur la source à t' fonctionnant dans ce cas comme réfrigérant. Envisageons alors l'ensemble des deux cycles, le second fonctionnant en sens inverse du premier, comme formant un cycle unique. La chaleur transportée, dans la première opération, du corps à la température t_1 sur le corps à la température t_2, sera rapportée, dans la deuxième, de ce dernier corps sur le premier, et le résultat définitif sera l'absorption de la quantité de chaleur Q aux dépens d'une source à la température t, et le dégagement de la quantité de chaleur Q' sur un réfrigérant à la température t'. L'effet de la double transformation se réduit donc à la conversion en travail de la quantité de chaleur $Q - Q'$ et au transport de la quantité Q' d'un corps à t degrés sur un corps à t' degrés. On peut alors appliquer à ce cycle complexe l'équation précédente et écrire

$$\frac{Q - Q'}{Q'} = \varphi(t, t, t')$$

ou, en posant $\psi(t, t') = 1 + \varphi(t, t, t')$,

$$\frac{Q}{Q'} = \psi(t, t'),$$

de sorte que l'on a

$$\frac{\varphi(t, t_1, t_2)}{\varphi(t', t_1, t_2)} = \psi(t, t')$$

ou

$$\varphi(t, t_1, t_2) = \psi(t, t') \cdot \varphi(t', t_1, t_2).$$

Si on attribue à t' une valeur numérique quelconque, on voit que la fonction φ est le produit de deux expressions dont l'une est variable avec t et indépendante de t_1, t_2, l'autre indépendante de t et variable avec t_1, t_2; par conséquent, le rapport $\dfrac{Q}{Q_1}$ qu'elle représente peut se mettre sous la forme suivante :

$$\frac{Q}{Q_1} = \frac{F(t_1, t_2)}{f(t)}.$$

Appliquons cette formule au cycle complexe formé par la réunion des deux cycles primitifs, il viendra

$$\frac{Q - Q'}{Q'} = \frac{F(t, t')}{f(t)}.$$

Mais si on considère chaque cycle individuellement, la même formule donne

$$\frac{Q}{Q_1} = \frac{F(t_1, t_2)}{f(t)}$$

et

$$\frac{Q'}{Q_1} = \frac{F(t_1, t_2)}{f(t')},$$

d'où

$$\frac{Q}{Q'} = \frac{f(t')}{f(t)},$$

et par suite

$$\frac{Q - Q'}{Q'} = \frac{f(t') - f(t)}{f(t)}.$$

En égalant cette valeur du rapport $\dfrac{Q - Q'}{Q'}$ à l'expression précédemment trouvée, il vient

$$F(t, t') = f(t') - f(t).$$

La fonction F se trouvant ainsi déterminée, l'équation

$$\frac{Q}{Q_1} = \frac{F(t_1, t_2)}{f(t)}$$

prend la forme

$$\frac{Q}{Q_1} = \frac{f(t_2) - f(t_1)}{f(t)}.$$

Le rapport cherché se trouve ainsi ramené à ne dépendre que d'une seule fonction de la température à laquelle il est lié par une relation très-simple.

157. L'équation précédente est susceptible de prendre une autre orme sous laquelle le résultat qu'elle exprime se prête à un énoncé remarquable.

Elle peut s'écrire

$$Q f(t) + Q_1 f(t_1) - Q_1 f(t_2) = o.$$

Le terme $Q f(t)$ est le produit de $f(t)$ par la quantité de chaleur qu'une source extérieure à la température t communique au corps qui éprouve les transformations précédemment définies. $Q_1 f(t_1)$ est le produit de $f(t_1)$ par la quantité de chaleur qu'un corps à la température t_1 cède au sujet de l'expérience. Enfin le terme $-Q_1 f(t_2)$ est le produit de $f(t_2)$ par la quantité de chaleur que le sujet abandonne à un corps à la température t_2, cette quantité de chaleur étant prise avec le signe —. Si donc nous considérons toutes les quantités de chaleur comme étant reçues par le corps, en convenant d'affecter du signe + les quantités de chaleur absorbées et du signe — les quantités de chaleur dégagées, nous pourrons dire que la somme des produits des trois quantités de chaleur que le corps reçoit dans le cycle considéré, par les valeurs correspondantes de la fonction f, est nulle.

En d'autres termes, il existe une fonction de la température telle, qu'en multipliant sa valeur, pour chacune des trois époques auxquelles le corps reçoit de la chaleur, par la quantité de chaleur reçue, la somme de ces trois produits est nulle.

158. La forme de la fonction f est facile à déterminer par la considération des gaz parfaits. Revenons, en effet, au cycle de Carnot représenté par deux arcs de courbes isothermes et par deux arcs de courbes de nulle transmission ; l'équation précédente devient

$$(Q + Q_1) f(t_1) - Q_1 f(t_2) = 0.$$

Mais on sait que dans un pareil cycle il existe, entre la quantité de chaleur totale empruntée à une source à la température t_1 et la quantité de chaleur abandonnée à la température t_2, la relation suivante :

$$\frac{Q + Q_1}{Q_1} = \frac{1 + \alpha\, t_1}{1 + \alpha\, t_2} = \frac{\dfrac{1}{\alpha} + t_1}{\dfrac{1}{\alpha} + t_2} = \frac{T_1}{T_2},$$

T représentant la température absolue, c'est-à-dire la température comptée sur un thermomètre construit avec un gaz parfait et dont le zéro correspondrait à la température $-\dfrac{1}{\alpha}$ degrés centigrades.

Cette relation peut s'écrire

$$\frac{Q + Q_1}{T_1} - \frac{Q_1}{T_2} = 0.$$

La forme de la fonction f est donc déterminée. Cette fonction n'est autre chose que l'inverse de la température absolue.

L'équation relative au cycle que nous avons considéré précédemment devient alors

$$\frac{Q}{T} + \frac{Q_1}{T_1} - \frac{Q_1}{T_2} = 0.$$

159. **Équivalence des transformations.** — M. Clausius est arrivé à cette équation par des raisonnements un peu différents de ceux que nous avons suivis et qui conduisent à une autre interprétation des résultats.

Dans le cycle considéré, la production de travail aux dépens de

la quantité de chaleur Q empruntée au corps K et la transmission
de la quantité Q₁ du corps K₁ au corps K₂ constituent deux phénomènes corrélatifs intimement liés l'un à l'autre. La production du
premier entraîne nécessairement celle du second, et la grandeur
de l'un détermine celle de l'autre. Pour ces raisons, M. Clausius considère ces deux phénomènes, transformation de la quantité de chaleur Q en travail et transformation de la quantité de
chaleur Q_1 à la température t_1 en chaleur à la température t_2, comme
deux transformations *équivalentes*, non qu'elles puissent se substituer
l'une à l'autre, comme tendrait à l'indiquer le sens réel du mot
équivalent, mais parce qu'il existe entre elles un rapport nécessaire
et constant. L'équivalence étant ainsi définie, M. Clausius cherche
la loi suivant laquelle on devra représenter les transformations
comme des quantités mathématiques, pour que l'équivalence des
deux transformations dérive de l'égalité de leurs valeurs. Il arrive
alors à l'équation précédemment obtenue

$$\frac{Q}{T} = \frac{Q_1}{T_2} - \frac{Q_1}{T_1},$$

où $\frac{Q}{T}$ représente la *valeur d'équivalence* de la première transformation
et $\frac{Q_1}{T_2} - \frac{Q_1}{T_1}$ celle de la seconde.

On dira donc avec M. Clausius :

La valeur d'équivalence de la transformation de chaleur en travail est égale au rapport qui existe entre la quantité de chaleur empruntée et la température absolue de la source.

La valeur d'équivalence du passage de la chaleur d'une température à une autre est égale à la différence des termes qui représentent
les valeurs d'équivalence de la transformation de la chaleur en travail, pour deux sources possédant les températures des corps entre
lesquels s'effectue la transmission de chaleur.

160. Je ne suivrai pas M. Clausius dans les raisonnements par
lesquels il arrive à l'équation définitive, et dans lesquels il a un peu
abusé de l'emploi du mot *équivalent*, adopté d'abord dans un sens
légèrement détourné de son sens réel. Je prendrai une marche beau-

coup plus simple et qui aurait pu nous conduire immédiatement à l'expression générale du principe de Carnot, sans entrer dans toutes les considérations qui viennent d'être exposées.

Mais auparavant j'établirai quelques propriétés générales des courbes de nulle transmission qui ont déjà été démontrées pour les gaz et qu'on aurait pu donner plus tôt. L'usage que nous allons avoir à en faire nous autorise à les placer ici.

161. Propriétés générales des courbes de nulle transmission. — 1° La considération des lignes de nulle transmission permet de décider si une transformation infiniment petite d'un corps, figurée par un arc de courbe quelconque, est accompagnée d'une absorption ou d'un dégagement de chaleur.

Cet énoncé suppose que l'on sait d'avance si le corps se dilate ou se contracte sous l'influence de la chaleur. Supposons qu'il se dilate

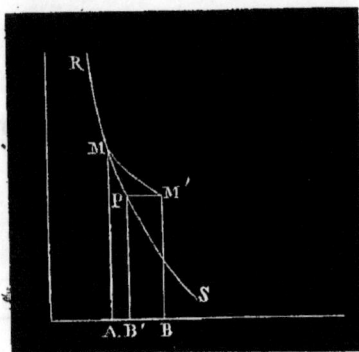

Fig. 37.

et soit MM′ une transformation élémentaire quelconque. Je mène par le point M la courbe de nulle transmission RS et je suppose qu'elle laisse *au-dessus* d'elle l'élément MM′; dans ce cas, je dis qu'il a fallu communiquer de la chaleur au corps de M en M′. En effet, si nous menons la droite M′P parallèle à l'axe des abscisses, on pourra remplacer la transformation proposée par la transformation MPM′; car les états extrêmes sont les mêmes, et les travaux effectués dans les deux cas ne diffèrent que d'une quantité égale à l'aire MPM′ qui est infiniment petite du second ordre. Or, la quantité de chaleur nécessaire pour produire la transformation MPM′ est facile à déterminer : de M en P, il n'y a aucune communication de chaleur avec l'extérieur; de P en M′, le corps se dilate à pression constante et, par conséquent, il absorbe de la chaleur; donc la transformation proposée est accompagnée d'une absorption de chaleur.

La conclusion eût été opposée si l'élément considéré se fût trouvé *au-dessous* de la courbe de nulle transmission.

On raisonnerait d'une manière analogue dans le cas où le corps se contracterait sous l'influence de la chaleur;

2° Deux courbes de nulle transmission ne peuvent se couper.

Dans le cas des gaz, cette proposition résulte de l'équation même des courbes de nulle transmission; mais on peut l'établir d'une manière tout à fait générale, à l'aide d'un raisonnement identique à celui qui nous a servi pour démontrer le principe de Carnot dans le cas le plus simple.

Soient (fig. 38) deux courbes de nulle transmission PM et QM qui présentent un point commun M. Je mène la ligne isotherme PQ, correspondant à la température t_1, et je considère le cycle PQMP. De P en Q le corps emprunte à l'extérieur une certaine quantité de chaleur Q qui est tout entière employée à produire le travail extérieur effectué, puisqu'il n'en abandonne aucune partie le long du parcours QMP. La quantité de travail ainsi produite est égale à l'aire PQM.

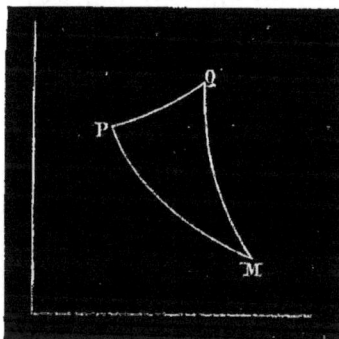

Fig. 38.

Prenons maintenant pour sujet de l'expérience un gaz et considérons un cycle de Carnot formé par deux lignes isothermes MN et QP (fig. 22) correspondant, l'une à la température t_1, l'autre à la température t_2 qui est la température la plus basse réalisée dans le cycle précédent, et deux lignes de nulle transmission MQ et NP qui, dans le cas considéré, ne peuvent présenter aucun point commun; supposons en outre que l'aire MNPQ soit égale à l'aire PQM du cycle précédent. Dans la série des opérations qui constituent le cycle de Carnot, on emprunte de M en N une quantité de chaleur Q + Q′ à un corps à la température t_1, et on en dépose, pendant la transformation PQ, une quantité Q′ sur un corps à la température t_2; en même temps la quantité de chaleur Q est convertie en travail. Mais on peut effectuer les opérations en sens inverse et dépenser dans ce but la quantité de travail EQ obtenue par la réalisation du premier cycle PQM; alors, après une série complète d'opérations, tout étant revenu à l'état initial, on aurait simplement effectué le transport de la quantité de chaleur Q' d'un corps à t_2 sur un corps à une température plus élevée t_1, ce qui n'est pas possible. Notre hypothèse est donc inadmissible, et les deux lignes de nulle transmission considérées ne sauraient présenter aucun point commun.

Cette remarque, qu'on ne fait pas en général, est essentielle pour faire disparaître toute difficulté.

3° Ajoutons enfin, ce qui est évident, que toute transformation,

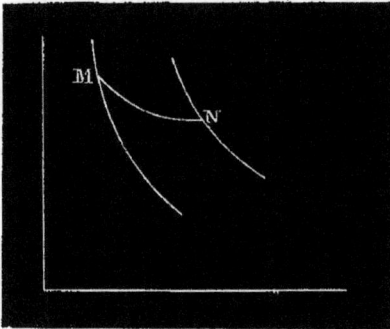

Fig. 39.

figurée par une ligne MN (fig. 39) qui s'étend d'une courbe de nulle transmission à une autre, est nécessairement accompagnée d'une communication de chaleur avec l'extérieur.

Si l'on prend une quelconque des lignes de nulle transmission comme point de départ, on pourra définir chacune des autres par la quantité de chaleur nécessaire pour faire passer le point représentatif de l'état du corps, de la courbe dont on part à la courbe considérée, en suivant une ligne déterminée, une ligne isotherme, par exemple.

162. **Expression générale du principe de Carnot, dans le cas d'un cycle réversible.** — Je prends maintenant un cycle défini par une courbe quelconque et je suppose que la série des opérations qui le constituent puisse être effectuée dans les deux sens, c'est-à-dire que le cycle soit réversible. Je trace dans le plan de la figure une série de courbes de nulle transmission infiniment voisines, et je remplace le cycle proposé par une infinité de cycles élémentaires dont chacun est formé de deux arcs infiniment petits appartenant à la courbe représentative et de deux arcs finis appartenant à deux courbes de nulle transmission consécutives.

Je considère un quelconque de ces cycles PP'Q'Q (fig. 40) et je le décompose en trois autres, en menant par les points P et Q' les deux arcs de courbes isothermes PH et Q'L. Je suis ainsi ramené en dernier lieu à la considération d'un cycle de Carnot PHQ'L formé de deux arcs infiniment petits de courbes isothermes et de deux arcs finis de courbes de nulle transmission, et de deux cycles infiniment petits en tous sens PP'H et Q'QL.

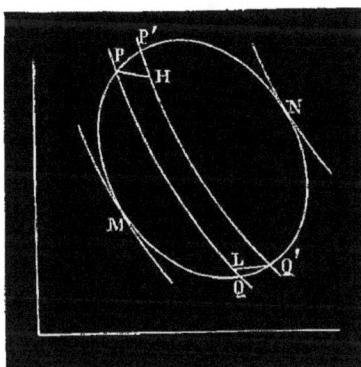

Fig. 40.

Soit δQ la quantité de chaleur qu'il faut communiquer au corps à la température absolue T pour lui faire subir la transformation PH; soit $\delta'Q$ celle qu'il abandonne dans la transformation Q'L, à la température absolue T'. En vertu du principe de Carnot, pris sous sa forme la plus simple, le rapport entre la quantité de chaleur transformée en travail dans le cycle PHQ'L, et la quantité de chaleur transportée de la température T à la température T', est

$$\frac{\delta Q - \delta'Q}{\delta'Q} = \frac{T - T'}{T'}$$

ou

$$\frac{\delta Q}{T} - \frac{\delta'Q}{T'} = 0.$$

Soit maintenant dQ la quantité de chaleur empruntée par le corps lorsque l'on passe, sur le cycle réel, du point P au point P'. Je dis que dQ ne diffère de δQ que d'un infiniment petit du second ordre. En effet, considérons le cycle PP'H : de P en P' le corps absorbe une quantité de chaleur égale à dQ; de P' en H il ne reçoit et ne communique rien; enfin de H en P il cède à l'extérieur une quantité de chaleur égale à δQ. La différence des deux quantités de chaleur dQ et δQ est donc égale au travail extérieur effectué, divisé par l'équivalent mécanique de la chaleur. Mais le travail extérieur effectué est égal à l'aire PP'H qui est infiniment petite du second ordre; donc la différence des deux quantités de chaleur $dQ - \delta Q$ est infiniment petite du second ordre. Il en est de même de la différence $d'Q - \delta'Q$ qui correspond aux deux transformations infiniment petites Q'Q et Q'L.

On peut donc écrire, en négligeant les infiniment petits du second ordre,

$$\frac{dQ}{T} - \frac{d'Q}{T} = 0.$$

et en faisant la somme de toutes les expressions semblables que l'on obtient en considérant successivement chaque cycle élémentaire,

$$\int \frac{dQ}{T} - \int \frac{d'Q}{T} = 0,$$

ou plus simplement

$$\int \frac{dQ}{T} = 0,$$

dQ représentant la quantité de chaleur reçue ou communiquée par le corps à la température absolue T, à chaque instant de sa transformation, cette quantité de chaleur étant prise positivement dans le premier cas et négativement dans le second.

163. L'équation $\int \frac{dQ}{T} = 0$ est l'expression la plus générale du principe de Carnot dans le cas où le cycle est réversible. On pourrait l'appeler, à juste raison, l'équation de Clausius, puisque M. Clausius l'a déduite du principe de Carnot par des considérations qui n'étaient rien moins qu'évidentes.

Il est important de remarquer que cette équation ne s'applique pas à toute espèce de cycles. La démonstration que nous en avons donnée résulte de la considération d'un cycle d'opérations où le corps qui est le sujet de l'expérience ne se trouve jamais en contact qu'avec des corps ayant une température infiniment voisine de la sienne, et où la pression extérieure ne présente jamais qu'une différence infiniment petite, en plus ou en moins, avec celle que le corps exerce lui-même. Dans ces conditions le cycle est toujours réversible, car il suffit de supposer une modification infiniment petite dans l'état des températures des corps extérieurs, pour que ceux qui jouaient le rôle de réfrigérants jouent maintenant le rôle de sources de chaleur, et *vice versa*; de même il suffit de modifier infiniment peu la pression extérieure pour la rendre plus faible ou plus forte que la pression intérieure et déterminer ainsi, dans un sens ou dans l'autre, la marche du point figuratif de l'état du corps sur la courbe représentative des transformations.

Mais il peut arriver que les conditions de réversibilité ne soient pas remplies, et alors la démonstration précédente ne s'applique plus. Cherchons ce qu'on peut déduire dans ce cas du principe de Carnot.

164. Cycles non réversibles. — Les cycles non réversibles, dans lesquels il ne se produit que des phénomènes purement thermiques (en écartant ainsi le cas où le corps considéré serait échauffé par le passage d'un courant électrique, par exemple), peuvent se rapporter à trois types.

1° Si, dans la série des opérations qu'il subit, le corps dont on considère les transformations emprunte de la chaleur à des corps dont la température excède la sienne d'une quantité finie, ou s'il en abandonne à d'autres d'une température notablement inférieure, la réversibilité des opérations n'existe pas.

2° Si le corps considéré éprouve des frottements qui occasionnent un dégagement de chaleur, le phénomène inverse est impossible.

3° Enfin, si le corps se dilate sans développer une quantité d'énergie sensible égale au travail de sa force élastique, c'est-à-dire si la pression qu'il a à vaincre est notablement inférieure à sa propre pression, il n'est pas possible de le ramener à son volume primitif par une opération exactement inverse.

La vapeur qui s'échappe de la chaudière d'une machine à haute pression, l'air comprimé qui, dans la célèbre expérience de Joule, pénètre dans un récipient où on a fait le vide, nous offrent des exemples de ce dernier cas, qui est le plus important.

Examinons successivement l'effet de chacune des circonstances que nous venons d'énumérer.

165. Dans le premier cas, si on désigne comme toujours par dQ la quantité de chaleur reçue ou communiquée par le corps, à chaque instant de sa transformation, à la température absolue T, T désignant ici uniquement la température du corps et non plus celle des sources extérieures, on a toujours

$$\int \frac{dQ}{T} = 0 ;$$

car, de quelque manière que la chaleur arrive au corps ou s'en dégage, si la quantité reçue ou abandonnée est à chaque instant la même dans les différents modes de communication avec l'extérieur, la loi de la transformation reste aussi la même.

Mais si, au lieu de mettre pour T dans l'équation précédente les températures du corps, on met celles des sources extérieures qu'il est souvent plus facile de connaître, le premier membre n'est plus égal à zéro ; il est facile de voir qu'il devient négatif. En effet, prenons d'abord les éléments positifs de l'intégrale : un élément positif $\frac{dQ}{T}$, où l'on remplace T par la température $T + \theta$ de la source avec laquelle le corps se trouvait en contact quand sa température était T, devient $\frac{dQ}{T+\theta}$, quantité plus petite en valeur absolue. Inversement, si, dans un élément négatif $-\frac{dQ'}{T'}$, on remplace T' par la température du réfrigérant, inférieure de θ' à celle du corps, on augmente la valeur absolue de cet élément, car il devient $-\frac{dQ'}{T'-\theta'}$. Donc, en introduisant les températures des sources et des réfrigérants au lieu des températures du corps, on diminue la valeur absolue des éléments positifs de l'intégrale et l'on augmente celle des éléments négatifs. Si donc on calcule $\int \frac{dQ}{T}$ de cette manière, on aura

$$\int \frac{dQ}{T} < 0 .$$

166. Supposons maintenant que, dans la série de ses transformations, le corps éprouve des frottements qui, pour être vaincus, absorbent, dans la période de compression du cycle, une portion notable du travail extérieur. Dans ce cas, la pression extérieure est nécessairement supérieure à la force élastique que le corps lui oppose ; par suite, elle n'est plus égale à l'ordonnée de la courbe représenta-

tive qui a pour coordonnées le volume de l'unité de poids et la pression du corps; le travail qu'elle effectue ne se trouve donc plus représenté par l'aire de cette courbe, et la démonstration précédente devient inapplicable.

Or, s'il n'y avait aucun frottement, la pression extérieure serait égale à la pression intérieure, et l'on aurait

$$\int \frac{dQ}{T} = 0.$$

Mais l'existence du frottement a uniquement pour effet de déterminer, dans la grandeur du travail extérieur, un accroissement correspondant aux frottements à vaincre, et comme cet excès de travail est entièrement transformé en chaleur déposée sur les réfrigérants. il en résulte une augmentation dans la valeur absolue des éléments négatifs de l'intégrale précédente. On a donc pour ce cas

$$\int \frac{dQ}{T} < 0.$$

167. Considérons enfin le troisième cas, où, dans la période d'extension du cycle, la valeur de la force élastique du corps surpasse constamment d'une quantité finie celle de la pression extérieure. Comme dans le cas précédent, l'aire de la courbe représen-

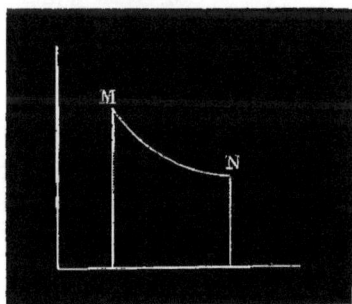

Fig. 41.

tative n'a plus aucun rapport avec la grandeur du travail extérieur effectué, et l'expression générale du principe de Carnot, démontrée pour un cycle réversible. ne convient plus ici.

Soit MN (fig. 41) la courbe représentative de la transformation considérée. Si l'on suppose que la pression extérieure ne présente jamais qu'une différence infiniment petite avec la force élastique du corps, on rentre dans le cas où le cycle est réversible et l'on a

$$\int \frac{dQ}{T} = 0.$$

Dans cette hypothèse, la quantité de chaleur qu'il faut communiquer au corps pour lui faire parcourir la courbe MN est

$$Q = \Delta U + S.$$

ΔU étant la variation d'énergie subie par le corps lorsqu'il passe de l'état M à l'état N, et S le travail extérieur.

Mais dans le cas actuel la transformation MN exige une quantité de chaleur différente,

$$Q' = \Delta U + S',$$

ΔU ayant la même valeur que précédemment, et S' étant plus petit.

Par conséquent,

$$Q' < Q.$$

Donc, dans le cas considéré, la somme des éléments positifs de l'intégrale est plus petite que lorsque la réversibilité existe, et par suite on doit avoir

$$\int \frac{dQ}{T} < 0.$$

On verrait de même que, si le corps était comprimé sous l'action d'une pression extérieure qui présente avec sa force élastique une différence finie, la valeur absolue des éléments négatifs de l'intégrale se trouverait augmentée d'une certaine quantité, ce qui conduirait encore à la même expression.

168. Par conséquent, on peut dire que, dans tous les cas où le cycle n'est pas réversible, l'intégrale $\int \frac{dQ}{T}$ est négative. L'expression générale du principe de Carnot, pour un cycle fermé quelconque, devient ainsi

$$\int \frac{dQ}{T} \leqq 0,$$

dQ désignant la quantité de chaleur reçue à la température absolue T. Le signe = s'applique aux cas où toutes les modifications
dont se compose le cycle fermé sont réversibles; le signe < aux cas
où il y a des modifications qui ne sont pas réversibles.

Remarquons que, si le corps variable ne se trouve jamais en contact qu'avec des réservoirs de chaleur qui présentent la même température que lui, il est indifférent que T représente la température
des sources extérieures ou celle du corps considéré. Mais, si l'on a
donné à T cette dernière signification, il est évident, d'après ce qui
a été dit au paragraphe 165, que le signe = convient encore au
cas où le corps variable se trouve en communication avec des réservoirs de chaleur dont la température présente avec la sienne une
différence quelconque, pourvu que les autres conditions de réversibilité soient satisfaites.

169. Coefficient économique des machines quelconques.
— J'établirai immédiatement une conséquence du principe de
Carnot relative au coefficient économique des machines quel-
conques.

Soit une machine fonctionnant suivant un cycle réversible quelcon-

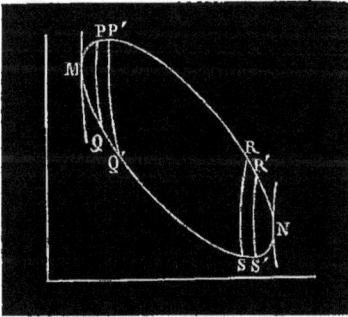

Fig. 42.

que MNPQ (fig. 42). Je décompose
ce cycle en menant une infinité de
lignes de nulle transmission, dont
les deux extrêmes viennent toucher
la courbe représentative du cycle
aux points M et N, et je remplace
la machine réelle par la somme des
machines élémentaires qui correspondent à chacun des cycles infi-
nitésimaux formés par deux lignes
de nulle transmission infiniment
voisines et par deux arcs infiniment petits de la courbe représentative.

Considérons l'une quelconque de ces machines, celle qui correspond au cycle PP'Q'Q, par exemple. D'après le principe de Carnot,
on a, en désignant par dQ la quantité de chaleur absorbée le long

de PP', à la température absolue T, et par dQ' la quantité de chaleur dégagée en Q'Q, à la température T',

$$\frac{dQ}{T} - \frac{dQ'}{T'} = 0$$

ou

$$\frac{dQ - dQ'}{dQ} = \frac{T - T'}{T}.$$

L'expression $\frac{T - T'}{T}$ représente la valeur du coefficient économique de la machine considérée.

Mais ce coefficient économique varie d'une machine élémentaire à l'autre, et il est facile de voir, comme nous l'avons déjà remarqué pour les machines à gaz, qu'on peut en augmenter la valeur par un groupement convenable des machines élémentaires. En effet, la température T', qui est la plus basse du cycle PP'Q'Q, peut être égale à la température la plus élevée d'un autre cycle RR'S'S, où les températures extrêmes sont T' et T''; alors la quantité de chaleur dégagée en Q'Q peut être utilisée dans la transformation RS, et si l'on suppose qu'elle soit tout entière employée à produire cette transformation, on aura utilisé de la dépense primitive dQ une fraction

$$\frac{T - T'}{T} + \frac{T'}{T} \cdot \frac{T' - T''}{T'}$$

ou

$$\frac{T - T''}{T}.$$

Cette fraction pourra encore s'augmenter, si la température T'' se trouve être égale ou supérieure à la température la plus élevée d'un autre cycle élémentaire; mais on ne pourra jamais arriver à fournir ainsi la totalité de la chaleur nécessaire à la transformation MPN, sans quoi on aurait réalisé le mouvement perpétuel, ce qui est impossible.

En résumé, on peut remplacer la machine réelle par une infinité de machines élémentaires simples ou complexes dont le coefficient économique est de la forme

$$\frac{T - T_n}{T},$$

T étant la température absolue d'un point de la période MPN, et T la température d'un point de NQM.

Si l'on remplace dans cette expression T par la température la plus élevée T_1 de la période MPN, et T_n par la température la plus basse T_2 de la période NQM, on obtient la plus grande valeur que puisse présenter le coefficient économique

$$\frac{T_1 - T_2}{T_1}.$$

Le coefficient économique d'une machine réversible quelconque est donc au plus égal à la différence des températures absolues extrêmes entre lesquelles la machine fonctionne, divisée par la plus haute de ces températures.

En particulier, si la machine fonctionne suivant un cycle de Carnot, il est bien évident qu'elle présente le coefficient économique maximum; mais ce que nous avons dit (126) à propos des machines à gaz montre qu'il y a une infinité d'autres cycles qui jouissent de la même propriété.

170. Si la machine fonctionne suivant un cycle qui n'est pas réversible, on peut toujours appliquer le principe de la décomposition des cycles, mais alors on a, pour une machine élémentaire quelconque,

$$\frac{dQ}{T} - \frac{dQ'}{T'} < 0$$

ou

$$\frac{dQ - dQ'}{dQ} < \frac{T - T'}{T};$$

et, en répétant les mêmes raisonnements que précédemment, on voit facilement que le coefficient économique d'une machine non réversible reste toujours inférieur à la valeur maximum qu'il peut avoir dans une machine réversible fonctionnant entre les mêmes limites de température.

APPLICATION

DES DEUX PRINCIPES FONDAMENTAUX

DE LA THÉORIE MÉCANIQUE DE LA CHALEUR

AUX CHANGEMENTS DE VOLUME ET D'ÉTAT DES CORPS.

———

171. Expressions générales des deux principes fondamentaux de la théorie. — Avant de commencer les applications de la théorie mécanique de la chaleur, nous énoncerons de nouveau les deux principes fondamentaux qui la constituent.

Principe de l'équivalence. — Si un corps éprouve une modification quelconque à laquelle correspond une quantité de chaleur Q, cette quantité étant prise positivement quand elle est absorbée par le corps, et négativement quand elle est dégagée, on a

$$QE = U + S.$$

E est l'équivalent mécanique de la chaleur, U la variation d'énergie intérieure qui ne dépend que des états initial et final, et S le travail extérieur ou la variation d'énergie sensible qui dépend au contraire de tous les états intermédiaires par lesquels le corps a passé.

Principe de Carnot. — Si un corps éprouve une série de modifications formant un cycle fermé, on a, en représentant, d'après les mêmes conventions que précédemment, par dQ la quantité de chaleur correspondant à une modification élémentaire effectuée à la température absolue T,

$$\int \frac{dQ}{T} \leqq 0.$$

L'intégrale étendue à tous les points du cycle est nulle dans le cas d'un cycle réversible et négative dans le cas contraire.

CHANGEMENTS DE VOLUME.

172. Application du principe de l'équivalence. — Prenons un corps quelconque dont nous déterminerons l'état à chaque instant par les valeurs des deux variables indépendantes v et t. Dans une première opération, faisons passer ce corps de l'état initial v_0, t_0 à l'état quelconque v, t; la quantité de chaleur Q nécessaire pour opérer cette transformation sera donnée par la formule

$$QE = U + S.$$

Dans une seconde opération, faisons passer le corps du même état initial à un état infiniment voisin du précédent, $v + dv$, $t + dt$; la quantité de chaleur qu'il faudra lui fournir sera égale à

$$Q + l\, dv + c\, dt.$$

l'on aura

$$(Q + l\, dv + c\, dt)\, E = U + \frac{dU}{dv}\, dv + \frac{dU}{dt}\, dt + S + dS.$$

Si nous retranchons les deux équations membre à membre, et si nous remarquons que $dS = p\, dv$, dans le cas où les forces extérieures se réduisent à une pression uniforme et normale à tous les éléments de la surface du corps, il viendra

$$E(l\, dv + c\, dt) = \frac{dU}{dv}\, dv + \frac{dU}{dt}\, dt + p\, dv.$$

Les deux variables v et t étant indépendantes, on peut supposer à volonté $dv = o$ ou $dt = o$. ce qui donne les deux équations

$$El = \frac{dU}{dv} + p,$$

$$Ec = \frac{dU}{dt}.$$

Afin d'éliminer l'énergie intérieure U entre ces deux équations, différentions la première par rapport à t et la seconde par rapport à v :

$$E \frac{dl}{dt} = \frac{d^2U}{dv\,dt} + \frac{dp}{dt},$$

$$E \frac{dc}{dv} = \frac{d^2U}{dt\,dv}.$$

En retranchant membre à membre, on obtient l'équation définitive

$$E \left(\frac{dl}{dt} - \frac{dc}{dv} \right) = \frac{dp}{dt}.$$

Cette équation, qui a été obtenue pour la première fois (1850) par M. Clausius, établit, sans aucune hypothèse sur la constitution intime des corps, une relation entre trois quantités, la chaleur latente de dilatation, la chaleur spécifique sous volume constant, et la pression, qu'on aurait pu croire complétement indépendantes les unes des autres avant l'apparition de la théorie mécanique de la chaleur.

173. Nous avons pris pour variables indépendantes le volume de l'unité de poids et la température; mais on peut prendre la température et la pression, ou le volume et la pression. On trouve alors, en répétant identiquement les mêmes raisonnements, deux autres équations qui ne sont que des formes différentes de l'équation précédente :

$$E \left(\frac{dC}{dp} - \frac{dh}{dt} \right) = \frac{dv}{dt},$$

$$E \left(\frac{d\lambda}{dp} - \frac{dk}{dv} \right) = 1;$$

les coefficients C, h, λ, k présentent, avec les coefficients l et v, des relations qui ont été établies à la page 36, et qui permettent de démontrer l'identité des deux dernières équations avec la précédente.

174. **Première méthode de M. Clausius.** — La méthode qui a conduit M. Clausius à ces équations est différente de celle que nous avons suivie; elle repose sur la considération si féconde des

cycles de transformations, qui permet de rendre les résultats du calcul indépendants des variations de l'énergie intérieure [1].

Considérons un cycle de Carnot et supposons-le infiniment petit afin de rendre nos déductions indépendantes de l'agent de la transformation. Le quadrilatère curviligne MNPQ de la figure 31 devient dans cette hypothèse un quadrilatère rectiligne dont les côtés sont

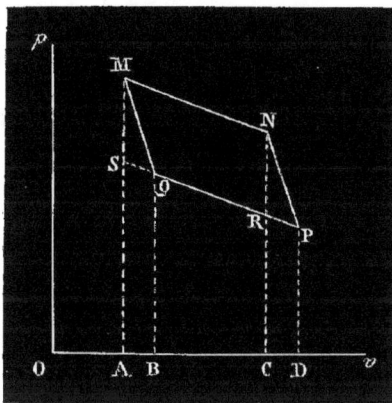

Fig. 43.

infiniment petits et font entre eux des angles infiniment petits. Pour obtenir l'aire de ce quadrilatère, on pourra donc le considérer comme un parallélogramme ; l'erreur que l'on fera sera infiniment petite du troisième ordre et pourra être négligée.

Désignons par dv, dv', δv, $\delta v'$ les accroissements de volume AC, BD, AB, CD; appelons t la température sur l'élément de ligne isotherme MN, $t - dt$ la température sur l'élément QP, et p la pression AM que le corps exerce sous le volume OA.

Prolongeons PQ jusqu'en S; l'aire du quadrilatère MNPQ, ou le travail extérieur effectué, s'évalue immédiatement

$$\text{aire } MNPQ = \text{aire } MNRS = AC \times MS.$$

$AC = dv$; quant à MS, c'est la différence entre les ordonnées MA et SA qui représentent les pressions que le corps exerce, sous le même volume OA, aux deux températures infiniment voisines t et $t - dt$; c'est donc

$$\frac{dp}{dt} dt.$$

Par conséquent on a

$$\text{aire } MNPQ = \frac{dp}{dt} dt \, dv.$$

[1] CLAUSIUS, Ueber die bewegende Kraft der Wärme, *Pogg. Ann.*, t. LXXIX, p. 378, ou *Abhandlungen über die mechanische Wärmetheorie*, 1ʳᵉ partie, p. 26.

L'évaluation de la quantité de chaleur équivalente au travail représenté par cette aire est un peu plus difficile. Dans la première période, figurée en MN, le corps absorbe une quantité de chaleur égale à $l dv$, l étant la chaleur latente de dilatation correspondant à l'état M; dans la troisième période, représentée par l'élément de courbe PQ, il en dégage au contraire une quantité $l' dv'$, l' étant la chaleur latente de dilatation correspondant à l'état Q.

Pendant les deux autres périodes, il n'y a ni perte ni gain de chaleur, de sorte que l'on a simplement, d'après le principe de l'équivalence,

$$E(l dv - l' dv') = \frac{dp}{dt} dt\, dv.$$

Calculons l'. La quantité l correspond à un état du corps défini par les valeurs t et v de la température et du volume de l'unité de poids; la quantité l' répond à un état défini par les valeurs $t - dt$ et $v + \delta v$ des deux mêmes variables indépendantes; on a donc

$$l' = l + \frac{dl}{dv} \delta v - \frac{dl}{dt} dt,$$

ce qui donne

(α) $$E\left[l(dv - dv') - dv' \left(\frac{dl}{dv} \delta v - \frac{dl}{dt} dt \right) \right] = \frac{dp}{dt} dt\, dv.$$

Il faut maintenant éliminer dv' et δv.

La simple inspection de la figure donne la relation

(1) $$\delta v + dv' = dv + \delta v'.$$

En outre, si on considère la transformation MQ, l'expression de la quantité de chaleur correspondante doit être nulle, puisque MQ est une ligne de nulle transmission; on a donc

(2) $$l \delta v - c\, dt = 0,$$

les quantités l et c répondant à l'état du corps caractérisé par le point M.

On obtient une équation toute semblable en considérant la transformation NP; seulement les valeurs de l et de c qui figurent dans cette nouvelle équation correspondent à l'état caractérisé par le point N; or, tandis que l'état M est défini par les valeurs t et v de la température et du volume de l'unité de poids, l'état N est défini par les valeurs t et $v + dv$ des deux mêmes variables indépendantes; les nouvelles valeurs de l et de c sont donc

$$l + \frac{d}{dv}\, dv, \quad c + \frac{dc}{dv}\, dv,$$

et l'on a

$$(3) \qquad \left(l + \frac{dl}{dv}\, dv\right) \delta v' - \left(c + \frac{dc}{dv}\, dv\right) dt = 0.$$

Les trois dernières équations jointes à l'équation (α) permettent d'éliminer les trois inconnues auxiliaires dv', δv et $\delta v'$.

Mettons l'équation (1) sous la forme

$$\delta v - \delta v' = dv - dv',$$

et calculons la différence $\delta v - \delta v'$:

$$\delta v = \frac{c}{l}\, dt,$$

$$\delta v' = \frac{c + \dfrac{dc}{dv}\, dv}{l + \dfrac{dl}{dv}\, dv}\, dt = \left(\frac{c}{l} + \frac{1}{l}\frac{dc}{dv}\, dv\right) dt\ \frac{1}{1 + \dfrac{1}{l}\dfrac{dl}{dv}\, dv}.$$

Si on développe le facteur

$$\frac{1}{1 + \dfrac{1}{l}\dfrac{dl}{dv}\, dv},$$

en se bornant aux termes qui sont infiniment petits du deuxième ordre, cette dernière équation devient

$$\delta v' = \frac{c}{l}\, dt + \frac{1}{l}\frac{dc}{dv}\, dv\, dt - \frac{c}{l^2}\frac{dl}{dv}\, dv\, dt.$$

Par conséquent,

$$\delta v - \delta v' = -\frac{1}{l}\frac{dc}{dv}\, dv\, dt + \frac{c}{l^2}\frac{dl}{dv}\, dv\, dt = dv - dv'.$$

Si on remplace dans l'équation (α) la différence $dv - dv'$ par cette valeur, et si on remarque que dv' ne diffère de dv que d'un infiniment petit du second ordre, on aura, aux infiniment petits du troisième ordre près,

$$\mathrm{E}\left[\ l\left(-\frac{1}{l}\frac{dc}{dv}\,dv\,dt+\frac{c}{l^{2}}\frac{dl}{dv}\,dv\,dt\right)-dv\left(\frac{c}{l}\frac{dl}{dv}\,dt-\frac{dl}{dt}\,dt\right)\right]=\frac{dp}{dt}\,dv\,dt,$$

ce qui donne précisément, après toute simplification,

$$\mathrm{E}\left(\frac{dl}{dt}-\frac{dc}{dv}\right)=\frac{dp}{dt}.$$

On a adressé à ce mode de démonstration des critiques qui ne sont pas fondées : on a prétendu que l'on évaluait la quantité de chaleur consommée par le travail extérieur, en négligeant les infiniment petits du second ordre, tandis que l'aire du cycle qui mesure ce travail extérieur n'est elle-même qu'un infiniment petit du second ordre; ainsi on ne devrait pas se borner au terme $l\,dv$ pour exprimer la quantité de chaleur absorbée dans la transformation MN, on devrait prendre une expression plus complète $l\,dv+\varepsilon$, ε étant un infiniment petit du second ordre. Mais il est facile de voir que le terme correctif ε n'a aucune influence sur le résultat et qu'il disparaît dans le calcul; car, dans la transformation PQ, la quantité de chaleur dégagée est, au même degré d'approximation, $l'\,dv'+\varepsilon'$ et $\varepsilon'=\varepsilon+\varepsilon''$, ε'' étant un infiniment petit du troisième ordre; par conséquent, lorsque l'on prend la différence des deux quantités de chaleur, l'infiniment petit du second ordre disparaît, et l'on a simplement pour expression de la quantité de chaleur consommée $l\,dv-l'\,dv'$, en négligeant un infiniment petit du troisième ordre.

En général, on ne fait pas ces raisonnements que sous-entendent tous ceux à qui la méthode infinitésimale est familière; cependant, pour ne laisser aucun doute sur l'exactitude du résultat, M. Clausius, dans une nouvelle édition de ses mémoires, a développé davantage l'expression de la quantité de chaleur consommée, en tenant compte de ces termes infiniment petits du second ordre qui disparaissent dans le calcul.

175. L'équation

$$E\left(\frac{dl}{dt} - \frac{dc}{dv}\right) = \frac{dp}{dt}$$

donne une relation imprévue entre la chaleur latente de dilatation, la chaleur spécifique sous volume constant et la pression.

Cette relation doit être considérée comme une loi de la nature satisfaite dans tous les phénomènes de dilatation non accompagnés de changement d'état; mais l'état actuel de la science ne permet guère d'en donner la vérification expérimentale d'une manière générale, car les dérivées $\frac{dl}{dt}$ et $\frac{dc}{dv}$ sont à peine connues pour les solides et les liquides. Pour les gaz parfaits, au contraire, on sait que $\frac{dc}{dv} = 0$ (94), et l'équation précédente devient simplement

$$E\,dl = dp.$$

Sous cette forme, on la déduit immédiatement de la relation

$$l = \frac{C-c}{\alpha p_0 v_0} p,$$

qui a été établie à la page 56 pour déterminer l'équivalent mécanique de la chaleur au moyen des gaz. On peut donc considérer l'équation précédente comme vérifiée dans ce cas particulier.

176. **Application du principe de Carnot.** — Pour appliquer le principe de Carnot, nous considérerons encore le cycle infiniment petit dont M. Clausius a fait usage pour établir l'équation différentielle qui se déduit du principe de l'équivalence. Dans ce cycle, après une série complète d'opérations, on a transformé en travail une quantité de chaleur égale à $A\frac{dp}{dt}dt\,dv$, en même temps que l'on a effectué le transport d'une quantité de chaleur $l'dv'$ d'un corps à la température t sur un corps à la température $t - dt$. D'après le principe de Carnot, il existe entre ces deux quantités de chaleur un rapport constant pour les limites de température considérées et indépendant de la nature de l'agent de la transformation. En parti-

culier, ce rapport est le même que si l'on avait affaire à un gaz parfait; or, dans ce cas, nous savons (119) qu'il est égal à

$$\frac{\alpha \, dt}{1 + \alpha t}.$$

On a donc

$$\frac{A \frac{dp}{dt} dt \, dv}{l' dv'} = \frac{\alpha \, dt}{1 + \alpha t}.$$

Mais on ne change pas le rapport de deux quantités infiniment
petites en remplaçant l'une d'elles par une autre qui n'en diffère que
d'une quantité infiniment petite d'un ordre supérieur; par conséquent, en se rappelant que $l'dv'$ ne diffère de ldv que d'un infiniment
petit du second ordre, il vient

$$\frac{A}{l} \frac{dp}{dt} = \frac{\alpha}{1 + \alpha t} = \frac{1}{\frac{1}{\alpha} + t} = \frac{1}{T}.$$

**177. Fonction de Carnot. — Définition théorique de l'é-
chelle des températures.** — Nous ferons ici une remarque importante sur la détermination du terme $\frac{1}{T}$ qui constitue le dernier
membre de l'équation précédente. Ce terme représente l'inverse de
la température comptée à partir de $-\frac{1}{\alpha}$ degrés sur un thermomètre
construit avec un *gaz parfait*; or, il n'existe en réalité aucun gaz parfait, par conséquent l'expression $\frac{1}{T}$ doit être considérée comme une
fonction plus ou moins compliquée de la température définie expérimentalement à l'aide du thermomètre à air. La détermination de
cette fonction, que nous appellerons avec M. W. Thomson *fonction
de Carnot*, est un problème de la plus grande importance. C'est en
vue de le résoudre que M. W. Thomson a imaginé le procédé à
l'aide duquel, de concert avec M. Joule, il a pu mettre en évidence
le travail intérieur des gaz (96); mais les expériences ne sont pas
assez précises pour donner une détermination rigoureuse de la valeur de la fonction: elles montrent seulement qu'elle diffère très-

peu de $\dfrac{1}{\dfrac{1}{\alpha}+t}$ où t représente la température comptée sur un thermo-

mètre à air [1].

MM. Thomson et Joule ont fait remarquer qu'il y aurait théoriquement un grand avantage à définir la température *l'inverse de la fonction de Carnot;* cette définition donnerait aux énoncés des théorèmes de la théorie mécanique de la chaleur une grande simplicité, et elle conduirait dans la pratique à des nombres très-peu différents de la température mesurée sur le thermomètre à air à partir de — 273 degrés. D'ailleurs, au point de vue théorique, ce mode de définition est aussi admissible que celui qui consiste à déterminer les degrés de l'échelle des températures par des variations de volume ou de pression; car, pour que des nombres puissent représenter les températures, il suffit à la rigueur qu'ils aient même valeur pour des corps en équilibre de température, et il est permis de les définir par tel ordre de considérations qu'il conviendra. On peut donc prendre pour degrés de l'échelle des températures des nombres T tels, que le rapport de la quantité de chaleur transformée en travail à la quantité de chaleur transportée d'un corps chaud sur un corps froid, dans un cycle de Carnot infiniment petit, soit $\dfrac{dT}{T}$, et les températures ainsi définies pourront être nommées les températures absolues. L'origine de ces températures sera le *zéro absolu* de chaleur; ce sera une température telle, que, si la plus basse température qui se réalise dans un cycle fini se trouve être précisément ce zéro absolu de chaleur, il soit possible de transformer intégralement en travail une quantité de chaleur donnée. On peut ajouter qu'il n'est pas possible de faire descendre la température au-dessous de ce zéro absolu, car alors on pourrait créer du travail avec rien. L'échelle des températures se trouve ainsi définie par des considérations absolument générales.

178. Comparaison de la théorie avec l'expérience. —

Il est possible jusqu'à un certain point de vérifier par l'expérience

[1] *Annales de Chimie et de Physique,* 3ᵉ série, t. LXIV, p. 504, et t. LXV, p. 244.

l'équation relative aux changements de volume que nous avons déduite du principe de Carnot,

$$\frac{A}{l} \frac{dp}{dt} = \frac{1}{T} \qquad \text{ou} \qquad \frac{dp}{dt} = \frac{El}{T}.$$

Proposons-nous d'abord de calculer le premier membre $\frac{dp}{dt}$ de cette équation.

Soit $\varphi(v, p, t) = 0$ la relation qui pour un corps déterminé existe à chaque instant entre le volume de l'unité de poids, la pression et la température.

La différentielle totale de la fonction φ est

$$\frac{d\varphi}{dv} dv + \frac{d\varphi}{dp} dp + \frac{d\varphi}{dt} dt = 0.$$

Pour avoir la relation qui existe entre deux des trois quantités v, p, t, lorsque la troisième demeure constante, il suffit de supposer que la différentielle de celle-ci est nulle dans l'équation précédente. Ainsi, en supposant la température constante, on a $dt = 0$ et

$$\frac{dv}{dp} = - \frac{\dfrac{d\varphi}{dp}}{\dfrac{d\varphi}{dv}}.$$

Mais l'expérience permet jusqu'à un certain point de déterminer le rapport de la variation de volume à la variation de pression, lorsque la température demeure constante; posons

$$\frac{dv}{dp} = - kv;$$

k est ce qu'on peut appeler le *coefficient de compressibilité vrai* du corps; c'est la valeur absolue du rapport d'une variation infiniment petite de volume à la variation infiniment petite de pression correspondante, lorsque l'on opère sur l'unité de volume. Ce coefficient vrai diffère peu en général du coefficient moyen que l'expérience détermine, et il lui est égal pour tous les corps dont la compressibilité est proportionnelle à la pression.

La combinaison des deux équations précédentes donne

$$\frac{\dfrac{d\varphi}{dp}}{\dfrac{d\varphi}{dv}} = kv.$$

Si l'on suppose maintenant $dp = o$, on a

$$\frac{dv}{dt} = -\frac{\dfrac{d\varphi}{dt}}{\dfrac{d\varphi}{dv}}.$$

Or, l'expérience donne en général la relation qui existe, à la pression ordinaire, entre le volume v_0 du corps à zéro et le volume v à une température quelconque t; soit $v = v_0 f(t)$ cette relation, on en déduit

$$\frac{dv}{dt} = v_0 \delta.$$

δ est ce qu'on appelle le *coefficient de dilatation vrai* du corps. Si ce coefficient ne varie pas très-rapidement avec la température, on peut admettre que

$$v_0 = \frac{v}{1 + \delta t}$$

et écrire

$$-\frac{\dfrac{d\varphi}{dt}}{\dfrac{d\varphi}{dv}} = \frac{v\delta}{1 + \delta t}.$$

Enfin la troisième hypothèse $dv = o$ donne

$$\frac{dp}{dt} = -\frac{\dfrac{d\varphi}{dt}}{\dfrac{d\varphi}{dp}}.$$

Or, on déduit des relations précédentes

$$\frac{\dfrac{d\varphi}{dt}}{\dfrac{d\varphi}{dp}} = -\frac{\delta}{k(1 + \delta t)};$$

par suite,

$$\frac{dp}{dt} = \frac{\delta}{k(1+\delta t)}.$$

Le premier membre de l'équation qu'il s'agit de vérifier étant ainsi obtenu, il reste à déterminer le second membre, dans lequel la quantité l est inconnue. La détermination de la chaleur latente de dilatation l s'effectue sans difficulté si l'on connaît la quantité de chaleur dégagée par une compression du corps dans une enceinte imperméable. Soit en effet une modification infiniment petite caractérisée par les accroissements dt et dp de la température et de la pression, la quantité de chaleur correspondante est (52)

$$C\,dt + h\,dp,$$

et, si la modification s'effectue sans communication de chaleur avec l'extérieur,

$$C\,dt + h\,dp = 0.$$

Or, l'expérience apprend qu'un accroissement de pression π même considérable n'a pour conséquence qu'un accroissement de température θ assez faible. On peut donc établir entre ces deux quantités π et θ la même relation que s'il s'agissait de deux quantités infiniment petites, et écrire

$$C\theta + h\pi = 0.$$

Mais on a la relation connue (52)

$$h = l\frac{dv}{dp}$$

ou

$$l = h\frac{1}{\dfrac{dv}{dp}};$$

or.

$$h = -\frac{C\theta}{\pi},$$

et

$$\frac{dv}{dp} = -vk;$$

par conséquent,

$$l = \frac{C\theta}{\pi v k}.$$

Le deuxième membre de l'équation est maintenant connu; on peut donc écrire l'équation tout entière sous la forme suivante, directement comparable à l'expérience,

$$\frac{\delta}{k(1 + \delta l)} = \frac{E}{T} \frac{C\theta}{\pi v k}$$

ou

$$\delta = \frac{E}{T} \frac{C\theta}{\pi v_0}.$$

179. Si on introduit dans cette équation la densité ρ_0 du corps à zéro, elle devient

$$\delta = \frac{E}{T} \rho_0 \frac{C\theta}{\pi}.$$

L'élévation de température θ, dans ces dernières conditions où aucun échange de chaleur ne peut s'effectuer entre le sujet de l'expérience et les corps voisins, est donc donnée par la formule

$$\theta = \frac{T\delta}{EC\rho_0} \pi.$$

Pour comparer cette formule à l'expérience, on remplacera T par la température comptée en degrés centigrades à partir de — 273 degrés, δ par le coefficient moyen de dilatation du corps déterminé entre des limites de température aussi voisines que possible de celle de l'expérience, C par la chaleur spécifique à pression constante, E par la valeur de l'équivalent mécanique 425, π par le nombre de kilogrammes qui représente l'accroissement de pression supporté par un mètre carré de surface, et ρ par le poids exprimé en kilogrammes d'un mètre cube du corps.

180. Expériences de M. Joule sur le dégagement de chaleur qui accompagne la compression des liquides[1]. — M. Joule a effectué sur les liquides une série d'expériences en vue

[1] *Philosophical Transactions*, 1859, vol. 149, p. 133.

de vérifier la formule précédente, déduite pour la première fois du principe de Carnot par M. W. Thomson.

Jusqu'alors les physiciens qui s'étaient occupés de la mesure de la compressibilité des liquides avaient simplement cherché à mettre en évidence le dégagement de chaleur qui accompagne un accroissement subit de pression; mais les résultats avaient toujours été négatifs. Ainsi M. Regnault, en employant une petite pile thermo-électrique composée de cinq couples fer et cuivre, dont un des pôles était plongé dans le liquide à comprimer et dont l'autre était maintenu dans un vase plein d'eau à une température déterminée, avait constaté qu'une compression subite de dix atmosphères n'était accompagnée d'aucun dégagement de chaleur sensible, quoique le galvanomètre employé permît d'apprécier avec certitude $\frac{1}{64}$ de degré centigrade. Mais ce résultat n'est pas contraire à la théorie; car, dans les conditions de l'expérience de M. Regnault, la valeur calculée de θ est seulement $0°,013$, c'est-à-dire inférieure à $\frac{1}{64}$ de degré centigrade.

M. Joule s'est donc proposé de résoudre la question à l'aide d'un appareil spécial qui lui permît d'employer des pressions beaucoup plus considérables. Il n'a expérimenté que sur deux liquides, l'eau et l'huile de baleine. L'un et l'autre ont été renfermés dans un vase de cuivre de 30 centimètres de haut sur 10 centimètres de large, communiquant à la partie supérieure avec un cylindre de 35 millimètres de diamètre intérieur, fermé par un piston qu'on chargeait de poids à volonté. La soudure d'un élément thermo-électrique fer et cuivre était placée au centre du vase; les deux branches de l'élément, isolées par des enveloppes de gutta-percha, sortaient du vase par des orifices latéraux et communiquaient avec les extrémités d'un galvanomètre à circuit court et à aiguille astatique. La sensibilité de cet instrument était augmentée par la présence d'un aimant situé à quelque distance et agissant en sens contraire de l'action terrestre; l'influence perturbatrice des courants d'air était évitée par une disposition qui permettait de faire le vide sous la cloche du galvanomètre; enfin les dimensions de la graduation permettaient de mesurer aisément une déviation de deux minutes. Cette déviation répondait, selon la conductibilité du circuit, à une variation de $\frac{1}{39}$ à $\frac{1}{305}$ de

degré centigrade dans la température de là soudure. Les instruments
offraient donc toute la sensibilité désirable pour le genre d'expériences auquel on les destinait. Ils avaient été d'ailleurs très-soigneu-
sement comparés au thermomètre centigrade.

Pour faire une expérience, on chargeait et on déchargeait tour
à tour le piston d'un poids connu, et, quarante secondes après chacune de ces opérations, on notait la situation de l'aiguille du galvanomètre. On répétait plusieurs fois les observations et on prenait
la moyenne des résultats obtenus. La durée de quarante secondes,
qu'on laissait s'écouler avant de faire une lecture, était précisément
la durée dont l'aiguille du galvanomètre avait besoin pour se fixer
dans une position d'équilibre.

M. Joule s'est préoccupé d'apprécier ou d'écarter l'influence de
quelques causes perturbatrices. Il s'est d'abord demandé si le froid
produit par la dilatation du vase de cuivre, qui résulte nécessairement de la pression exercée sur le piston, ne pourrait pas exercer
quelque influence sur les résultats. Pour le savoir, il a examiné l'effet
d'un échauffement temporaire de ce vase, et, en le soumettant à
l'action d'une source de chaleur assez vive, il a reconnu qu'il fallait
plus d'une minute, lorsque le vase était plein d'eau, pour que l'influence de cette élévation de température se fît sentir sur le couple
thermo-électrique placé au centre de l'appareil. Il n'y avait donc
pas à craindre que pendant les quarante secondes qui précédaient
l'observation du galvanomètre un effet perturbateur sensible fût
produit par le très-faible refroidissement de l'enveloppe métallique.

Il ne semblait guère probable, à priori, qu'une pression uniforme
exercée sur toute la surface d'un couple métallique pût modifier le
pouvoir thermo-électrique de ce couple. Néanmoins, afin de ne conserver aucun doute à ce sujet, M. Joule a fait l'expérience suivante.
Il a chauffé la soudure métallique extérieure à l'appareil, de manière
à produire un courant thermo-électrique assez puissant; mais il a
ramené au zéro l'aiguille du galvanomètre par l'action d'un aimant
convenable. Ensuite il a agi sur le piston comme dans une expérience ordinaire. Il est clair que si la pression avait exercé quelque
influence sur le pouvoir thermo-électrique de la soudure intérieure
à l'appareil, il en serait résulté une modification du courant thermo-

électrique, qui, en se superposant à l'effet propre de l'échauffement du liquide comprimé, aurait établi une différence sensible entre les résultats de cette expérience et ceux d'une expérience faite à la manière ordinaire. Rien de pareil ne s'est manifesté.

Enfin les pressions exercées ne pouvaient être regardées comme rigoureusement égales aux quotients des charges par la surface du piston, à cause de l'influence du frottement. Les corrections nécessaires ont été déterminées, après l'achèvement des expériences, en ajoutant à l'appareil un manomètre à air comprimé.

181. Nous donnerons d'abord les résultats des expériences relatives à l'huile de baleine. Dans ces expériences on a laissé s'écouler trois minutes au lieu de quarante secondes avant d'observer le galvanomètre. On avait reconnu en effet que, par suite de la viscosité du liquide, cette durée était nécessaire pour une communication complète de l'élévation de température au couple fer et cuivre. La densité de cette huile à zéro était $0,915$; sa chaleur spécifique aux environs de 16 degrés était $0,5223$, et son coefficient de dilatation $0,0007582$ vers 21 degrés.

PRESSION rapportée au centimètre carré.	TEMPÉRATURE DU LIQUIDE.	VALEUR DE θ	
		OBSERVÉE.	CALCULÉE.
kil	o	o	o
8,19	16,00	0,0792	0,0886
16,17	17,29	0,1686	0,1758
26,19	16,27	0,2633	0,2837

La différence entre les nombres calculés et les nombres observés n'excède guère $\frac{1}{20}$: elle n'est sans doute pas négligeable; mais si l'on tient compte des erreurs presque inévitables dans des recherches aussi délicates, on peut regarder la marche de l'expérience comme exactement représentée par la formule de M. W. Thomson.

Les résultats obtenus en expérimentant sur l'eau ont été encore plus remarquables. La théorie indique que la variation de température est proportionnelle au coefficient de dilatation; or, le coefficient de dilatation de l'eau varie beaucoup avec la température : si l'on part de zéro, il est d'abord négatif; vers 4 degrés il est nul, et au-dessus il devient positif. Il en résulte que la compression de l'eau doit amener un abaissement de température au-dessous de 4 degrés, et au-dessus une élévation de température; à 4 degrés l'effet doit être sensiblement nul. C'est en effet ce que l'expérience a vérifié.

PRESSION rapportée au centimètre carré.	TEMPÉRATURE DU LIQUIDE.	VALEUR DE θ	
		OBSERVÉE.	CALCULÉE.
kil	o	o	o
26,19	1,20	— 0,0083	— 0,0071
26,19	5,00	+ 0,0044	+ 0,0021
26,19	11,69	+ 0,0205	+ 0,0197
26,19	18,00	+ 0,0312	+ 0,0333
26,19	30,00	+ 0,0544	+ 0,0563
16,17	31,37	+ 0,0394	+ 0,0353
16,17	40,40	+ 0,0450	+ 0,0476

182. Détermination de la chaleur spécifique à volume constant des liquides. — La formule de M. W. Thomson se trouvant ainsi justifiée par l'expérience, nous allons en faire usage pour calculer la chaleur spécifique à volume constant et la chaleur latente de dilatation des liquides, sans qu'il soit nécessaire de connaître la variation de température produite par une compression donnée du corps.

Si l'on connaît la chaleur latente de dilatation l, on en déduira immédiatement la chaleur spécifique à volume constant au moyen de la formule connue

$$C = c + l \frac{dv}{dt}.$$

Or, la formule de M. W. Thomson donne

$$l = \frac{T}{E} \frac{dp}{dt},$$

et nous avons établi précédemment que

$$\frac{dp}{dt} = \frac{\delta}{k},$$

ou, plus exactement,

$$\frac{dp}{dt} = \frac{\delta}{k} \frac{v_o}{v};$$

par conséquent

$$l = \frac{T}{E} \frac{\delta}{k} \frac{v_o}{v}.$$

Pour faire une application de cette formule au calcul d'une chaleur latente de dilatation, on remarquera que k représente la diminution relative du volume pour une pression de 1 kilogramme sur 1 mètre carré; or, le coefficient de compressibilité ordinaire k_1 est la compression produite par une pression d'une atmosphère, c'est-à-dire par une pression de 10 336 kilogrammes par mètre carré; on a donc

$$k = \frac{k_1}{10\,336},$$

et par suite

$$l = \frac{T}{E} \frac{10\,336}{k_1} \delta \frac{v_o}{v}.$$

En remplaçant l par cette valeur dans la formule

$$C = c + l v_o \delta,$$

et en tirant la valeur de c, il vient

$$c = C - \frac{T}{E} \frac{10\,336}{k_1} \frac{(v_o \delta)^2}{v}.$$

Cette formule conduit à un résultat important : le deuxième terme du second membre est toujours négatif, quel que soit le signe de δ; par conséquent la chaleur spécifique à volume constant est toujours plus petite que la chaleur spécifique à pression constante, et cela tout aussi bien dans les corps qui se contractent sous l'influence de la chaleur que dans ceux qui se dilatent.

Si l'on effectue le calcul pour l'eau à la température de zéro,

c'est-à-dire en supposant $T = 273$ degrés, on trouve pour la chaleur spécifique à volume constant

$$c = 0,9979,$$

et par suite

$$\frac{C}{c} = 1,0021.$$

Pour le mercure on peut faire un calcul du même genre : les
expériences de M. Regnault en donnent tous les éléments. Si on
prend pour C la chaleur spécifique moyenne du mercure entre zéro
et 100 degrés, c'est-à-dire 0,0333, on trouve, en faisant comme
précédemment $T = 273$ degrés,

$$c = 0,289$$

et

$$\frac{C}{c} = 1,152.$$

Mais les expériences effectuées par la méthode du refroidissement
permettent de déterminer la chaleur spécifique du mercure pour des
intervalles de température très-petits et aussi rapprochés que l'on
veut de zéro; en particulier elles donnent à cette dernière température le nombre 0,0280. Si, dans le calcul qui nous occupe, on
adopte pour C cette valeur qui est bien préférable à la précédente,
on trouve

$$c = 0,0236$$

et

$$\frac{C}{c} = 1,187.$$

183. Rien dans les raisonnements précédents ne suppose le corps
à l'état liquide; les formules que nous venons d'établir conviennent
donc aux solides, aux gaz imparfaits et aux vapeurs, comme aux
liquides; mais il n'y a pas grand usage à en faire pour les corps
solides.

La formule qui donne la variation de température correspondant
à une variation brusque de la pression n'est pas comparable à l'expérience dans le cas des solides, parce qu'il n'y a pas moyen d'exercer

une compression subite sur toute la surface d'un corps solide et d'apprécier en même temps l'élévation de température correspondante. Le seul moyen exact de produire une compression égale en tous les points de la surface d'un solide consisterait à l'enfermer dans un liquide ou dans une atmosphère gazeuse. S'il est enfermé dans un liquide et qu'on exerce une pression subite, il y a dégagement de chaleur dans l'intérieur du corps; mais cette chaleur se communique si rapidement au liquide, que l'évaluation en est nécessairement très-inexacte. Avec un gaz, il est impossible de comprimer subitement le corps, et l'on sort encore des conditions du problème.

Quant à la détermination indirecte de la chaleur spécifique à volume constant, elle est également impossible, parce qu'on ne connaît pas exactement le coefficient de compressibilité cubique des solides. Toutes les méthodes par lesquelles on a essayé de le déterminer reposent sur certaines hypothèses de la théorie de l'élasticité qui sont encore controversées. Il en résulte une incertitude qui pèse non-seulement sur le coefficient de compressibilité des solides, mais encore sur le coefficient de compressibilité des liquides qu'on ne peut étudier qu'en les enfermant dans des enveloppes solides. Mais ordinairement le liquide est beaucoup plus compressible que l'enveloppe, et l'erreur que l'on peut faire sur la compressibilité de l'enveloppe a peu d'influence sur le résultat relatif au liquide. Pour les solides, au contraire, l'incertitude est tellement grande, qu'il n'y a aucun intérêt à tenter une détermination qui exigerait l'emploi des valeurs actuelles des coefficients de compressibilité cubique.

Mais on a étudié un autre genre de phénomènes dans les corps solides : ce sont les effets thermiques qui accompagnent l'allongement linéaire produit par une traction dans un sens déterminé. Si l'on a en effet une tige ou un fil tendu par un poids, il est très-facile de faire varier brusquement la tension, et d'observer la variation de température correspondante. La théorie permet d'ailleurs de déterminer la valeur de cette variation de température, à l'aide d'une formule qui a été déduite pour la première fois du principe de Carnot par M. W. Thomson, et qu'on peut établir de la manière suivante.

184. **Effets thermiques qui accompagnent les phénomènes d'élasticité de traction.** — Considérons un cylindre
solide, de section indéterminée, soumis sur sa périphérie à une pression invariable ou nulle, et sur ses bases à une pression ou traction
longitudinale P. Soient t la température et x la longueur de l'unité de
poids. On peut considérer l'état du corps comme défini par les trois
quantités x, P, t, et le représenter à chaque instant par un point
ayant pour abscisse la longueur de l'unité de poids x, et pour ordonnée le poids total P qui produit la traction. De cette manière,
l'aire de la courbe représentative est encore égale au travail des
forces extérieures, si on suppose la pression supportée par la surface
latérale du cylindre égale à zéro, ou si on néglige le faible travail
qu'elle produit. Dans cette hypothèse, pour avoir les lois des phénomènes d'élasticité de traction, il suffirait de répéter les mêmes
raisonnements que précédemment, sur les mêmes cycles d'opérations, en remplaçant p par P, v par x, et en considérant, au lieu
des quatre coefficients C, c, h et l, les quatre nouvelles quantités C',
c', h' et l' telles, que

$$C' \, dt + h' d P$$

représente la quantité de chaleur correspondant à un changement
simultané de température et de traction, et

$$c' dt + l' dx$$

la quantité de chaleur qui répond à une variation simultanée de température et de longueur. On arriverait ainsi à la même équation
finale pour représenter l'accroissement de température θ correspondant à une traction ϖ.

$$\theta = \frac{T \delta'}{E C' \rho_0'} \, \varpi.$$

ou δ' représente le coefficient de dilatation linéaire du corps tendu,
ρ_0' le poids de l'unité de longueur à zéro, C' un coefficient qui diffère
peu de la chaleur spécifique ordinaire à pression constante.

On pourrait même déterminer le coefficient c' qui correspond à
la chaleur spécifique sous volume constant, parce que l'on connaît

pour un certain nombre de corps solides l'accroissement de longueur correspondant à une traction donnée.

Nous allons traiter le problème d'une manière un peu plus directe.

185. Considérons le cycle infiniment petit formé par la succession des quatre opérations suivantes. 1° L'état du corps étant figuré par le

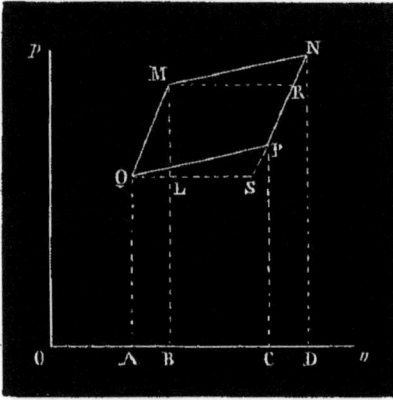

Fig. 44.

point N où la température est t, la longueur de l'unité de poids OD, la force de traction DN, on diminue infiniment peu la traction, en maintenant le corps dans une enceinte imperméable. Le point figuratif décrit l'élément de courbe de nulle transmission NP, et la température qui était t devient $t + dt$. 2° On continue à faire décroître la traction, en maintenant le corps à la température constante $t + dt$, par la soustraction d'une quantité convenable de chaleur. PQ est l'élément de la courbe représentative. 3° On augmente la traction, après avoir supprimé la communication de chaleur avec l'extérieur, jusqu'à ce que la température, qui était $t + dt$, ait repris sa valeur initiale t. Si l'augmentation de traction avait lieu à température constante, le point figuratif reviendrait sur ses pas sur la courbe QP; mais il y a abaissement de température, et par suite, pour obtenir une même longueur, il faut une traction plus grande que dans la période précédente; par conséquent la nouvelle courbe représentative QM doit se trouver au-dessus de QP. Si on désigne par δP l'augmentation de traction, et qu'on représente par $h' \delta P$ l'absorption de chaleur qui correspond à un accroissement de traction δP, on aura

$$C' dt = h' \delta P.$$

4° On continue à faire croître la traction en maintenant la température constante et égale à t, jusqu'à ce que le corps ait repris son état initial. Soit dP l'augmentation de traction, la quantité de chaleur qu'il faut fournir au corps dans cette dernière opération est, à un infiniment petit du second ordre près, $h'd$P.

Lorsque le cycle entier des opérations a été parcouru, il est visible qu'on a transformé une certaine quantité de travail en chaleur, en même temps qu'une certaine quantité de chaleur a été transportée d'un corps à t degrés sur un corps à $t+dt$ degrés. En effet, pendant les deux dernières opérations la longueur du corps augmente, et la force qui détermine la traction accomplit un travail positif égal à l'aire AQMND; dans les deux premières opérations elle accomplit au contraire un travail négatif égal à l'aire DNPQA; or, si on compare les deux aires AQMND et DNPQA, qui représentent les travaux effectués par la seule force extérieure que nous ayons à considérer, on voit qu'il reste en somme une quantité de travail infiniment petite du second ordre égale à l'aire MNPQ. En même temps, il y a eu une certaine quantité de chaleur créée qui est précisément égale à l'excès de la chaleur absorbée en MN sur la quantité de chaleur dégagée en PQ; or la quantité de chaleur qu'on peut considérer comme ayant été transportée de la température t en MN à la température $t+dt$ en PQ est, à un infiniment petit du second ordre près, $h'd$P; on a donc, d'après le principe de Carnot,

$$\frac{A \times \text{aire MNPQ}}{h'd\text{P}} = \frac{d\text{T}}{\text{T}}.$$

Il reste à évaluer l'aire MNPQ. Pour cela, menons les parallèles MR et QS à l'axe des abscisses; la surface cherchée est égale à l'aire du parallélogramme infiniment petit MRSQ, qui a pour expression

$$\text{ML} \times \text{MR} = \delta\text{P} \times \text{MR}.$$

δP est défini par une des équations précédentes,

$$\delta\text{P} = \frac{\text{C}'}{h'} dt.$$

MR est l'accroissement de longueur subi par le cylindre lorsqu'il

passe de l'état M à l'état R, la traction restant la même et la température variant de δt; on a donc

$$MR = \frac{dx}{dt} \delta t.$$

Nous obtiendrons la valeur de δt en considérant la transformation
figurée par l'élément de courbe de nulle transmission NR. En effet,
du point N au point R, la traction varie de dP et la température
de δt; d'ailleurs il n'y a pas de communication de chaleur avec l'extérieur; par conséquent on a, en négligeant des infiniment petits
du second ordre,

$$C'\delta t = h' dP,$$

d'où

$$\delta t = \frac{h'}{C'} dP,$$

et par suite

$$\text{aire MNPQ} = \frac{dx}{dt} dP \, dt.$$

L'équation différentielle cherchée devient alors, en remarquant
que $dt = dT$,

$$\frac{\Delta}{h'} \frac{dx}{dt} = \frac{1}{T}.$$

186. Il est facile de transformer cette équation en une formule
directement comparable à l'expérience. Soit θ l'abaissement de température correspondant à un accroissement ϖ du poids total suspendu
à la base du cylindre : on a très-sensiblement

$$C'\theta = h' \varpi;$$

d'ailleurs C' ne diffère pas sensiblement de la chaleur spécifique à
pression constante C que l'on observe lorsque le corps est soumis à
une pression uniforme sur toute sa surface; on peut donc écrire

$$h' = \frac{\theta}{\varpi} C.$$

Le facteur $\frac{dx}{dt}$ s'obtiendra facilement si, par une série d'expériences préliminaires, on a déterminé la relation qui existe entre la longueur du cylindre et la température, *lorsque le cylindre est tendu par un poids, comme dans les expériences actuelles.* Soit en effet m le coefficient de dilatation linéaire de la barre tendue par un poids P à la température t : on a

$$\frac{dx}{dt} = mx_0.$$

En substituant, l'équation différentielle précédente devient

$$\frac{A\varpi}{\theta C} mx_0 = \frac{1}{T},$$

d'où

$$\theta = \frac{Tmx_0}{EC}\varpi.$$

En remplaçant x_0 par $\frac{1}{\gamma_0}$, γ_0 étant le poids de l'unité de longueur à zéro, nous aurons la formule définitive

$$\theta = \frac{Tm}{EC\gamma_0}\varpi.$$

187. Expériences de M. Joule sur les effets thermiques de la traction [1]. — M. Joule a cherché à vérifier la formule précédente en expérimentant sur des barres d'environ $0^m,30$ de longueur et $0^m,006$ de diamètre. L'extrémité supérieure de la barre destinée aux expériences était vissée à une pièce métallique supportée par une charpente en bois; l'extrémité inférieure était attachée à un levier à l'extrémité duquel on pouvait faire agir des poids sans qu'il fût nécessaire de s'approcher de l'appareil. Une soudure de deux fils fins, fer et cuivre, était introduite dans une petite cavité de $0,6$ de millimètre pratiquée à l'intérieur de la barre, et déterminait par ses variations de température les mouvements de l'aiguille aimantée du galvanomètre dont nous avons déjà parlé au sujet des effets thermiques de la compression des liquides. La valeur thermométrique de la déviation observée se déterminait en immergeant immédiatement après chaque expérience, dans de l'eau qu'on amenait à une température convenable, la barre jusqu'à $0^m,008$ au-

[1] *Philosophical Transactions*, 1859, vol. CXLIX, p. 98.

dessous de la cavité qui renfermait la soudure thermo-électrique. Cette méthode évidemment imparfaite avait pour but de ne pas soumettre les fils à l'action de l'eau, et de les laisser dans l'air comme dans les expériences où l'on tendait la barre.

L'expérience a marché assez bien d'accord avec la théorie. Mais, par une omission regrettable, M. Joule a négligé de déterminer directement le coefficient de dilatation de ses barres, ce qui introduit deux causes d'erreur possibles dans la comparaison de l'expérience avec la formule : d'abord il peut exister une différence entre la barre sur laquelle on a opéré et l'échantillon qui a servi à déterminer le coefficient de dilatation; en second lieu, le coefficient m qui figure dans la formule n'est pas égal au coefficient de dilatation linéaire tel qu'on le détermine ordinairement; il peut même être de signe contraire. Ainsi le caoutchouc, qui se dilate par la chaleur dans les conditions ordinaires, peut diminuer de longueur par une élévation de température, lorsqu'il est soumis à une traction suffisante. On doit donc s'attendre à trouver des divergences assez grandes entre les nombres fournis par la théorie et ceux que donne l'expérience, lorsqu'on prend pour valeur de m, dans le calcul de la formule, le tiers du coefficient de dilatation cubique, ou le coefficient de dilatation linéaire déterminé dans les circonstances ordinaires.

188. Propriété remarquable du caoutchouc. — La première observation de la propriété singulière que nous venons de signaler dans le caoutchouc est fortuite; elle a été faite par un physicien anglais, Gough, qui cherchait probablement à voir si le caoutchouc, dont l'allongement se manifeste si visiblement sous l'influence d'une faible traction, permettrait de constater avec la même évidence le refroidissement qui accompagne une extension subite. L'expérience lui donna un résultat diamétralement opposé à celui qu'il attendait. Ayant placé légèrement en contact avec ses lèvres une bande étroite de caoutchouc et l'ayant vivement étirée, il éprouva aussitôt une sensation de chaleur provenant de l'élévation de température de la lame étirée; cette sensation de chaleur disparaissait subitement lorsqu'on laissait le caoutchouc se contracter et revenir

à sa première position. Ce résultat parut étrange au physicien anglais
qui, continuant ses recherches expérimentales, constata peu après
cet autre fait, qu'une lame de caoutchouc tendue par un poids se
contracte quand la température s'élève.

Une double anomalie venait donc d'être constatée dans le caoutchouc, résultant de ces deux faits, dont la corrélation est indiquée
par la théorie, qu'une lame de caoutchouc subitement étirée
s'échauffe, et qu'elle se contracte par une élévation de température,
lorsqu'elle est tendue par un poids. Mais, par suite de circonstances
comme il s'en présente quelquefois, tandis que la première expérience de Gough fut bientôt universellement connue, la seconde
resta complétement ignorée. De là les explications étranges que l'on
donna de la chaleur dégagée par l'allongement d'une lanière de
caoutchouc, lorsque l'expérience de Gough fut citée, pour la première fois en France, par M. de Senarmont, dans ses leçons à
l'École polytechnique. On attribuait le dégagement de chaleur à
une destruction de travail. M. Bellanger a développé cette explication dans sa brochure : *De l'équivalent mécanique de la chaleur*.
Quand une lanière de caoutchouc s'allonge sous l'action d'une traction, il y a un travail positif des forces extérieures; or ce travail n'est
accompagné d'aucune création de force vive, car la lanière est en
repos à la fin de la dilatation comme au commencement; par conséquent il y a un travail négatif des forces intérieures équivalent au
travail positif des forces extérieures. Mais pour l'auteur, travail négatif des forces moléculaires et développement de chaleur sont synonymes; la production de chaleur dans l'allongement du caoutchouc
est donc expliquée. On étendait facilement cette prétendue théorie
au cas où la lame se refroidit en se contractant, et on la justifiait
par cette remarque d'ailleurs fondée que, si l'on cesse d'exercer la
traction pendant que le caoutchouc se contracte, le refroidissement
devient insensible aux moyens grossiers qui servent à le constater.
Mais la valeur de ces explications est absolument nulle, car elles
conviennent également bien à toute espèce de corps pour lesquels
l'expérience donne des résultats contraires à ceux que présente le
caoutchouc.

La corrélation des deux ordres de phénomènes mis en évidence par Gough dans le caoutchouc est très-nettement établie par la formule que nous avons déduite du principe de Carnot, et il n'y a besoin d'aucune nouvelle théorie.

M. Joule a repris les expériences de Gough en les variant et en les perfectionnant; mais ses recherches ont surtout porté sur le caoutchouc vulcanisé, qui lui a donné d'intéressants résultats. Il a déterminé la densité de ce caoutchouc à diverses températures, au moyen de la balance hydrostatique, et il a constaté que cette densité diminue à mesure que la température s'élève; la diminution est même assez rapide, parce que la valeur du coefficient de dilatation 0,000526 est très-considérable et supérieure à toutes celles que les corps solides connus pourraient présenter. M. Joule a pris ensuite une tige de ce caoutchouc vulcanisé, et l'ayant suspendue par une de ses extrémités, après y avoir appliqué une soudure thermo-électrique, il la tendit par un poids léger. L'effet de ce premier allongement fut un abaissement de température. Ainsi donc une masse de caoutchouc vulcanisé soumise à une pression uniforme se dilate lorsque la température s'élève, et, soumise à une faible traction longitudinale, elle se refroidit en s'allongeant.

Lorsqu'on augmente un peu le poids tenseur, on arrive bientôt à un état tel, qu'une petite augmentation ou une petite diminution de tension n'est accompagnée d'aucun effet calorifique. En faisant alors varier la température, on n'observe presque aucune variation de longueur. Si l'on dépasse ensuite cet état, on retrouve les phénomènes qui se manifestent toujours avec le caoutchouc ordinaire. Le même fragment de caoutchouc vulcanisé, qui présentait à la pression atmosphérique le coefficient 0,000526, se contractait de $\frac{1}{028}$ de sa longueur pour une élévation de température de 1 degré, lorsqu'il était tendu par un poids de 20 kilogrammes appliqué à une section de 2,3 centimètres carrés.

189. Cet exemple d'un corps dont le coefficient de dilatation cubique est positif quand une pression uniforme s'exerce sur toute sa surface, tandis que le coefficient de dilatation linéaire est négatif quand on opère une traction longitudinale, justifie la critique que nous avons adressée à la méthode suivie par M. Joule pour comparer la

théorie avec l'expérience. Le tableau suivant contient les résultats de cette comparaison et permet de juger de la grandeur des divergences entre les valeurs expérimentales et les valeurs théoriques, calculées en prenant pour m le coefficient de dilatation linéaire déterminé dans les circonstances ordinaires.

SUBSTANCES.	POIDS DE LA BARRE en livres anglaises $(1^{liv} = 0^{kil},454)$	TRACTION en livres.	VARIATION DE TEMPÉRATURE en degrés centigrades		EFFET THERMIQUE THÉORIQUE d'une traction de 1 livre sur un prisme de 1 pied de longueur pesant 1 livre à la température 0° centigrade.
			observée.	calculée.	
	liv	liv	°	°	°
Fer.............	0,1568	775	— 0,115	— 0,110	
Fer.............	0,1568	775	— 0,124	— 0,110	— 0,0000220
Fer.............	0,1568	725	— 0,101	— 0,107	
Acier...........	0,1499	775	— 0,162	— 0,125	— 0,0000235
Fonte...........	0,1281	775	— 0,160	— 0,112	— 0,0000168
Fonte...........	0,1281	784	— 0,148	— 0,115	
Cuivre..........	0,1781	767	— 0,174	— 0,154	— 0,0000355
Plomb..........	0,9010	193	— 0,053	— 0,040	— 0,0001847
Plomb..........	0,9010	263	— 0,076	— 0,055	
Gutta-percha.......	0,1780	70	— 0,028	— 0,031	— 0,0000769
Gutta-percha.......	0,1780	150	— 0,052	— 0,066	
Caoutchouc vulcanisé.	0,2070	42	+ 0,114	+ 0,137	
Bois de pin........	0,0189	200	— 0,017	— 0,023	— 0,0000021
Laurier..........	0,0189	400	— 0,059	— 0,060	— 0,0000028
Pin à fibres irrégulières.	0,0321	14	— 0,006	— 0,009	— 0,0000213
Laurier imprégné d'eau	0,0476	200	+ 0,003	+ 0,001	+ 0,00000015

M. Joule a étudié également les effets thermiques de la compression longitudinale des barres, et il est encore arrivé à des résultats conformes à la théorie.

190. Application aux gaz réels de l'équation générale déduite du principe de Carnot. — Pour les gaz parfaits, dans lesquels le travail intérieur est nul, le principe de Carnot est une conséquence nécessaire du principe de l'équivalence mécanique de la chaleur. Il en résulte que lorsqu'on a épuisé pour ces corps les conséquences du premier principe de la théorie, le second ne peut rien apprendre de nouveau. Mais les gaz réels s'éloignent tous un peu de cet état idéal qui caractérise les gaz parfaits : les expériences de MM. Joule et Thomson (97) nous ont montré dans tous l'existence d'un travail intérieur, très-faible, il est vrai, mais incontestable. Il est d'ailleurs évident que le principe de Carnot convient à ces gaz comme à tous les autres corps; et s'il ne se montre plus ici, de même que pour les gaz parfaits, comme une conséquence nécessaire du principe de l'équivalence du travail et de la chaleur, il n'en est pas moins applicable comme dans le cas des solides et des liquides. On a d'ailleurs ici cet avantage de posséder les données nécessaires pour comparer les déductions de la théorie aux résultats de l'expérience. Les éléments de cette comparaison se trouvent, d'une part, dans les expériences de M. Regnault sur la loi de Mariotte [1] pour les pressions allant jusqu'à 28 atmosphères aux températures voisines de zéro, et dans ses expériences non moins exactes quoique moins nombreuses pour des pressions variant de $\frac{1}{2}$ atmosphère à 4 atmosphères aux températures voisines de 100 degrés; d'autre part, dans les expériences que je viens de rappeler de MM. Joule et W. Thomson sur la variation d'énergie intérieure accompagnant l'expansion lorsqu'elle s'effectue sans production de travail extérieur. On peut en effet déduire du principe de Carnot une relation remarquable entre les deux phénomènes auxquels se rapportent ces expériences.

Du principe de Carnot nous avons conclu (176) l'équation générale

$$\frac{dp}{dT} = \frac{El}{T},$$

à laquelle doit satisfaire tout corps qui se dilate.

Cette équation a été obtenue en prenant T et v pour variables indépendantes et considérant p comme une fonction de T et de v. Il est préférable ici de prendre T et p pour variables indépendantes; v sera alors une fonction de ces deux variables. A ce nouveau point de vue,

---

[1] Regnault, *Mémoires de l'Académie des sciences*, t. XXI, p. 329.

la quantité de chaleur correspondant à une transformation élémentaire est définie par $C\,dt + h\,dp$, et l'on se rappelle que (52)

$$l = h \frac{dp}{dv},$$

de sorte que l'équation à transformer peut s'écrire

$$\frac{dp}{dT} = \frac{E h \dfrac{dp}{dv}}{T}$$

ou

$$\frac{\dfrac{dp}{dT}}{\dfrac{dp}{dv}} = \frac{E h}{T}.$$

Quand on considère p comme une fonction de T et de v, on a

$$dp = \frac{dp}{dT}\,dT + \frac{dp}{dv}\,dv,$$

équation qu'il suffit de résoudre par rapport à dv, pour trouver la
relation qui existe entre les anciens coefficients différentiels et les
nouveaux. Résolue par rapport à dv, cette équation donne

$$dv = \frac{1}{\dfrac{dp}{dv}}\,dp - \frac{\dfrac{dp}{dT}}{\dfrac{dp}{dv}}\,dT\,;$$

or, si l'on considère maintenant v comme une fonction de p et de T,
on a

$$dv = \frac{dv}{dp}\,dp + \frac{dv}{dT}\,dT,$$

équation qui rapprochée de la précédente donne les relations cher-
chées

$$\frac{dv}{dp} = \frac{1}{\dfrac{dp}{dv}}$$

et

$$\frac{dv}{dT} = -\frac{\dfrac{dp}{dT}}{\dfrac{dp}{dv}}.$$

L'équation générale s'écrira donc, avec les nouvelles variables,

$$-\frac{dv}{dT} = \frac{Eh}{T}$$

ou

$$T\frac{dv}{dT} + Eh = 0.$$

Appliquons cette équation au changement de volume des gaz.

Les expériences de MM. Joule et Thomson sur l'écoulement des gaz à travers de très-petits orifices ont montré que l'expansion d'un gaz est toujours accompagnée d'un petit abaissement de température lié à l'état initial et à l'état final du gaz par une formule précédemment établie (99),

$$E\,C\delta(p_1 - p_0) = \Delta U + p_0 v_0 - p_1 v_1,$$

dans laquelle $\delta(p_1 - p_0)$ est un nombre positif représentant la valeur absolue de l'abaissement de température qui correspond à l'abaissement de pression $p_1 - p_0$; si donc on appelle θ la variation de température d'un gaz résultant de ce qu'il passe de la pression p_1 à la pression p_0, on devra remplacer $\delta(p_0 - p_1)$ par $-\theta$ et l'on aura

$$-EC\theta = \Delta U + p_0 v_0 - p_1 v_1.$$

Supposons la variation de pression infiniment petite et considérons le volume comme ne variant que par suite du changement de pression, de sorte que

$$dv = \frac{dv}{dp}\,dp,$$

l'effet de la variation de température étant négligeable. La formule donne alors

$$-EC\frac{d\theta}{dp}\,dp = \frac{dU}{dp}\,dp + p\frac{dv}{dp}\,dp + v\,dp,$$

équation qui peut servir à calculer la valeur de h par la remarque suivante : $h\,dp$ est la quantité de chaleur qui correspond à un accroissement de pression dp, accompagné d'une variation de volume telle, que la température reste constante; donc, en multipliant cette quantité par E, le produit $Eh\,dp$ représente la variation d'énergie sensible ou calorifique résultant de ce que l'unité de poids du gaz éprouve la variation de pression dp sans accroissement de température. Cette variation d'énergie se compose de deux parties : la variation de l'énergie extérieure $p \dfrac{dv}{dp} dp$, et la variation de l'énergie intérieure $\dfrac{dU}{dp} dp$. On a donc

$$\text{E} h\, dp = p \frac{dv}{dp} dp + \frac{dU}{dp} dp.$$

Si l'on compare cette équation à la précédente, on voit que

$$-\text{EC} \frac{d\theta}{dp} = \text{E} h + v$$

ou

$$\text{E} h = -v - \text{EC} \frac{d\theta}{dp};$$

$\dfrac{d\theta}{dp}$ est la limite du rapport de la variation de température à la variation de pression dans des circonstances analogues à celles de l'expérience de MM. Joule et Thomson.

En portant cette valeur de Eh dans l'équation différentielle déduite du principe de Carnot, on a enfin

$$\text{T} \frac{dv}{dT} - v = \text{EC} \frac{d\theta}{dp}.$$

Or, MM. Thomson et Joule, par des expériences beaucoup plus étendues que celles que j'ai fait connaître, ont montré[1] que pour l'air et l'acide carbonique le rapport $\dfrac{d\theta}{dp}$ est indépendant de la pression entre des limites très-éloignées, mais que c'est une fonction de la température que l'on peut représenter ainsi :

$$\frac{d\theta}{dp} = -\frac{\text{K}}{\text{T}^2}.$$

Si l'on porte cette valeur empirique de $\dfrac{d\theta}{dp}$ dans l'équation précédente, elle devient

$$\text{T} \frac{dv}{dT} - v = -\frac{\text{KEC}}{\text{T}^2}.$$

[1] Philosophical Transactions, 1854, vol. CXLIV, p. 321.

Divisant par T^2, on a

$$\frac{T\dfrac{dv}{dT} - v}{T^2} = -\frac{KEC}{T^4},$$

et intégrant,

$$\frac{v}{T} = H - \frac{KEC}{3T^3}.$$

H est une constante que l'on déterminera en remarquant que, si l'on suppose la température T augmentant indéfiniment, le gaz se rapproche de plus en plus de l'état d'un gaz parfait obéissant à la loi de Mariotte pour toute température. On peut donc poser

$$H = \frac{M}{p};$$

et l'on a

$$\frac{v}{T} = \frac{M}{p} - \frac{KEC}{3T^3},$$

où, en représentant par N la constante $\dfrac{KEC}{3}$,

$$pv = MT - \frac{Np}{T^2}.$$

Nous avons ainsi pour les gaz réels une relation entre les trois quantités p, v, T, relation déduite uniquement du principe de Carnot et des expériences de MM. Joule et Thomson sur l'écoulement des gaz [1].

M. Rankine, qui est arrivé à cette équation [2] par une autre méthode, a montré qu'elle s'accorde d'une manière remarquable avec les résultats des expériences de M. Regnault; et, bien qu'empirique, cette formule n'en est pas moins importante comme établissant une liaison entre deux ordres de faits qui semblaient d'abord complétement indépendants.

CHANGEMENTS D'ÉTAT.

191. Discontinuité apparente de la loi de la dilatation au voisinage de certains points. — Dans l'étude des change-

---

[1] Pour l'hydrogène, N est négatif.
[2] *Philosophical Transactions*, 1854, vol. CXLIV, p. 336.

ments de volume, nous avons supposé nécessairement la continuité de la loi suivant laquelle le corps se transforme quand on fait varier la température et la pression. Mais il existe des phénomènes où cette continuité semble ne pas avoir lieu : je veux parler des changements d'état des corps, que l'on considère ordinairement comme se produisant brusquement. Il existerait donc certaines conditions telles, que d'un changement infiniment petit dans la température, la pression restant constante, résulterait un changement fini dans la densité ou, ce qui revient au même, dans le volume de l'unité de poids; c'est du moins ce que l'expérience semble indiquer. Mais il n'est pas certain que cette discontinuité soit réelle. Lorsqu'on observe, par exemple, pour le passage de l'état solide à l'état liquide, toutes les transitions possibles entre le verre qui passe par toutes les phases de l'état pâteux avant de se liquéfier et la glace qui paraît se transformer brusquement en eau, on est conduit à supposer que cette transformation s'effectue toujours d'une manière continue et qu'il

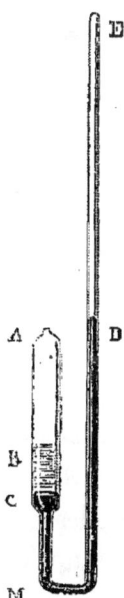

Fig. 45.

n'y a pas autre chose qu'accélération du phénomène pour les corps tels que l'eau. Il n'y aurait donc pas, à proprement parler, de singularité de la surface $\varphi(p, v, t) = 0$ qui représente l'ensemble des propriétés thermiques du corps. Quant au passage de l'état liquide à l'état gazeux, on ne connaît aucun exemple de transformation continue. Les seuls faits que l'on puisse invoquer sont ceux qui se présentent à très-haute température et sous très-forte pression, et qui ont été observés d'abord par Cagniard de Latour, puis par M. Drion.

Cagniard de Latour[1] prenait un tube à deux branches divisé en parties d'égale capacité : le liquide était introduit dans la partie large AC de la petite branche, au-dessus du mercure contenu en CMD. La grande branche contenait de l'air sec enfermé en DE et dont le volume servait à évaluer approximativement la pression. Le tube était plongé dans un bain liquide fortement chauffé. Il arrivait toujours un instant où la couche liquide dispa-

[1] Annales de Chimie et de Physique, 1822 et 1823, t. XXI, XXII et XXIII.

raissait entièrement, et l'on voyait alors la matière fournie par le liquide remplir un espace qui n'était guère que le double ou le triple de l'espace primitivement occupé par ce liquide. Le tableau suivant résume ces expériences :

LIQUIDE.	TEMPÉRATURE de LA VAPORISATION complète.	PRESSION.	RAPPORT DU VOLUME DE LA VAPEUR au volume du liquide.
	o	atm	
Éther............	200	38	2
Alcool............	259	119	3
Sulfure de carbone...	275	79	2 $\frac{1}{2}$
Eau............	362	indéterminée [1].	4

[1] L'eau attaquant fortement le verre à ces hautes températures, il n'a pas été possible de mesurer la pression.

M. Drion [1] a suivi avec attention l'instant où disparaît la surface de séparation du liquide et de la vapeur, où les deux parties du corps se confondent. On peut alors continuer à l'appeler vapeur; on pourrait aussi bien le nommer liquide, car ses propriétés sont à la fois différentes de celles des liquides et des gaz. M. Drion n'opéra plus, comme Cagniard de Latour, sur l'eau, l'éther sulfurique, l'alcool; il employa l'éther chlorhydrique liquide, l'acide sulfureux liquide, et trouva 170 et 140 degrés pour les points de vaporisation totale de ces corps. Il reconnut en outre que, même avant cette limite, le coefficient de dilatation du liquide était bien supérieur à celui de l'air et semblait ainsi tendre à devenir égal à celui de la vapeur. Mais, sauf peut-être dans ces conditions exceptionnelles de température et de pression, la discontinuité semble toujours indiquée par l'expérience dans le phénomène de la vaporisation.

Quoi qu'il en soit, on peut toujours concevoir qu'il y a discontinuité dans la suite des transformations d'un corps; et alors les raisonnements précédents et les équations différentielles que nous en avons déduites ne conviennent plus. Il est donc utile de voir com-

[1] *Annales de Chimie et de Physique*, 1859, 3e série, t. LVI, p. 5.

ment se modifie l'équation différentielle au voisinage de ce que j'appellerais volontiers les *points singuliers de la loi de la dilatation*.

J'examinerai d'abord la transformation d'un liquide en vapeur, ou inversement.

192. Vaporisation. — Si on prend une vapeur et qu'on augmente graduellement la pression qu'elle supporte sans faire varier la température, on arrive à un point tel, qu'un accroissement infiniment petit dans la pression amène le retour de la vapeur à l'état liquide. Il existe donc, pour une température donnée, une pression qu'on ne peut dépasser sans amener le changement d'état; cette pression limite se nomme la tension maximum de la vapeur : c'est une fonction déterminée de la température, comme le montre l'expérience. On admet ordinairement que, réciproquement, si on chauffe graduellement un liquide, on arrive à une température déterminée telle, que pour un accroissement infiniment petit de la température le liquide doive nécessairement se transformer tout entier en vapeur. Cette manière ordinaire de considérer le phénomène peut se représenter géométriquement d'une manière assez simple à l'aide de la surface $\varphi(p, v, t) = 0$. Si l'on y fait une section par un plan perpendiculaire à l'axe des pressions, cette section montre que le volume v de l'unité de poids éprouve un accroissement brusque à la température de vaporisation τ qui correspond à la pression actuelle, de sorte qu'il y a discontinuité dans la courbe de dilatation sous pression constante [1]; et l'on appelle *chaleur latente de vaporisation* la quantité de chaleur qui disparaît sans produire d'élévation de température pendant cette transformation singulière du corps. Cette chaleur la-

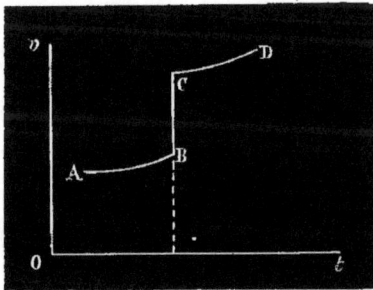

Fig. 46.

---

[1] Il est probable que dans la réalité la discontinuité est moins complète qu'on ne le suppose, et que la courbe, au lieu de présenter entre les arcs AB et CD (fig. 46) une partie rectiligne de grandeur finie, offre seulement un point d'inflexion au voisinage des points B et C.

tente est uniquement fonction de la température ou, ce qui revient au même, de la pression.

193. Mais ce premier aperçu du phénomène doit nécessairement être modifié par suite des expériences qui établissent qu'un liquide peut se surchauffer au delà de la température que l'on appelle le point normal d'ébullition.

Gay-Lussac a le premier appelé l'attention des physiciens sur les perturbations que la nature du vase peut apporter à la température de l'ébullition [1].

M. Marcet, de Genève, a ensuite montré que ces perturbations peuvent atteindre 5 à 6 degrés, lorsqu'on fait bouillir l'eau dans des ballons de verre préalablement lavés à l'acide sulfurique et rincés avec soin [2]. Ce lavage a pour résultat de produire un contact plus continu du liquide avec le ballon, dont la surface se trouve alors mouillée en tous points par le liquide. Dans un ballon ordinaire il est au contraire impossible que la surface du verre soit entièrement mouillée, ou du moins que l'adhésion soit la même en tous points. On en a la preuve en examinant la forme irrégulière que présente la ligne de contact de l'eau avec une lame ou un tube de verre que l'on vient à y plonger. Cela est vrai a fortiori pour les métaux, et l'on sait, depuis Gay-Lussac, que l'ébullition de l'eau dans un vase de verre ordinaire ne se produit qu'à une température sensiblement supérieure à la température d'ébullition dans un vase de métal. On voit donc que plus l'adhésion du liquide pour la paroi est considérable, et surtout plus elle est uniforme, plus les perturbations deviennent sensibles. Il est aussi à remarquer que, si l'on prolonge l'ébullition, ces perturbations, loin de disparaître, ne font qu'augmenter.

Un physicien belge, M. Donny, a fait il y a une vingtaine d'années une expérience très-remarquable sur le retard de l'ébullition de l'eau privée d'air [3]. Une masse d'eau entièrement purgée d'air et ne supportant qu'une pression très-faible n'est entrée cependant en ébullition qu'à une température notablement supérieure à 100 de-

---

[1] *Annales de Chimie et de Physique*, 1818, t. VII, p. 307.
[2] *Annales de Chimie et de Physique*, 1842, 3° série, t. V, p. 449.
[3] *Annales de Chimie et de Physique*, 1846, 3° série, t. XVI, p. 167.

grés. M. Donny opérait avec un marteau d'eau formé d'un tube ABC deux fois recourbé à angle obtus et terminé par un double ren-

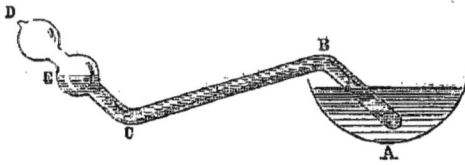

Fig. 47.

flement ED. Ce tube, après avoir été lavé à l'acide sulfurique, était rempli d'eau que l'on faisait bouillir jusqu'à ce que l'ébullition devînt difficile à prolonger, ce qui est un indice suffisant de l'expulsion complète de l'air; on fermait alors à la lampe. L'extrémité de ce tube était plongée dans une dissolution saline concentrée qu'on chauffait graduellement. Dans le renflement il n'y avait que de la vapeur d'eau dont la tension à la température du laboratoire était très-faible. Si donc l'ébullition se produisait toujours normalement, on aurait dû voir bouillir le liquide dès que la température du bain dépassait un peu celle du laboratoire. Bien loin de là, il fallait élever la température jusqu'à 120 ou 130 degrés pour produire l'ébullition; elle commençait par la formation de deux ou trois bulles énormes qui projetaient tout le liquide dans le renflement, dont on comprend ainsi l'utilité. Nous voyons donc que l'eau peut, dans certaines circonstances, être portée à une température bien supérieure à la température d'ébullition sans cependant bouillir.

194. Expériences de M. Dufour. — M. Dufour, de Lausanne, a fait quelques expériences sur les retards des points d'ébullition par un procédé plus commode que celui de M. Donny [1]. Concevons qu'on prépare un mélange avec deux liquides qui ne se mêlent pas à un troisième, et que l'on arrive à donner au mélange une densité précisément égale à celle de ce troisième liquide; on pourra alors répéter l'expérience de M. Plateau. Le liquide introduit avec précaution dans l'intérieur du mélange y forme des gouttelettes sphériques qui ne sont jamais absolument immobiles à cause des courants intérieurs; mais elles peuvent rester très-longtemps en suspension sans tomber au fond ou sans venir flotter à la surface et sans toucher les parois. Le mélange qui tient ces globules en suspension doit être

[1] *Annales de Chimie et de Physique*, 1863, 3ᵉ série, t. LXVIII, p. 370.

très-peu volatil, afin que l'on puisse facilement élever leur température. Il est possible alors d'étudier l'action de l'élévation de température sur une sphère liquide qui n'est en contact ni avec les parois,
ni avec l'atmosphère.

On observe que la température d'ébullition des gouttelettes est
toujours très-retardée et d'autant plus retardée qu'elles sont plus
petites. Dans un mélange d'huile de lin et d'essence de girofle [1], l'eau
distillée reste facilement liquide à 140 degrés. On a même pu
atteindre la température de 178 degrés sans que l'ébullition se fût
déclarée. Lorsque ces bulles d'eau à 130 ou 140 degrés entrent en
ébullition, c'est d'une manière immédiate et brusque, toute la masse
se transformant en même temps en vapeur. Si on les touche avec
un corps rugueux, on détermine immédiatement l'ébullition. Le
chloroforme a pu être étudié de même : ce corps, qui bout à 60 degrés, a pu être conservé liquide jusqu'à 98 degrés dans une dissolution de chlorure de zinc ayant même densité. L'acide sulfureux
liquide est resté liquide jusqu'à + 8 degrés dans l'acide sulfurique
étendu, et l'on sait qu'il bout normalement à — 10 degrés. Dans
toutes ces expériences la vaporisation a toujours eu le caractère d'un
phénomène accidentel; elle a été produite par une agitation ou par
le contact d'une paroi, d'une poussière; elle n'a jamais paru se faire
à une température rigoureusement déterminable.

**195. Notion exacte du phénomène de l'ébullition. —
Chaleur latente de vaporisation. —** L'ensemble des faits que
je viens de résumer conduit à une conception du phénomène de
l'ébullition très-différente de celle que nous avions d'abord admise.
On voit en effet qu'il existe au-dessus de la température d'ébullition
un intervalle considérable dans lequel un même corps peut exister,
soit à l'état de vapeur, soit à l'état liquide. Plus exactement, un
corps étant soumis à une pression déterminée, il existe un intervalle
de température considérable dans lequel ce corps peut exister à l'un
ou à l'autre de ces deux états, l'état liquide devenant de plus en plus
difficile à conserver à mesure que la température s'élève davantage.

[1] Pour préparer ce mélange, on se sert d'essence de girofle du commerce que l'on a
débarrassée de quelques principes volatils en la chauffant vers 200 degrés.

L'état gazeux ne devient évidemment possible qu'à partir de la température pour laquelle la tension des bulles de vapeur qui tendent à se former à l'intérieur du liquide est au moins égale à la pression qu'elles supportent, c'est-à-dire à partir de la température pour laquelle la force élastique de la vapeur est au moins égale à cette pression ; mais à partir de ce moment, si les deux états sont possibles, l'état gazeux est de beaucoup le plus stable. Ainsi, pour l'eau au-dessus de 100 degrés, l'état gazeux est bien plus stable que l'état liquide, car il n'y a pas d'autre moyen physique de la ramener à l'état liquide en conservant la pression que d'abaisser la température au-dessous de 100 degrés, tandis que dans le liquide porté à une température supérieure à 100 degrés un très-faible dérangement moléculaire produit par l'agitation du liquide ou le contact d'une poussière amène la transformation immédiate en vapeur. Si on pouvait continuer à élever de plus en plus la température, sans qu'il se produisît aucune perturbation accidentelle, il semble résulter des faits cités plus haut que cette élévation pourrait être beaucoup plus considérable que toutes celles que l'on a réussi à obtenir et qu'elle amènerait à un certain moment la transformation brusque et pour ainsi dire instantanée de toute la masse liquide en vapeur. L'existence d'une limite au delà de laquelle l'état liquide devient impossible est en effet nettement attestée par les expériences de Cagniard de Latour. Le phénomène de l'ébullition n'apparaît plus dès lors que comme un *accident constant*. L'état normal d'un liquide, au sein d'un second liquide privé de toute volatilité, est l'état liquide tant que la température, en s'élevant constamment, n'a pas atteint la limite assignée par les expériences de Cagniard de Latour.

Dans les conditions ordinaires, un liquide est toujours chargé d'air et, lorsqu'on le chauffe, il se forme des bulles d'air qui se dégagent : si en un point la paroi est plus échauffée que dans les autres, une bulle d'air se forme en ce point ; et si elle subsiste quelque temps, cette partie du liquide devient une surface libre où il y aura formation continuelle de vapeur se mêlant à l'air. Il suffit dès lors, pour que la bulle subsiste, que la somme des forces élastiques de l'air et de la vapeur fasse équilibre à la pression qu'elle supporte. Cette bulle acquiert une tension de plus en plus grande, et bientôt l'accroisse-

ment de volume fait que son adhésion pour le liquide est vaincue par
la poussée : la bulle s'élève, l'ébullition a commencé. Généralement,
en quittant la paroi, la bulle se divise en deux parties, l'une qui
s'élève, et l'autre beaucoup plus petite, formée presque uniquement
de vapeur et d'une grosseur égale à celle que peut maintenir l'adhésion des parois. Cette bulle grossira et s'élèvera à son tour en laissant un petit résidu, origine d'une nouvelle bulle. L'ébullition est
dès lors continue. Il n'est même pas nécessaire, pour que des bulles
se produisent, que le liquide contienne de l'air; il suffit, ce qui
arrive toujours, que quelques points de la paroi ne soient pas mouil-
lés par le liquide, car ces parties sont alors tout à fait analogues à
une surface libre. Une expérience très-curieuse de M. Dufour consiste à faire passer un courant galvanique dans de l'eau surchauffée :
l'électrolyse qui se produit par suite du passage du courant amène
immédiatement l'ébullition, preuve bien évidente de l'influence du
contact du liquide en quelques points avec une atmosphère gazeuse.
La formation de la vapeur est infiniment plus facile en ces points :
il peut donc s'y former des bulles de vapeur; et, une fois com-
mencée, l'ébullition continue indéfiniment.

Mais il est facile d'éviter les causes qui peuvent amener la production accidentelle de bulles de vapeur. Le moyen le plus commode est celui qui a été indiqué par M. Dufour et qui permet de
maintenir le corps à l'état liquide au-dessus de la température
d'ébullition, dans un intervalle de 70 à 80 degrés pour l'eau et de
30 à 40 degrés pour l'alcool et quelques autres liquides. Et au
moment où le liquide surchauffé se transformera en vapeur, il y aura
absorption d'une certaine quantité de chaleur; de là la nécessité de
considérer une chaleur latente de vaporisation R, qui est à la fois
fonction de la température et de la pression, et qui pour une température déterminée a une valeur limite λ qu'on peut appeler la chaleur latente normale.

La théorie mécanique de la chaleur permet d'établir une relation
entre cette chaleur latente R et la chaleur latente normale, relation
que l'on aurait d'ailleurs pu établir en partant de la matérialité et
par suite de l'indestructibilité du calorique. Quel que soit le mode
de transformation d'un liquide en vapeur, le travail extérieur sera

toujours le même si la pression extérieure est restée constante pendant tout le temps. La quantité de chaleur absorbée sera donc aussi la même quel que soit le mode de transformation. Cette remarque va nous conduire à la relation cherchée par la considération de deux modes différents de transformation :

1° Le liquide à τ degrés se transforme en vapeur saturée à τ degrés et absorbe par conséquent λ_τ; la vapeur formée se dilate ensuite sous la pression constante et égale à la tension p de la vapeur saturée à τ degrés, pendant que la température s'élève à $\tau + \theta$, et la quantité de chaleur correspondant à cette deuxième phase de la transformation est $\int_\tau^{\tau + \theta} C' dt$.

2° Le liquide se surchauffe d'abord de τ à $\tau + \theta$ sous la pression constante p et absorbe par conséquent la quantité de chaleur $\int_\tau^{\tau + \theta} C dt$, puis il se transforme en vapeur à la température $\tau + \theta$ et à la pression p. J'appellerai $R_{\tau + \theta, p}$ la quantité de chaleur qui correspond à cette nouvelle transformation, et qui n'est autre que notre nouvelle chaleur latente.

En égalant, d'après la remarque précédente, les quantités de chaleur absorbées dans ces deux transformations, on a

$$\lambda_\tau + \int_\tau^{\tau + \theta} C' dt = \int_\tau^{\tau + \theta} C dt + R_{\tau + \theta, p}.$$

La chaleur latente normale λ_τ est uniquement fonction de la température ou de la pression, la température de l'ébullition normale étant une fonction déterminée de la pression. La nouvelle chaleur latente R est en même temps fonction de la température et de la pression, ce que j'ai indiqué en l'écrivant $R_{\tau + \theta, p}$. Si, la pression p restant la même, la température $\tau + \theta$ à laquelle s'effectue la transformation s'abaisse graduellement jusqu'à τ, cette chaleur latente tend vers une limite, et l'équation précédemment établie, que l'on peut aussi écrire

$$R_{\tau + \theta, p} = \lambda_\tau - \int_\tau^{\tau + \theta} (C - C') dt,$$

C étant généralement plus grand que C', montre que cette limite, que nous avons appelée la chaleur latente normale, est le maximum des valeurs que prend la chaleur latente de vaporisation lorsque, la pression étant constante, on fait décroître la température jusqu'à la température normale de l'ébullition. Si la température s'abaisse plus bas, la fonction R n'a plus de signification physique déterminée.

On supposera toujours, dans ce qui va suivre, que le liquide est en contact avec sa vapeur, ce qui permettra de considérer seulement la chaleur latente normale.

196. Application du principe de l'équivalence au phénomène de la vaporisation. — Le principe de l'équivalence peut être appliqué de plusieurs manières. Je suivrai de préférence la méthode qui a été employée par M. Clausius [1], et, à son exemple, je considérerai d'abord le passage de l'état de liquide à l'état de vapeur.

Prenant un mélange de liquide et de vapeur qui soit toujours dans des conditions d'équilibre, faisons-lui parcourir une série de transformations constituant un cycle de Carnot. Le mélange occupe

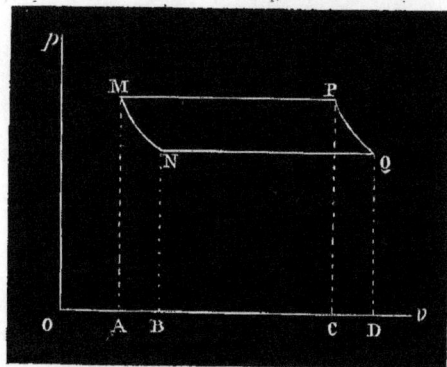

Fig. 48.

d'abord le volume OA à la température τ et sous la pression AM, égale à la force élastique maximum f de la vapeur à la température τ. De l'état initial M, le mélange, mis en contact avec une source de chaleur à la température constante τ, passe à l'état P, la pression restant constamment égale à f : une partie du liquide se transforme en vapeur, et le volume total augmente de OA à OC; la droite horizontale MP représente cette première transformation. Éloignons maintenant la source et supposons au contraire le mélange placé

[1] CLAUSIUS, *Abhandlungen über die mecanische Wärmetheorie*, 1re partie, p. 34.

dans une enceinte absolument dépourvue de conductibilité pour la chaleur. Diminuons alors la pression : la vapeur actuellement existante se dilatera, et il s'en formera de nouvelle aux dépens du liquide; le volume total augmentera donc encore, et en même temps la température s'abaissera de t à $t - \theta$. La courbe PQ représente la loi de la variation de la pression, que je suppose toujours égale à la force élastique maximum de la vapeur. En troisième lieu, comprimons le mélange mis en communication avec un réfrigérant à la température constante $t - \theta$: nous produirons ainsi une condensation que nous prolongerons assez pour donner au mélange un volume OB tel, que la quatrième transformation le ramène à l'état initial. Dans cette dernière opération, le mélange placé dans une enceinte imperméable est soumis à une pression croissante, et en parcourant la série d'états figurée par la courbe NM il revient à la température primitive τ.

Le quadrilatère curviligne MNPQ représente le travail extérieur effectué par le mélange parcourant ce cycle de transformation. C'est donc l'aire de ce quadrilatère que nous devons comparer à la chaleur absorbée pendant les mêmes transformations.

Pour effectuer cette comparaison, nous supposerons le cycle infiniment petit dans un sens : nous admettrons que la première transformation donne une quantité finie de vapeur et que la deuxième n'en donne qu'une quantité infiniment petite. La figure MNPQ sera alors uniquement formée par des lignes droites : ce sera un trapèze ou un parallélogramme, peu importe; je puis toujours supposer que c'est un trapèze, mais un trapèze dont les bases diffèrent infiniment peu, et ces deux bases sont d'ailleurs finies. Le travail extérieur est ainsi un infiniment petit du premier ordre.

Le mélange étant supposé formé au début d'un poids ϖ de liquide et d'un poids ϖ' de vapeur, la quantité de liquide convertie en vapeur dans la première transformation peut se représenter par $\Delta\varpi$. Si donc nous désignons par s' le volume de l'unité de poids de la vapeur à son maximum de densité à la température τ, et par s le volume de l'unité de poids du liquide à la même température, $\Delta\varpi (s' - s)$ représentera la base du trapèze. La hauteur est la différence entre les deux ordonnées MA et NB qui représentent les tensions maxima de la vapeur aux deux températures infiniment voisines τ et $\tau - d\tau$; la tension maximum à la température τ étant f, elle sera $f - \dfrac{df}{d\tau} d\tau$ à la température $\tau - d\tau$, et la différence entre les deux tensions sera par conséquent $\dfrac{df}{d\tau} d\tau$. Le travail extérieur a donc pour expression

$$\Delta\varpi \left(s' - s \right) \frac{df}{d\tau} d\tau.$$

Évaluons maintenant la chaleur absorbée. Si nous appelons λ la chaleur latente de vaporisation à la température τ, la quantité de chaleur absorbée dans la première transformation sera

$$\lambda \Delta\varpi.$$

De même, la quantité de chaleur cédée au réfrigérant dans la troisième sera

$$\left(\lambda - \frac{d\lambda}{d\tau} d\tau \right) \Delta'\varpi,$$

$\Delta'\varpi$ représentant la quantité finie de vapeur qui reprend l'état liquide dans cette transformation, quantité qui ne diffère de $\Delta\varpi$ que d'un infiniment petit du premier ordre. D'ailleurs, la deuxième et la quatrième transformation s'opèrent sans qu'aucune quantité de chaleur soit reçue ou transmise. La quantité de chaleur définitivement absorbée est donc

$$\lambda \Delta\varpi - \left(\lambda - \frac{d\lambda}{d\tau} d\tau \right) \Delta'\varpi,$$

ou, en négligeant les infiniment petits du deuxième ordre,

$$\lambda \left(\Delta\varpi - \Delta'\varpi \right) + \frac{d\lambda}{d\tau} d\tau \, \Delta\varpi.$$

Le principe de l'équivalence nous fournit dès lors l'équation suivante :

$$\mathrm{E} \left[\lambda \left(\Delta\varpi - \Delta'\varpi \right) + \frac{d\lambda}{d\tau} d\tau \, \Delta\varpi \right] = \Delta\varpi \left(s' - s \right) \frac{df}{d\tau} d\tau.$$

Il reste à évaluer $\Delta\varpi$ et $\Delta'\varpi$.

Pour cela, considérons la quatrième transformation en sens inverse et supposons, comme pure hypothèse, que dans cette transformation inverse il se forme de la vapeur dont le poids soit $d\varpi$ (si $d\varpi$ est négatif, le calcul le montrera); à cette formation de vapeur correspond une absorption de chaleur $\lambda d\varpi$; et comme aucun corps extérieur n'intervient dans l'opération, c'est le mélange seul qui, en se refroidissant de τ à $\tau - d\tau$, fournit la quantité de chaleur nécessaire. Cette quantité de chaleur peut facilement s'évaluer : je prends la température et la pression, toujours égale à la tension maximum de la vapeur pour cette température, pour définir l'état du liquide ou de la vapeur. La formule bien connue

$$C\,dt + h\,dp$$

représentera donc la quantité de chaleur que dégage l'unité de poids du liquide s'il éprouve un abaissement de température $d\tau$, à condition d'y faire

$$dt = d\tau$$

et

$$dp = \frac{df}{d\tau}\,d\tau,$$

ce qui donne

$$C\,d\tau + h\frac{df}{d\tau}\,d\tau,$$

et pour le poids ϖ

$$\varpi\left(C + h\frac{df}{d\tau}\right)d\tau.$$

On aura de même pour la vapeur, en désignant par C' et h' les quantités analogues de C et de h,

$$\varpi'\left(C' + h'\frac{df}{d\tau}\right)d\tau.$$

L'équation

$$\lambda d\varpi - \varpi\left(C + h\frac{df}{d\tau}\right)d\tau - \varpi'\left(C' + h'\frac{df}{d\tau}\right)d\tau = 0$$

représentera donc l'opération considérée.

Prenons maintenant la deuxième transformation : cette transformation donne aussi lieu à la formation d'une certaine quantité de vapeur. Si nous appelons $d'\varpi$ cette quantité de vapeur, nous pouvons écrire l'équation

$$\lambda d'\varpi - (\varpi - \Delta\varpi)\left(C + h\frac{df}{d\tau}\right)d\tau - (\varpi' + \Delta\varpi)\left(C' + h'\frac{df}{d\tau}\right)d\tau = 0,$$

toute semblable à la précédente.

Enfin, l'état final étant identique à l'état initial, on a nécessairement

$$\Delta\varpi + d'\varpi = \Delta'\varpi + d\varpi$$

ou

$$\Delta\varpi - \Delta'\varpi = d\varpi - d'\varpi.$$

Telles sont les équations qui définissent $\Delta\varpi$ et $\Delta'\varpi$.

Des deux premières, par soustraction, l'on tire

$$\lambda(d\varpi - d'\varpi) - \Delta\varpi\left(C + h\frac{df}{d\tau}\right)d\tau + \Delta\varpi\left(C' + h'\frac{df}{d\tau}\right)d\tau = 0.$$

Cette équation détermine $\lambda(d\varpi - d'\varpi)$, c'est-à-dire $\lambda(\Delta\varpi - \Delta'\varpi)$; en substituant dans l'équation primitive, il vient

$$\frac{d\lambda}{d\tau} + \left(C + h\frac{df}{d\tau}\right) - \left(C' + h'\frac{df}{d\tau}\right) = A(s' - s)\frac{df}{d\tau},$$

A désignant comme d'habitude l'inverse de l'équivalent mécanique de la chaleur.

Nous avons ainsi l'équation qui, pour le passage de l'état de vapeur à l'état liquide, représente les conséquences du principe de l'équivalence du travail et de la chaleur, en supposant que ce passage s'accomplisse à une température déterminée et constante pendant toute l'opération.

On peut simplifier un peu la forme de cette équation par l'introduction d'un coefficient particulier. Remarquons d'abord que pour les liquides h est très-faible : qu'est-ce en effet que hdp? C'est la quantité de chaleur que dégage l'unité de poids du liquide pour une compression dp. Or, les effets thermiques de la compression des liquides sont si faibles que, avant les expériences très-délicates de

M. Joule (180), ils n'avaient pu être constatés même pour une compression subite de 10 atmosphères. h est donc négligeable et $h \frac{df}{d\tau}$ peut être regardé comme négligeable vis-à-vis de C, bien que $\frac{df}{d\tau}$ puisse avoir une valeur sensible, la force élastique croissant ordinairement assez vite avec la température. Mais on ne peut pas de même négliger $h' \frac{df}{d\tau}$ pour les vapeurs, et c'est ici que nous introduirons un nouveau coefficient $m = C' + h' \frac{df}{d\tau}$. L'équation qui régit le passage d'un corps de l'état liquide à l'état de vapeur, à une température déterminée, s'écrira donc

$$\frac{d\lambda}{d\tau} + C - m = A(s' - s)\frac{df}{d\tau}.$$

m est par définition un nombre tel, que $m d\tau$ représente la quantité de chaleur absorbée par l'unité de poids de la vapeur, pour une élévation de température $d\tau$, sous une pression croissante constamment égale à la tension maximum de la vapeur à la température correspondante, le signe de cette quantité étant d'ailleurs incertain. On a proposé d'appeler m *chaleur spécifique de la vapeur saturée* : c'est une expression que l'on peut tout aussi bien admettre que celle de *chaleur spécifique à pression constante*.

197. Chaleur spécifique de la vapeur saturée. — Avant la théorie mécanique de la chaleur, l'expérience n'avait rien appris sur la chaleur spécifique de la vapeur saturée, et, dans l'hypothèse de la matérialité du calorique, on avait établi la théorie de la machine à vapeur en supposant cette chaleur spécifique nulle, c'est-à-dire que l'on admettait que si de la vapeur saturée, enfermée dans une enceinte imperméable, est comprimée, ou si elle se dilate, elle reste saturée. C'était évidemment une supposition toute gratuite et que l'on avait uniquement faite d'après ce principe fort naturel qui consiste à prendre l'hypothèse la plus simple, relativement à un phénomène quelconque, quand on ne sait rien sur ce phénomène.

La détermination directe de la chaleur spécifique de la vapeur saturée, par l'expérience, n'est guère possible. Mais l'équation que nous venons de déduire du principe de l'équivalence peut donner pour certains corps la valeur de m, et elle conduit à des conséquences remarquables et en apparence paradoxales qui méritent de fixer un instant notre attention.

De cette équation on tire

$$m = \frac{d\lambda}{d\tau} + C - A(s' - s)\frac{df}{d\tau}.$$

Supposons qu'il s'agisse de la vapeur d'eau, celle de toutes les vapeurs dont les propriétés nous sont le plus utiles à connaître et celle par conséquent qui a été le plus étudiée. $\frac{d\lambda}{d\tau} + C$ représente la dérivée, par rapport à la température, de la *chaleur totale de vaporisation* de l'eau. On désigne, en effet, sous ce nom de chaleur totale de vaporisation de l'eau, la quantité de chaleur nécessaire pour élever la température de l'unité de poids de l'eau de zéro à τ degrés, et pour convertir ensuite complétement cette eau en vapeur saturée à la température τ. Cette quantité de chaleur, dont la connaissance est d'une importance pratique évidente, est donc $\int_0^\tau C\,d\tau + \lambda$, λ étant une fonction de τ; et l'on voit que $\frac{d\lambda}{d\tau} + C$ en est bien la dérivée. Or M. Regnault a mesuré avec un soin extrême cette chaleur totale de vaporisation pour l'eau, telle précisément que nous venons de la définir [1].

198. La méthode qu'il a suivie consiste à observer l'élévation de température qui résulte, pour l'eau d'un calorimètre, de l'arrivée d'un poids déterminé de vapeur dans un serpentin refroidi par cette eau. La vapeur est prise dans une chaudière par un tube qui, s'ouvrant au-dessus du niveau du liquide dans la chaudière, descend verticalement dans l'eau, puis remonte en décrivant plusieurs spires et sort enfin de la chaudière pour se rendre à la boîte à distribution; dans tout ce trajet extérieur, ce tube est entouré d'un tube plus large traversé sans cesse par un courant de vapeur se rendant au condenseur. La boîte à distribution permet de mettre le calorimètre en

---

[1] *Mémoires de l'Académie des sciences*, t. XXI, p. 661.

communication avec la chaudière au moment convenable. La vapeur
arrive alors au calorimètre saturée et sèche. D'autre part, M. Regnault a pris soin d'établir dans toutes les parties de son appareil
une même pression, égale précisément à la tension maximum de
la vapeur d'eau pour la température de l'expérience. Il applique
donc ainsi à la vapeur qui se condense un travail extérieur exactement égal au travail qu'elle a développé en se formant, et, grâce à la
disposition employée, l'égalité de ces deux travaux de signe contraire
est assurée, quelle que soit la série des transformations amenant la
formation ou la condensation de la vapeur. Nous devons d'ailleurs
ajouter que lorsque l'arrivée de la vapeur dans le calorimètre s'est
régularisée, ce qui ne demande qu'un temps très-court, le serpentin
se trouve saturé de vapeur, et par suite la vapeur nouvelle qui y
pénètre se condense immédiatement à la température à laquelle elle
arrive, puis elle se refroidit à l'état liquide, de cette température τ
à la température θ du condenseur, fournissant ainsi à l'eau du calorimètre une quantité de chaleur qui est précisément celle que nous
avons intérêt à connaître. Cette méthode si exacte, appliquée à l'eau
entre des limites très-éloignées, zéro et 230 degrés, a conduit M. Regnault à représenter pour tout cet intervalle la chaleur totale de
vaporisation de l'eau, Q, par la formule empirique

$$Q = 606,5 + 0,305\,\tau.$$

On a donc

$$\frac{d\lambda}{d\tau} + C = 0,305$$

au degré même de précision des expériences de M. Regnault.

199. Le premier terme de la valeur de m est ainsi connu; reste
le second,

$$A(s' - s)\frac{df}{d\tau};$$

A est connu :

$$A = \frac{1}{425};$$

$\frac{df}{d\tau}$ peut se déterminer au moyen des résultats des expériences de

M. Regnault sur les tensions maxima des vapeurs [1], et cette détermination peut s'effectuer de diverses manières. On peut prendre la courbe qui représente la loi de la variation de la tension maximum de la vapeur avec la température, et mesurer le coefficient angulaire de la tangente à cette courbe. On peut aussi prendre la formule empirique qui donne f en fonction de τ; mais la forme ordinaire de ces formules rend le calcul de $\dfrac{df}{d\tau}$ assez difficile, et comme il n'est possible d'obtenir qu'une valeur approchée de m, on peut avoir recours à une méthode utile toutes les fois que l'on possède une série de valeurs telles que celles que l'on trouve dans les tableaux publiés par M. Regnault pour les tensions maxima des vapeurs. Soient trois valeurs de f,

$$f_0, \quad f_1, \quad f_2,$$

correspondant aux valeurs de τ,

$$\tau_0, \quad \tau_0 + 1, \quad \tau_0 + 2;$$

$f_1 - f_0$ est une valeur approchée de la dérivée au voisinage de f_1, $f_2 - f_1$ est une valeur approchée de cette même dérivée; en prenant la moyenne de ces deux nombres, on a une détermination suffisamment approchée. Mais les valeurs de f qui se trouvent dans les tables sont ordinairement exprimées en millimètres de mercure; il est nécessaire de les traduire dans les unités adoptées en évaluant la pression en kilogrammes et en la rapportant à l'unité de surface qui est le mètre carré, et pour cela il suffira évidemment de multiplier les nombres des tables par 13 596. Si les pressions étaient données en atmosphères, on les multiplierait par

$$13596 \times 0,760 = 10333.$$

Il reste enfin à trouver l'expression de $s' - s$, différence du volume s' de l'unité de poids de la vapeur saturée à τ degrés et du volume s de l'unité de poids du liquide à la même température τ et

[1] *Mémoires de l'Académie des sciences*, t. XXI et XXVI.

sous la même pression f. Les données expérimentales nous font ici presque complétement défaut. s pourrait à la vérité être exactement estimé, indépendamment de la pression qui n'a pas d'influence sensible; et d'ailleurs il est presque négligeable à côté de s', tant qu'on ne se trouve pas trop rapproché de cet état signalé pour la première fois par Cagniard de Latour et où il n'y a plus à proprement parler ni liquide ni vapeur saturée. Mais on n'a. en général, sur s' que des indications complétement insuffisantes. Et en effet, quand il s'agit de déterminer la densité, c'est-à-dire l'inverse du volume de l'unité de poids, pour une vapeur. les chimistes se placent toujours, et avec raison. très-loin du point de saturation; de sorte que leurs densités ne permettent de calculer que très-imparfaitement la valeur de s' au moyen des lois de Mariotte. et de Gay-Lussac. Toutefois, pour la vapeur d'eau, on possède depuis peu d'années les valeurs de la densité de la vapeur saturée depuis 58 jusqu'à 144 degrés. Cette donnée pratique a été déterminée par MM. Tate et Fairbairn au moyen d'expériences que la difficulté de la question rend particulièrement intéressantes.

200. Recherches de MM. Fairbairn et Tate sur la densité de la vapeur d'eau saturée [1]. — Le principe de leur méthode consiste à introduire un poids connu d'eau dans un récipient de capacité connue vide d'air. et à mesurer exactement la température à laquelle la totalité de l'eau est vaporisée. A cet effet. le récipient dans lequel l'eau se réduit en vapeur communique avec une des branches d'un siphon renversé plein de mercure. dont l'autre branche communique avec un espace rempli de vapeur saturée qui environne le premier récipient et possède par conséquent exactement la même température. Aussi longtemps que la totalité de l'eau du premier récipient n'est pas vaporisée, la pression est évidemment la même dans les deux branches du siphon renversé, et le mercure s'y élève à la même hauteur. A l'instant où la vaporisation est complète, le mercure commence à s'abaisser dans la branche qui communique avec l'espace où la vapeur est constamment saturée. On saisit cet

[1] *Philosophical Magazine*, 4e série, t. XXI, p. 230. Un extrait a été publié par Verdet dans les *Annales de Chimie et de Physique*, 1861, 3e série, t. LXII, p. 249.

instant : le poids de l'eau vaporisée et son volume étant connus, on a tous les éléments nécessaires pour calculer sa densité.

Aux températures supérieures à 100 degrés, la pièce principale de l'appareil était un ballon de verre d'un peu plus d'un litre de capacité, dont le col très-long était recourbé deux fois et contenait du mercure dans sa deuxième courbure. Ce ballon était placé au centre d'un grand vase de cuivre qui fonctionnait comme bain de vapeur; mais le col recourbé était logé dans un tube de verre qui communiquait avec le bain de vapeur et qui était lui-même entouré d'un bain d'huile bien transparente. Les niveaux étaient observés avec une lunette, les températures étaient mesurées par des thermomètres directement plongés dans la vapeur, mais corrigés de l'influence de la pression. Au-dessous de 100 degrés, l'appareil était notablement modifié et, d'après la description très-succincte qu'en donnent les auteurs, il paraît que sa construction se rapprochait beaucoup de la construction d'un appareil analogue de M. Regnault.

Ces expériences ont montré que la densité de la vapeur saturée est constamment supérieure à celle qu'on déduirait de la densité théorique par l'application des lois de Mariotte et de Gay-Lussac, comme on peut en juger par le tableau suivant :

TEMPÉRATURE en DEGRÉS CENTIGRADES.	VOLUME s' D'UN KILOGRAMME DE VAPEUR D'EAU SATURÉE EN MÈTRES CUBES	
	observé.	calculé d'après les lois de Mariotte et de Gay-Lussac.
58,21	8,27	8,38
77,49	3,71	3,79
92,66	2,15	2,48
117,17	0,941	0,991
131,78	0,604	0,654
144,74	0,432	0,466

Si nous prenons ces valeurs de s' déterminées par MM. Tate et

Fairbairn, il suffira d'en retrancher 0,001 pour avoir une valeur suffisamment approchée de $s' - s$.

201. **Chaleur spécifique de la vapeur d'eau saturée.** — Tout est alors connu dans l'expression de m. On trouve ainsi pour la vapeur d'eau :

TEMPÉRATURE en degrés centigrades.	CHALEUR SPÉCIFIQUE de la vapeur d'eau saturée, m.
58,21	— 1,398
77,49	— 1,263
92,66	— 1,206
117,17	— 1,017
131,78	— 0,901
144,74	— 0,807

On voit que m est du même ordre de grandeur que la chaleur spécifique sous pression constante. Mais que signifie ce signe —? Pour l'interpréter, reportons-nous à l'équation différentielle qui lie la chaleur latente de vaporisation de l'eau, sa chaleur spécifique et la quantité m de chaleur qu'il faut communiquer à l'unité de poids de vapeur lorsqu'on élève sa température et qu'en même temps on la comprime de manière qu'elle reste saturée. En l'établissant, on a considéré comme positives les quantités de chaleur qui sont absorbées par la vapeur; si donc on trouve pour m une quantité négative, cela indique que, dans le phénomène auquel se rapporte ce coefficient, au lieu d'une *absorption*, il y a un *dégagement* de chaleur. Il faut donc soustraire de la chaleur à la vapeur qui s'échauffe et se comprime à la fois, si on veut qu'elle reste saturée. Si par conséquent la compression a lieu dans une enceinte imperméable qui ne permette pas cette soustraction de chaleur, la vapeur s'échauffera, par le fait même de la compression, à une température plus élevée que celle qui conviendrait pour qu'elle restât saturée, et l'on aura de la vapeur surchauffée. Inversement, si l'on diminue la pression de la vapeur saturée, il faut, pour la maintenir saturée, lui communiquer une certaine quantité de chaleur; et si l'expansion se produit dans une enceinte imperméable, une partie de la vapeur devra se condenser pour dégager la chaleur nécessaire.

202. Condensation accompagnant la détente de la vapeur d'eau. — Expérience de M. Hirn. — La détente de la vapeur est donc accompagnée d'une condensation. Cette proposition a été énoncée presque simultanément par MM. Macquorn Rankine [1] et Clausius [2]. M. Rankine y avait été conduit en cherchant à se rendre compte du fait bien connu de l'accumulation de liquide qui se produit toujours dans le corps de pompe d'une machine, lorsqu'il n'est pas entouré d'une enveloppe à vapeur. Quelques années plus tard, M. Hirn, amené à l'étude de cette question par ses travaux sur la machine à vapeur, donna une démonstration expérimentale directe de la condensation accompagnant la détente [3]. Un cylindre de cuivre de 2 mètres de longueur et 0^m,15 de diamètre, fermé à ses deux extrémités par des glaces épaisses et bien transparentes, était mis en rapport avec une chaudière produisant de la vapeur à haute pression. Le cylindre portait un robinet d'échappement que l'on ouvrait légèrement au commencement de l'expérience pour laisser sortir l'air et l'eau de condensation. Les parois s'échauffant graduellement, la vapeur finissait par remplir l'appareil en conservant l'état de vapeur saturée et séchée; et, en plaçant l'œil à l'une des extrémités du cylindre, on voyait parfaitement, à travers la vapeur transparente, les objets extérieurs vers lesquels il était pointé. Si alors, fermant le robinet d'admission de la vapeur, on ouvrait brusquement et complétement le robinet de décharge, de manière que la pression de la vapeur tombât instantanément de 5 atmosphères, par exemple, à la pression extérieure, au même instant le cylindre devenait d'une opacité complète, et la condensation accompagnant la détente était ainsi rendue manifeste à l'observateur. Au bout de quelques secondes, le nuage disparaissait et la transparence se rétablissait, la chaleur du métal (152 degrés pour 5 atmosphères) ramenant l'eau, qui s'était précipitée, à l'état de vapeur, mais de vapeur à la température de 100 degrés, car la pression à l'intérieur du cylindre devait nécessairement alors être la pression atmosphérique.

[1] *Transactions of the Royal Society of Edinburgh*, t. XX, 1re partie, p. 147.
[2] *Poggendorff's Annalen*, 1850, t. LXXIX, p. 368 et 500.
[3] *Bulletin 133 de la Société industrielle de Mulhouse*, p. 129.

203. La condensation d'une partie de la vapeur pendant la détente joue un rôle extrêmement important dans la machine à vapeur, et en fait un moteur qui ne mérite pas le reproche d'imperfection extrême que lui a adressé M. Regnault [1]. Voici en effet, presque textuellement, la critique formulée par cet éminent physicien : Dans une machine à vapeur à détente complète, sans condensation, où la vapeur pénètre sous une pression de 5 atmosphères et par conséquent à la température de 152 degrés, et sort sous la pression de l'atmosphère ambiante, la quantité de chaleur possédée par la vapeur à son entrée est de 653 unités; celle qu'elle retient à sa sortie est de 637. La quantité de chaleur transformée en travail est donc $653 - 637 = 16$ unités, c'est-à-dire seulement $\frac{1}{40}$ de la quantité de chaleur donnée à la chaudière. Dans une machine à condensation recevant de la vapeur saturée à la même pression de 5 atmosphères, et dont le condenseur, supposé à 40 degrés, présenterait constamment une force élastique de 55 millimètres de mercure, la quantité de chaleur de la vapeur entrante serait de 653 unités, et celle que la vapeur posséderait au moment de la condensation, c'est-à-dire au moment où elle est perdue pour l'action mécanique, serait de 619 unités. La chaleur utilisée serait donc de 34 unités, un peu plus de $\frac{1}{20}$ de la chaleur donnée à la chaudière.

Or, dans ses expériences sur les machines à vapeur, M. Hirn a trouvé ces machines bien supérieures à ce que l'on devait en attendre d'après ce qui précède [2]. Parmi ces expériences, nous en trouvons en effet quatre suffisamment concordantes et qui se rapportent à des conditions presque identiques à celles que nous venons d'examiner en dernier lieu, comme on pourra en juger d'après le tableau suivant :

---

[1] *Mémoires de l'Académie des sciences*, t. XXVI. — Introduction, p. v.
[2] HIRN, *Recherches sur l'équivalent mécanique de la chaleur*, p. 28.

ESPÈCE DE MACHINE.	FORCE en CHEVAUX.	TEMPÉRATURE		PROPORTION de CHALEUR UTILISÉE.
		DE LA VAPEUR.	DU CONDENSEUR.	
Machine à un cylindre...	ch 102	149°	31°	$\frac{1}{8}$
Machine à un cylindre...		149	25	$\frac{1}{10}$
Machine Woolf........	102	143	41	$\frac{1}{7}$
Machine Woolf........	102	143	39	$\frac{1}{8}$
Moyenne........	....	146	34	$\frac{1}{8}$

La température moyenne de la chaudière dans ces quatre expériences était donc de 146 degrés, et celle du condenseur de 34. En supposant la détente complète, la quantité de chaleur utilisée devait donc atteindre au plus le $\frac{1}{20}$ de la chaleur dépensée. Le tableau précédent montre qu'elle en était le $\frac{1}{8}$, surpassant ainsi le double de la limite que lui assignait la théorie. Cette contradiction s'explique facilement si l'on remarque que, dans le calcul de la dépense utile de la machine, on a supposé, sans preuve aucune, que, dans sa détente de 5 atmosphères à la pression finale, la vapeur restait saturée et sèche. Nous savons, au contraire, que cette détente est accompagnée d'une condensation partielle, de telle sorte que la vapeur sortante, ou plus exactement le mélange de liquide et de vapeur sortant, emporte une quantité de chaleur notablement inférieure à celle que nous lui avons attribuée plus haut. Et l'on voit même par ce qui précède que c'est à la condensation pendant la détente que la machine à vapeur doit la plus grande partie de sa force motrice.

L'importance des conséquences de la détermination de m pour la vapeur d'eau fait naturellement désirer une détermination semblable pour les autres vapeurs. Mais, comme je l'ai déjà remarqué, l'ignorance où l'on est relativement à la vapeur de s', pour toutes les vapeurs autres que la vapeur d'eau, ne permet pas de tirer parti de l'équation qui nous a servi à calculer m dans le cas de l'eau. On pourra cependant juger du signe de m dans le cas où le calcul, fait au moyen d'une valeur de s' grossièrement évaluée à l'aide des lois de Gay-Lussac et de Mariotte, fournira des résultats très-nettement accusés. Le sulfure de carbone se trouve seul dans ce cas, et, pour ce corps comme pour l'eau, m est négatif; je ne cite pas les nombres à cause de l'incertitude trop grande qui pèse sur eux. Je n'insisterai pas davantage sur cette question pour le moment, la solution complète étant donnée par le principe de Carnot.

204. Fusion. — Le passage de l'état solide à l'état liquide et le passage inverse donnent lieu à des considérations identiques à celles auxquelles nous a conduits le phénomène de la vaporisation. La température normale de fusion doit en effet être regardée comme dépendant de la pression extérieure aussi bien que la température d'ébullition. La fusion est en général accompagnée d'une augmentation finie de volume; si donc on s'oppose à cette augmentation de volume, on retarde la fusion; les expériences de M. Bunsen sur la paraffine et le blanc de baleine ne laissent aucun doute à ce sujet. J'aurai d'ailleurs à revenir sur ce fait plein d'intérêt.

205. Application du principe de l'équivalence au phénomène de la fusion. — On peut répéter pour la fusion exactement les mêmes raisonnements que nous avons faits pour la vaporisation, et l'on arrive par suite à une équation toute pareille dans laquelle je représente par des lettres grecques les coefficients relatifs à l'état solide. J'appelle :

τ la température normale de fusion,

ζ la chaleur latente correspondante,

η l'analogue de h,

et j'ai

$$\frac{d\zeta}{d\tau} + \left(\Gamma + \eta \frac{dp}{d\tau}\right) - \left(C + h \frac{dp}{d\tau}\right) = A\,(s - \sigma)\frac{dp}{d\tau}.$$

On peut négliger les termes en η et en h. J'ai déjà remarqué que le terme en h était négligeable. Pour les solides, η est aussi très-petit.

quoique pas aussi complétement négligeable. La chaleur dégagée par la compression d'un solide est très-supérieure, à celle dégagée par la compression d'un liquide ; je supprimerai cependant, dans une première approximation, le terme en η comme celui en h, mais en remarquant que l'erreur commise est notablement plus grande, et j'aurai

$$\frac{d\zeta}{d\tau} + \Gamma - C = A\,(s - \sigma)\frac{dp}{d\tau}.$$

206. Cette équation, établie pour le cas habituel, celui d'un corps qui augmente de volume en passant de l'état solide à l'état liquide, convient également au cas où le corps se dilate en passant à l'état solide, comme l'eau.

Il était à présumer, et l'expérience a pleinement confirmé ces prévisions, que l'augmentation de pression avancerait la fusion de ces corps. Le signe de $\frac{dp}{d\tau}$ se trouve donc changé en même temps que celui de $s - \sigma$, l'équation reste la même. Je remarquerai seulement que, si l'on veut répéter pour un corps tel que l'eau les raisonnements qui conduisent à l'équation dans le cas général d'un corps qui se dilate en fondant, il est convenable de renverser l'ordre des phénomènes pour la commodité du raisonnement.

207. **Surfusion.** — Enfin, dans ce changement d'état, il peut se présenter une complication analogue à celle que l'on rencontre dans le phénomène de la vaporisation. Je veux parler du fait bien connu de la surfusion, à savoir que l'état liquide peut persister bien au-dessous de la température normale de solidification. Fahrenheit et Blagden ont les premiers reconnu ce fait, qui fut ensuite vérifié par M. Despretz, et dont M. Dufour a fait dernièrement une étude attentive [1] par le procédé que nous avons déjà fait connaître en parlant de la vaporisation (194). Le liquide sur lequel il opérait était maintenu en suspension dans un milieu liquide de même densité, non miscible avec lui et très-éloigné de son point de solidification. En abaissant graduellement la température, il a pu obtenir des

---

[1] *Bibliothèque universelle de Genève, Archives des sciences physiques*, 1861, t. X, p. 346, et t. XI, p. 22, ou *Annales de Chimie et de Physique*, 1863, t. LXVIII, p. 370.

sphères d'eau liquide à.— 20 degrés dans un mélange de chloroforme
et d'huile d'amandes douces; le soufre et le phosphore, dont les points
de fusion respectifs sont 111 degrés et 44 degrés, sont restés liquides jusqu'à 20 degrés dans des dissolutions convenables de
chlorure de zinc; la napthaline, qui fond normalement à 79 degrés,
a été conservée fondue jusqu'à 40 degrés dans de l'eau dont elle a
sensiblement la densité. Pour tous ces corps, les gouttes liquides se
solidifient brusquement lorsqu'on les met en contact avec un fragment solide du même corps. Ces expériences permettent de conclure
que pour chaque corps il existe un certain intervalle de température
ayant pour limite supérieure le point normal de fusion, dans lequel
le corps peut exister indifféremment à l'état solide ou à l'état liquide, l'état solide étant de ces deux arrangements moléculaires
celui qui correspond à l'équilibre stable.

De ce phénomène résulte la notion de la variation de la chaleur
latente. De l'eau à — 10 degrés se transformant en glace dégage une
quantité de chaleur différente de celle qui correspond à la congélation de l'eau à zéro. On peut établir pour la chaleur latente de
fusion une relation analogue à celle que nous avons formulée pour
la chaleur latente de vaporisation. Soient ζ_τ la chaleur latente
normale de fusion pour la pression p et $N_{\tau-\theta, p}$ la chaleur latente
correspondant au changement d'état, sous la même pression p, à
une température inférieure de θ au point de fusion normal, on a

$$\zeta_\tau + \int_{\tau-\theta}^\tau \Gamma d\tau = \int_{\tau-\theta}^\tau C d\tau + N_{\tau-\theta, p}.$$

Comme C est généralement plus grand que Γ, ζ est en général
supérieur à N : la chaleur latente normale est donc encore un maximum par rapport aux diverses valeurs que peut prendre la chaleur
latente quand, laissant la pression constante, on fait varier la température au-dessous du point normal de fusion.

Une équation analogue à celle que je viens de décrire a été
donnée, il y a déjà longtemps, par M. Person; mais il avait négligé
de remarquer que le travail extérieur est identique dans les deux
transformations que l'on considère pour l'établir [1].

[1] Annales de Chimie et de Physique, 1847, 3ᵉ série, t. XXI, p. 295.

208. Application du principe de Carnot au passage de l'état liquide à l'état gazeux. — Dans l'application du principe de Carnot aux changements d'état, nous commencerons encore par considérer le passage de l'état liquide à l'état gazeux. Revenons donc au cycle qui nous a servi pour ce changement d'état à obtenir l'équation différentielle que fournit le principe de l'équivalence (196).

Le travail extérieur effectué après une série entière d'opérations est $\Delta\varpi(s'-s)\dfrac{df}{d\tau}\,d\tau$; d'autre part, la quantité de chaleur transportée de la source de chaleur au réfrigérant est, en négligeant une quantité infiniment petite d'ordre supérieur, $\lambda\,\Delta\varpi$. D'après le principe de Carnot, il existe (119) entre ces quantités un rapport égal à

$$\frac{E\,d\tau}{\dfrac{1}{\alpha}+\tau}.$$

On a donc

$$\frac{\Delta\varpi(s'-s)\dfrac{df}{d\tau}\,d\tau}{\lambda\,\Delta\varpi}=\frac{E\,d\tau}{\dfrac{1}{\alpha}+\tau}$$

ou, en désignant par T la température absolue $\dfrac{1}{\alpha}+\tau$, et en remarquant que $\dfrac{df}{d\tau}=\dfrac{df}{dT}$,

$$(s'-s)\frac{df}{dT}=\frac{E\lambda}{T},$$

équation que l'on peut écrire

$$\frac{\lambda}{T}=A\,(s'-s)\frac{df}{dT}.$$

209. Le principe de l'équivalence nous avait d'autre part (196) conduit à l'équation

$$\frac{d\lambda}{dT}+\left(C+h\frac{df}{dT}\right)-\left(C'+h'\frac{df}{dT}\right)=A\,(s'-s)\frac{df}{dT}$$

ou

$$\frac{d\lambda}{dT}+\mu-m=A\,(s'-s)\frac{df}{dT};$$

μ étant un coefficient relatif au liquide et qui ne diffère pas sensiblement de la chaleur spécifique ordinaire, on pourrait l'appeler la *chaleur spécifique du liquide en ébullition.*

Combinant les deux équations fondamentales, on en déduit l'équation suivante :

$$\frac{d\lambda}{dT} + \mu - m = \frac{\lambda}{T},$$

qui peut remplacer l'une quelconque de ces deux équations.

210. M. Athanase Dupré a prétendu obtenir une valeur très-exacte de l'équivalent mécanique de la chaleur au moyen de l'équation déduite du principe de Carnot

$$\frac{\lambda}{T} = A\left(s' - s\right)\frac{df}{dT},$$

et il a trouvé ainsi le nombre 437 [1]. Mais on ne possède pas les données nécessaires pour arriver à un résultat certain. Si λ a été déterminé avec une grande précision par M. Regnault, si $\frac{df}{dT}$ peut se déduire très-exactement des recherches du même savant, si enfin s est fourni par les expériences de M. Despretz [2] et par celles de M. Isidore Pierre [3], on n'a sur la valeur de s' que les données fournies par MM. Tate et Fairbairn, qui ne garantissent pas les résultats de leurs expériences exacts à plus de $\frac{1}{100}$. Mais ce n'est pas même à cette source que M. Dupré a puisé la valeur de s' qu'il a employée : il a adopté pour densité de la vapeur d'eau le nombre 0,622 que M. Regnault donne, dans ses recherches sur l'hygrométrie [4], comme représentant la densité de la vapeur à basse température et sous de faibles pressions, mais que rien n'autorise à prendre pour densité de la vapeur saturée à 100 degrés. Les expériences de MM. Tate et Fairbairn conduisent à réduire de $\frac{1}{34}$ la valeur que M. Dupré a adoptée pour le facteur $(s' - s)$, et, par suite, à diminuer le nombre

[1] *Annales de Chimie et de Physique*, 1864, 4ᵉ série, t. III, p. 76.
[2] *Annales de Chimie et de Physique*, t. LXX, p. 5, et LXXIII, p. 296.
[3] *Annales de Chimie et de Physique*, 1845, 3ᵉ série, t. XV, p. 325.
[4] *Annales de Chimie et de Physique*, 1845, 3ᵉ série, t. XV, p. 141.

437 de $\frac{1}{34}$ de sa valeur, ce qui donne le nombre 425. On doit simplement en conclure que la formule et l'expérience se trouvent suffisamment d'accord; mais l'incertitude qui pèse toujours sur la valeur
de s' ne permet pas de chercher par cette voie une valeur exacte de
l'équivalent mécanique de la chaleur.

**211. Calcul de la chaleur spécifique de la vapeur sa-
turée pour différents liquides.** — En combinant l'équation
déduite du principe de Carnot avec celle fournie par le principe de
l'équivalence, nous avons trouvé l'équation

$$\frac{d\lambda}{dT} + \mu - m = \frac{\lambda}{T}$$

où

$$m = \frac{d\lambda}{dT} + \mu - \frac{\lambda}{T},$$

équation qui va nous permettre de résoudre la question du signe de
m pour toute vapeur, grâce aux précieux documents contenus dans
le deuxième volume des recherches de M. Regnault[1]. On y trouve
la chaleur totale de vaporisation pour un certain nombre de liquides,
et, dans les nombres donnés par M. Regnault, les deux premières
décimales doivent être considérées comme certainement exactes,
l'erreur que comporte la troisième étant au plus de deux unités
de l'ordre du troisième chiffre décimal. On connaît donc, à ce
degré de précision, la chaleur totale de vaporisation $\lambda + \int_{273}^{T} C dT$,
et l'on peut en conséquence avoir une valeur très-exacte de la dérivée
$\frac{d\lambda}{dT} + C$, c'est-à-dire des deux premiers termes de la valeur de m,
car la différence entre C et μ est insensible dans les limites de température où nous restons. Pour connaître λ, il faudrait calculer
$\int_{273}^{T} C dT$; M. Regnault donne une formule empirique qui, pour
chaque liquide étudié, fait connaître $\int_{273}^{T} C dT$ à toute température
inférieure à la température d'ébullition du liquide sous la pression

[1] *Mémoires de l'Académie des sciences*, t. XXVI, 1862.

atmosphérique; au-dessus de cette limite le degré d'exactitude des résultats que donne l'application de la formule ne peut être estimé d'une manière certaine. Si on calcule m d'après ces données pour les divers liquides étudiés par M. Regnault, on trouve que ces liquides se partagent en trois catégories.

Une première catégorie renferme les liquides pour lesquels m est négatif et décroît en valeur absolue, comme pour l'eau, quand la température s'élève; tels sont : le sulfure de carbone, l'acétone et l'alcool.

Ainsi, pour le sulfure de carbone, la formule devient

$$m = 0,14601 - 0,0008246\,t - \frac{90 - 0,08922\,t - 0,0004938\,t^2}{273 + t}$$

et donne les valeurs suivantes de m :

TEMPÉRATURE.	m
0°	— 0,184
40	— 0,171
80	— 0,164
120	— 0,163
160	— 0,157

Pour l'acétone, on a

$$m = 0,36644 - 0,001032\,t - \frac{140,5 - 0,13999\,t - 0,000912\,t^2}{273 + t},$$

ce qui donne :

TEMPÉRATURE.	m
0°	— 0,158
70	— 0,065
140	— 0,027

Pour l'alcool, la difficulté d'avoir de l'alcool pur, jointe au manque de déterminations directes de la chaleur spécifique au-dessus du point d'ébullition, fait que l'on ne peut pas ajouter grande confiance aux valeurs numériques que l'on trouve pour m; le signe — du résultat ne peut toutefois laisser aucun doute.

L'éther est le seul représentant, jusqu'à présent connu, d'une deuxième catégorie de liquides pour lesquels m serait positif et croissant à mesure que la température s'élève. La formule

$$m = 0,45 - 0,00111112t - \frac{94 - 0,07899t - 0,00085143t^2}{273 + t}$$

conduit en effet aux valeurs suivantes de m pour l'éther :

TEMPÉRATURE.	m
0	+ 0,116
40	+ 0,120
80	+ 0,128
120	+ 0,133

Les autres liquides étudiés, benzine, chloroforme, chlorure de carbone C^2Cl^4, forment une troisième catégorie pour laquelle m est négatif à basse température, devient nul à une certaine température, et ensuite est positif et croissant avec la température. On a en effet :

Benzine.

$$m = 0,24429 - 0,0002630t - \frac{109 - 0,26214t - 0,0005280t^2}{273 + t}.$$

TEMPÉRATURE.	m
0	— 0,155
70	— 0,038
140	+ 0,048
210	+ 0,115

Chloroforme,

$$m = 0,1375 - \frac{67 - 0,23234t - 0,00005071 5t^2}{273 + t}.$$

TEMPÉRATURE.	m
0	— 0,107
40	— 0,047
80	+ 0,001
120	+ 0,050
160	+ 0,072

Chlorure de carbone C^2Cl^4,

$$m = 0,14625 - 0,000344t - \frac{52 - 0,05172t - 0,0002626t^2}{273 + t}.$$

TEMPÉRATURE.	m
0	— 0,044
80	— 0,012
160	+ 0,006

L'ensemble de ces résultats montre que, pour tous ces corps, au sens algébrique, m est toujours croissant avec la température. On peut donc présumer que pour tout liquide il y a une température pour laquelle m est nul ; au-dessus de cette température m est positif, au-dessous il est négatif.

L'eau, dans les limites de température entre lesquelles nous l'avons étudiée, nous a offert l'exemple d'un corps pour lequel m était toujours négatif.

Nous avons vu les conséquences importantes qui en résultaient. Une vapeur pour laquelle au contraire m sera positif possédera des propriétés opposées à celles que nous avons constatées dans la vapeur d'eau : elle se surchauffera dans la détente et se condensera partiellement par la compression.

212. Expériences de M. Hirn sur l'effet d'une compression de la vapeur d'éther. — M. Hirn a vérifié cette conséquence

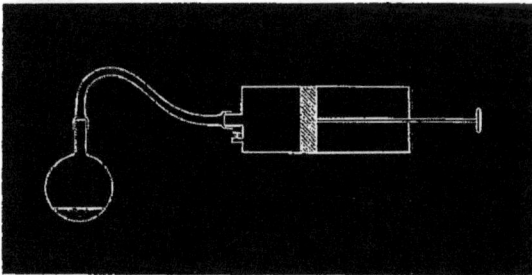

de la théorie pour l'éther [1]. Un ballon bien résistant contenant de l'éther était réuni par un tube flexible à un corps de pompe muni à sa partie inférieure d'un robinet. Plaçant d'a-

Fig. 49.

bord le ballon dans de l'eau chaude (à 50 degrés environ), on laissait

[1] *Cosmos*, 12ᵉ année, t. XXII, 10 avril 1863,

ce robinet ouvert jusqu'à ce que l'air fût complétement expulsé; puis on fermait le robinet et on plongeait le corps de pompe lui-même, avec le ballon, dans l'eau chaude : le piston était aussitôt chassé par la vapeur d'éther jusqu'au haut de sa course. Retirant alors rapidement l'appareil de l'eau, on enfonçait vivement le piston, et aussitôt un nuage se manifestait à l'intérieur du ballon. Répétant exactement la même expérience avec le sulfure de carbone qui, d'après nos calculs, doit se comporter comme l'eau, c'est-à-dire se surchauffer par la compression, M. Hirn reconnut que la vapeur du ballon restait en effet parfaitement transparente au moment de la compression.

213. Détente des vapeurs saturées. — Enfin, à la température à laquelle la chaleur spécifique m d'une vapeur saturée est nulle, la vapeur pourra subir une détente ou une compression infiniment petite, sans cesser d'être saturée. Ainsi ce phénomène de la persistance de la saturation, admis comme général par les anciens auteurs, se présente au contraire comme tout à fait exceptionnel : il n'est vrai, pour chaque vapeur, qu'à une température déterminée et propre à la vapeur considérée. Aux températures inférieures, la dé-tente est accompagnée d'une condensation partielle, et la compres-sion d'une surchauffe; aux températures supérieures, c'est l'inverse qui a lieu. Quant à la fixation exacte de la température d'inversion, on ne peut pas y arriver avec les formules qui nous ont servi à cal-culer m pour chaque vapeur, à cause du manque de données sur la chaleur spécifique du liquide au-dessus de sa température d'ébulli-tion [1].

214. Densité de la vapeur saturée calculée au moyen de l'équation que fournit le principe de Carnot. — L'équa-tion déduite du principe de Carnot,

$$\frac{\lambda}{T} = A\left(s' - s\right)\frac{df}{dT},$$

[1] M. Cazin a commencé des recherches sur ce sujet à l'aide d'appareils construits aux frais de l'Association scientifique, et il a indiqué la température d'inversion pour le chloro-forme comme étant d'environ 120 degrés. (*Comptes rendus de l'Académie des sciences*, 1866 t. LXII, p. 56.)

permet de calculer le volume s' de l'unité de poids de la vapeur saturée. Le calcul n'est intéressant que pour la vapeur d'eau, qui est la seule dont la densité ait été déterminée à l'état de saturation, et par conséquent la seule pour laquelle on puisse comparer les résultats du calcul avec les données de l'expérience. L'équation permet de calculer $s' - s$, et il suffit de retrancher 0.001 du nombre trouvé pour tenir compte de s. Le tableau suivant met en regard les densités mesurées par Tate et Fairbairn, les densités calculées à l'aide de la formule précédente, et enfin les densités telles qu'on les prenait autrefois d'après les lois de Mariotte et de Gay-Lussac :

TEMPÉRATURE.	VOLUME DE 1 KILOGRAMME DE VAPEUR D'EAU SATURÉE EN MÈTRES CUBES		
	observé.	calculé.	anciennement admis.
58,21	8,27	8,23	8,38
77,49	3,71	3,69	3,79
92,66	2,15	2,11	2,18
117,17	0,941	0,947	0,991
131,78	0,604	0,619	0,654
144,74	0,432	0,437	0,466

L'accord entre l'observation et le calcul est, comme on le voit, aussi satisfaisant que possible, tandis que les valeurs anciennement admises sont notablement différentes de celles renfermées dans les deux premières colonnes.

215. Écoulement de la vapeur sortant d'une chaudière par un orifice étroit. — J'examinerai encore une question qui a donné lieu à une discussion sur le signe de m. Du fait de la condensation pendant la détente annoncé presque simultanément par M. Rankine et par M. Clausius, M. William Thomson[1] prétendait conclure qu'un jet de vapeur à haute pression sortant d'une chaudière par un orifice étroit doit, en se dilatant, se condenser partiel-

[1] *Philosophical Magazine*, 1850, 3e série, t. XXXVII, p. 387.

lement de manière à perdre sa transparence et à produire d'atroces brû-
lures ; tandis qu'au contraire, comme il le faisait remarquer, le jet est
transparent et ne produit sur la main que la sensation de douce chaleur que l'on éprouverait avec un gaz sec et chaud. La réponse à cette
contradiction apparente se trouve dans un examen approfondi qui
montre que la vapeur doit sortir surchauffée. Cherchons donc la
manière dont la vapeur se comporte dans ces conditions. Soit un vase

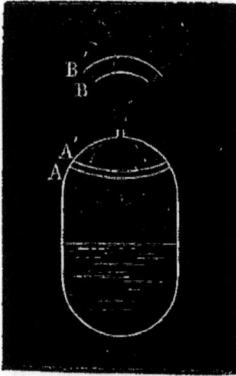

Fig. 50.

renfermant de la vapeur et de l'eau : un petit
orifice livre issue à la vapeur, tandis que l'eau,
constamment chauffée, fournit sans cesse de
nouvelle vapeur pour remplacer celle qui
s'échappe. Il s'établit bientôt un état stationnaire que nous supposerons atteint. Si l'orifice
est très-petit, il n'y a de perturbation à l'intérieur du vase qu'à une petite distance de
l'orifice ; on peut donc concevoir à l'intérieur
une surface A telle, que sur cette surface la
vapeur soit saturée à la température du liquide
et ne possède qu'une force vive insensible.

On ne connaît pas la forme du jet, mais on sait que la vapeur ne
se mêle à l'air qu'à une grande distance de l'orifice ; on peut donc
de même concevoir à l'extérieur une surface B telle, que sur cette
surface la vapeur, non encore mêlée à l'air, ait déjà pris la pression
extérieure. Examinons ce qui se passe entre les deux surfaces A et B
pendant un temps infiniment petit. Un poids $d\varpi$ de vapeur traverse
la surface A et vient occuper à la température T_1 l'espace $s_1' d\varpi$,
compris entre la surface A et une surface infiniment voisine A', s_1' désignant comme toujours le volume de l'unité de poids de vapeur saturée à la température T_1. Si donc nous désignons par f_1 la tension
maximum de la vapeur à la température T_1, le travail de la pression
de la vapeur pendant le temps considéré sera égal à $f_1 s_1' d\varpi$. Pendant
le même temps, un poids égal $d\varpi$ traverse la surface B ; si nous
représentons par u le volume de l'unité de poids du corps qui se
trouve sur la surface B, ce poids $d\varpi$ correspond à un volume $u d\varpi$,
compris entre la surface B et une surface infiniment voisine B', et
le travail de la pression extérieure p a pour expression $-p u d\varpi$. La

somme de ces travaux $f_1 s_1' d\varpi - pu d\varpi$ doit être égale, d'après le principe des forces vives, à la variation d'énergie tant actuelle que calorifique de la masse considérée. Or, le régime régulier étant établi, la partie comprise entre les deux surfaces A′ et B est dans le même état aux deux époques infiniment voisines auxquelles nous avons envisagé le phénomène. Il n'y a donc à considérer que les parties non communes AA′ et BB′, lesquelles contiennent un même poids $d\varpi$ de matière. La variation de l'énergie totale de la masse entière se compose donc de : 1° l'énergie actuelle acquise par le jet de vapeur, $\frac{w^2}{2g} d\varpi$, w étant la vitesse moyenne sur la surface B; 2° la variation $U d\varpi$ de l'énergie interne de la vapeur de la surface A à la surface B; 3° la variation d'énergie calorifique $EQ d\varpi$, due à l'excès Q de la chaleur communiquée de l'extérieur sur la chaleur engendrée par le frottement à l'orifice et qui n'a pas été restituée à la vapeur.

On a donc l'équation

$$f_1 s_1' - pu = \frac{w^2}{2g} + U + EQ$$

ou

$$\frac{w^2}{2g} + pu - f_1 s_1' + U + EQ = 0.$$

Si on suppose l'orifice très-petit, on peut regarder Q comme nul ou au moins comme négligeable. L'équation devient alors

$$\frac{w^2}{2g} + pu - f_1 s_1' + U = 0.$$

Calculons U dans l'hypothèse de la persistance de la saturation, hypothèse la plus simple et en même temps la plus naturelle : à l'orifice le jet se montre en effet parfaitement transparent et on ne le distingue de l'air qu'à la manière différente dont il réfracte la lumière. Nous admettrons donc que la vapeur demeure saturée jusqu'à la pression p : elle possédera par suite sur la surface B la température T_2 correspondant à cette pression, et le volume u sera le volume s_2' de l'unité de poids de la vapeur saturée à la température T_2. L'équation s'écrira donc

$$\frac{w^2}{2g} + p s_2' - f_1 s_1' + U = 0,$$

et U représente alors la variation d'énergie interne de la vapeur passant de l'état de vapeur saturée à la température T_1 à l'état de vapeur saturée à la température T_2. Pour produire cette transformation, il faut communiquer à la vapeur une quantité de chaleur égale à $\int_{T_1}^{T_2} m dT$. D'autre part, la vapeur a accompli un travail extérieur égal à $\int_{T_1}^{T_2} f ds'$. La variation de l'énergie interne ne dépend que de ces deux conditions (79); et en appliquant à cette transformation l'équation fondamentale,

$$QE = U + S,$$

on a

$$E \int_{T_1}^{T_2} m dT = U + \int_{T_1}^{T_2} f ds'.$$

Donc

$$U = E \int_{T_1}^{T_2} m dT - \int_{T_1}^{T_2} f ds'.$$

La deuxième intégrale peut s'écrire

$$\int_{T_1}^{T_2} f ds' = \int_{T_1}^{T_2} f ds + \int_{T_1}^{T_2} f d(s' - s),$$

et, en intégrant par parties, on a

$$\int_{T_1}^{T_2} f d(s' - s) = p(s_2' - s_2) - f_1(s_1' - s_1) - \int_{T_1}^{T_2} (s' - s) \frac{df}{dT} dT;$$

or, d'après l'équation déduite du principe de Carnot (208),

$$(s' - s) \frac{df}{dT} = E \frac{\lambda}{T},$$

et par suite

$$\int_{T_1}^{T_2} f d(s' - s) = p(s_2' - s_2) - f_1(s_1' - s_1) - E \int_{T_1}^{T_2} \frac{\lambda}{T} dT;$$

on a donc

$$U = E \int_{T_1}^{T_2} m dT - \int_{T_1}^{T_2} f ds + f_1(s_1' - s_1) - p(s_2' - s_2) + E \int_{T_1}^{T_2} \frac{\lambda}{T} dT.$$

Cette dernière intégrale $\int_{T_1}^{T_2} \dfrac{\lambda}{T} dT$ pourrait facilement se calculer, car λ est une fonction simple de T, mais il vaut mieux la réunir à la première $\int_{T_1}^{T_2} m dT$ et se rappeler que (209)

$$\frac{d\lambda}{dT} + \mu - m = \frac{\lambda}{T},$$

et que par suite

$$m + \frac{\lambda}{T} = \frac{d\lambda}{dT} + \mu.$$

Or $\dfrac{d\lambda}{dT} + \mu$ est, comme nous l'avons déjà remarqué, la dérivée, par rapport à la température. de la chaleur totale de vaporisation Q, de sorte que

$$\int_{T_1}^{T_2} m dT + \int_{T_1}^{T_2} \frac{\lambda}{T} dT = \int_{T_1}^{T_2} \left(\frac{d\lambda}{dT} + \mu \right) dT = Q_2 - Q_1.$$

On a donc

$$U = E(Q_2 - Q_1) - \int_{T_1}^{T_2} f ds + f_1 (s_1' - s_1) - p(s_2' - s_2).$$

Mais, en intégrant par parties, on a

$$\int_{T_1}^{T_2} f ds = p s_2 - f_1 s_1 - \int_{T_1}^{T_2} s \frac{df}{dT} dT,$$

et, s étant très-petit, cette dernière intégrale, que d'ailleurs il sera toujours facile de calculer si on le désire, n'exerce sur les phénomènes qu'une influence insensible; on peut donc la négliger, et on a alors

$$U = E(Q_2 - Q_1) + f_1 s_1' - p s_2'.$$

Si l'on porte cette valeur de U dans l'équation

$$\frac{w^2}{2g} + p s_2' - f_1 s_1' + U = 0,$$

pour reconnaître si l'hypothèse de la persistance de la saturation est acceptable, il vient

$$\frac{w^2}{2g} + E(Q_2 - Q_1) = 0.$$

Pour tous les liquides connus, $E(Q_2 - Q_1)$ est négatif et même très-notablement inférieur à zéro. Cette équation ne contient donc en elle-même aucune contradiction, et par conséquent rien ne nous oblige à admettre une condensation à l'orifice. On peut en outre remarquer que le jet s'élargit rapidement et que, par conséquent, en vertu du principe d'égal débit, la vitesse diminue de même rapidement à partir de l'orifice : le terme $\frac{w^2}{2g}$ est donc négligeable avant que la vapeur se soit mélangée avec l'air. Mais alors l'équation que l'on vient d'établir dans l'hypothèse de la persistance de la saturation n'est plus acceptable, $Q_2 - Q_1$ étant négatif et non pas égal à zéro; encore moins pourrait-on supposer une condensation, car alors le résultat du calcul serait a *fortiori* négatif. Il est donc nécessaire que la vapeur se surchauffe en se dilatant; de là l'explication du fait signalé par M. William Thomson comme contraire à la valeur négative de *m*. Un jet de vapeur sèche n'échauffe pas plus qu'un courant de gaz chaud, et l'on peut, sans inconvénient, plonger la main dans un courant d'air à 100 ou 150 degrés, tandis que des gouttelettes liquides à pareille température brûleraient énergiquement.

Nous pouvons aller plus loin et déterminer la température T' que possède la vapeur surchauffée avant de se mêler à l'air : le terme $\frac{w^2}{2g}$ est alors négligeable, comme nous l'avons remarqué. et l'équation qui régit le phénomène se réduit à

$$pu - f_1 s_1' + U = 0,$$

u étant le volume que prend la vapeur à la fin de la transformation.

Il faut chercher la valeur de U. Or, pour cette recherche, nous pouvons supposer une loi quelconque de transformation amenant la vapeur de l'état initial de vapeur saturée à la température T_1 à l'état final de vapeur surchauffée à la température T'. Nous admettrons donc que les choses se passent de la manière suivante : 1° la vapeur saturée à T_1 se transforme d'abord en vapeur saturée à T_2 sous la pression p; la variation d'énergie intérieure correspondante à cette transformation est

$$U' = E(Q_2 - Q_1) + f_1 s_1' - p s_2';$$

2° la vapeur saturée à T_2 et sous la pression p se transforme en vapeur surchauffée à T' sous la même pression p. La quantité de chaleur nécessaire à cette transformation est $\int_{T_2}^{T'} C'dT$, C' étant la chaleur spécifique de la vapeur sous pression constante. Si donc on appelle U'' la variation d'énergie intérieure correspondante à cette seconde phase du phénomène, et si on remarque que la vapeur en se dilatant a produit un travail extérieur égal à $\int_{T_2}^{T'} p\,dv = p(u - s_2')$, on a

$$E \int_{T_2}^{T'} C'dT = U'' + p(u - s_2'),$$

d'où

$$U'' = E \int_{T_2}^{T'} C'dT - p(u - s_2').$$

La variation totale de l'énergie intérieure est donc

$$U = U' + U'' = E(Q_2 - Q_1) + E \int_{T_2}^{T'} C'dT + f_1 s_1' - pu.$$

Si on porte cette valeur dans l'équation rappelée plus haut, il vient

$$E(Q_2 - Q_1) + E \int_{T_2}^{T'} C'dT = o$$

ou

$$Q_2 - Q_1 + \int_{T_2}^{T'} C'dT = o,$$

équation qui détermine T' si C' est connu.

Pour la vapeur d'eau, on a

$$Q = 6o6,5 + o,3o5\,t, \qquad t = T - 273,$$

et par suite

$$Q_2 - Q_1 = o,3o5(T_2 - T_1) = -o,3o5(T_1 - T_2).$$

La chaleur spécifique C' est sensiblement constante, d'après M. Regnault, et égale à 0,4805; par suite,

$$\int_{T_2}^{T'} C' dT = 0,4805 \, (T' - T_2).$$

L'équation trouvée plus haut devient donc pour la vapeur d'eau

$$0,4805 \, (T' - T_2) = 0,305 \, (T_1 - T_2),$$

d'où l'on conclut

$$T' - T_2 > \frac{3}{5} (T_1 - T_2).$$

La marche du phénomène peut dès lors se prévoir facilement. Si on a par exemple $t_1 = 150$ degrés et $t_2 = 100$ degrés, t' sera supérieur à 130 degrés; ainsi le jet de vapeur sortant par un orifice étroit d'une chaudière où la pression est de 5 atmosphères se surchauffe en prenant la pression atmosphérique jusqu'à 130 degrés.

216. Application du principe de Carnot au passage de l'état solide à l'état liquide. — Le principe de Carnot, de même que le principe de l'équivalence, conduit pour la fusion à une équation semblable à celle qui régit le phénomène de l'évaporation,

$$\frac{\zeta}{T} = A \cdot (s - \sigma) \frac{dp}{dT};$$

mais cette équation se distingue de celle que fournit le principe de l'équivalence par un caractère avantageux qui appartient en général aux conséquences du principe de Carnot : elle est directement comparable à l'expérience.

217. Influence de la pression sur la température de fusion. — L'équation précédente peut s'écrire

$$(s - \sigma) \frac{dp}{dT} = \frac{E\zeta}{T}.$$

Le second membre est toujours positif : pour tous les corps connus, la fusion est un phénomène nécessairement corrélatif d'un abaissement

de température des corps voisins. Le premier membre de l'équation
doit donc être toujours positif, c'est-à-dire que, si

$$s - \sigma > 0,$$

il faut que

$$\frac{dp}{dT} > 0;$$

si

$$s - \sigma < 0,$$

il faut que

$$\frac{dp}{dT} < 0.$$

Pour la grande majorité des corps solides, le volume du corps à
l'état liquide est plus grand que le volume du corps à l'état solide,
$s - \sigma$ est positif; $\frac{dp}{dT}$ est donc aussi positif : ce qui signifie que, pour
que la température de fusion s'élève d'une quantité infiniment petite
et positive, il faut que la pression éprouve un accroissement infiniment petit de même signe, et inversement. Cette conclusion s'appliquant aux accroissements finis, on voit qu'avec l'immense majorité
des corps, si l'on augmente la pression à laquelle le corps est soumis,
on élève par là même sa température de fusion. Cette conclusion,
que vérifie l'expérience, est d'ailleurs conforme avec les analogies les
plus légitimes : dans tous les corps où la fusion est accompagnée
d'une augmentation de volume, la fusion peut être regardée comme
un écartement des molécules, et cet écartement sera nécessairement
retardé par tout accroissement de la pression extérieure.

M. Bunsen a fait sur ce sujet des expériences qui sont à bon
droit devenues classiques et qui sont rapportées maintenant dans
les traités élémentaires [1] : elles justifient entre des limites très-
étendues la proportionnalité entre l'accroissement de pression et l'élévation du point de fusion. Ces expériences ont porté sur le blanc de
baleine et sur la paraffine. Un tube de verre à parois très-épaisses,
fermé à ses deux extrémités et recourbé en siphon, comme l'indique
la figure, contient le corps à fondre en F, en haut de la petite

---

[1] *Poggendorff's Annalen*, 1850, t. LXXXI, p. 562. — Verdet a analysé ces expériences
dans les *Annales de Chimie et de Physique*, 1852, 3ᵉ série, t. XXXV, p. 383.

branche E. La partie supérieure D de la grande branche renferme de l'air dont le volume servira à évaluer approximativement la pression à l'intérieur de l'appareil. Le reste de l'appareil est plein de mercure. En plongeant la partie AF seulement dans un bain d'eau dont la température soit un peu supérieure au point de fusion du corps, le corps fond; et si on laisse ensuite refroidir le bain, il se solidifie à une température indiquée par un thermomètre placé à côté de l'appareil. On recommence alors l'expérience en plongeant dans l'eau chaude non-seulement la partie AF, mais encore une portion du tube BD. Le mercure contenu dans ce tube se dilate, et il en résulte à l'intérieur de l'appareil une pression mesurée par le volume de l'air en D. Laissant encore refroidir le bain, le corps vient à se solidifier, mais à une température plus élevée que la première fois. En variant la longueur de la portion du tube BD plongée dans le bain, on peut opérer sous telle pression que l'on veut. Les expériences sur le blanc de baleine ont seules été un peu étendues; elles ont donné les résultats suivants :

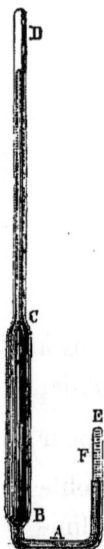

Fig. 51.

PRESSION en ATMOSPHÈRES.	TEMPÉRATURE de SOLIDIFICATION.	RAPPORT de l'accroissement de pression À L'ACCROISSEMENT DE TEMPÉRATURE,
atm 1	47,7	
29	48,3	$\frac{28}{0,6} = 46,6$
96	49,7	$\frac{95}{2} = 47,5$
141	50,5	$\frac{140}{2,8} = 50$
156	50,9	$\frac{155}{3,2} = 48,3$

Les nombres de la dernière colonne diffèrent assez peu pour que l'on admette que l'accroissement de la température de fusion est proportionnel à l'accroissement de la pression. On pourra donc se servir de cette règle dans les spéculations géologiques, et évaluer ainsi,

avec une approximation satisfaisante, la pression à laquelle ont dû
être soumises certaines roches, pour être solides à une température
déterminée au-dessus de leur point de fusion.

Pour la paraffine, trois expériences seulement ont été faites :

PRESSION en ATMOSPHÈRES.	TEMPÉRATURE de SOLIDIFICATION.	RAPPORT de l'accroissement de pression À L'ACCROISSEMENT DE TEMPÉRATURE.
atm 1	46,3	
85	48,9	$\frac{84}{2,6} = 32,3$
100	49	$\frac{99}{2,7} = 35,6$

Il n'y a rien à conclure ici des nombres contenus dans la troisième colonne [1].

**218. Influence de la pression sur le point de fusion
de la glace.** — En dehors des corps très-nombreux pour lesquels
il y a accroissement de volume dans le passage de l'état solide à
l'état liquide, il existe un petit nombre de corps pour lesquels la
fusion est au contraire accompagnée d'une diminution finie du volume : la glace est dans ce cas. Pour ces corps donc, $s - \sigma$ est négatif et par suite $\frac{dp}{dT}$ est aussi négatif : en d'autres termes, en augmentant la pression extérieure, on abaisse la température de fusion.
Ce résultat pouvait encore se prévoir simplement par analogie : puisqu'il y a contraction dans la fusion, toute augmentation de pression
doit avancer le passage du corps à l'état liquide.

M. James Thomson a établi les équations relatives à la fusion en
partant du principe de Carnot [2], et M. William Thomson a vérifié

[1] Voir les expériences de MM. Hopkins, Fairbairn et Joule dans les *Fortschritte der
Physik im Jahre* 1853.

[2] *Transactions of the Royal Society of Edinburgh*, t. XVI, p. 575. — Verdet a publié
un extrait du mémoire de James Thomson dans les *Annales de Chimie et de Physique*, 1852,
t. XXXV, p. 376.

expérimentalement les conclusions de la théorie [1]. Il opéra sur un mélange d'eau et de glace soumis à une pression croissante dans l'appareil figuré ci-contre, et qui consiste essentiellement en un cylindre de verre épais, à l'intérieur duquel on peut produire une pression régulièrement croissante à l'aide de la vis V. Il vit la température s'abaisser à mesure que la pression, mesurée par le manomètre à mercure M, augmentait. Or la température d'un mélange d'eau et de glace peut être regardée comme précisément égale à la température de fusion de la glace. Il détermina donc ainsi l'abaissement de la température de fusion correspondant à une augmentation de pression déterminée. Cet abaissement de température est très-peu considérable, mais il a pu se déterminer avec précision, au moyen d'un thermomètre à éther très-sensible et gradué avec soin pour les températures voisines de zéro. Ce thermomètre, comme l'indique la figure, était placé au milieu de la masse de glace et protégé contre la pression extérieure par un fort tube de verre dans lequel il était enfermé. Dans les deux expériences faites avec le plus de soin, à deux pressions de 8,1 et de 16,8 atmosphères répondirent deux abaissements de $7\frac{1}{2}$ et de $16\frac{1}{2}$ divisions du thermomètre, c'est-à-dire de 0°,059 et de 0°,129.

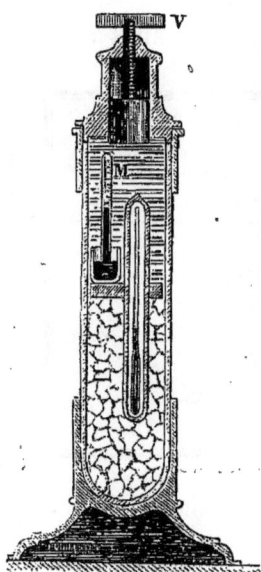

Fig. 59.

Des déterminations nombreuses et assez concordantes ont conduit M. William Thomson à admettre pour le rapport entre la variation de température et la variation de pression le nombre

$$- 0,0075,$$

c'est-à-dire que pour un accroissement de pression de 1 atmosphère la température de fusion de la glace s'abaisse de 0°,0075. On a donc

$$\frac{dT}{dH} = - 0,0075,$$

[1] *Philosophical Magazine*, août 1850, 3ᵉ série, t. XXXVII, p. 123. — Un extrait dû à Verdet se trouve dans les *Annales de Chimie et de Physique*, 1852, t. XXXV, p. 381.

H étant la pression exprimée en atmosphères. — Le calcul de la valeur théorique de cette expression est facile. L'équation

$$(s - \sigma) \frac{dp}{dT} = \frac{E\zeta}{T}$$

donne

$$\frac{dT}{dp} = \frac{T(s - \sigma)}{E\zeta},$$

p représentant toujours la pression en kilogrammes sur 1 mètre carré de surface.

Nous avons d'ailleurs toutes les données nécessaires pour calculer $\frac{dT}{dp}$. La température de fusion de la glace sous la pression de 1 atmosphère étant le zéro de l'échelle centigrade, on prendra $T = 273$, ce qui est très-sensiblement la valeur de ce zéro. s est le volume de 1 kilogramme d'eau à zéro : on peut admettre que ce volume est de 1 litre, bien qu'il soit un plus grand; on prendra donc $s = 0,001$. Le volume σ du kilogramme de glace est égal à $\frac{1}{923}$. On a donc

$$\frac{dT}{dp} = \frac{273 \left(0,001 - \frac{1}{923} \right)}{425 \times 79,25}.$$

Pour déduire $\frac{dT}{dH}$ de $\frac{dT}{dp}$, il n'y a qu'à faire un changement d'unités fort simple. Chaque pression de 1 atmosphère correspond à une pression de 10 334 kilogrammes sur 1 mètre carré de surface: donc

$$p = H. 10334:$$

par suite,

$$dp = dH. 10334.$$

On a donc

$$\frac{dT}{dH} = 10334 \frac{273 \left(0,001 - \frac{1}{923} \right)}{425 \times 79,25} = -0,0070,$$

ce qui présente un accord très-satisfaisant avec le nombre donné par l'expérience, surtout si l'on songe aux difficultés de la détermination expérimentale.

Un physicien suisse, M. Mousson[1], a pu, avec des pressions énormes, obtenir des variations de température beaucoup plus considérables que celles obtenues par M. William Thomson. L'appareil n'étant plus destiné à des mesures précises, on n'a qu'une condition à remplir, la solidité. M. Mousson se sert d'un vase de fer très-épais et dans l'intérieur duquel pénètre une vis au moyen de laquelle on pourra exercer une compression de plusieurs centaines d'atmosphères. Le vase est d'abord rempli d'eau, et on y introduit en même temps un petit cylindre de fer qui tombe nécessairement à la partie inférieure. On place le système dans un mélange réfrigérant : l'eau se congèle, et la glace formée prend la température du mélange réfrigérant. En exerçant alors une pression énorme au moyen de la vis qui pénètre dans le vase, on peut amener la fusion de la glace, comme on s'en assure en retournant l'appareil : on entend le petit cylindre de fer tomber dans l'intérieur du vase; il tombe donc librement dans de l'eau à — 12 ou — 15 degrés. Il n'y a d'ailleurs aucune comparaison à faire entre les résultats de l'expérience et la formule théorique, parce que la pression se calculait par la quantité dont avait marché la vis au moyen du coefficient de compressibilité de l'eau, et ce calcul ne comporte évidemment aucune exactitude.

Mais ces expériences sont importantes comme fournissant au géologue l'explication de l'apparente plasticité de la glace dans ces grandes masses qui constituent les glaciers. Les glaciers se comportent comme des masses boueuses descendant lentement sur le flanc des montagnes : le centre marche plus vite que les bords, et le mouvement de la surface est plus rapide que celui de la masse intérieure. Cette marche continuelle et progressive des glaciers a été mise hors de doute par les travaux de M. Rendu, mort évêque d'Annecy. M. Forbes l'a expliquée par une hypothèse qui consiste à supposer que la glace en grande masse est plastique, tandis qu'en petite masse elle est dénuée de toute plasticité. Je n'ai pas besoin de faire re-

[1] *Poggendorff's Annalen*, 1858, t. CV, p. 161. — Un extrait du mémoire de M. Mousson a été publié par Verdet dans les *Annales de Chimie et de Physique*, 1859, 3e série, t. LVI, p. 252.

marquer l'absurdité de cette hypothèse, qui attribue des propriétés contradictoires à un même corps suivant qu'il est pris en masse considérable ou en petite masse.

M. Tyndall[1] a d'ailleurs renversé complétement la théorie de M. Forbes par une expérience curieuse qui montre qu'une petite masse de glace présente la même plasticité apparente que les puissantes masses des glaciers. Prenant un morceau de glace parfaitement transparente, il le place dans un moule en buis et comprime avec force la masse au sein du moule. Elle se brise en mille fragments qui se soudent ensuite et donnent une masse de glace ayant exactement la forme du moule et transparente comme le bloc que l'on y avait introduit. Cette expérience, qui avait tout aussi besoin d'explication que le phénomène naturel du mouvement des glaciers, a été élucidée par les travaux de James Thomson et les expériences de William Thomson. Si l'on soumet à l'expérience de Tyndall un morceau de verre ou une pierre, les angles du corps se brisent, le corps se réduit en fragments; mais les fragments ne glissent pas les uns sur les autres, ils restent séparés et ne constituent pas un tout homogène, à moins que l'on n'ait recours à des pressions énormes. Lors au contraire qu'on opère sur de la glace avec la simple pression d'une petite presse hydraulique, on obtient la rupture de la glace en fragments, le glissement de ces fragments les uns sur les autres jusqu'à ce que la masse ait pris la forme du moule, et enfin le retour de la masse à l'état solide. Les trois effets sont faciles à comprendre. 1° La rupture de la glace est due simplement à l'inégalité des pressions aux divers points de la masse. 2° Les fragments de glace une fois formés pressent les uns sur les autres par les points où ils se touchent, et, par suite de cette pression, la température de fusion est abaissée en ces points. La glace se trouve donc en ces points à une température plus élevée que celle de sa fusion; or, un corps solide ne peut exister à une température supérieure à son point de fusion; il y a donc fusion aux points où les fragments de glace se touchent. Il y a par suite interposition d'une couche de liquide per-

---

[1] *Philosophical Transactions*, 1857, t. XLVII, 2ᵉ partie, p. 327. — Un extrait a été publié par Verdet dans les *Annales de Chimie et de Physique*, 1858, 3ᵉ série, t. LII, p. 340.

mettant aux fragments de glisser les uns sur les autres jusqu'à ce qu'ils viennent à se toucher de nouveau, après avoir exécuté un mouvement général rapprochant la forme de la masse de celle du moule. 3° Quant à l'adhérence finale qui donne un morceau de glace limpide et que Faraday appelle *regel*, elle s'explique ainsi. Lorsque, par suite de la pression des fragments de glace les uns contre les autres, il y a fusion de la glace aux points qui se touchent, cette fusion est accompagnée d'un refroidissement ultérieur de la glace et des corps voisins. Le résultat de la fusion est donc de l'eau à une température plus basse que zéro. Cette eau se répand dans les pores de la masse entière, et l'excès de pression qui existait en certains points disparaît. Mais dès que l'excès de pression a disparu, cette eau se congèle et amène par suite la soudure des fragments de glace. Après une première rupture et un glissement des fragments produits, la masse se solidifie donc pour se briser de nouveau sous l'action continue de la pression extérieure ; et il y a succession incessante de ces diverses phases, chacune d'elles tendant de plus en plus à donner à la masse de glace la forme du moule. L'action cessera lorsque l'on aura obtenu une masse solide éprouvant en tous ses points la même pression.

On conçoit d'ailleurs que ces phénomènes doivent se produire sous des pressions beaucoup moins énergiques que celle d'une presse hydraulique. Et en effet, deux fragments de glace simplement placés l'un sur l'autre dans un lieu où la température est plus élevée que celle de la fusion de la glace se soudent bientôt. Tel est le fait sur lequel Faraday appela le premier l'attention en 1850, dans une leçon à l'Institut royal de Londres, et qu'il nomma regel, le considérant comme un paradoxe spécial à la glace, tandis qu'il se présente avec tous les corps analogues. La pression, si faible qu'elle soit, exercée par le fragment supérieur, suffit pour produire une fusion partielle ; cette fusion est suivie d'un refroidissement très-faible amenant la congélation de l'eau formée et par suite la soudure des fragments. Il suffit même d'appliquer un morceau de glace contre un autre : la faible pression que l'on exerce ainsi pour mettre les morceaux en contact produit les mêmes phénomènes, et il en résulte encore la soudure des deux morceaux. Dans ces conditions, il y a encore une raison nouvelle pour déterminer la congélation de l'eau séparant les deux morceaux de glace, c'est que cette eau forme une couche mince limitée par une surface capillaire très-concave, de sorte que la pression à l'intérieur de cette couche est notablement inférieure à la pression atmosphérique, et par suite la solidification peut s'opérer à une température supérieure à zéro.

On voit toute l'importance de ces considérations pour la physique du globe. Elles ont été particulièrement développées par M. Tyndall, dans son remarquable traité sur les glaciers des Alpes : toutefois M. Tyndall n'admet pas l'influence de la pression dans les phénomènes si curieux que présentent les glaciers; il les explique au moyen du regel seulement. C'est à M. James Thomson que l'on doit d'avoir mis en évidence le rôle de la pression.

MACHINES À VAPEUR.

219: Expansion d'un mélange de liquide et de vapeur dans une enceinte imperméable à la chaleur. — Avant d'entreprendre l'étude des machines à vapeur, je considérerai d'abord avec M. Clausius[1] un phénomène important à connaître pour cette étude : je veux parler de l'expansion d'un mélange de liquide et de vapeur qui change de volume sans que la masse reçoive ou perde de chaleur. Dans ces conditions, la température du mélange se modifiera et les proportions constitutives de liquide et de vapeur varieront également; enfin, la tension de la vapeur ayant à vaincre dans la dilatation la pression extérieure à laquelle elle cède au contraire dans la compression, il y a en même temps production d'un travail extérieur positif ou négatif. Nous supposerons que le piston sur lequel agit la vapeur se déplace très-lentement, de telle sorte qu'à aucun instant il n'acquière une force vive sensible. L'équation différentielle qui régit le phénomène est facile à établir. Nous nous retrouvons dans les conditions de la deuxième et de la quatrième période du cycle qui nous a été si utile (196). Je vais reproduire l'équation qui s'y rapporte en introduisant les données de la question

---

[1] *Poggendorff's Annalen*, 1856, t. XCVII, p. 441, et CLAUSIUS, *Abhandlungen über die Mecanische Wärmetheorie*, 5ᵉ mémoire, p. 172.

actuelle. Je désignerai par Π le poids total du mélange, liquide et vapeur saturée à T degrés, et par P le poids de la vapeur seule. Considérons la température T comme variable indépendante : une variation infiniment petite dT entraîne dans le poids de la vapeur une variation dP dont je ne spécifie pas le signe; écrivons que la quantité de chaleur reçue de l'extérieur est nulle. Cette quantité de chaleur se compose de trois parties : 1° la chaleur latente de vaporisation pour un poids dP de vapeur, λdP; 2° la quantité de chaleur absorbée par le poids de liquide $\Pi - P$ toujours en contact avec sa vapeur, quantité de chaleur égale à $(\Pi - P)\mu dT$, en attribuant au coefficient μ la signification précédemment adoptée; 3° la quantité de chaleur $PmdT$ absorbée par la vapeur. On a donc

$$\lambda dP + (\Pi - P)\mu dT + PmdT = 0$$

ou

$$\lambda \frac{dP}{dT} + (\Pi - P)\mu + Pm = 0.$$

Mettant pour m la valeur déduite de l'équation (209),

$$\frac{d\lambda}{dT} + \mu - m = \frac{\lambda}{T},$$

que donne la combinaison des deux principes fondamentaux, on a

$$\lambda \frac{dP}{dT} + \Pi\mu + P\frac{d\lambda}{dT} - \frac{P\lambda}{T} = 0$$

ou

$$\frac{d}{dT}P\lambda - \frac{P\lambda}{T} + \Pi\mu = 0.$$

Si on divise tous les termes par T, on peut écrire

$$\frac{T\frac{d}{dT}P\lambda - P\lambda}{T^2} + \frac{\Pi\mu}{T} = 0,$$

et, en intégrant, il vient, si l'on indique par l'indice zéro les valeurs initiales,

$$\frac{P\lambda}{T} - \frac{P_0\lambda_0}{T_0} + \Pi\int_{T_0}^{T}\frac{\mu}{T}dT = 0.$$

Cette équation renferme la solution complète du problème. Dans l'application, on pourra sans erreur sensible substituer à μ la chaleur spécifique sous pression constante, laquelle est constante ou varie lentement suivant une formule parabolique.

L'équation précédente fait connaître immédiatement le poids de vapeur existant à un instant donné. On peut aussi calculer le volume du mélange et le travail extérieur effectué à une époque quelconque.

220. Cherchons d'abord le volume du mélange, volume que nous désignerons par u; nous appellerons toujours s le volume de l'unité de poids du liquide en contact avec sa vapeur et s' le volume de l'unité de poids de la vapeur saturée, de sorte que l'on a

$$u = Ps' + (\Pi - P) s$$

ou

$$u = \Pi s + P (s' - s).$$

Πs peut se regarder comme presque invariable dans une grande étendue de l'échelle thermométrique. Les variations de u dépendent donc presque uniquement du deuxième terme $P (s' - s)$. Or le facteur $(s' - s)$ est déterminé par l'équation déduite du principe de Carnot (208),

$$A (s' - s) \frac{df}{dT} = \frac{\lambda}{T},$$

que l'on peut écrire

$$(s' - s) \frac{df}{dT} = E \frac{\lambda}{T},$$

et qui, appliquée à l'état initial, donne

$$(s'_0 - s_0) \left(\frac{df}{dT}\right)_0 = E \frac{\lambda_0}{T_0}.$$

Multipliant cette dernière équation par P_0 et la précédente par P, et retranchant, on a

$$P (s' - s) \frac{df}{dT} - P_0 (s'_0 - s_0) \left(\frac{df}{dT}\right)_0 = E \left(\frac{P\lambda}{T} - \frac{P_0 \lambda_0}{T_0}\right).$$

Et si l'on a égard à l'équation précédemment trouvée,

$$\frac{P\lambda}{T} - \frac{P_0 \lambda_0}{T_0} + \Pi \int_{T_0}^{T} \frac{\mu}{T} dT = 0,$$

on pourra écrire

$$P(s' - s)\frac{df}{dT} - P_0(s'_0 - s_0)\left(\frac{df}{dT}\right)_0 + E\Pi \int_{T_0}^{T} \frac{\mu}{T} dT = 0.$$

Cette équation détermine $P(s' - s)$; en y ajoutant Πs, on obtient l'expression cherchée du volume du mélange,

$$u = \Pi s + \frac{1}{\dfrac{df}{dT}}\left[P_0(s'_0 - s_0)\left(\frac{df}{dT}\right)_0 - E\Pi \int_{T_0}^{T} \frac{\mu}{T} dT \right].$$

221. Reste enfin à évaluer le travail extérieur. Le travail élémentaire est le produit de la pression de la vapeur f par l'accroissement de volume du; le travail total est donc

$$\int_{T_0}^{T} f du.$$

Or, on a

$$u = \Pi s + P(s' - s);$$

par suite,

$$du = \Pi ds + d[P(s' - s)];$$

donc

$$\int_{T_0}^{T} f du = \Pi \int_{T_0}^{T} f ds + \int_{T_0}^{T} f d[P(s' - s)].$$

Or

$$f d[P(s' - s)] = d[f P(s' - s)] - P(s' - s)\frac{df}{dT} dT.$$

L'équation déduite du principe de Carnot (208) peut s'écrire, comme plus haut,

$$(s' - s)\frac{df}{dT} = E\frac{\lambda}{T};$$

on a donc

$$f d[P(s' - s)] = d[f P(s' - s)] - E\frac{P\lambda}{T} dT,$$

En conséquence, le travail extérieur

$$\int_{T_o}^{T} f du = \Pi \int_{T_o}^{T} f ds + f P (s' - s) - f_o P_o (s'_o - s_o) - E \int_{T_o}^{T} \frac{P\lambda}{T} dT.$$

Telle est l'expression du travail extérieur, expression dans laquelle la dernière intégrale peut se définir à l'aide de la valeur de $\frac{P\lambda}{T}$ trouvée plus haut (219).

222. Les trois formules que nous venons de trouver pour le travail extérieur, le volume du mélange et le poids de la vapeur contenue dans ce mélange, ces trois formules, dis-je, impliquent qu'il y a toujours en présence de la vapeur et du liquide. Si nous partons d'un état initial dans lequel la masse soit exclusivement formée de vapeur saturée sans liquide, et que nous procédions par dilatation, il se produira suivant la nature de la vapeur une surchauffe ou une condensation partielle, ainsi que nous le savons. Si, par exemple, nous opérons sur de la vapeur d'eau, il y a condensation partielle et les formules s'appliquent, nous fournissant ainsi les lois de la détente. Mais ces formules ne conviendraient pas à la détente de la vapeur d'éther, détente qui est accompagnée d'une surchauffe; elles conviendraient au contraire à la compression de cette vapeur.

Si on veut effectuer les calculs numériques, on pourra, comme nous l'avons déjà remarqué, remplacer μ par la chaleur spécifique du liquide sous pression constante : si cette chaleur spécifique est une constante C, l'intégrale $\int_{T_o}^{T} \frac{\mu}{T} dT$ sera égale à $CL \frac{T}{T_o}$; si la chaleur spécifique est représentée par une expression de la forme $a + bt$, comme cela a lieu pour certains liquides, on aura

$$\int_{T_o}^{T} \frac{\mu}{T} dT = a L \frac{T}{T_o} + b (T - T_o).$$

Remarquons encore que dans l'évaluation numérique l'intégrale $\int_{T_o}^{T} f ds$ est entièrement négligeable à cause de la faiblesse des variations de s.

M. Clausius, à qui l'on doit les considérations que je viens d'exposer, a effectué les calculs numériques pour l'eau en partant d'un état initial particulier, pour montrer combien est grande la différence entre les résultats de la théorie actuelle et les nombres anciennement admis, conformément aux lois qui régissent les gaz parfaits. Prenant pour température initiale 150 degrés et supposant qu'au début la masse soit uniquement constituée par de la vapeur saturée, il a calculé la proportion de vapeur contenue dans le mélange quand la température s'est abaissée par l'expansion à 125, 100 degrés, etc. La formule est alors

$$\frac{P\lambda}{T} - \frac{P_o\lambda_o}{T_o} = \Pi CL\frac{T_o}{T},$$

et les données numériques sont

$$P_o = \Pi,$$
$$\lambda = 606{,}5 - 0{,}695\,T$$

(les termes en T^2 et T^3 sont complétement négligeables),

$$C = 1{,}013,$$

chaleur spécifique de l'eau au milieu de l'intervalle considéré,

$$T_o = 150 + 273.$$

Voici les nombres obtenus par M. Clausius :

$t = T - 273$	$\dfrac{P}{\Pi}$
150	1
125	0,956
100	0,911
75	0,866
50	0,821
25	0,776

Ainsi, dans une machine à vapeur à haute pression, à détente complète et sans condenseur, il se condense dans le corps de pompe $\frac{1}{10}$ environ de la vapeur, et le mélange sortant de liquide et de vapeur a perdu toute la chaleur qui correspond à cette condensation.

La formule établie pour le volume du mélange a de même permis de calculer ce volume aux différentes phases considérées plus haut. Le tableau suivant présente les résultats de ce calcul et en regard les volumes calculés, en supposant que la masse reste uniquement formée de vapeur et en appliquant les lois de Mariotte et de Gay-Lussac :

t	u	
	d'après M. Clausius.	d'après les anciennes hypothèses.
150°	1	1
125	1,88	1,93
100	3,90	4,16
75	9,23	10,21
50	25,7	29,7
25	88,7	107,1

L'erreur sur le volume n'était pas aussi grande qu'on aurait pu le croire, vu l'erreur sur la nature même de la masse considérée.

M. Clausius a également calculé la valeur en kilogrammètres du travail extérieur effectué pendant la détente par 1 kilogramme de vapeur saturée à 150 degrés :

t	$\dfrac{\displaystyle\int_{T_0}^{T} f\,du}{\Pi}$
	kgm
150°	0
125	11300
100	23200
75	35900
50	49300
25	63700

223. Considérations générales sur la machine à vapeur. — J'arrive maintenant à l'étude de la machine à vapeur. La première question qui se présente au début de cette étude est celle-ci : La série complète des transformations qu'éprouve l'eau dans une machine à vapeur constitue-t-elle un cycle fermé? Non, s'il s'agit d'une machine à haute pression sans condenseur. Oui, si la machine est munie d'un condenseur. Dans ce dernier cas, en effet, l'eau puisée dans le condenseur est portée à l'ébullition dans la chaudière, se transforme en vapeur, passe dans le corps de pompe, s'y détend, et enfin se rend au condenseur auquel la pompe alimentaire enlève à chaque instant un poids d'eau précisément égal à celui que produit la condensation de la vapeur. La machine à vapeur est ordinairement à double effet, mais la difficulté qui résulterait de cette disposition se lève immédiatement en considérant la machine proposée comme la réunion de deux machines à simple effet. Par cette solution, le piston est supposé n'être soumis à aucune autre force motrice que l'action de la vapeur : on est alors dans les conditions ordinaires, et en particulier dans le cas de la réversibilité, s'il y a à chaque instant, sous une forme quelconque, production d'une quantité d'énergie mécanique égale à $f\,du$, u désignant toujours le volume actuel de la vapeur, et si le déplacement du piston est assez lent pour que l'équilibre intérieur ait le temps de s'établir. Mais, même dans ce cas, la machine ne réalise pas un cycle de Carnot, car les communications et soustractions de chaleur n'ont pas lieu à température constante, l'échauffement de l'eau se faisant à température variable.

224. Coefficient économique d'une machine à détente complète. — Considérons la machine ordinaire à détente et supposons-la débarrassée des perturbations inévitables dans la pratique. Si la détente est poussée jusqu'à l'extrême limite, c'est-à-dire jusqu'à ce que la force élastique de la vapeur dans le cylindre se soit abaissée à la valeur de la force élastique de la vapeur dans le condenseur, le cycle est réversible et on peut lui appliquer les équations générales

$$EQ = S \qquad \text{et} \qquad \int \frac{dQ}{T} = 0.$$

Prenons l'unité de poids d'eau à la température T_1 et suivons-en les transformations successives. Cette eau à la température T_1, et dont l'état initial est figuré par le point M, est mise en rapport avec une source de cha-

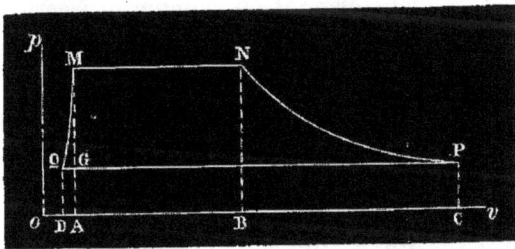

leur à la même température T_1 et se transforme en vapeur saturée qui passe dans le cylindre et fait avancer le piston d'une certaine quantité : la parallèle MN à l'axe

Fig. 53.

des volumes représente cette première transformation. La communication avec la chaudière est alors supprimée et la vapeur se détend jusqu'à ce que sa température soit devenue égale à la température T_2 du condenseur; pendant cette détente, que nous considérons comme s'opérant dans une enceinte dénuée de toute conductibilité, le volume et la pression varient suivant une loi que nous avons déterminée (222) et qui nous permet de tracer la courbe NP, représentative de cette deuxième phase du phénomène. Le cylindre est ensuite mis en communication avec le condenseur maintenu à la température constante T_2, et en même temps le piston recule et pousse la vapeur dans le condenseur, où elle reprend l'état liquide sous un volume OD, un peu plus petit que le volume OA correspondant à la température T_1. L'eau est enfin chauffée de T_2 à T_1 sous une pression égale, à chaque instant, à la tension maximum de la vapeur pour la température actuelle, et revient ainsi au point de départ M, ayant parcouru le cycle fermé MNPQM. Pour appliquer à ce cycle les formules théoriques, je négligerai la différence entre OD et OA, ce qui n'entachera pas les résultats d'une erreur sensible, tant est faible la dilatation de l'eau entre les températures extrêmes T_2 et T_1 que nous considérons. Je regarderai par conséquent le travail effectué par l'unité de poids de l'eau parcourant ce cycle comme représenté par l'aire MNPG.

Il est facile de se rendre compte de la valeur économique de la machine. La dépense totale de chaleur H se compose de deux parties : 1° la quantité de chaleur nécessaire pour élever de T_2 à T_1 la température de l'unité de poids de l'eau, quantité que nous prendrons égale à $C(T_1 - T_2)$, C étant la chaleur spécifique moyenne dans l'intervalle de température considéré; 2° la quantité de chaleur λ_1 absorbée par l'eau à T_1 degrés, se transformant en vapeur saturée à la même température, sans effectuer d'autre travail que de vaincre la pression de la vapeur déjà formée. On a donc

$$H = C(T_1 - T_2) + \lambda_1.$$

Telle est la quantité totale de chaleur qu'a reçue la machine : voyons maintenant ce qu'elle en a utilisé. Pendant la période d'expansion NP, une certaine quantité de liquide s'est condensée, de telle sorte qu'il ne reste plus à la fin de cette période qu'un poids x de vapeur mêlé à un poids $1 - x$ d'eau, et c'est seulement ce poids x de vapeur qui cède au condenseur la chaleur qui est perdue pour le jeu de la machine : $x\lambda_2$ est donc la perte de chaleur, et par suite la dépense utile est égale à

$$H' = C(T_1 - T_2) + \lambda_1 - x\lambda_2.$$

Je pourrais tirer la valeur de x de la théorie précédemment établie, mais il est plus simple de l'obtenir au moyen de l'équation $\int \frac{dQ}{T} = 0$ appliquée au cycle actuel.

Calculons la valeur de l'intégrale $\int \frac{dQ}{T}$ pour chaque partie du cycle : pour l'échauffement de l'eau de T_2 à T_1 cette valeur est $\int_{T_2}^{T_1} \frac{\mu\,dT}{T}$ ou très-approximativement $\int_{T_2}^{T_1} \frac{C\,dT}{T}$; pour la vaporisation de l'eau c'est $\frac{\lambda_1}{T_1}$; la détente s'opère sans perte ni gain de chaleur; enfin la valeur de l'intégrale pour la période de compression est $-\frac{x\lambda_2}{T_2}$. L'équation $\int \frac{dQ}{T} = 0$ s'écrira donc

$$\int_{T_2}^{T_1} \frac{C\,dT}{T} + \frac{\lambda_1}{T_1} - \frac{x\lambda_2}{T_2} = 0,$$

ou plus simplement, C pouvant être regardé comme constant dans le cas de l'eau,

$$C L \frac{T_1}{T_2} + \frac{\lambda_1}{T_1} - \frac{x\lambda_2}{T_2} = 0,$$

d'où l'on déduit

$$x\lambda_2 = T_2 \left(\frac{\lambda_1}{T_1} + CL \frac{T_1}{T_2} \right):$$

par suite,

$$H' = C(T_1 - T_2) + \lambda_1 - T_2 \left(\frac{\lambda_1}{T_1} + CL \frac{T_1}{T_2} \right)$$

ou

$$H' = \lambda_1 \frac{T_1 - T_2}{T_1} + C \left(T_1 - T_2 - T_2 L \frac{T_1}{T_2} \right).$$

Le coefficient économique pour une machine parfaite est donc

$$\frac{H'}{H} = \frac{\lambda_1 \dfrac{T_1 - T_2}{T_1} + C \left(T_1 - T_2 - T_2 L \dfrac{T_1}{T_2} \right)}{\lambda_1 + C(T_1 - T_2)}.$$

Calculons ce coefficient pour une machine où la pression serait de 10 atmosphères, ce qui exigerait que la chaudière fût chauffée à 180 degrés environ [1], et concevons que le condenseur soit à zéro. La formule donne 0,352; si la machine suivait un cycle de Carnot, le coefficient économique serait $\frac{T_1 - T_2}{T_1}$, c'est-à-dire 0,397 ou environ $\frac{2}{5}$; l'imperfection du cycle occasionne donc une perte de $\frac{1}{8}$ environ sur la quantité de chaleur qu'il serait possible d'utiliser.

Faisons encore le calcul pour un cas plus voisin de la pratique: supposons $t_1 = 150$ degrés et $t_2 = 50$ degrés : la formule donne 0,218; avec le cycle de Carnot, le coefficient serait 0,236; la différence entre une machine à vapeur et une machine suivant un cycle de Carnot est moindre que dans le cas précédent.

Le coefficient économique d'une machine à vapeur se rapproche en effet de plus en plus de la valeur maximum $\frac{T_1 - T_2}{T_1}$ à mesure que l'écart entre les températures extrêmes T_1 et T_2 diminue, c'est-à-dire à mesure que le coefficient lui-même devient plus petit. Le

---

(1) On construit maintenant des locomotives qui fonctionnent à cette pression de 10 atmosphères.

terme $C\left(T_1 - T_2 - T_2\,L\dfrac{T_1}{T_2}\right)$ de l'expression de H' peut en effet se calculer de la manière suivante :

$$C\left(T_1 - T_2 - T_2\,L\frac{T_1}{T_2}\right) = C\left(T_1 - T_2 + T_2\,L\frac{T_2}{T_1}\right)$$

$$= C\left[T_1 - T_2 + T_2\,L\left(1 - \frac{T_1 - T_2}{T_1}\right)\right]$$

$$= C\left[T_1 - T_2 - T_2\left(\frac{T_1 - T_2}{T_1} + \ldots\right)\right].$$

Si $\dfrac{T_1 - T_2}{T_1}$ était assez petit pour qu'on pût se borner au premier terme du développement de $L\left(1 - \dfrac{T_1 - T_2}{T_1}\right)$, l'expression du terme que nous calculons se réduirait à

$$C\frac{(T_1 - T_2)^2}{T_1};$$

on aurait donc

$$H' = \lambda_1\frac{T_1 - T_2}{T_1} + C\frac{(T_1 - T_2)^2}{T_1},$$

et par suite

$$\frac{H'}{H} = \frac{T_1 - T_2}{T_1}.$$

Telle est donc la limite vers laquelle tend le coefficient économique lorsqu'il diminue de plus en plus.

225. Coefficient économique de la machine réelle, à détente incomplète. — L'imperfection du cycle n'est pas le seul défaut de la machine à vapeur. L'impossibilité de profiter de la détente tout entière, comme nous l'avons supposé jusqu'ici, entraîne une nouvelle perte de chaleur. Cette impossibilité se voit immédiatement sur le tableau qui donne le volume u du mélange d'eau et de vapeur après la détente complète (222); la vapeur saturée à 150 degrés prend, en se détendant jusqu'à 50 degrés, un volume égal à 25,7 fois celui qu'elle possédait à la température initiale. Il faudrait donc donner à la course du piston une longueur qu'il est pratiquement impossible d'admettre. Le volume de la vapeur après la détente ne dépasse pas ordinairement quatre fois le volume initial, ce qui, en partant toujours de 150 degrés, fixe à 100 degrés la température finale; rarement on pousse la détente jusqu'à décupler le volume : la température descend alors à environ 75 degrés. La détente est donc toujours incomplète. Que résulte-t-il de là? La détente cesse à la température T', supérieure à la température T_2 du condenseur. Le mélange de liquide et de vapeur dont l'état actuel est figuré par le point R éprouve une chute de chaleur : il passe de la température T' à la température T_2 en conservant le volume OE. L'opération réelle qui s'accomplit

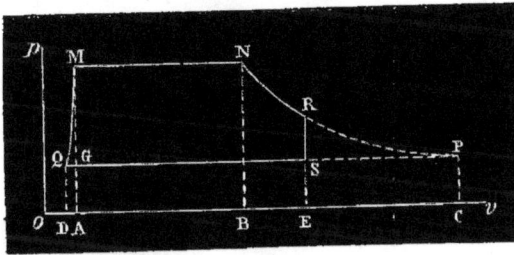

Fig. 54.

dans la machine à vapeur est donc figurée par le cycle QMNRS, et ce cycle n'est plus réversible, car il n'est pas possible de transformer par un accroissement de pression de l'eau à T_2 degrés en vapeur à T' degrés. Cherchons le coefficient économique de la machine à laquelle convient ce nouveau cycle. La dépense totale est toujours

$$H = C (T_1 - T_2) + \lambda_1,$$

mais la perte de chaleur est augmentée.

Revenons au cycle réversible : la quantité de chaleur K abandonnée par la vapeur de R en S est donnée par la relation

$$EK = U' - U'' - RPS,$$

U' étant l'énergie interne en R et U'' l'énergie interne en S. Dans le cycle non réversible, il n'y a pas de travail effectué de R en S, et la quantité de chaleur K' abandonnée de R en S est définie par l'équation

$$EK' = U' - U''.$$

La quantité de chaleur transformée en travail H' est donc diminuée le $A \times RPS$.

Les tableaux donnés plus haut (222) permettent d'effectuer le calcul dans chaque cas particulier. Reprenons, par exemple, la machine fonctionnant avec détente incomplète de 150 degrés à 100 degrés, l'eau du condenseur étant toujours à 50 degrés; le coefficient économique, qui était 0,218 dans le cas de la détente complète, se trouve réduit à 0,166, ou un peu plus de $\frac{1}{7}$, ce qui est bien en effet à très-peu près le nombre trouvé par M. Hirn (203). Si on supposait la détente poussée jusqu'à 75 degrés, le coefficient économique s'élèverait à 0,205 = $\frac{1}{5}$.

Il est inutile de faire remarquer que dans la réalité on aura toujours, par suite des perturbations inévitables dans toute machine, un rendement notablement inférieur à celui que nous venons d'estimer en supposant la machine parfaite dans son genre.

226. Rôle de la chemise à vapeur de Watt. — La condensation partielle qui accompagne la détente entraîne dans la pratique des inconvénients graves : le cylindre de la machine se remplit d'eau, la course du piston se trouve par là même diminuée; en outre, cette eau substitue dès l'origine à la vapeur sèche et conduisant très-mal la chaleur un mélange d'eau et de vapeur qui est bien meilleur conducteur, et il en résulte une augmentation considérable des pertes par communication de chaleur à l'extérieur. Une disposition due à Watt supprime ces inconvénients en s'opposant à la condensation pendant la détente. La *chemise à vapeur* dont l'illustre mécanicien entourait toujours le cylindre de ses machines n'avait guère été conservée que par habitude dans les machines actuelles : on n'y voyait en effet qu'un moyen de s'opposer au refroidissement du cylindre, et certains constructeurs pensaient avec raison qu'on arriverait aussi bien à ce résultat en protégeant la surface extérieure du cylindre par une enveloppe faite avec un corps mauvais conducteur, le bois par exemple. Mais la vapeur, qui entoure complétement le cylindre dans la disposition adoptée par Watt, n'agit pas seulement comme enveloppe isolante, elle constitue surtout une source de chaleur grâce à laquelle il n'y a pas de condensation sensible pendant la détente. Les études de M. Rankine ont d'ailleurs établi que la vapeur de l'enveloppe ne fournit que la chaleur nécessaire pour maintenir la saturation de la vapeur du cylindre : du moment qu'elle est sèche, cette vapeur du cylindre conduit en effet très-mal la chaleur et ne peut pas se mettre en équilibre de température avec celle de l'enveloppe.

Cherchons à nous rendre compte de l'effet de la chemise à vapeur, et pour cela considérons une machine où la vapeur serait maintenue à l'état de saturation pendant la détente, que nous supposerons complète. Le cycle est alors réversible et ne diffère de celui que nous avons précédemment étudié (224) que par la forme de la courbe NP,

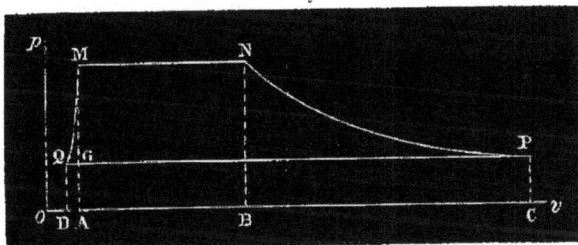

Fig. 55.

qui s'allonge de manière que les mêmes ordonnées correspondent à des abscisses plus grandes (222) que celles qui convenaient dans le cas de la machine ordinaire. La quantité de chaleur communiquée à l'unité de poids d'eau dans la nouvelle machine est égale à

$$C(T_1 - T_2) + \lambda_1 + \int_{T_1}^{T_2} m\,dT.$$

La quantité de chaleur abandonnée au condenseur, et par conséquent perdue pour le jeu de la machine, est λ_2; la quantité de chaleur transformée en travail est donc

$$C(T_1 - T_2) + \lambda_1 - \lambda_2 + \int_{T_1}^{T_2} m\,dT.$$

Cette dernière expression peut se simplifier d'une manière remarquable.

En combinant les deux équations que fournissent les principes fondamentaux appliqués au phénomène de la vaporisation, nous avons obtenu (209) une troisième équation,

$$\frac{d\lambda}{dT} + \mu - m = \frac{\lambda}{T},$$

dont les deux premiers termes peuvent être regardés comme représentant la dérivée par rapport à T de la chaleur totale de vaporisation Q déterminée par M. Regnault; de sorte que cette équation peut s'écrire

$$\frac{dQ}{dT} - m = \frac{\lambda}{T}.$$

La quantité de chaleur transformée en travail est donc

$$C\left(T_1 - T_2\right) + \lambda_1 - \lambda_2 + \int_{T_1}^{T_2} \left(\frac{dQ}{dT} - \frac{\lambda}{T}\right) dT,$$

ou, en remarquant que $C\left(T_1 - T_2\right) + \lambda_1 - \lambda_2 = Q_1 - Q_2$,

$$Q_1 - Q_2 + Q_2 - Q_1 + \int_{T_2}^{T_1} \frac{\lambda}{T} dT,$$

c'est-à-dire

$$\int_{T_2}^{T_1} \frac{\lambda}{T} dT,$$

expression très-simple et à laquelle il suffira d'ajouter λ_2 pour avoir la dépense totale.

Effectuant les calculs pour une machine qui fonctionnerait entre 150 degrés et 50 degrés avec détente parfaite, on trouve pour le coefficient économique 0,177, tandis que la machine ordinaire à détente complète nous donne 0,218 et la machine à détente limitée à 100 degrés 0,166. Ce résultat semble peu d'accord avec les grands avantages que la pratique trouve dans l'emploi de la chemise à vapeur [1]; il était toutefois facile à prévoir d'après l'augmentation de dépense que nous avons introduite dans la formule. Mais envisageons la question à un autre point de vue, cherchons la quantité absolue de chaleur transformée en travail. Nous trouvons que dans la machine ordinaire 132 unités de chaleur sont transformées en travail : tel serait par conséquent le rendement de la machine, si on pouvait supprimer toutes les causes perturbatrices. Avec une chemise à va-

[1] M. Hirn a montré que la chemise à vapeur produit une économie de plus de 20 p. o/o sur la quantité de vapeur que consomme la machine. (*Bulletin de la Société industrielle de Mulhouse*, n° 133.)

peur, le rendement s'élève à 145; il est par conséquent supérieur de $\frac{1}{10}$ environ, et l'on a en outre le double avantage de ne pas être gêné par le liquide provenant de la condensation et de n'éprouver que des pertes insensibles par communication de chaleur à l'extérieur. De ces deux manières d'envisager la question il résulte que si les fourneaux servant à chauffer la chaudière étaient parfaits, la machine à chemise de Watt serait inférieure à la machine ordinaire; mais, dans les appareils les mieux construits, les gaz du foyer emportent encore plus de chaleur qu'ils n'en cèdent à la chaudière, de sorte qu'il est possible d'alimenter la chemise de Watt sans nouvelle dépense de combustible, en utilisant la chaleur emportée par les gaz du foyer. La dépense est alors la même et le rendement est plus considérable, en même temps que disparaissent deux inconvénients qui diminuent très-sensiblement la valeur économique de la machine ordinaire dans la pratique.

227. Moyens d'augmenter le coefficient économique de la machine à vapeur.

— Les valeurs du coefficient économique pour les différentes dispositions que nous venons d'étudier ont naturellement fait songer aux moyens d'augmenter ce coefficient. La théorie nous apprend que dans tous les cas la valeur maximum du coefficient économique est $\frac{T_1 - T_2}{T_1}$ et nous indique par là même deux modes de perfectionnement différents : abaisser les températures inférieures T_2, ou élever les températures supérieures T_1.

228. Machines à deux liquides.

— Au premier mode de perfectionnement se rapportent les machines à deux liquides. Au sortir du cylindre, la vapeur d'eau arrive dans un condenseur disposé de telle sorte que la chaleur qu'elle abandonne serve à échauffer un liquide volatil, au point de le volatiliser; la vapeur de ce deuxième liquide fait fonctionner à son tour une nouvelle machine, dont le condenseur peut être utilement maintenu à une température bien inférieure à celle qui conviendrait au condenseur de la première machine. Reprenons par exemple la machine à vapeur d'eau alimentée par de la vapeur à 150 degrés et munie d'un condenseur à 75 degrés; et supposons que le condenseur consiste en un serpentin envi-ronné d'éther : l'éther se vaporisera et sa vapeur, à une tension de 4 atmosphères environ, passera dans le cylindre d'une deuxième machine dont le condenseur sera par exemple à 10 degrés. La tem-pérature inférieure T_2 du cycle complet se trouvera ainsi abaissée de 50 degrés, température la plus basse qui convienne au conden-seur de la première machine, à 10 degrés, température du deuxième condenseur. On obtiendra, en outre, l'avantage plus grand encore de pouvoir pousser la détente jusqu'à sa limite et d'avoir, par con-séquent, un cycle entièrement réversible; il est possible en effet, comme nous l'avons remarqué plus haut, de prolonger la détente de la vapeur d'eau jusqu'à 75 degrés, le point de départ étant 150 degrés; on évite ainsi la plus grande imperfection des machines à vapeur, la perte de chaleur due à une détente incomplète. Mais jusqu'à présent les machines à deux liquides ont été peu étudiées au point de vue pratique.

229. Machines à vapeur surchauffée. — Le deuxième mode de perfectionnement de la machine à vapeur consiste à élever T_1. Des raisons évidentes ne permettent pas d'élever la température de la chaudière beaucoup plus que nous ne l'avons supposé jusqu'ici : la température de 180 degrés correspond déjà à une pression de 10 atmosphères, et peut être regardée comme représentant à peu près la limite que pratiquement on ne peut dépasser. Mais si, prenant la vapeur à sa sortie de la chaudière, on la surchauffe en la laissant se dilater sous pression constante, on élèvera la tempé-rature T_1, sans compromettre la solidité des appareils, et on aug-

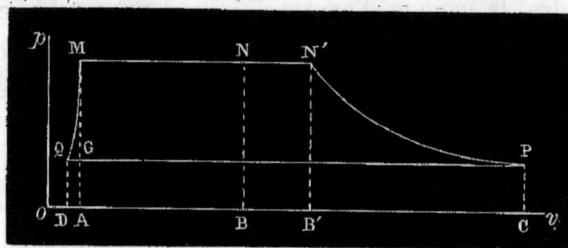

Fig. 56.

mentera le coefficient économique. La figure 56 représente le cycle des opérations à effectuer dans ce cas : l'eau prise à la température T_2 du condenseur est chauffée jusqu'à T_1 degrés, puis transformée en vapeur saturée à la température T_1 : la vapeur ainsi formée traverse un canal environné par les gaz du foyer et se surchauffe de T_1 à T_1', la pression demeurant constante grâce au déplacement du piston. La détente s'effectue alors, et je la suppose poussée jusqu'au point nécessaire pour réduire la pression de la vapeur à la valeur f_2 de la pression dans le condenseur. Deux cas peuvent alors se présenter : ou la vapeur après cette détente sera encore dilatée et alors sa température T_2' sera supérieure à T_2, ou une condensation partielle se sera déjà produite et T_2' sera égale à T_2. L'hypothèse de T_2' plus petit que T_2 n'est pas à examiner, puisque la pression f_2 ne peut exister à une température inférieure à T_2.

Prenons d'abord le premier cas : $T_2' > T_2$.

La quantité totale de chaleur communiquée à la vapeur est égale à

$$C(T_1 - T_2) + \lambda_1 + C'(T_1' - T_1),$$

C' représentant la chaleur spécifique de la vapeur sous pression constante.

Concevons maintenant qu'un piston comprime la vapeur en exerçant sur elle une pression infiniment peu supérieure à f_2, et qu'en même temps un réfrigérant extérieur lui enlève la chaleur dégagée pendant cette compression : la température descend ainsi de T_2' à T_2, la vapeur abandonnant au réfrigérant une quantité de chaleur égale à $C'(T_2' - T_2)$. Puis, lorsque la température T_2 est réalisée, on met la vapeur en relation avec le condenseur à T_2 degrés et on continue le mouvement du piston : la chaleur cédée au condenseur dans cette deuxième phase de l'opération est λ_2. La quantité totale de chaleur abandonnée est donc

$$C'(T_2' - T_2) + \lambda_2.$$

Appliquons le principe de Carnot au cycle tout entier. L'équation $\int \frac{dQ}{T} = 0$ est ici

$$\int_{T_2}^{T_1} \frac{C\,dT}{T} + \frac{\lambda_1}{T_1} + \int_{T_1}^{T_1'} \frac{C'\,dT}{T} - \int_{T_2}^{T_2'} \frac{C'\,dT}{T} - \frac{\lambda_2}{T_2} = 0,$$

ou

$$CL\frac{T_1}{T_2} + \frac{\lambda_1}{T_1} + C'L\frac{T_1'}{T_1} - C'L\frac{T_2'}{T_2} - \frac{\lambda_2}{T_2'} = 0.$$

On en tire

$$L\frac{T_2'}{T_2} = \frac{1}{C'}\left(CL\frac{T_1}{T_2} + \frac{\lambda_1}{T_1} + C'L\frac{T_1'}{T_1} - \frac{\lambda_2}{T_2}\right).$$

Ce logarithme doit être positif, si l'hypothèse que nous avons faite est vraie. L'hypothèse $T_2' > T_2$ ne sera donc acceptable qu'à condition que l'on ait

$$CL\frac{T_1}{T_2} + \frac{\lambda_1}{T_1} + C'L\frac{T_1'}{T_1} > \frac{\lambda_2}{T_2}.$$

Adoptons maintenant $T_2' = T_2$. La détente a été accompagnée d'une condensation partielle qui a réduit à x le poids de vapeur arrivant au condenseur, tandis que c'était le poids 1 tout entier qui y arrivait dans le cas précédent. La chaleur abandonnée au condenseur est donc seulement

$$x\lambda_2.$$

La dépense reste d'ailleurs la même.

Appliquons également à ce cas le principe de Carnot : nous avons

$$CL\frac{T_1}{T_2} + \frac{\lambda_1}{T_1} + C'L\frac{T_1'}{T_1} - \frac{x\lambda_2}{T_2} = 0,$$

équation qui détermine x,

$$x = \frac{CL\dfrac{T_1}{T_2} + \dfrac{\lambda_1}{T_1} + C'L\dfrac{T_1'}{T_1}}{\dfrac{\lambda_2}{T_2}}.$$

x doit être plus petit que 1. L'hypothèse $T_2' = T_2$ ne peut donc être admise que si

$$CL\frac{T_1}{T_2} + \frac{\lambda_1}{T_1} + C'L\frac{T_1'}{T_1} < \frac{\lambda_2}{T_2}.$$

En rapprochant cette condition de celle que nous avons trouvée plus haut, on voit que si l'une des hypothèses est inadmissible, la

seconde est possible, et inversement. La nature et la grandeur du
phénomène se trouvent donc ainsi complétement déterminées, et les
deux équations que nous venons d'établir comprennent toute la
théorie de la détente de la vapeur surchauffée.

Prenons un exemple numérique. Une machine, dont la chaudière
est à 150 degrés et le condenseur à 50 degrés, est munie d'appareils permettant de surchauffer la vapeur jusqu'à 300 degrés. Calculons les deux quantités dont la grandeur relative détermine l'état
de la vapeur après la détente :

$$CL\frac{T_1}{T_2}+\frac{\lambda_1}{T_1}+C'L\frac{T_1'}{T_1}=1,603, \qquad \frac{\lambda_2}{T_2}=2,078.$$

Il y a donc précipitation d'une certaine quantité de vapeur à l'état
liquide pendant la détente, et par suite on doit se servir de la
deuxième équation, qui donne

$$x=0,771.$$

On peut dès lors calculer la chaleur perdue $x\lambda_2$ et la comparer à
la quantité totale de chaleur communiquée à la vapeur. On trouve
ainsi que le coefficient économique de la machine considérée est
0,232. Le coefficient économique de la machine ordinaire à détente
complète était 0,218. Il semble donc qu'on ait peu gagné. Mais, si
l'on remarque que la surchauffe peut s'effectuer sans dépense au
moyen des gaz du foyer, on sera conduit, pour en estimer l'effet, à
comparer les quantités de chaleur utilisée par chaque kilogramme
de vapeur dans les deux machines : ces quantités sont 132 pour la
machine ordinaire et 156,5 pour la machine à vapeur surchauffée;
l'avantage est considérable, le rendement s'élève presque de $\frac{1}{5}$.

230. Machines à gaz fonctionnant avec de la vapeur surchauffée.

— La vapeur surchauffée sera encore bien plus avantageuse si on l'emploie comme remplaçant l'air chaud dans une machine à gaz. Le seul inconvénient que présente cette substitution dans
une machine à gaz est de ne pouvoir abaisser la température au-dessous de 100 degrés. Mais, par contre, on peut porter très-haut la tem-

pérature T_1 sans être arrêté, comme avec l'air chaud, par l'oxydation et la destruction rapide des pièces métalliques avec lesquelles le gaz se trouve en contact. La vapeur surchauffée se comporte d'ailleurs à peu près comme un gaz, c'est-à-dire qu'on peut élever énormément sa température sans augmenter hors de mesure sa pression. Il ne faut en effet pas moins de 273 degrés d'élévation de température pour augmenter d'une atmosphère la pression d'un gaz, et, s'il est vrai que la pression de la vapeur d'eau, au voisinage du point de saturation, croisse plus vite que celle de l'air par l'action de la température, le désavantage que la vapeur présente sous ce rapport diminue de plus en plus à mesure que la température s'élève. On a donc tout lieu d'attendre de bons résultats de l'emploi de la vapeur surchauffée pour faire fonctionner une machine à gaz. Jusqu'à présent peu d'essais ont été faits dans cette voie : je citerai cependant ceux de M. W. Siemens, qui a construit une machine à vapeur d'eau fonctionnant comme machine à gaz [1], et qui paraît en avoir obtenu un avantage correspondant à celui qu'indique la théorie.

[1] RANKINE, *A Manual of the Steam Engine*, 2ᵉ édition, London, 1861, p. 439.

NOUVEAU MODE D'APPLICATION

DES DEUX PRINCIPES FONDAMENTAUX.

RECHERCHE DE L'ÉNERGIE INTÉRIEURE D'UN CORPS.

231. Méthode de M. Kirchhoff. — M. W. Thomson et M. Kirchhoff ont déduit des principes de la théorie quelques conséquences générales qui ne sont pas comprises dans ce qui précède et dont le développement va nous occuper. Il en résultera pour nous la connaissance d'une nouvelle manière de traiter les problèmes de la théorie mécanique de la chaleur, en même temps que l'établissement théorique d'un certain nombre de faits expérimentaux. Nous suivrons la méthode de M. Kirchhoff, qui est la plus générale et qui a l'avantage de se prêter à des formes variées.

Il est bon de ne pas prendre toujours pour variables indépendantes le volume de l'unité de poids et la température : la méthode gagnera en généralité si, tout en conservant la température absolue T pour une de ces variables, on prend pour l'autre une donnée quelconque x qui pourra être le volume de l'unité de poids, la pression, le coefficient de conductibilité, l'indice de réfraction, etc. Un changement infiniment petit dans l'état d'un corps, caractérisé par les variations simultanées dx et dT de ces deux variables indépendantes, exigera la communication d'une quantité de chaleur qui pourra être représentée par

$$M\,dx + N\,dT.$$

Si l'on multiplie cette quantité par l'équivalent mécanique de la chaleur, on aura la variation d'énergie totale correspondant à la modification considérée. Or la variation d'énergie totale est égale à la somme de la variation de l'énergie interne U et de la variation $p\,dv$ de l'énergie sensible S : on peut donc écrire

$$E(M\,dx + N\,dT) = \frac{dU}{dx}\,dx + \frac{dU}{dT}\,dT + p\,dv.$$

Mais

$$dv = \frac{dv}{dx}\,dx + \frac{dv}{dT}\,dT.$$

On a donc

$$E(M\,dx + N\,dT) = \frac{dU}{dx}\,dx + \frac{dU}{dT}\,dT + p\left(\frac{dv}{dx}\,dx + \frac{dv}{dT}\,dT\right);$$

et par suite, en égalant les coefficients de dx et de dT,

$$\frac{dU}{dx} = EM - p\frac{dv}{dx},$$

$$\frac{dU}{dT} = EN - p\frac{dv}{dT}.$$

On en déduit

$$\frac{d^2U}{dx\,dT} = E\frac{dM}{dT} - \frac{dp}{dT}\frac{dv}{dx} - p\frac{d^2v}{dx\,dT},$$

$$\frac{d^2U}{dT\,dx} = E\frac{dN}{dx} - \frac{dp}{dx}\frac{dv}{dT} - p\frac{d^2v}{dT\,dx}.$$

Or, dans quelque ordre qu'on effectue la dérivée seconde, le résultat est le même; les deux seconds membres des dernières équations sont donc égaux, et l'on a, après toute simplification,

$$\frac{dM}{dT} - \frac{dN}{dx} = \frac{1}{E}\left(\frac{dp}{dT}\frac{dv}{dx} - \frac{dp}{dx}\frac{dv}{dT}\right).$$

Telle est l'équation que l'on déduit immédiatement du principe de l'équivalence.

232. Supposons maintenant que le corps considéré éprouve une série de transformations constituant un cycle fermé réversible : le principe de Carnot, pris dans sa forme la plus générale, nous donne immédiatement la relation

$$\int \frac{M\,dx + N\,dT}{T} = 0,$$

où le signe d'intégration s'étend à tous les points du cycle. Que signifie cette équation?

Traçons dans un plan deux axes rectangulaires de coordonnées, et considérons la courbe représentative du cycle considéré; l'aire qu'elle renferme n'est plus égale au travail extérieur produit. Partons du point A sur cette courbe pour effectuer l'intégrale précédente, et intégrons d'abord du point A jusqu'au point B, en suivant l'arc ACB; la valeur de l'intégrale obtenue sera évidemment égale et de signe contraire à celle qu'on obtiendra en intégrant suivant l'autre portion de courbe BDA, puisque l'intégrale entière, étendue à tout le cycle, est nulle d'après l'équation précédente. Ce résultat ayant lieu quelles que soient la grandeur et la forme des arcs ACB et BDA, on en conclut que la variation éprouvée par l'intégrale $\int \dfrac{M dx + N dt}{T}$ entre x_0, T_0 et x, T est toujours égale et de signe contraire à celle qu'elle éprouve entre x, T et x_0, T_0, c'est-à-dire que cette variation ne dépend que des valeurs initiales et finales des deux variables indépendantes. Si donc on considère x_0 et T_0 comme des constantes, la valeur de l'intégrale sera une simple fonction de x et de T, et l'on pourra écrire

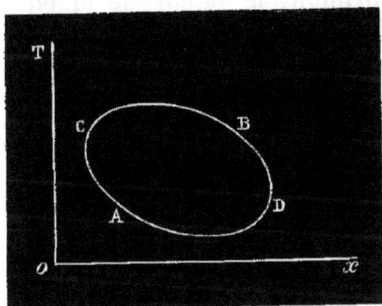

Fig. 57.

$$\int_{x_0, T_0}^{x, T} \frac{M dx + N dT}{T} = f(x, T).$$

L'équation précédente indique donc que l'expression $\dfrac{M dx + N dT}{T}$ est une différentielle exacte. ce qui exige que les coefficients différentiels $\dfrac{M}{T}$ et $\dfrac{N}{T}$ satisfassent à la relation

$$\frac{d \frac{M}{T}}{dT} = \frac{d \frac{N}{T}}{dx},$$

ou

$$\frac{1}{T} \frac{dM}{dT} - \frac{M}{T^2} = \frac{1}{T} \frac{dN}{dx};$$

d'où l'on déduit

$$M = T \left(\frac{dM}{dT} - \frac{dN}{dx} \right).$$

Remplaçons la parenthèse par sa valeur déduite de l'équation fournie par le principe de l'équivalence, et exprimons la valeur de M en fonction de l'énergie intérieure, à l'aide de l'équation déjà obtenue

$$\frac{dU}{dx} = EM - p \frac{dv}{dx};$$

il viendra

$$\frac{dU}{dx} + p \frac{dv}{dx} = T \left(\frac{dp}{dT} \frac{dv}{dx} - \frac{dp}{dx} \frac{dv}{dT} \right),$$

ou enfin

$$\frac{dU}{dx} = T \left(\frac{dp}{dT} \frac{dv}{dx} - \frac{dp}{dx} \frac{dv}{dT} \right) - p \frac{dv}{dx}.$$

Si on suppose connue la relation qui unit la pression, le volume de l'unité de poids, la température et la variable x, on pourra intégrer le second membre de cette équation par rapport à x et obtenir la valeur de U, à une fonction arbitraire de la température près.

Si on désigne par U_0 une telle fonction, on aura

$$U = U_0 + \int_{x_0}^{x} dx \left[T \left(\frac{dp}{dT} \frac{dv}{dx} - \frac{dp}{dx} \frac{dv}{dT} \right) - p \frac{dv}{dx} \right].$$

233. On peut ramener cette formule à une expression plus simple, en se servant des relations suivantes :

$$\frac{d \frac{p}{T}}{dT} = \frac{T \frac{dp}{dT} - p}{T^2},$$

et

$$\frac{d \frac{p}{T}}{dx} = \frac{dp}{dx} \frac{1}{T},$$

qui permettent d'écrire

$$\frac{dU}{dx} = T^2 \left(\frac{dv}{dx} \frac{d \frac{p}{T}}{dT} - \frac{dv}{dT} \frac{d \frac{p}{T}}{dx} \right),$$

et par suite

$$U - U_0 = T^2 \int_{x_0}^{x} \left(\frac{dv}{dx} \frac{d\frac{p}{T}}{dT} = \frac{dv}{dT} \frac{d\frac{p}{T}}{dx} \right) dx.$$

U_0 représente l'énergie intérieure du corps à une température quelconque T, lorsqu'on suppose $x = x_0$; sa valeur se détermine à l'aide de la formule déjà obtenue

$$\frac{dU}{dT} = EN - p \frac{dv}{dT}.$$

Si, dans cette formule, nous faisons $x = x_0$, il viendra, en affectant de l'indice zéro les quantités où l'on a remplacé x par x_0,

$$\left(\frac{dU}{dT} \right)_0 = EN_0 - \left(p \frac{dv}{dT} \right)_0.$$

Pour intégrer le second membre, il suffit de connaître la valeur de N en fonction de T pour la valeur particulière $x = x_0$; car v et p sont supposés connus en fonction de T pour toute valeur de x. Dans cette hypothèse on obtiendra U_0 à l'aide de la formule

$$U_0 = \int_{T_0}^{T} \left[EN_0 - \left(p \frac{dv}{dT} \right)_0 \right] dT + C.$$

C est une constante qui représente la valeur de l'énergie interne, lorsque l'état du corps est défini par les valeurs arbitraires x_0 et T_0 des deux variables indépendantes. On a donc finalement

$$U - C = \int_{T_0}^{T} \left[EN_0 - \left(p \frac{dv}{dT} \right)_0 \right] dT + T^2 \int_{x_0}^{x} \left(\frac{dv}{dx} \frac{d\frac{p}{T}}{dT} - \frac{dv}{dT} \frac{d\frac{p}{T}}{dx} \right) dx.$$

Telle est la détermination de l'énergie interne avec toute la généralité possible. Il reste dans la formule une constante arbitraire C à laquelle on ne peut attribuer que des valeurs hypothétiques, ce qui rend impossible la recherche de l'énergie absolue; mais si on prend pour terme de comparaison l'état du corps défini par les valeurs arbitraires T_0 et x_0, l'énergie relative à cet état est entièrement déterminée. Il suffit de connaître d'une manière générale la relation qui existe entre p, v, x et T, et, pour une valeur particulière x_0, la valeur de N en fonction de T. On voit ainsi ce qu'il faut demander à l'expérience et ce qu'elle n'a pas besoin de donner.

234. Application aux gaz parfaits. — La formule s'applique très-simplement aux gaz parfaits. Prenons pour variable x le volume de l'unité de poids; nous aurons

$$x = v, \qquad \frac{dv}{dx} = 1;$$

nous aurons également, puisque v et T sont les deux variables indépendantes,

$$\frac{dv}{dT} = 0.$$

La formule qui donne l'énergie interne,

$$U = U_0 + \int_{x_0}^{x} dx \left[T \left(\frac{dp}{dT} \frac{dv}{dx} - \frac{dp}{dx} \frac{dv}{dT} \right) - p \frac{dv}{dx} \right],$$

se réduit donc simplement à

$$U = U_0 + \int_{v_0}^{v} \left(T \frac{dp}{dT} - p \right) dv.$$

Mais

$$pv = p_0 v_0 \left(1 + \alpha t \right) = \alpha p_0 v_0 \left(\frac{1}{\alpha} + t \right)$$

ou

$$pv = \alpha p_0 v_0 T;$$

on en déduit

$$\frac{dp}{dT} = \frac{\alpha p_0 v_0}{v}$$

ou

$$T \frac{dp}{dT} = p,$$

ce qui donne l'équation très-simple

$$U = U_0,$$

qui exprime que la variation de l'énergie interne est indépendante du volume de l'unité de poids et ne dépend que de la température.

Pour calculer la valeur de U_o, remarquons que, dans le cas actuel, l'expression générale $M\,dx + N\,dT$ est remplacée par la suivante

$$l\,dv + c\,dT.$$

Il en résulte que $N = c$, et qu'ainsi

$$U_o = \int_{T_o}^{T} \left[Ec - \left(p\frac{dv}{dT} \right)_o \right] dT + C;$$

par suite, en remarquant que $\frac{dv}{dT} = 0$, et que la chaleur spécifique sous volume constant c est indépendante de la température,

$$U = Ec\,(T - T_o) + \text{const.},$$

ou bien, en faisant $T_o = 0$,

$$U = EcT + K.$$

K est l'énergie interne totale du corps à la température du zéro absolu. Or, si on admet sur la constitution des gaz les notions acquises dans ces dernières années; si on admet que les molécules gazeuses, séparées par des intervalles considérables relativement à leurs dimensions, sont animées de vitesses très-grandes, et que leur température absolue est proportionnelle à leur force vive moyenne, on devra se figurer une masse de gaz au zéro absolu de température comme un système de molécules en repos dont les actions mutuelles sont négligeables; l'énergie d'un pareil système étant nulle, on pourra poser simplement

$$U = EcT.$$

235. Application aux divers états d'un même corps. — 1° *État solide.* — Prenons pour variable indépendante x la pression p supportée par l'unité de surface, il en résultera

$$x = p, \quad \frac{dp}{dx} = 1, \quad \frac{dp}{dT} = 0.$$

Par suite, la formule qui donne la valeur de l'énergie interne deviendra

$$U = U_0 - \int_{p_0}^{P} dp \left(T \frac{dv}{dT} + p \frac{dv}{dp} \right).$$

Calculons l'énergie interne relative à l'état du corps défini par les valeurs p_0, T_0 des deux variables indépendantes.

Dans le cas actuel, l'expression de la quantité de chaleur correspondant à une modification infiniment petite est $h\, dp + C\, dt$; il en résulte que pour avoir la valeur de U_0 il faut remplacer N par C dans la formule générale, ce qui donne

$$U_0 = \int_{T_0}^{T} \left[EC_0 - \left(p \frac{dv}{dT} \right)_0 \right] dT,$$

ou bien

$$U_0 = E \int_{T_0}^{T} C_{p_0} dT - p_0 \left(v_T - v_{T_0} \right)_{p_0}.$$

L'énergie relative à l'état p_0, T_0, est donc

$$U = E \int_{T_0}^{T} C_{p_0} dT - p_0 \left(v_T - v_{T_0} \right)_{p_0} - \int_{p_0}^{p} dp \left(T \frac{dv}{dT} + p \frac{dv}{dp} \right).$$

Mais pour l'application on peut simplifier considérablement cette formule en restant dans les limites d'une approximation largement suffisante. La faiblesse de la dilatation des corps solides sous l'action de la chaleur et la petitesse de leur coefficient de compressibilité permettent en effet de supposer que l'on a très-sensiblement

$$v_T - v_{T_0} = 0, \qquad \frac{dv}{dT} = 0, \qquad \frac{dv}{dp} = 0;$$

de sorte que tous les termes de la formule sont négligeables devant le premier. On a donc avec une grande approximation entre des limites assez étendues

$$U = E \int_{T_0}^{T} \Gamma\, dT,$$

Γ étant la chaleur spécifique à pression constante qui correspond à l'état solide. On aurait pu arriver immédiatement à cette formule en remarquant que le travail extérieur est toujours très-petit à côté de la variation d'énergie interne, et que toute la chaleur communiquée peut être considérée comme absorbée par celle-ci.

2° *État liquide.* — Supposons que la température T_1, qui est la limite supérieure de l'intégrale précédente, soit la température de fusion du corps sous la pression p. Si nous considérons l'unité de poids du corps, la fusion sera accompagnée d'une absorption de chaleur latente ζ, qui produira un accroissement d'énergie interne ΔU et un travail extérieur égal à $p(s_1 - \sigma_1)$, s_1 représentant comme toujours le volume de l'unité de poids du corps à l'état liquide, et σ_1 le même volume à l'état solide; on a donc

$$\Delta U = E\zeta - p(s_1 - \sigma_1).$$

En appliquant ensuite au corps liquéfié les mêmes raisonnements qu'au corps à l'état solide, on retrouve la même expression pour les accroissements ultérieurs d'énergie; de sorte qu'en désignant par C la chaleur spécifique du corps à l'état liquide on a

$$U_1 = E\int_{T_0}^{T_1} \Gamma\, dT + E\zeta - p(s_1 - \sigma_1) + E\int_{T_1}^{T_2} C\, dT.$$

Mais le terme $p(s_1 - \sigma_1)$ est très-petit vis-à-vis des trois autres; on peut le négliger au degré d'approximation où nous nous sommes placés et écrire simplement

$$U_1 = E\left(\int_{T_0}^{T_1} \Gamma\, dT + \zeta + \int_{T_1}^{T_2} C\, dT\right).$$

3° *État de gaz ou de vapeur.* — Supposons maintenant que l'unité de poids de liquide se réduise en vapeur à la température T_2 et à la pression p qui reste constamment égale à la force élastique maximum de la vapeur à la température T_2. Je prends pour variable indépendante x le poids de liquide vaporisé. Pendant toute la durée de la transformation le terme $\frac{p}{T}$ demeure constant; par conséquent $\dfrac{d\frac{p}{T}}{dx} = o$, et l'on a simplement

$$\frac{dU}{dx} = T^2\, \frac{d\frac{p}{T}}{dT}\, \frac{dv}{dx}.$$

Pour avoir l'accroissement d'énergie interne correspondant à la vaporisation complète, il faut intégrer le second membre par rapport à x, depuis $x = 0$ jusqu'à $x = 1$, ce qui donne, en représentant par s_2' le volume de l'unité de poids de vapeur, et par s_2 le volume de l'unité de poids de liquide à la température T_2,

$$\Delta U = T_2^2 \left(\frac{d \frac{p}{T}}{dT} \right)_{T_2} (s_2' - s_2).$$

On a donc

$$U_2 = E \left(\int_{T_0}^{T_1} \Gamma\, dT + \zeta + \int_{T_1}^{T_2} C\, dT \right) + (s_2' - s_2) T_2^2 \left(\frac{d \frac{p}{T}}{dT} \right)_{T_2}.$$

On peut concevoir qu'on a effectué la transformation précédente en enfermant le liquide dans un cylindre et en soulevant un piston d'abord appliqué sur la surface libre de ce liquide, de manière à offrir à la vapeur l'espace nécessaire à sa formation tout en exerçant sur elle une pression constamment égale à la force élastique maximum qui correspond à la température T_2. Lorsque la vaporisation est complète, imaginons qu'on soulève encore le piston de manière que sa pression reste toujours égale à la force élastique de la vapeur, et cherchons la variation d'énergie interne correspondant à cette transformation, en supposant d'abord la température constante et égale à T_2. Je puis prendre pour variable indépendante x le volume de l'unité de poids de vapeur; alors $\frac{dv}{dT} = 0$, et l'on a encore

$$\frac{dU}{dx} = T^2 \frac{d\frac{p}{T}}{dT} \frac{dv}{dx}.$$

On en déduit

$$\Delta U = T_2^2 \int_{s_2'}^{V} dv\, \frac{d\frac{p}{T}}{dT},$$

et, par suite,

$$U = U_2 + T_2^2 \int_{s_2'}^{V} dv\, \frac{d\frac{p}{T}}{dT}.$$

Supposons que le volume V, auquel on arrête la dilatation de la vapeur, soit assez considérable pour qu'on puisse considérer dès lors cette vapeur comme un gaz parfait; dans cette hypothèse, les variations ultérieures de l'énergie interne seront proportionnelles aux variations de température, et l'on aura la formule générale suivante pour représenter l'énergie interne du corps relative à l'état p_0, T_0 d'où il est parti :

$$U = \left[E \left(\int_{T_0}^{T_1} \Gamma \, dT + \zeta + \int_{T_1}^{T_2} C \, dT \right) + (s_2' - s_2) T_2^2 \left(\frac{d \frac{p}{T}}{dT} \right)_{T_2} \right.$$
$$\left. + T_2^2 \int_{s_2'}^{V} dv \frac{d \frac{p}{T}}{dT} + C'(T - T_2). \right]$$

236. Les variations de l'énergie interne d'un corps ne dépendent que de l'état initial et de l'état final entre lesquels ses modifications ont lieu. Si l'on suppose qu'on passe de l'un à l'autre état par deux séries différentes de transformations, on aura, en appliquant les calculs précédents, deux expressions différentes de la variation d'énergie interne, et, en les égalant, on obtiendra une relation entre les divers éléments du phénomène. Cette méthode permet de résoudre à nouveau toutes les questions que nous avons déjà traitées, et elle permet d'en aborder un certain nombre qui seraient insolubles par d'autres procédés. Nous allons l'appliquer à l'étude des phénomènes de dissolution, en commençant par considérer la dissolution des gaz dans les liquides.

PHÉNOMÈNES DE DISSOLUTION.

237. Dissolution des gaz dans les liquides. — Les lois expérimentales de la solubilité des gaz sont les suivantes :

1° Les quantités d'un gaz dissoutes par l'unité de volume d'un liquide sont, à la même température, proportionnelles à la pression que ce gaz exerce sur la surface du liquide.

2° Lorsqu'un mélange de plusieurs gaz est en présence d'un liquide, chacun d'eux se dissout comme s'il était seul dans le mélange.

Nous ne traiterons pas le cas d'un mélange de plusieurs gaz; nous n'aurons donc à faire usage que de la première loi, qui a été énoncée en 1803 par Henry, de Manchester, et vérifiée depuis par plusieurs expérimentateurs, notamment par M. R. Bunsen.

On peut concevoir deux manières différentes d'effectuer la dissolution d'un gaz dans un liquide. On peut supposer d'abord que l'on mette une certaine masse de gaz à la pression p et à la température T en contact avec l'unité de poids d'eau; une portion du gaz se dissout. Admettons que l'on maintienne la pression constamment égale à p, et soit g le poids de gaz dissous. Si on représente par Q la quantité de chaleur dégagée dans le phénomène, par U la variation d'énergie interne correspondante, par S le travail extérieur effectué par la pression du gaz, on a, d'après le principe de l'équivalence,

$$-EQ = U + S.$$

Mais, en représentant par v le volume de l'unité de poids du gaz, et en négligeant la faible variation de volume de l'eau avant et après la dissolution,

$$S = -pgv,$$

donc

$$U = -EQ + gpv,$$

ou bien, en tenant compte de la relation générale $pv = \alpha p_o v_o T = RT$,

$$U = -EQ + gRT.$$

238. Maintenant on peut concevoir une tout autre manière d'effectuer la dissolution du poids g de gaz dans l'unité de poids d'eau. En effet, je suppose que l'on réduise l'eau en vapeur à la température T, et qu'on la raréfie à température constante jusqu'à ce qu'elle présente les propriétés d'un gaz parfait. A ce moment, on amène le poids g de gaz à la même pression que la vapeur, et on le réunit à celle-ci dans une enceinte dont le volume est égal à la somme des volumes de la vapeur et du gaz. On comprime ensuite le

mélange, la température demeurant invariable, jusqu'à ce que toute la vapeur soit liquéfiée et tout le gaz dissous. Dans ces circonstances, la variation d'énergie interne est la même que dans les précédentes, puisque l'on part du même état initial pour arriver au même état final. Cependant il faut remarquer que la pression finale peut être différente dans l'un ou l'autre cas; mais la faible compressibilité de l'eau et la petitesse des effets calorifiques qui accompagnent la compression des fluides nous autorisent parfaitement à négliger cette différence.

Dans la seconde manière d'effectuer l'expérience, on peut distinguer quatre opérations successives : 1° vaporisation de l'eau et expansion de la vapeur; 2° raréfaction du gaz; 3° mélange du gaz et de la vapeur; 4° compression du mélange.

Dans la première opération, l'énergie interne éprouve une variation U′ dont la valeur a été calculée dans un paragraphe précédent (235). En représentant par s′ le volume de l'unité de poids de vapeur à la température T de l'opération, et par s le volume de l'unité de poids de liquide à la même température, on a

$$U' = (s' - s)\, T^2 \frac{d\frac{p}{T}}{dT} + T^2 \int_{s'}^{V} dv \, \frac{d\frac{p}{T}}{dT}.$$

Pendant la deuxième opération l'énergie intérieure demeure constante. Il en est de même pendant la troisième; car, d'après la loi du mélange des gaz et des vapeurs, le gaz et la vapeur amenés en contact ne font que se raréfier à température constante, jusqu'à ce que, après un temps que l'expérience montre fort long, chacun d'eux occupe le volume total de l'enceinte qui les renferme.

Il n'y a donc à considérer que la variation d'énergie interne qui a lieu pendant la quatrième opération. Nous y distinguerons deux parties U″ et U‴, la première U″ représentant la variation d'énergie qui accompagne la compression du mélange jusqu'au moment où la vapeur est sur le point de se liquéfier, et la seconde U‴ correspondant au reste de l'opération.

239. Calculons d'abord U″. Nous appliquerons la formule générale

$$\frac{dU}{dx} = T^2 \left(\frac{dv}{dx} \frac{d\frac{p}{T}}{dT} - \frac{dv}{dT} \frac{d\frac{p}{T}}{dx} \right),$$

en supposant que U se rapporte au poids total du mélange, et non à l'unité de poids; nous prendrons pour x le volume v qui représentera alors le volume entier du mélange. On aura

$$v = x, \qquad \frac{dv}{dx} = 1, \qquad \frac{dv}{dT} = 0,$$

et

$$\frac{dU}{dv} = T^2 \frac{d\frac{p}{T}}{dT}.$$

La pression p est égale à la somme de la force élastique φ de la vapeur et de la pression p' du gaz; cette dernière est fournie par la relation suivante, où v_0 représente le volume de l'unité de poids du gaz à zéro,

$$p'v = g \alpha p_0 v_0 T = gRT,$$

d'où

$$p' = \frac{gRT}{v}.$$

Il en résulte

$$p = \varphi + \frac{gRT}{v}, \qquad \frac{p}{T} = \frac{\varphi}{T} + \frac{gR}{v},$$

et

$$\frac{d\frac{p}{T}}{dT} = \frac{d\frac{\varphi}{T}}{dT}.$$

On a donc

$$\frac{dU}{dv} = T^2 \frac{d\frac{\varphi}{T}}{dT},$$

et par suite, le mélange passant du volume initial V′ au volume v, à la température T,

$$U = T^2 \int_{V'}^{v} dv \frac{d\frac{\varphi}{T}}{dT}.$$

Pour avoir la valeur de U″, il faut étendre l'intégration jusqu'à la valeur de v qui correspond à la liquéfaction de la vapeur, c'est-à-dire faire $v = s'$. Quant à la valeur de V′, volume initial du mélange, qui forme la limite inférieure de l'intégrale, on peut la remplacer par le volume V de la vapeur, au moment où on la met en contact avec le gaz raréfié. En effet, la variation de l'intégrale entre les limites V et V′ est nulle; car elle représente précisément la variation d'énergie interne de la vapeur lorsque, la température demeurant constante, son volume augmente de V à V′; or, la vapeur jouissant à ce moment des propriétés d'un gaz parfait, on sait que son énergie interne est indépendante du volume qu'elle occupe. On a donc

$$U'' = T^2 \int_V^{s'} dv \, \frac{d\frac{\varphi}{T}}{dT}.$$

240. Pour calculer U‴, prenons encore pour x le volume entier du mélange v. Nous aurons à appliquer la même formule que précédemment,

$$\frac{dU}{dv} = T^2 \frac{d\frac{p}{T}}{dT},$$

dans laquelle il faut déterminer la valeur de p en fonction de v et T.

Soient z le poids de gaz dissous à un moment quelconque de la dernière opération, v' le volume du mélange de gaz et de vapeur, y le poids de l'eau condensée et v'' son volume. D'après la première loi de solubilité des gaz, on a

$$z = \beta y p',$$

p' étant la pression du gaz dans le mélange et β le coefficient de l'absorption, c'est-à-dire le poids de gaz dissous par l'unité de poids d'eau, sous l'unité de pression.

On a aussi, en représentant par s le volume de l'unité de poids d'eau à la température T, et par s' le volume de l'unité de poids de vapeur dont la tension est f,

$$v'' = sy, \qquad v' = s'(1 - y).$$

D'ailleurs,

$$p = f + p',$$

et

$$p' = \frac{(g - z)\,\mathrm{RT}}{v'}.$$

On conclut de là

$$y = \frac{z}{\beta p'},$$

$$v' = s'\left(1 - \frac{z}{\beta p'}\right),$$

et

$$p'\left(1 - \frac{z}{\beta p'}\right) = \frac{(g - z)\,\mathrm{RT}}{s'};$$

d'où

$$p' = \frac{z}{\beta} + \frac{(g - z)\,\mathrm{RT}}{s'} = \frac{zs' + (g - z)\,\beta\mathrm{RT}}{\beta s'}.$$

La valeur de p' se trouve ainsi amenée à ne plus contenir que la variable auxiliaire z que nous allons éliminer. On a en effet

$$v = v' + v'' = s' - (s' - s)\,y.$$

Mais

$$y = \frac{z}{\beta p'} = \frac{zs'}{zs' + (g - z)\,\beta\mathrm{RT}};$$

par conséquent

$$v = s' - \frac{(s' - s)\,zs'}{zs' + (g - z)\,\beta\mathrm{RT}} = s'\,\frac{sz + (g - z)\,\beta\mathrm{RT}}{zs' + (g - z)\,\beta\mathrm{RT}}.$$

De là, z et $g - z$ s'expriment facilement en fonction de v. On a en effet

$$v\left[zs' + (g - z)\,\beta\mathrm{RT}\right] = s'\left[sz + (g - z)\,\beta\mathrm{RT}\right],$$

ou

$$v\,(s' - \beta\mathrm{RT})\,z + vg\,\beta\mathrm{RT} = s'\,(s - \beta\mathrm{RT})\,z + s'g\,\beta\mathrm{RT},$$

d'où

$$z = \frac{(s' - v)\,g\,\beta\mathrm{RT}}{s'\,(v - s) + (s' - v)\,\beta\mathrm{RT}},$$

et

$$g - z = \frac{ys'\,(v - s)}{s'\,(v - s) + (s' - v)\,\beta\mathrm{RT}}.$$

Substituons dans la valeur de p', il viendra

$$p = f + g\mathrm{RT}\,\frac{s'-s}{s'(v-s)+(s'-v)\,\beta\mathrm{RT}}\cdot$$

On a donc, pour exprimer la variation d'énergie interne U''' qui accompagne la compression du mélange depuis le volume initial s' jusqu'au volume s_1 qui correspond à la liquéfaction complète de la vapeur et à l'absorption totale du gaz, la formule suivante :

$$\mathrm{U}''' = \mathrm{T}^2 \int_{s'}^{s_1} \frac{d\frac{f}{\mathrm{T}}}{d\mathrm{T}}\,dv + \mathrm{T}^2 \int_{s'}^{s_1} dv\,\frac{d}{d\mathrm{T}}\left(g\mathrm{R}\,\frac{s'-s}{s'(v-s)+(s'-v)\,\beta\mathrm{RT}}\right)\cdot$$

Mais si nous négligeons la compressibilité de l'eau et la faible variation de volume qui accompagne la dissolution, nous pourrons poser $s_1 = s$. Il vient donc, en remarquant que le premier terme est immédiatement intégrable, puisque f ne dépend que de T dans l'opération considérée.

$$\mathrm{U}''' = (s-s')\,\mathrm{T}^2\,\frac{d\frac{f}{\mathrm{T}}}{d\mathrm{T}} + \mathrm{T}^2 \int_{s'}^{s} dv\,\frac{d}{d\mathrm{T}}\left(g\mathrm{R}\,\frac{s'-s}{s'(v-s)+(s'-v)\,\beta\mathrm{RT}}\right)\cdot$$

241. Maintenant il ne reste plus qu'à faire la somme des trois quantités U', U'', U''', pour obtenir la variation d'énergie interne U qui correspond à la série complète des opérations, d'où résulte la dissolution d'un poids g de gaz dans l'unité de poids d'eau. Si l'on observe que la pression de la vapeur, désignée par p dans la valeur de U', est représentée par φ dans U'' et par f dans U''', on voit immédiatement qu'il y a quatre termes qui se détruisent, et il reste simplement

$$\mathrm{U} = \mathrm{T}^2 \int_{s'}^{s} dv\,\frac{d}{d\mathrm{T}}\left(g\mathrm{R}\,\frac{s'-s}{s'(v-s)+(s'-v)\,\beta\mathrm{RT}}\right)\cdot$$

Nous obtiendrons la formule qui régit le phénomène de la dissolution des gaz dans les liquides, en égalant cette valeur de U à la valeur déjà trouvée,

$$-\,\mathrm{EQ} + g\mathrm{RT} = \mathrm{T}^2 \int_{s'}^{s} dv\,\frac{d}{d\mathrm{T}}\left(g\mathrm{R}\,\frac{s'-s}{s'(v-s)+(s'-v)\,\beta\mathrm{RT}}\right)\cdot$$

Pour effectuer l'intégration du second membre, je ferai usage de la formule connue

$$\frac{d}{dT}\int_{s'}^{s} dv\, f(v, T) = f(s, T)\frac{ds}{dT} - f(s', T)\frac{ds'}{dT} + \int_{s'}^{s} dv\, \frac{d}{dT} f(v, T),$$

dans laquelle $f(v, T)$ représente une fonction quelconque des deux variables indépendantes v et T. On en déduit

$$\int_{s'}^{s} dv\, \frac{d}{dT} f(v, T) = \frac{d}{dT}\int_{s'}^{s} dv\, f(v, T) + f(s', T)\frac{ds'}{dT} - f(s, T)\frac{ds}{dT},$$

et, en appliquant ce résultat à l'intégrale précédente,

$$U = T^2\left[\frac{d}{dT}\int_{s'}^{s} dv\, g R\frac{s' - s}{s'(v - s) + (s' - v)\beta RT} + \frac{gR}{s'}\frac{ds'}{dT} - \frac{g}{\beta T}\frac{ds}{dT}\right].$$

D'ailleurs on obtient, par des calculs faciles à effectuer,

$$\int_{s'}^{s} dv\, \frac{s' - s}{s'(v - s) + (s' - v)\beta RT} = \int_{s'}^{s} \frac{(s' - s)\, dv}{v(s' - \beta RT) + s'(\beta RT - s)}$$

$$= \frac{s' - s}{s' - \beta RT} L\frac{\beta RT}{s'}.$$

On a donc définitivement

$$- EQ + gRT = T^2\left[gR\frac{d}{dT}\left(\frac{s' - s}{s' - \beta RT}L\frac{\beta RT}{s'}\right) + \frac{gR}{s'}\frac{ds'}{dT} - \frac{g}{\beta T}\frac{ds}{dT}\right].$$

Cette formule se·traduit facilement en nombres, et on peut en déduire sans difficulté la quantité de chaleur qui se dégage lorsqu'un poids donné de gaz se dissout dans l'unité de poids d'eau. Malheureusement on possède très-peu de mesures calorimétriques auxquelles on puisse l'appliquer. Les expériences de MM. Favre et Silbermann [1] sur la dissolution de l'acide sulfureux et de l'ammoniaque dans l'eau donnent des nombres qui sont plus que doubles de ceux que la formule indique; donc nos raisonnements ne s'appliquent ni à l'acide sulfureux ni à l'ammoniaque. En effet, dans la théorie, on considère ces gaz comme des gaz parfaits, ce qui est inexact, et en outre, ce qui peut être une erreur beaucoup plus

---

[1] *Annales de Chimie et de Physique*, 1853, 3ᵉ série, t. XXXVII, p. 406.

grave, on admet que le mélange de ces gaz avec la vapeur d'eau se comporte comme un mélange de gaz inertes, tandis qu'il est probable que le mélange même raréfié d'un gaz très-soluble avec la vapeur d'eau est accompagné d'un travail moléculaire analogue à celui qui s'exerce entre deux corps qui ont de l'affinité l'un pour l'autre. Ce serait sur des gaz beaucoup moins solubles, l'acide carbonique par exemple, qu'il faudrait faire porter la comparaison de la théorie avec l'expérience; mais, dans ce cas, si on se borne à opérer à la pression atmosphérique, l'effet thermométrique à observer n'est plus qu'une fraction de degré centigrade.

242. Dissolution des corps solides et liquides. — Considérons maintenant une substance quelconque non volatile, et cherchons à déterminer la quantité de chaleur qui se dégage quand l'unité de poids de cette substance se dissout dans une masse M d'eau ou d'un liquide quelconque. Il y a deux manières de concevoir le phénomène. On peut d'abord supposer qu'on effectue directement la dissolution : alors si on appelle Q la quantité de chaleur dégagée, et si on néglige le travail extérieur qui provient de la petite variation de volume du dissolvant, on a pour expression de la variation d'énergie interne

$$- EQ.$$

D'autre part, on peut concevoir qu'en diminuant la pression on transforme la totalité de l'eau en vapeur très-raréfiée, à la température T de l'expérience, et qu'à cet état on la mette en contact avec le corps à dissoudre, pour la ramener ensuite à l'état liquide en comprimant tout le système à température constante. Calculons la variation d'énergie interne qui résulte de l'accomplissement de cette série d'opérations ; nous savons qu'elle doit être égale à l'expression trouvée plus haut.

D'après une formule précédente, la transformation de l'eau à l'état de vapeur raréfiée est accompagnée d'une variation d'énergie interne U' qui est égale à

$$U' = M(s' - s) T^2 \frac{d\frac{f}{T}}{dT} + MT^2 \int_{s'}^{V} dv \frac{d\frac{f}{T}}{dT}.$$

Si nous supposons la vapeur assez dilatée pour que sa force élastique soit inférieure à celle de la dissolution saturée, il est évident que, lorsqu'on y introduira le corps, il ne pourra pas s'en dissoudre la moindre portion. Par conséquent la première partie de la compression sera accompagnée d'une simple diminution de volume de la vapeur, jusqu'au moment où la force élastique aura atteint une valeur égale à la tension maximum μ de la dissolution saturée. Or, les études hygrométriques de M. Regnault ont montré qu'à des températures peu élevées la densité de la vapeur d'eau est égale à la densité théorique, et par suite que la vapeur ne diffère pas sensiblement d'un gaz parfait : il en résulte que la première partie de la compression ne sera accompagnée d'aucune variation d'énergie interne, puisqu'elle a lieu à température constante.

Pour obtenir la variation d'énergie interne U'' qui accompagne la seconde partie de la compression, où il y a dissolution du corps et liquéfaction de la vapeur, il faut appliquer au système entier la formule générale

$$\frac{dU}{dx} = T^2 \left(\frac{dv}{dx} \frac{d\frac{p}{T}}{dT} - \frac{dv}{dT} \frac{d\frac{p}{T}}{dx} \right).$$

Je prends pour variable indépendante x le poids de vapeur condensée. Tant qu'il reste du sel non dissous, la dissolution demeure saturée, et on a constamment $p = \mu$; il en résulte que le second terme de la parenthèse est nul, ce qui réduit la formule à

$$\frac{dU}{dx} = T^2 \frac{dv}{dx} \frac{d\frac{\mu}{T}}{dT}.$$

D'ailleurs, puisque μ est indépendant de x, on en déduit immédiatement, en intégrant entre les valeurs v_0 et v du volume du mélange,

$$U = T^2 \frac{d\frac{\mu}{T}}{dT} (v - v_0).$$

243. Avant d'aller plus loin, il y a deux cas à distinguer : ou la masse d'eau M est insuffisante pour dissoudre la totalité du sel, ou

elle est suffisante. Dans le premier cas. la dissolution demeure toujours saturée, et on peut appliquer la formule précédente jusqu'aux limites de l'opération. On a alors, en appelant u le volume de l'unité de poids de vapeur, à la température T et sous la pression μ,

$$v_0 = Mu;$$

et, en négligeant le volume de la dissolution qui est très-petit à côté de Mu,

$$U'' = - MT^2 \frac{d\frac{\mu}{T}}{dT} u.$$

On a donc l'équation suivante pour déterminer la quantité de chaleur qui se dégage lorsqu'un poids M d'eau se sature de sel,

$$- EQ = MT^2 \left[(s' - s)\frac{d\frac{f}{T}}{dT} + \int_{s'}^{V} dv \frac{d\frac{f}{T}}{dT} - u \frac{d\frac{\mu}{T}}{dT} \right].$$

Cette formule suppose que la dissolution est effectuée à une température assez basse pour que le corps qui se dissout ne donne pas de vapeurs appréciables. Dans ces conditions, nous avons dit que la vapeur émise par l'eau ne différait pas sensiblement d'un gaz parfait; si l'on admet qu'il en est ainsi, la formule prend une forme plus simple et conduit à une conséquence remarquable.

La vapeur étant considérée comme un gaz parfait, on a en effet

$$u\mu = \alpha p_0 v_0 T = RT,$$

$$u = \frac{RT}{\mu};$$

par suite,

$$u \frac{d\frac{\mu}{T}}{dT} = R \frac{T}{\mu} \frac{d\frac{\mu}{T}}{dT} = R \frac{dL\frac{\mu}{T}}{dT}.$$

On a de même

$$s'f = \alpha p_0 v_0 T = RT,$$

$$s' \frac{d\frac{f}{T}}{dT} = R \frac{T}{f} \frac{d\frac{f}{T}}{dT} = R \frac{dL\frac{f}{T}}{dT}.$$

D'ailleurs, dans l'hypothèse admise,

$$\int_{s'}^{V} dv \, \frac{d\frac{f}{T}}{dT} = 0.$$

On a donc, en négligeant s qui est très-petit vis-à-vis de s',

$$-EQ = MRT^2 \left(\frac{dL\frac{f}{T}}{dT} - \frac{dL\frac{\mu}{T}}{dT} \right)$$

ou

$$EQ = MRT^2 \, \frac{dL\frac{\mu}{f}}{dT}.$$

Dans cette formule μ représente la tension de la vapeur émise par la dissolution saturée à la température T, et f la force élastique maximum de la vapeur d'eau à la même température. Si le rapport $\frac{\mu}{f}$ croît avec la température, la dérivée du second membre est positive, Q est positive, c'est-à-dire que la dissolution s'opère avec dégagement de chaleur. Si le rapport $\frac{\mu}{f}$ décroît au contraire quand la température s'élève, la dérivée devient négative, Q est négatif, c'est-à-dire que la dissolution est accompagnée d'une absorption de chaleur.

L'expérience n'a encore rien fait pour vérifier ces prévisions de la théorie.

244. Supposons maintenant que la masse d'eau M soit plus que suffisante pour dissoudre l'unité de poids du sel considéré. On peut alors distinguer deux parties dans la variation d'énergie interne qui accompagne la compression du mélange de vapeur et de sel. La première est donnée par la formule

$$U'' = T^2 \frac{d\frac{\mu}{T}}{dT} (v_1 - v_0),$$

dans laquelle v_0 représente le volume initial du mélange et v_1 le volume à l'instant où la dissolution est complète, c'est-à-dire où la valeur de x est égale au poids d'eau x_1 nécessaire pour dissoudre l'unité de poids du sel. Cette limite étant dépassée, la force élastique ψ de la vapeur devient à la fois fonction de x et de T, puisqu'elle dépend du degré de concentration, et on a

$$U''' = T^2 \int_{x_1}^{M} dx \left(\frac{dv}{dx} \frac{d\frac{\psi}{T}}{dT} - \frac{dv}{dT} \frac{d\frac{\psi}{T}}{dx} \right).$$

Dans l'hypothèse de l'assimilation de la vapeur à un gaz parfait, ces formules se simplifient et conduisent à une expression de la quantité de chaleur dégagée, facilement comparable à l'expérience. Il résulte d'abord des calculs précédents que l'on a

$$U' = MRT^2 \frac{dL\frac{f}{T}}{dT}.$$

La valeur de U'' peut se mettre sous une forme semblable, au même degré d'approximation, c'est-à-dire en négligeant le volume du liquide condensé, car alors

$$v_1 - v_0 = - x_1 u;$$

d'ailleurs

$$u\mu = RT,$$

ou

$$u = \frac{RT}{\mu};$$

par suite,

$$U'' = - x_1 RT^2 \frac{dL\frac{\mu}{T}}{dT}.$$

La valeur de U''' se calcule directement. Si on appelle ε le volume de la dissolution formée, y le volume de l'unité de poids de vapeur sous la pression ψ, à la température T, on a

$$v = \varepsilon + (M - x) y.$$

Mais, dans notre hypothèse,

$$y = \frac{RT}{\psi};$$

donc

$$v = \varepsilon + (M - x)\frac{RT}{\psi}.$$

On en déduit, en négligeant les variations de ε qui sont relativement très-faibles,

$$\frac{dv}{dx} = -\frac{RT}{\psi} + (M - x) R \frac{d\frac{T}{\psi}}{dx}$$

et

$$\frac{dv}{dT} = (M - x) R \frac{d\frac{T}{\psi}}{dT}.$$

En substituant dans la valeur de U''', il vient sous le signe $\int$

$$-\frac{RT}{\psi}\frac{d\frac{\psi}{T}}{dT} + (M - x) R \left(\frac{d\frac{T}{\psi}}{dx}\frac{d\frac{T}{\psi}}{dT} - \frac{d\frac{T}{\psi}}{dT}\frac{d\frac{\psi}{T}}{dx} \right),$$

mais

$$\frac{d\frac{T}{\psi}}{dx}\frac{d\frac{\psi}{T}}{dT} - \frac{d\frac{T}{\psi}}{dT}\frac{d\frac{\psi}{T}}{dx} = 0$$

et

$$\frac{RT}{\psi}\frac{d\frac{\psi}{T}}{dT} = R\frac{dL\frac{\psi}{T}}{dT}.$$

On a donc simplement

$$U''' = -RT^2 \int_{x_1}^{M} dx \; \frac{dL\frac{\psi}{T}}{dT}.$$

La quantité de chaleur cherchée se trouve ainsi donnée par l'équation suivante

$$-EQ = RT^2 \left(M\frac{dL\frac{f}{T}}{dT} - x_1\frac{dL\frac{\mu}{T}}{dT} - \int_{x_1}^{M} dx \; \frac{dL\frac{\psi}{T}}{dT} \right).$$

qu'on peut écrire ainsi :

$$EQ = \left[\begin{array}{l} - x_1\, RT^2\, \dfrac{dL\frac{f}{T}}{dT} + x_1 RT^2\, \dfrac{dL\frac{\mu}{T}}{dT} \\[2em] - (M - x_1)RT^2\, \dfrac{dL\frac{f}{T}}{dT} + RT^2 \displaystyle\int_{x_1}^{M} dx\, \dfrac{dL\frac{\psi}{T}}{dT} \end{array} \right].$$

La somme des deux premiers termes du second membre est égale à

$$x_1 RT^2\, \frac{dL\frac{\mu}{f}}{dT} = RT^2 \int_{0}^{x_1} dx\, \frac{dL\frac{\mu}{f}}{dT};$$

la somme des deux derniers peut également être comprise dans l'expression unique

$$RT^2 \int_{x_1}^{M} dx\, \frac{dL\frac{\psi}{f}}{dT}.$$

On a donc

$$EQ = RT^2 \left(\int_{0}^{x_1} dx\, \frac{dL\frac{\mu}{f}}{dT} + \int_{x_1}^{M} dx\, \frac{dL\frac{\psi}{f}}{dT} \right),$$

ce qu'on peut écrire encore plus simplement

$$EQ = RT^2 \int_{0}^{M} dx\, \frac{dL\frac{\psi}{f}}{dT},$$

ψ se réduisant à μ depuis $x = 0$ jusqu'à $x = x_1$.

245. M. Kirchhoff a donné de cette formule deux confirmations expérimentales différentes. On sait que si une dissolution est suffisamment diluée, l'addition d'une nouvelle quantité d'eau ne détermine plus aucun dégagement de chaleur; donc, si la formule est exacte, on doit avoir dans ces conditions

$$\frac{dL\frac{\psi}{f}}{dT} = 0.$$

c'est-à-dire que le rapport des forces élastiques ψ et f doit être indépendant de la température. Des expériences de M. Babo, antérieures à la théorie de M. Kirchhoff, ont en effet montré que, si on opère sur des liqueurs suffisamment étendues, le rapport de la force élastique de la vapeur émisé par la dissolution à la force élastique maximum de la vapeur est indépendant de la température.

La deuxième confirmation expérimentale est tirée des expériences de MM. Favre et Silbermann [1] sur la chaleur dégagée par la dissolution d'un équivalent d'acide sulfurique monohydraté dans un nombre croissant d'équivalents d'eau. M. Kirchhoff a déduit de ces expériences un certain nombre de valeurs de $\frac{dQ}{dx}$ et, à l'aide de la formule précédente différentiée par rapport à x; il a obtenu les valeurs correspondantes de $\frac{\psi}{f}$, et par suite de ψ. Les nombres ainsi trouvés n'ont pas différé sensiblement de ceux que M. Regnault avait directement obtenus en déterminant la tension d'un grand nombre de mélanges d'acide sulfurique et d'eau, pour la graduation de l'hygromètre à cheveu.

[1] FAVRE et SILBERMANN, *loc. cit.*

FIN DU TOME VII.

TABLE DES MATIÈRES.

EXPOSÉ DE LA THÉORIE MÉCANIQUE DE LA CHALEUR

EN DEUX LEÇONS PROFESSÉES EN 1862 DEVANT LA SOCIÉTÉ CHIMIQUE DE PARIS.

NOTIONS PRÉLIMINAIRES.

INTRODUCTION.

PRINCIPES DE MÉCANIQUE.

PRINCIPES DE L'ÉTUDE DE LA CHALEUR.

PRINCIPE DE L'ÉQUIVALENCE DE LA CHALEUR

ET DU TRAVAIL.

TRANSFORMATION DU TRAVAIL EN CHALEUR.

TRANSFORMATION DE LA CHALEUR EN TRAVAIL.

ÉQUIVALENCE DE LA CHALEUR ET DE L'ÉNERGIE.

APPLICATION DU PRINCIPE DE L'ÉQUIVALENCE
À L'ÉTUDE DES GAZ.

GAZ PARFAITS.

GAZ RÉELS.

DÉTENTE ET ÉCOULEMENT DES GAZ.

MACHINES A GAZ.

PRINCIPE DE CARNOT.

DÉMONSTRATION DU PRINCIPE.

DISCUSSION DE LA DÉMONSTRATION

QUE M. CLAUSIUS A DONNÉE DU PRINCIPE DE CARNOT.

GÉNÉRALISATION DU PRINCIPE DE CARNOT.

APPLICATION DES DEUX PRINCIPES FONDAMENTAUX

AUX CHANGEMENTS DE VOLUME ET D'ÉTAT DES CORPS.

CHANGEMENTS DE VOLUME.

CHANGEMENTS D'ÉTAT.

MACHINES A VAPEUR.

NOUVEAU MODE D'APPLICATION

DES DEUX PRINCIPES.

RECHERCHE DE L'ÉNERGIE INTÉRIEURE D'UN CORPS.

PHÉNOMÈNES DE DISSOLUTION.

FIN DE LA TABLE DES MATIÈRES.

Les *OEuvres de Verdet* forment 8 volumes grand in-8, imprimés par l'Imprimerie impériale, et accompagnés de figures dans le texte toutes dessinées et gravées spécialement pour cette publication.

LES VOLUMES SONT AINSI COMPOSÉS :

Tome I. — INTRODUCTION par M. DE LA RIVE, mémoires et travaux originaux.

Tomes II et III. — COURS DE PHYSIQUE, professé à l'École polytechnique, publié par M. E. FERNET, répétiteur à l'École polytechnique.

Tomes IV. — CONFÉRENCES DE PHYSIQUE, faites à l'École normale, publiées par M. GERNEZ, ancien élève de l'École normale.

Tomes V et VI. — LEÇONS D'OPTIQUE PHYSIQUE, publiées par M. LEVISTAL, ancien élève de l'École normale.

Tomes VII et VIII. — THÉORIE MÉCANIQUE DE LA CHALEUR, cours professé à la Sorbonne, recueilli et publié par MM. PRUDHON et VIOLLE, anciens élèves de l'École normale.

PARIS. — IMP. SIMON RAÇON ET COMP., RUE D'ERFURTH, 1.